国家科学技术学术著作出版基金资助出版

长三角滩涂资源多目标利用与生态保护修复

龚 政 陆永军 曾 剑 季永兴 主编

科学出版社

北 京

内 容 简 介

本书是作者近年来研究长三角滩涂资源多目标利用与生态保护修复的系统总结。本书分析了滩涂资源保护与利用的新需求和滩涂资源环境概况；阐明了滩涂细颗粒泥沙的基本特性、运动特性及生物膜对泥沙的生物效应；揭示了滩涂在波流作用下长期地貌演变、在台风浪作用下短历时地貌破坏，以及滩涂地貌冲淤平衡机制；剖析了盐沼植被、微生物、底栖生物与滩涂水沙地貌的耦合作用，以及人工鱼礁对水沙过程的影响；提出了基于滩涂功能区优化、滩涂资源利用生态环境评价的滩涂资源利用模式与高效集约滩涂资源保护利用技术；发展了滩涂保护修复理论，提出了集潮上带绿色赋能、潮间带盐沼群落生态修复、潮下带工法自然保护修复于一体的滩涂生态修复技术体系。书中研究成果在长三角地区多项重点工程中得到了示范应用。

本书可供从事海岸带资源与环境相关科研、规划和设计的技术人员参考，也可作为水利、海洋、生态、环境等学科领域师生的参考书。

审图号：GS（2024）2043 号

图书在版编目（CIP）数据

长三角滩涂资源多目标利用与生态保护修复/龚政等主编. —北京：科学出版社，2024.6
ISBN 978-7-03-073092-3

Ⅰ.①长… Ⅱ.①龚… Ⅲ.①长江三角洲–海涂资源–资源利用–研究 ②长江三角洲–海涂资源–生态恢复–研究 Ⅳ.①P748

中国版本图书馆 CIP 数据核字（2022）第 165707 号

责任编辑：黄　梅　沈　旭/责任校对：郝璐璐
责任印制：张　伟/封面设计：许　瑞

科学出版社 出版
北京东黄城根北街 16 号
邮政编码：100717
http://www.sciencep.com
河北鑫玉鸿程印刷有限公司印刷
科学出版社发行　各地新华书店经销
*
2024 年 6 月第 一 版　　开本：787×1092　1/16
2024 年 6 月第一次印刷　　印张：21
字数：495 000
定价：239.00 元
（如有印装质量问题，我社负责调换）

序

  我国浅海滩涂分布广、面积大，不仅是重要的后备土地资源，也是重要的湿地资源，蕴藏着丰富的海洋资源，并具有缓冲风暴潮侵袭、保护生物多样性、降解环境污染等功能。顺应自然规律的开发利用可实现滩涂资源的良性循环，提高系统的生产能力，促进经济、社会、环境的和谐发展。相反，违背滩涂自然生长规律、对滩涂产生破坏性开发，将造成滩涂生态、经济、社会等功能的严重退化，导致湿地减少、生物多样性破坏、环境污染等负面的影响，甚至造成滩涂资源的永久丧失。因此，探求滩涂资源"保护中利用、利用中保护"的途径，协调滩涂资源持续利用与生态保护的关系，是关乎我国沿海经济、社会、生态可持续发展的紧迫问题。

  长三角地区是"海洋强国""生态文明建设""长三角一体化发展"等多个国家战略的叠加区，以不到 4%的国土面积创造了我国约 1/4 的经济总量。长三角滩涂资源丰富，占我国滩涂总面积的近 40%。新中国成立以来，上海、浙江和江苏等长三角省市利用滩涂面积超过 6000 km^2（相当于上海市面积），约占全国滩涂总利用面积的 50%，为地区发展提供了重要的国土资源保障。长三角社会经济的发展和国家战略需求的调整，对滩涂资源开发利用提出了更高的要求。同时，在人类活动和气候变化的双重作用下，近年来长江入海泥沙日益减少，岸滩侵蚀不断加剧，滩涂开发与保护矛盾凸显，对河口海岸地区的行洪、排涝、纳潮、供水、航运及生态环境等都造成一定的影响。在此前景下，阐明滩涂在动力和生物共同作用下的地貌演变机制，研发滩涂多目标保护利用关键技术，形成滩涂保护与修复技术体系，并开展示范应用，具有重要的科学意义和实际应用价值。

  欣读《长三角滩涂资源多目标利用与生态保护修复》书稿，深感滩涂资源开发利用理念的转变，将保护放在更加重要的位置，体现了社会发展和科学技术的巨大进步。该书编著团队积累数年成果于此书，发展了海岸带微生物与植被作用下生物泥沙运动理论，创新了基于自然的滩涂保护修复技术体系，创立了生态优先的滩涂资源多目标利用模式。这些研究成果已很好地应用于上海、浙江和江苏等省市的 675 万亩滩涂湿地保护与修复、75 万亩大型滩涂综合利用和 394 公里生态保滩护岸等工程，成为我国滩涂综合利用与保护技术创新的典范。

  该书实现了水利、海洋、生态、环境等多学科交叉融通，将在推动海岸工程学科发展和海岸带生态安全屏障体系建设中发挥重要作用。

  是为序。

中国工程院院士
英国皇家工程院外籍院士   张建云
2023 年 12 月 24 日

前　　言

　　滩涂在全球河口海岸区域广泛分布，对于生态平衡、环境保护和经济发展具有不可或缺的作用。我国沿海地区拥有丰富的滩涂资源，尤其是上海、江苏和浙江，三省市沿海的滩涂面积占全国总面积的近40%，这些滩涂在增加土地资源、水资源保障、防灾减灾、交通基础设施建设和生态系统服务等方面扮演着极其重要的角色。近些年，为了提升海岸带韧性，各地区已经开展了一系列海岸带生态修复工程，推动了海岸带生态安全屏障体系建设。然而，从总体来看，滩涂演变前沿基础理论、多目标保护利用和生态修复成套技术体系仍然需要进一步研究和完善。本书汇聚了高校、科研机构以及设计企业多年紧密合作的智慧结晶，代表了长三角地区在滩涂资源多目标利用与生态保护修复方面的集体努力与实践成果，旨在指引我国滩涂综合利用与保护技术创新。

　　全书分为七章。第1章梳理了滩涂资源利用与保护新需求和滩涂利用与保护修复研究进展，总体而言，我国对滩涂动力-泥沙-地貌-生态耦合演变过程与生态恢复机理的定量研究比较缺乏，滩涂利用与生态保护的协同机制尚未明确，滩涂资源多目标综合利用模式理论支撑还比较薄弱，尚未形成滩涂岸线全域绿色利用和生态修复技术体系。第2章围绕水文动力、地形地貌、滩涂资源、生态环境四个方面，对江苏、上海、浙江三地的环境资源进行了简要介绍。第3章从滩涂泥沙的基本特性、运动特性与生物效应三个方面，阐明了滩涂细颗粒泥沙的基本特性、运动特性及生物膜对泥沙的生物效应。第4章介绍了滩涂地貌观测和实验技术，揭示了滩涂在波流作用下长期地貌演变、在台风浪作用下短历时地貌破坏，以及滩涂地貌冲淤平衡机制。第5章着重剖析了盐沼植被、微生物、底栖生物与滩涂水沙地貌的耦合作用，以及人工鱼礁对水沙过程的影响。第6章归纳了滩涂资源的量化与功能区优化方法，揭示了滩涂利用影响机制，探究了滩涂承载力评价与高效利用模式，提出了综合高效集约保护利用滩涂资源的技术。第7章分析了滩涂生态系统的类型、功能和滩涂生态修复的原理及基本流程，发展了滩涂保护修复理论，提出了集潮上带绿色赋能、潮间带盐沼群落生态修复、潮下带工法自然保护修复于一体的滩涂生态修复技术体系，并给出了大量的实际工程案例。

　　本书是中青年学者集体智慧的结晶，龚政撰写了前言，第1章由龚政主编，周曾、赵堃、耿亮、靳闯、李欢参与编写；第2章由季永兴主编，崔冬、冯凌旋、张茜、靳闯、史英标、高晨晨、叶骐参与编写；第3章由龚政主编，陈欣迪、张茜、姚鹏、许春阳、蒋勤、张骏、聂思航参与编写；第4章由龚政主编，周曾、李欢、靳闯、耿亮、张茜参与编写；第5章由周曾主编，龚政、蒋勤、王丽珠、赵堃参与编写；第6章由陆永军主编，曾剑、季永兴、崔冬、陆彦、张茜、冯凌旋、黄廷杰、陈筱飞、韩宇、张志杰参与编写；第7章由曾剑和李永兴共同主编，崔冬、李欢、韩宇、胡淼、员鹏、张志杰、冉欢、印越、才多参与编写。整体书稿的编写主要由龚政、陆永军、曾剑和季永兴承担，李欢协助完成了最终的统稿工作。

本书的完成得益于张长宽教授的技术指导与审阅；同时，张建云院士对本项工作予以了鼎力支持，并为本书撰写了序言。

本书研究工作受到国家杰出青年科学基金（51925905）、国家重点研发计划项目（2022YFC3106200）、国家重点研发计划课题（2018YFC0407501、2022YFC3106103）、国家自然科学基金重点国际（地区）合作研究项目（51520105014）、国家自然科学基金委员会–联合国环境规划署（NSFC-UNEP）可持续发展国际合作科学计划重点项目（4236114487）、国家自然科学基金长江水科学研究联合基金（U2240207）、中央水利前期工作投资计划（[2010]-437）、水利部公益性行业科研专项经费项目（201401010）、上海市水务海洋规划项目（S-ZX-06-1409044）等多个项目的资助，本书的出版受到 2022年度国家科学技术学术著作出版资金资助。本书可供从事海岸带资源与环境相关科研、规划和设计的技术人员参考，也可作为水利、交通、海洋、生态、环境等学科领域师生的参考书。

限于作者水平和所掌握基础资料的局限性，书中难免存在不足之处，敬请各位同行专家批评指正！

龚政、陆永军、曾剑、季永兴

2023 年 12 月于南京

目　　录

序

前言

第1章　绪论 ·· 1

  1.1　滩涂资源利用与保护新需求 ··· 1

    1.1.1　长三角地区滩涂资源现状 ·· 1

    1.1.2　滩涂多目标利用现状 ·· 5

    1.1.3　沿海滩涂保护与修复新需求 ··· 6

  1.2　滩涂利用与保护修复研究进展 ·· 9

    1.2.1　滩涂演变机制 ·· 9

    1.2.2　滩涂观测与模拟 ··· 11

    1.2.3　滩涂资源利用模式 ·· 14

    1.2.4　滩涂保护与生态修复 ··· 19

    1.2.5　研究趋势与主要研究内容 ··· 21

  参考文献 ·· 22

第2章　长三角滩涂资源环境概况 ·· 29

  2.1　江苏省 ·· 29

    2.1.1　水文动力 ··· 29

    2.1.2　地形地貌 ··· 31

    2.1.3　滩涂资源 ··· 36

    2.1.4　生态环境 ··· 40

  2.2　上海市 ·· 42

    2.2.1　水文动力 ··· 42

    2.2.2　地形地貌 ··· 45

    2.2.3　滩涂资源 ··· 51

    2.2.4　生态环境 ··· 54

  2.3　浙江省 ·· 57

    2.3.1　水文动力 ··· 57

    2.3.2　地形地貌 ··· 64

    2.3.3　滩涂资源 ··· 69

    2.3.4　生态环境 ··· 73

  参考文献 ·· 75

第3章　滩涂泥沙特性与生物效应 ·· 76

  3.1　滩涂泥沙基本特性 ·· 76

    3.1.1 滩涂泥沙的空间分布特征 ·· 76
    3.1.2 滩涂泥沙的絮凝特性 ·· 77
  3.2 滩涂泥沙运动特性 ·· 78
    3.2.1 泥沙起动与沉降 ·· 79
    3.2.2 黏性泥沙流变特性 ·· 92
    3.2.3 底床液化及其机理 ·· 95
  3.3 滩涂泥沙的生物效应 ··· 100
    3.3.1 生物泥沙的基本特性 ··· 100
    3.3.2 生物膜时空分布特征 ··· 101
    3.3.3 生物膜对泥沙稳定性的影响 ······································· 103
    3.3.4 生物泥沙形成过程及机理 ··· 107
  参考文献 ··· 110
第4章 滩涂动力地貌演化机制 ··· 113
  4.1 滩涂地貌观测与实验技术 ··· 113
    4.1.1 卫星遥感与无人机监测技术 ······································· 113
    4.1.2 水准桩现场观测技术 ··· 118
    4.1.3 滩涂微地貌室内模拟与量测技术 ··································· 119
  4.2 波流作用下的滩涂地貌演变过程与机制 ································· 122
    4.2.1 潮滩滩面泥沙输运过程 ··· 122
    4.2.2 滩涂系统地貌演变 ··· 123
  4.3 极端动力对滩涂地貌短历时破坏机制 ··································· 131
    4.3.1 台风期水沙过程 ··· 132
    4.3.2 台风浪对开敞式海岸滩涂地貌的破坏机制 ··························· 133
    4.3.3 台风浪对辐射沙脊群滩涂地貌的破坏机制 ··························· 137
    4.3.4 台风浪对长江口滩涂泥沙输运及地貌影响 ··························· 138
  4.4 滩涂地貌冲淤平衡态 ··· 144
    4.4.1 地貌平衡态概念 ··· 144
    4.4.2 滩涂地貌平衡态类型和判别方法 ··································· 146
    4.4.3 滩涂平衡剖面 ··· 147
    4.4.4 潮沟系统平衡态 ··· 150
  参考文献 ··· 151
第5章 滩涂生物动力地貌耦合作用 ··· 154
  5.1 滩涂植被动力地貌过程 ··· 154
    5.1.1 盐沼植被生态地貌特征 ··· 155
    5.1.2 盐沼植被对水-沙-地貌影响模拟 ··································· 159
    5.1.3 水沙过程对盐沼植被生长过程影响模拟 ····························· 164
  5.2 微生物与水沙地貌的互馈 ··· 169
    5.2.1 微生物对底床形态的影响 ··· 169

　　　　5.2.2　微生物与微地貌的互馈过程 ················171
　　　　5.2.3　微生物群落对潮沟异质性的响应 ············178
　　5.3　底栖生物对水沙过程的影响 ·····················185
　　　　5.3.1　蟹类对滩涂地貌的生态作用 ·················185
　　　　5.3.2　牡蛎礁的消浪作用 ·······················191
　　5.4　人工鱼礁对水沙过程的影响与生态效应 ············196
　　　　5.4.1　人工鱼礁对水沙过程的影响 ·················196
　　　　5.4.2　人工鱼礁的流场效应 ·····················197
　　参考文献 ······································199
第6章　滩涂资源多目标综合利用技术与应用 ··················206
　　6.1　滩涂资源的量化与功能区优化方法 ················206
　　　　6.1.1　长三角滩涂资源保有量与分布特征调查 ········206
　　　　6.1.2　分区保护利用原则与方法 ···················208
　　　　6.1.3　保护保留与控制利用功能区划 ···············210
　　6.2　滩涂资源利用生态环境评价 ·····················214
　　　　6.2.1　生态环境基本特征 ·······················214
　　　　6.2.2　滩涂资源承载力及生态环境评价 ·············217
　　6.3　滩涂资源高效利用模式 ························223
　　　　6.3.1　长江口滩涂资源利用模式 ···················227
　　　　6.3.2　长江口滩涂资源典型利用模式案例 ············230
　　6.4　高效集约滩涂资源保护利用技术 ··················235
　　　　6.4.1　综合效益最大化评价模型 ···················235
　　　　6.4.2　高效集约综合利用滩涂工程应用案例 ··········240
　　参考文献 ······································252
第7章　滩涂生态修复技术与示范应用 ·····················253
　　7.1　滩涂生态功能与修复理论 ······················253
　　　　7.1.1　滩涂生态系统类型 ·······················253
　　　　7.1.2　滩涂生态功能 ··························256
　　　　7.1.3　滩涂湿地胁迫因子 ·······················257
　　　　7.1.4　滩涂保护修复理论 ·······················259
　　　　7.1.5　滩涂生态修复原则与流程 ···················262
　　7.2　潮上带绿色赋能技术 ·························265
　　　　7.2.1　潮上带绿色赋能的内涵 ···················265
　　　　7.2.2　潮上带绿色赋能技术体系 ···················267
　　　　7.2.3　临海侧护面生态建设技术 ···················273
　　　　7.2.4　堤顶及背水坡生态建设技术 ·················278
　　　　7.2.5　堤后生态空间营造技术 ···················283
　　7.3　潮间带盐沼群落生态修复技术 ···················287

7.3.1 盐沼植被群落带状分布现象 ······················· 287
7.3.2 盐沼植被宜林临界线划定技术 ·················· 288
7.3.3 盐沼植被生境修复技术 ························· 292
7.3.4 盐沼植被空间配置技术 ························· 294
7.4 潮下带工法自然的保护修复技术 ······················ 296
7.4.1 牡蛎礁生态修复技术 ··························· 296
7.4.2 人工鱼礁保护修复技术 ························· 297
7.4.3 纯生态离岸平台构造技术 ······················ 298
7.5 典型工程应用 ······································ 299
7.5.1 综合整治及修复技术集成应用案例 ··············· 299
7.5.2 潮上带绿色赋能技术应用案例 ··················· 307
7.5.3 潮间带盐沼群落生态修复技术应用案例 ············ 311
7.5.4 潮下带工法自然的保护修复技术应用案例 ·········· 317

参考文献 ··· 320

第1章 绪　　论

滩涂广泛发育于世界各地河口海岸区域,特别是在波浪作用较弱、潮差较大和细粒泥沙供应充沛的岸段,有些滩涂宽达几千米,甚至几十千米。我国沿海地区,每年接受来自黄河、长江、珠江等河流输出泥沙超过 20 亿 t,滩涂资源丰富,社会经济及生态价值巨大。

滩涂在不同学科领域的定义有所差异,且与潮滩、海涂、潮坪、湿地、边滩、潮间带等概念有所异同,在《辞海》《中国大百科全书》《中国海洋地理》等著作中对滩涂均有描述。例如,《辞海》将滩涂定义为:"具有一定面积的沿岸湿地,由于潮汐引起的海面升降变动,有时出露水面,以陆地和海底的形式不断交替变化,亦称潮间带。"《中国大百科全书》中定义为:"沿海大潮高潮位与低潮位之间的潮侵地带。"《中国海洋地理》(王颖,2013)中定义为:"滩涂是将潮滩与海涂合并的概念称呼,两者实为新生的陆地资源,狭义的潮滩是指潮间带浅滩,即大潮高潮线和大潮低潮线之间周期性被海水淹没的海岸带区域。海涂是指水下,即潮下带的淤泥质堆积体。从开发利用的角度出发,广义的滩涂还包括潮上带盐沼湿地和潮下带浅滩,大体水深至 6 m,或至–5～–10 m 的范围内。"在滩涂面积统计时,沿海各省市自然资源部门采用了不同的滩涂下边界水深范围。本书着重关注滩涂的保护与利用,因此采用《中国海洋地理》定义中广义滩涂的概念。

1.1　滩涂资源利用与保护新需求

1.1.1　长三角地区滩涂资源现状

长三角地区滩涂广泛分布于上海、江苏和浙江沿海,主要分为河口型、开敞海岸型和离岸型三类滩涂,如长江口和杭州湾(河口型)、江苏中北部海岸(开敞海岸型)和辐射沙脊群(离岸型)。长三角地区滩涂资源现状如下。

1. 江苏海岸

江苏海岸线北起绣针河口苏鲁交界海陆分界点,南至长江口南岸苏沪交界,总长为 888.945 km(图 1-1)。江苏省滩涂资源主要分布于沿海三市(连云港市、盐城市、南通市)及岸外辐射沙脊群。根据江苏近海海洋综合调查与评价专项(简称"江苏 908 专项",下同),全省沿海未围滩涂总面积 5001.67 km^2,约占全国滩涂总面积的 1/4,居全国首位。其中,潮上带滩涂面积 307.47 km^2,潮间带滩涂面积 4694.20 km^2(含辐射沙脊群区域理论深度基准面以上面积 2017.53 km^2)。

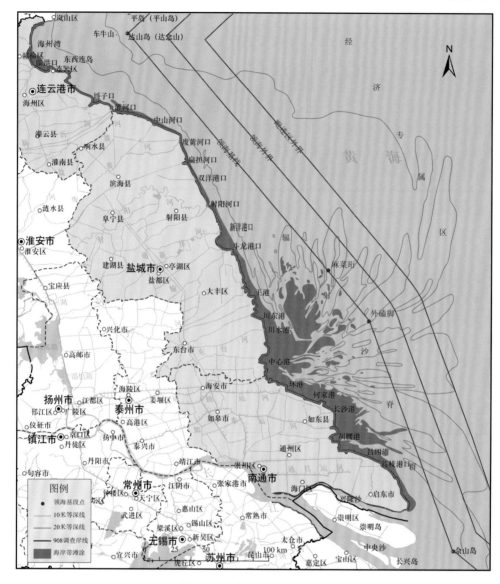

图 1-1 江苏沿海地理状况图

从行政区划来看，盐城市（不包括辐射沙脊群）沿海滩涂面积最大，潮上带滩涂面积为 267.33 km²，潮间带面积 1139.93 km²；南通市（不包括辐射沙脊群）次之，潮上带滩涂面积为 39.67 km²，潮间带面积 1342 km²；连云港市沿海潮上带滩涂面积为 0.47 km²，潮间带面积为 194.74 km²。辐射沙脊群滩涂资源占江苏沿海滩涂资源比例较大，理论深度基准面以上 2017.53 km²，0～-5 m 沙脊面积为 2877.67 km²，-5～-15 m 沙脊面积为 3961.26 km²。

江苏滩涂面积大、沙脊多、淤长快，生物多样性丰富，为多种鸟类和植物提供了重要的栖息场所。江苏滩涂在国土空间、港口航道和海上新能源等资源开发利用中发挥了重要作用，保障了沿海地区的快速发展。

2. 上海海岸

上海市濒临东海，地处长江口地区，上海河口海岸岸线总长 572 km（《上海市海岸带综合保护与利用规划（2021—2035 年）》），蜿蜒曲折，具有丰富的滩涂地貌（图 1-2）。上海市现有滩涂资源主要分布于长江口南北支边滩、三岛边滩（崇明岛、长兴岛、横沙岛）、九段沙及江亚南沙、扁担沙、南汇东滩、杭州湾北岸边滩等区域，滩涂资源分布的基本格局较往年未发生明显变化（李国林等，2018）。其中，南汇东滩是最宽阔的大陆边滩，位于长江入海口南侧，介于长江口和杭州湾口之间，是上海陆缘岸滩淤长速度最快的滩地。据 2021 年实测滩涂水下地形资料（采用上海吴淞高程），上海市–5 m 线以上滩涂资源面积为 2226.74 km^2，–2 m 线以上滩涂资源面积为 1346.05 km^2，0 m 线以上滩涂资源面积为 876.59 km^2，2 m 线以上滩涂资源面积为 421.51 km^2，3 m 线以上滩涂资源面积为 278.79 km^2（上海市水务局，2021）。

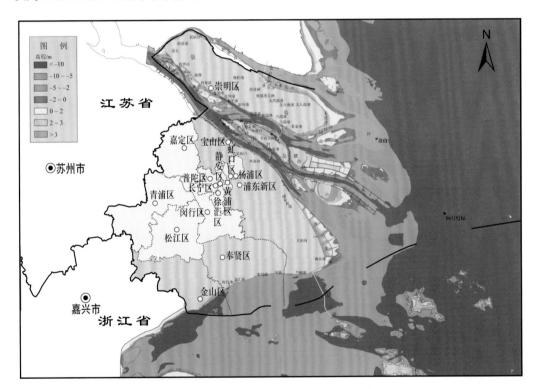

图 1-2　2021 年上海市滩涂资源分布图

上海滩涂面积辽阔，通过滩涂围垦来增加土地资源，对于上海的过去、现在和未来的经济社会可持续发展均有着举足轻重的作用。上海市沿海滩涂系统的生态环境独特，既有淡水河流汇入的长江口湿地，也有受潮汐影响的近海滩涂，底栖动物和植物资源丰富，是亚太候鸟南北迁徙的重要通道，具有极高的生物多样性价值。同时，还提供了气体调节、气候调节、水调节、养分循环、文化娱乐等其他生态服务功能。目前已设立"上海崇明东滩鸟类国家级自然保护区""上海长江口中华鲟湿地自然保护区""上海九段沙湿地国家级自然保护区"等多个国家级自然保护区。

3. 浙江海岸

浙江省的海岸线总长 6715 km，拥有面积 500 m² 以上岛屿 3000 余个，具有丰富的滩涂资源，约占全国滩涂资源总量的 13%（图 1-3）。调查了 2017～2019 年的滩涂资源分布，浙江省在理论深度基准面以上的滩涂面积为 2287.41 km²，0～-2 m 的滩涂面积为 1260.63 km²，-2～-5 m 的滩涂面积为 2167.75 km²。按行政区统计，浙江沿海沿江 7 市，

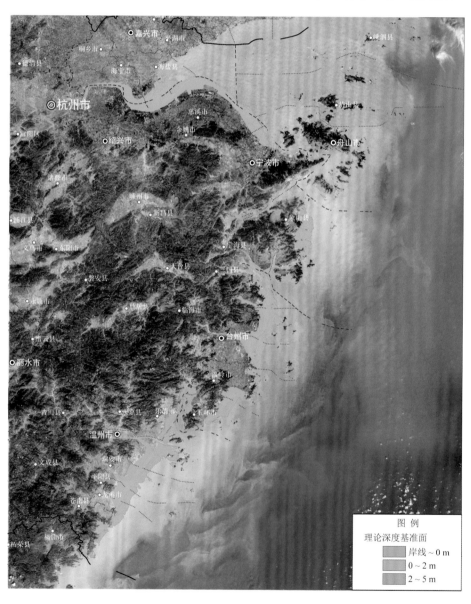

图 1-3　2017～2019 年浙江省滩涂资源分布图

以宁波市的沿海滩涂资源最为丰富,沿海滩涂面积为 510.27 km²;其次是温州市,沿海滩涂面积为 495.73 km²;第三是台州市,沿海滩涂面积为 344.4 km²。

浙江省滩涂资源按其不同变化形态,可分为淤长型、稳定型和侵蚀型三种(杨晓焱等,2010)。淤长型滩涂主要分布在钱塘江河口两岸、杭州湾南岸、三门湾、台州湾、瓯江、飞云江等区域,其面积占总资源量的 76%;稳定型滩涂主要分布在隐蔽的基岩港湾内,其面积约占总资源量的 20%;侵蚀型滩涂面积不多,占总资源量的 4%左右,主要分布在杭州湾两岸、苍南琵琶门以南以及岛屿的迎风面。

受潮汐和径流共同作用,浙江省滩涂海域生物多样性特征鲜明,生态价值显著。杭州湾、温州湾和台州湾等地滩涂是多种候鸟迁徙的重要停歇地,如东方白鹳、黑脸琵鹭等濒危物种。

1.1.2 滩涂多目标利用现状

长三角滩涂资源开发与利用主要围绕增加土地资源、水资源保障、防灾减灾、交通基础设施以及生态系统服务等功能。

江苏省的海岸滩涂具有面积大、淤长快、沙脊多、区域好、围垦易、可再生、潜力大的优点。2009 年 6 月,国务院批复了《江苏沿海地区发展规划》,滩涂围垦成为这一国家战略的重要内容。江苏沿海滩涂围垦区域被划分为现代农业综合开发、生态旅游综合开发、临港产业综合开发和绿色城镇综合开发四大类:①大力发展设施农业、生态农业、观光农业、特色农业等,推进规模化生产、产业化经营、公司化管理,建设商品粮、盐土农作物、生物质能作物和海淡水养殖基地,延伸农业产业链,发展农(水)产品加工业,把沿海滩涂建成我国重要的绿色食品基地和观光生态农业产业基地;②加强沿海防护林、护岸林草、平原水库、湿地等建设,充分利用沿海特有的海洋、湿地、文化等旅游资源,大力发展滨海旅游业,择优布局旅游度假区,建设生态旅游示范区;③依托港口发展大型临港产业,提高投资强度和产出效率,充分利用新增岸线资源,挖掘建设深水港口的条件,加强港区建设,充分利用滩涂资源优势,大力发展石化、冶金、装备制造、粮油加工、物流等临港产业,鼓励发展高新技术产业和环保产业,积极发展风能、太阳能、洋流能、潮汐能、生物质能等新能源产业;④推进临海城镇建设,促进人口集聚,提升支撑服务功能,建设低碳、绿色新城镇,提高人居适宜性,发展临港配套产业,建设循环经济产业园,提高滩涂开发的层次和水平。2013 年底,条子泥一期匡围工程基本完成,共计匡围土地面积 10.12 万亩[①],有效增加了农业、建设、生态用地,为全省稳增长、调结构、促转型提供了新的空间。在滩涂利用的同时加强了滩涂资源的保护,中国黄(渤)海候鸟栖息地(第一期)列入世界自然遗产名录,发挥了滩涂的重要生态价值功能。

---

① 1 亩≈666.7m²。

上海市通过滩涂围垦造地的方式增加土地资源。1949~2020 年，上海市共实施促淤工程面积 743.6 km²，实施圈围工程面积 1248.84 km²，为浦东国际机场、上海化学工业园区、临港新城等一批现代工业园区及空港基地提供了土地资源保障。《上海市自然资源利用和保护"十四五"规划》中指出："加强滩涂资源的整体规划和功能引导。优化完善湿地生态空间布局和保护管理体系，探索建立湿地生态保护补偿制度。科学保护和合理利用崇明北沿、横沙东滩等地区滩涂资源，……，加强滩涂湿地环境综合治理，积极实施陆海统筹发展战略，完善长江口、杭州湾北岸海陆一体环境综合监测网络，恢复滩涂湿地的自然生态功能。积极推进长江口疏浚土利用和河口生态塑造工作，先行启动横沙大道外延等相关工程立项，为尽快恢复疏浚土资源利用创造条件"。此外，2021 年 12 月颁布的《上海市养殖水域滩涂规划（2018—2035 年）》也对滩涂水产养殖业提出了新要求，需要进一步细化和优化本区域养殖水域滩涂利用总体布局，因地制宜地划定禁养区、限养区、养殖区。

浙江省人多地少，人地矛盾突出，滩涂围垦是解决浙江省土地资源紧缺的重要工程措施，也是浙江省防台御潮体系的重要组成部分。沿海地区聚集了浙江 3/4 的人口，创造了全省 4/5 的产值。滩涂围垦作为浙江省新增土地的重要来源，是浙江省推进建设海洋经济强省的迫切需要，也是推进浙江省经济社会可持续发展的坚实保障。在浙江滩涂围垦开发利用的过程中，已开发利用的面积占围垦区总面积的比例基本稳定在 80%左右。21 世纪初以来至 2014 年滩涂开发利用速度加快，平均每年开发利用 7.28 万亩，这一时期也是浙江省工业化和城镇化快速推进、经济社会发展速度最快的阶段。经济的快速增长、人口的集聚和产业的快速发展，也加快了围垦区开发利用步伐和开发利用方式的多样化，已经实施了海塘安澜（一期）工程、玉环市海洋生态保护修复项目、舟山市海岸带保护修复工程项目、温州蓝色海湾生态建设项目等。

1.1.3 沿海滩涂保护与修复新需求

20 世纪 70 年代以前，中国法律法规体系中没有专门以沿海滩涂为对象的法规或条例。自我国于 1992 年加入《关于特别是作为水禽栖息地的国际重要湿地公约》（简称《湿地公约》）后，沿海滩涂作为湿地的重要组成部分，国家和地方政府陆续出台了相关的法规和条例等，特别是，1996~1998 年，上海、浙江和江苏相继出台了滩涂管理的条例和办法，逐步形成了滩涂利用和保护的政策依据。截至 2022 年，我国相继出台了 50 余部有关滩涂或湿地保护、利用的国家和地方性法律、法规、条例、规划等，特别是 2000 年以来，沿海滩涂湿地生态保护和修复在我国得到了前所未有的重视，在生态文明建设精神的指引下，逐渐开始形成相关的法律法规及政府部门文件，制定的滩涂湿地的保护修复原则基本与国际接轨，并符合我国国情和特色。表 1-1 给出了近 40 余年来我国一些典型的滩涂湿地保护与修复法律、法规和重要规划。

表 1-1　我国涉及滩涂湿地保护与修复的典型法律、法规和重要规划

时间	相关法律、法规和规划
1982 年	《中华人民共和国海洋环境保护法》
1986 年	《中华人民共和国土地管理法》
1994 年	《中华人民共和国自然保护区条例》
1995 年	《海洋自然保护区管理办法》
1996 年	《上海市滩涂管理条例》
	《浙江省滩涂围垦管理条例》
1998 年	《江苏省滩涂开发利用管理办法》
2000 年	《中国湿地保护行动计划》（国务院）
2001 年	《中华人民共和国海域使用管理法》
2004 年	《全国湿地保护工程规划》（2004—2030 年）
2012 年	《浙江省湿地保护条例》
2013 年	《中华人民共和国湿地保护管理规定》（国家林业局）
2016 年	《湿地保护修复制度方案》（国务院）
	《江苏省湿地保护条例》
2018 年	《海洋生态红线划定方案》
2020 年	《全国重要生态系统保护和修复重大工程总体规划（2021—2035 年）》
2021 年	《中华人民共和国湿地保护法》

表 1-2 简单介绍了近几年我国发布的关于滩涂湿地保护修复的重要政府文件及其相关要求。

表 1-2　我国近几年相继发布的重要滩涂湿地保护修复的政府文件

时间	相关文件
2016 年	《湿地保护修复制度方案》（国办发〔2016〕89 号）

根据中共中央、国务院印发的《关于加快推进生态文明建设的意见》和《生态文明体制改革总体方案》的要求，我国湿地保护修复的基本原则包括以下五个"坚持"：

坚持生态优先、保护优先的原则，维护湿地生态功能和作用的可持续性；

坚持全面保护、分级管理的原则，将全国所有湿地纳入保护范围，重点加强自然湿地、国家和地方重要湿地的保护与修复；

坚持政府主导、社会参与的原则，地方各级人民政府对本行政区域内湿地保护负总责，鼓励社会各界参与湿地保护与修复；

坚持综合协调、分工负责的原则，充分发挥林业、国土资源、环境保护、水利、农业、海洋等湿地保护管理相关部门的职能作用，协同推进湿地保护与修复；

坚持注重成效、严格考核的原则，将湿地保护修复成效纳入对地方各级人民政府领导干部的考评体系，严明奖惩制度。

| 2018 年 | 《国务院关于加强滨海湿地保护严格管控围填海的通知》（国发〔2018〕24 号） |

针对滨海湿地（含沿海滩涂、河口、浅海、红树林、珊瑚礁等）大面积减少的问题，通知提出：

深入贯彻习近平新时代中国特色社会主义思想，深入贯彻党的十九大和十九届二中、三中全会精神，牢固树立绿水青山就是金山银山的理念，严格落实党中央、国务院决策部署，坚持生态优先、绿色发展，坚持最严格的生态环境保护制度，切实转变"向海索地"的工作思路，统筹陆海国土空间开发保护，实现海洋资源严格保护、有效修复、集约利用，为全面加强生态环境保护、建设美丽中国作出贡献。

续表

时间	相关文件
2018 年	《国务院关于加强滨海湿地保护严格管控围填海的通知》（国发〔2018〕24 号）

加强海洋生态保护修复：

严守生态保护红线。对已经划定的海洋生态保护红线实施最严格的保护和监管，全面清理非法占用红线区域的围填海项目，确保海洋生态保护红线面积不减少、大陆自然岸线保有率标准不降低、海岛现有砂质岸线长度不缩短。

加强滨海湿地保护。全面强化现有沿海各类自然保护地的管理，选划建立一批海洋自然保护区、海洋特别保护区和湿地公园。将天津大港湿地、河北黄骅湿地、江苏如东湿地、福建东山湿地、广东大鹏湾湿地等亟须保护的重要滨海湿地和重要物种栖息地纳入保护范围。

强化整治修复。制定滨海湿地生态损害鉴定评估、赔偿、修复等技术规范。坚持自然恢复为主、人工修复为辅，加大财政支持力度，积极推进"蓝色海湾""南红北柳""生态岛礁"等重大生态修复工程，支持通过退围还海、退养还滩、退耕还湿等方式，逐步修复已经破坏的滨海湿地。

2020 年	《全国重要生态系统保护和修复重大工程总体规划（2021—2035 年）》（国家发展改革委、自然资源部）

梳理了生态保护和修复面临的形势，分析了生态保护和修复的工作成效，并指出了六方面主要问题：①生态系统质量功能问题突出；②生态保护压力依然较大；③生态保护和修复系统性不足；④水资源保障面临挑战；⑤多元化投入机制尚未建立；⑥科技支撑能力不强。

总体布局了七类重点区域，其中海岸带区域被单独提出，并在生态系统保护和修复的九大重大工程中专设了"海岸带生态保护和修复重大工程"，布局了六个重点工程，其中重点工程"黄渤海生态保护和修复"尤其提到了江苏苏北沿海滩涂湿地的保护修复。

2022 年	《全国湿地保护规划（2022—2030 年）》（国家林业和草原局、自然资源部）

规划总结了如今的发展现状，提出了湿地保护的总体要求，归纳了全国生态保护区域的空间布局，强调了全国生态保护的重点任务以及保障措施。

规划指出六项重点任务：①实行湿地面积总量管控；②落实湿地分级管理体系；③实施保护修复工程；④强化湿地资源监测监管；⑤加强科技支撑；⑥深度参与湿地保护国际事务。

在总体布局中海岸带区域再次被单独提出，其中沿海滩涂生态失衡为海岸带保护主要存在问题之一，并且指出了修复滨海湿地生物栖息地为海岸带保护的主攻方向。

根据《全国湿地保护规划（2022—2030 年）》，立足我国湿地资源现状，明确提出以下滩涂湿地保护与修复新需求。

（1）坚持保护优先、自然恢复为主。实行最严格的湿地保护制度，严守生态保护红线，对现有湿地生态系统的结构、功能和生态过程进行有效保护；以自然恢复为主，人工干预为辅，科学修复退化湿地生态系统。

（2）坚持系统治理、统筹科学施策。坚持山水林田湖草生命共同体理念，统筹水源涵养、水质净化、固碳增汇、生物多样性保护，推进上下游、左右岸、干支流协同治理，开展全面保护、系统修复、综合治理，提升湿地生态系统的质量和稳定性。

（3）坚持聚焦重点、示范引领带动。考虑不同区域湿地特点和建设条件，优先支持"三区四带"的重要湿地实施保护修复工程，充分发挥国家重点项目的示范带动作用，引导地方同步实施一批保护修复项目，最大程度发挥投资效益。

（4）坚持协同发展、推动合作共赢。全面履行《湿地公约》，健全国际合作体系，广泛宣传我国生态文明建设成果和理念，引进国外湿地保护先进经验和技术，实现高质量引进来和高水平走出去，为构建人类命运共同体作出贡献。

1.2 滩涂利用与保护修复研究进展

1.2.1 滩涂演变机制

滩涂受多种动力因素的塑造和影响,对其地貌演变的预测一直是学术界和工程界的重点和难点。从滩涂的观测资料分析,滩涂演变是风、潮流、波浪、风暴潮、泥沙、植被、地形等多个因子耦合作用下的产物。例如,波浪、潮流驱动了泥沙运动,产生泥沙净输运,进而改变了滩涂地貌;反过来,滩涂地貌的改变对滩涂水动力也有重要影响,比如淤高的滩面可以增加底摩阻进而削弱潮流速、衰减波浪等,影响泥沙运动和地貌演变。已有的大量现场观测发现了滩面冲淤变化与动力环境间的耦合作用关系(Lee et al., 2004; Coco et al., 2013; Zhang et al., 2016; 龚政等, 2021),并逐步从定性向定量推进。但是,由于潮流、波浪、风暴潮、植被作用等多种因子在时间和空间尺度的差异、多组分泥沙特性的差异,滩涂在短期和中长期时间尺度上的演变规律十分复杂(Zhang et al., 1999; 周曾等, 2021),现场恶劣的自然环境也很大程度上限制了对滩涂演变的持续观测,人类对于滩涂演变的规律性认识还不够。因此,需要综合现场观测、数值模拟、室内实验、遥感分析等多种技术手段,深入研究风、浪、流、沙、植被、地形耦合作用下滩涂动力地貌演变规律。

目前针对潮流、波浪等水动力作用下的滩涂地貌演变已经开展了较多研究,并取得了一系列研究成果。在潮流输沙控制下,岸滩往往向凸形堆积剖面发展(高抒和朱大奎, 1988; 陈君等, 2010; 龚政等, 2014),而潮差和潮流不对称性等特征也会通过控制泥沙净输运从而改变岸滩宽度与坡度等形态特征(Pritchard et al., 2002; Liu et al., 2011; Zhou et al., 2018)。大小潮周期变化也是驱动滩涂地貌演变的直接因素,并在一定程度上控制着地貌演化规律(章可奇等, 1994; O'Brien et al., 2000; 徐孟飘等, 2021)。大小潮变化过程既是潮位的高低变化,也是潮流动力的强弱更替。小潮期潮位的降低与潮流动力的减弱,使得大潮期沉积下来的泥沙性质易于密实而难以起动,进而导致滩面偏于淤长,直到大潮再次来临,滩面逐步恢复(陈才俊, 1991; 刘秀娟等, 2010)。波浪作用体现在对床面较强的底部切应力(bed shear stress, BSS),床面附近的高频振荡流抑制了边界层的充分发展,使近底流速梯度加大,造成波浪对床沙悬浮作用明显,控制着滩涂向凹形侵蚀剖面发展(Nielsen, 1992; 哈长伟等, 2009; 汪垚和谢婕, 2021)。

随着人们对滩涂生态资源的关注度越来越高,生物与滩涂演变的耦合作用逐渐受到重视。根据不同的生物类别,生物作用可分为底栖动物、植物、微生物影响三类。当前,针对底栖动物影响的探索多从沉积学与动力学两个角度出发,沉积学方面主要关注生物对浅土层泥沙的搬运,这种活动使泥沙迅速掺混,并极大地改变了地下土层的分层信息(杨群慧等, 2008; Harvey et al., 2019)。底栖动物影响的动力学特点与滩涂演变的联系更紧密,它对滩面变化有直接作用。根据塑造滩面形式的不同,其影响可分为生物扰动(Wood and Widdows, 2003; Ciutat et al., 2007)、生物侵蚀(Naylor et al., 2002; Orvain et al., 2012)和生物沉积(周毅等, 2003; Lumborg et al., 2006)三种。相比于底栖动物影响,盐沼植物对滩面的影响通常表现为促淤（Cahoon et al., 2021; D'Alpaos and Marani, 2016; Mudd et al., 2010）。基于自身固有的形态阻力特征，盐沼植物的促淤作用与其消浪和减流能力密切相关。此外，植被固滩作用与地貌演化间的双向动力反馈机制是滩涂演变的重要环节（汪亚平等，1998; Coco et al., 2013）。因植被促淤而逐渐增加的滩面高程反过来也会减小植被所受到的水动力侵蚀，从而有利于植被更好地生长及扩张（Fagherazzi et al., 2012; Geng et al., 2021），这是典型的生态动力地貌耦合过程。因此，滩涂植被被认为是"生态系统工程师"，它能改变生长环境使其更适应自身发展（Wright and Jones, 2006; Lipcius et al., 2021）。当广泛存在于海水中的细菌、藻类等微生物吸附于固体表面（如潮间带泥沙颗粒、植被根茎等）时，会分泌一种被称为胞外聚合物（extracellular polymeric substances, EPS）的黏性物质（Flemming, 2011）。微生物及其分泌的 EPS 共同组成了生物膜，滩涂泥沙因附着生物膜而产生的生物效应能够影响泥沙起动、输运、沉积和底床液化等过程（Orvain et al., 2014; Chen et al., 2017）。

滩涂系统演变也受到变化环境和人类活动的影响，突出表现为海平面上升、泥沙供给条件变化和大规模的围垦活动等。预测滩涂在变化环境下的地貌演变对于海岸城市防洪减灾、海岸带生物多样性及滩涂资源合理开发和保护尤为关键。

过去的数十年中，国内外对全球变化背景下滩涂系统演变的趋势预测和环境损失的评估等做了大量研究工作。van Goor 等（2003）采用 Stive 和 Wang（1998）提出的平衡概念模型 ASMITA 研究了海平面上升对潮汐通道稳定状态的影响。Marani 等（2010）认为，耦合盐沼滩和光滩的高程演变模型需要考虑多个平衡状态，由于盐沼覆盖的高滩比光滩达到平衡状态更慢，因此，植被覆盖的高滩至光滩之间存在一个过渡带。随着海平面的上升，无植被的光滩变为潮间下带或潮下带并将受到侵蚀，而原有的盐沼高滩变为潮间带中部，若盐沼滩的淤积速率慢于海平面上升的速率，则盐沼滩植被将消失进而演变为光滩（Geng et al., 2021）。

泥沙供给条件的变化能够改变滩面坡度与冲淤特性（Gao, 1998; Hu et al., 2015），也决定了滩涂的淤积速率能否适应海平面上升速率，进而影响滩涂地貌和植被分布。据统计，由于大江大河上游大坝建设运行和水土保持工程的推进，自 20 世纪 50 年代初到 21 世纪初，我国黄河、长江、珠江入海泥沙通量分别减少了 89.9%、62.1% 和 57.1%，对河口三角洲滩涂演变已经产生了影响。

除了海平面上升和泥沙供给条件变化外，变化环境下人类的高强度活动对海岸带地貌也有广泛和深远的影响（任美锷，1989; 王如生等，2015; 陈可锋等，2020）。过去 20 年来，沿海大规模滩涂围垦和港口航道建设等海岸开发进程影响了水-沙-地貌均衡关系，引起海岸动力条件和泥沙运动发生变异，并对沿海环境和生态系统平衡产生影响（陶建峰等，2011; 张长宽等，2011）。Wang 等（2012）基于现场观测发现，虽然滩涂围垦是一个短期过程，但滩涂地貌对围垦工程的响应是一个长期过程，围垦速率及强度直接影响滩涂地貌的动态调整。因此，需要研究大规模人类活动影响下滩涂系统的演变机制，预测滩涂演变趋势，为保护沿海城市、可持续开发滩涂资源提供科学依据。

1.2.2 滩涂观测与模拟

1. 滩涂观测

滩涂底质泥沙为淤泥且潮沟纵横,潮间带及潮间上带生长着不同的盐沼植被,如互花米草、碱蓬等。现场观测难度极大,是造成实测数据缺乏、演变规律认识不充分的主要原因。目前滩涂高程的监测方法有:标志桩法、水平标记法(marker horizon)、RTK-GPS(global positioning system real-time kinematic)测量、光学传感器测量、遥感反演及无人机测量等,为滩涂冲淤演变研究提供重要数据支撑。

标志桩法其本质是获得滩面的相对高程,是观测滩面高程的传统方法,具有测量成本低的特点,但耗时耗力,且在强风暴天气条件下,水准桩易损坏和丢失。国内外学者采用该方法对淤泥质海岸的沉积速率及其对海平面上升的响应开展了研究(Lovelock et al., 2011, 2014; Gong et al., 2017; Jin et al., 2022),Gong 等(2017)和 Jin 等(2022)在江苏中部沿海滩涂潮间带设置了水准桩,通过对长达 8 年的现场观测资料分析,探讨了江苏中部沿海的双凸形剖面形态的演变过程,分析了米草生长与滩面沉积的互馈机制。RTK-GPS 方法也被广泛应用于滩涂高程现场观测(陈君等,2010;刘英文,2012;史本伟,2012),该方法是滩涂高程观测的有效方法,具有较高的精度,采用该方法研究沿海滩涂的剖面形态,如斜坡形、上凸形、下凹形。陈君等(2010)通过分析江苏沿海滩涂的 60 个断面测量结果,划定了 5 个冲淤分界点。但是,受周期性潮水淹没影响,滩涂泥泞,地貌复杂,滩面潮沟广泛分布,盐沼滩涂植被覆盖度高、密度大,该方法观测时费力且效率较低。针对滩涂的单点测量,有光学式测量仪,如 PEEP 管光学高程监测设备、ALTUS、SED(surface elevation dynamics);还有声学式测量仪,如 ADV(acoustic Doppler velocimeter)和 PCADP(pulse-coherent acoustic Doppler profiler)等。这些仪器测量精度较高,通常在 2 mm 以内。这两类观测方式适合长时间连续的高精度单点测量,但不能获取大范围滩涂的高程变化趋势。

遥感方法具有大范围获取滩涂信息的优势,通过反演不同历史时期地形,分析冲淤变化,揭示滩涂演变规律。主要方法有合成孔径雷达(Betbeder et al., 2015)和激光雷达技术(Nie et al., 2018)、无人机三维倾斜摄影测量技术(Dai et al., 2020)、地面三维激光扫描技术(钱伟伟,2016;Wu and Parsons, 2019)、基于光学卫星的水边线法(Liu et al., 2013)和遥感含水量法(Li et al., 2018, 2022)等。在上述方法中,雷达技术具备较高精度,但是调查费用相对高昂,且缺少历史数据积累,较少用于滨海湿地演变。无人机摄影测量和地面三维激光扫描技术更适用于小规模测量。水边线法应用最为广泛,已在英国(Mason et al., 2010)、法属圭亚那(Anthony et al., 2008)、德国(Jung et al., 2015)、韩国(Lee et al., 2011)、中国(韩震和恽才兴,2003;郑宗生等,2007;沈芳等,2008;Zhao et al., 2008; Liu et al., 2012, 2013; Kang et al., 2017;刘小喜等,2014)等多个国家和地区应用,并用于分析滨海湿地演变规律(Ryu et al., 2008;韩震等,2009;Wang et al., 2019)。然而受限于遥感技术的局限性,该方法仅能用于历史演变,难以预测未来冲淤趋势。

2. 滩涂模拟

近年来，滩涂模拟技术已经成为研究滩涂形态演化的重要工具，包括物理模型实验和数值模拟。通过这些技术可以更好地认识滩涂演变规律以及环境影响机制，对保护海岸生态环境、合理利用海洋资源、提高海岸管理水平等方面也起到了重要指导作用。

物理模型实验是分析滩涂形态动力学特征最基本和直接的方法。当前滩涂地貌演变的物理模型实验主要针对开敞式海岸和潟湖环境两种海岸形式（表1-3），也有部分研究河口滩涂演变的物理模型实验（Reynolds, 1889; Tambroni et al., 2005）。

表1-3 国内外现有滩涂物理模型实验汇总

参考文献	海岸种类	水槽尺寸 宽（m）×长（m）	潮差/cm	潮周期/s	模型沙	达到平衡所需时间
Stefanon et al., 2010	潟湖	4.0×5.3	1.0~2.0	480~600	无黏性的人造粗糙材料（$D_{50}=0.8$ mm, $\rho_s=1041$ kg/m³）	5700潮周期
Vlaswinkel and Cantelli, 2011	开敞式	2.5×3.0	4.5	600	粉砂（$D_{50}=0.045$ mm）	480潮周期
Kleinhans et al., 2012	潟湖	1.2×1.2	1.0~3.0	90~180	聚苯乙烯颗粒、砂（$D_{50}=0.48$~0.80 mm, $\rho_s=1055$~2650 kg/m³）	500潮周期
Iwasaki et al., 2013	开敞式	0.8×0.9	0.75	120	聚氯乙烯颗粒（$D_{50}=0.12$ mm, $\rho_s=1480$ kg/m³）	50潮周期
Geng et al., 2020	开敞式	4.2×5.5	5.0	600	木屑（$D_{50}=1.0$ mm, $\rho_s=1122$ kg/m³）	84潮周期

注：D_{50}为中值粒径；ρ_s为颗粒密度。

为了模拟实际海岸的边界条件，许多物理模型通过控制尾门或浮床的运动来施加预设的外海水位变化过程（Stefanon et al., 2010; Vlaswinkel and Cantelli, 2011; Iwasaki et al., 2013; Geng et al., 2020）。由于模型场地尺寸限制，小尺度模型实验往往需要使用变态模型，即水平比尺与竖直比尺不同（Stefanon et al., 2010; Geng et al., 2020），因此，通常会塑造一个比实际滩面更陡峭的初始床坡来描述整个滩涂系统的演化。变态模型放大了重力的影响，增强了潮波变形和不对称性。为了消除这种变态比尺带来的尺度效应，Kleinhans等（2012）使用了一种周期性倾斜的水槽实验装置，以平衡重力对涨潮和落潮的影响。

通过滩涂系统演变物理模型实验，对滩涂系统中潮沟的演变过程和发育机理进行了研究。潮沟演变初期的发育速度很快，其主要驱动力是落潮期间潮沟的溯源侵蚀过程（Stefanon et al., 2010; Vlaswinkel and Cantelli, 2011; Geng et al., 2020），在滩涂系统接近平衡态时演变速度放缓。潮沟的横截面积自海向陆逐渐减小，同时潮沟系统表现出分叉的形态特征。通过改变潮汐动力条件，Stefanon等（2010）认为平均海平面的降低会增加底部侵蚀，使潟湖进一步加深。基于模型中涨潮占优情况与落潮占优情况的对比，Geng等（2020）总结出涨潮优势流更有利于滩涂上部小尺度潮沟分支的形成，而潮沟内持续的落潮优势流会加剧潮沟的摆动并产生更宽的潮沟。

当前滩涂演变物理模型实验重点研究水动力的驱动作用，但由于模型尺度普遍较小、滩涂生物培养困难等原因，针对地下水过程和生物效应方面的模型实验研究较少，是未来滩涂物理模型实验研究的重要发展方向，目前仅在数学模型方面开展了一些研究。

模拟滩涂系统演变的数学模型可以大致分为三种类型：统计模型、元胞自动机模型和基于过程的模型。统计模型，如回归分析模型和马尔可夫（Markov）模型，通常用于物理过程不清晰的情况下，基于实验数据和统计分析建立不同因素之间的关系式。元胞自动机模型是一种可以反演系统复杂行为的模拟方法，适用于研究植物群落的时空动态演替过程。基于对局部小尺度观察结果的数据分析，研究人员能够获得相应的变化规律，并将其纳入元胞自动机模型中，以研究系统的大尺度动态演化（Stevens et al., 2007）。

基于过程的模型是应用最为广泛、研究最为深入的模拟手段。与其他模型相比，其优势在于对不同过程（如潮汐、波浪、地下水和植物生长）的描述通常基于相对清晰的（生物-）物理机制（Fagherazzi et al., 2012）。传统的基于过程的地貌动力学模型通过求解水动力、沉积物输运和地形变化的耦合控制方程，模拟滩涂系统演变（van der Wegen and Roelvink, 2008; Gong et al., 2012; Zhou et al., 2014; Zhao et al., 2021）。水动力驱动沉积物的输运，其空间上的不均匀分布导致滩涂表面高度变化；变化的滩面高度也会影响水动力分布，形成地貌动力学循环。随着对滩涂生态系统及其对水沙输运影响规律的不断了解，越来越多的学者发现，只有将生物效应耦合进传统的地貌动力学模型中，才能更加清楚地解释滩涂的形态演化趋势。

微生物[大多数通过叶绿素 a（chl-a）含量来量化]的丰富程度受水深、光照、温度和流速的影响（Uehlinger et al., 1996; Mariotti and Fagherazzi, 2012），而微生物产生的生物膜会改变泥沙稳定性。例如，Mariotti 和 Fagherazzi（2012）描述了叶绿素 a 含量和泥沙临界侵蚀切应力之间的线性关系，并建立了生物地貌动力学模型，模拟了波流作用下生物泥沙的输运和微生物密度的变化。

底栖动物（如螃蟹）通常被看作一种生物减稳剂，其通过挖洞和觅食扰乱水动力和泥沙沉积过程（杨群慧等，2008; Harvey et al., 2019）。挖洞活动影响表层沉积物的中值粒径，并使沉积物输运更加容易（Widdows and Brinsley, 2002）。大量的洞穴可以减弱波浪并改变水流结构，底栖动物的觅食活动会破坏微生物和盐沼植物，间接影响水动力、沉积物输运和滩涂高程变化（魏佳欣等，2023）。反过来，底栖生物和洞穴密度也受到流速、波高、沉积物中值粒径等因素的影响（周晓等，2006; 赵玉庭等，2021）。

盐沼植被主要发挥着生物稳定作用，在滩涂-盐沼体系的动力地貌学中扮演着重要角色。植物根系能够增强土体的临界侵蚀切应力，进而影响沉积物输运（Mariotti and Fagherazzi, 2010）。盐沼分布、植株高度和生物量密度可以影响消波效果（Möller et al., 2014）。植物茎叶产生的阻力是影响水流速度的关键参数之一；而水动力因素也会影响植被的定植与生长，进而调整滩涂盐沼的演化和分布（Kirwan and Murray, 2007; Belliard et al., 2015; Zhou et al., 2016; Schwarz et al., 2018）。近年来，滩涂生物地貌动力学模型得到了蓬勃发展，滩涂演变数值模拟已经实现了动力、地貌和生物效应的耦合，深化了对盐沼、底栖生物和微生物等滩涂生物效应的理解，但是，在生物效应的定量化描述方面准确度还有待提升。

1.2.3　滩涂资源利用模式

对滩涂资源的利用在世界范围内是人类谋求生存发展的重要手段，但在不同的经济社会发展阶段，对滩涂的利用方式有所差异，一般在发展初期以开发利用为主，在高质量发展阶段则将保护和利用并重。当然，各国也因各自的文化和社会经济差异，会采用各具特色的开发利用模式。

国外滩涂资源开发和利用模式主要包括以沿海经济发展为目标的工农业发展利用模式和以滩涂环境保护为重点的环保产业利用模式，具体包括：开辟盐田，发展盐化工业；围海造地，综合开发农业；发展滩涂水产养殖业；填筑滩涂，开展港城一体建设；观光旅游休闲场所及产业；保护湿地动植物种群，建立滨海自然保护区等（翟金波和田伟君，2010）。典型的如荷兰围垦滩涂，发展园艺业和畜牧业，取得了极大成功；亚非拉的大部分地区利用滩涂，大力发展农业和港口城镇建设，并在气候条件适宜的地区分布有日晒制盐场和海滨旅游地；亚非拉经济发达的沿海国家（地区）的滩涂围海造地工程主要用于建设沿海工业园区，如新加坡、日本、中国香港等地（裘江海和蒋鹏，2005）；韩国1991年开始的新万金围垦工程主要用于产业开发、旅游和城市建设；迪拜依托沿海滩涂资源，建立了数百个人工岛，并发展成为世界著名的旅游胜地（郑雄伟等，2016）。

我国沿海滩涂自然资源丰富多样，主要包括土地资源、生物资源、能源资源、矿产资源、旅游资源、海盐资源、港口资源等（张勇等，2018）。中华人民共和国成立以来，滩涂开发活动逐步由传统的、单一的开发模式向科学、多层次、可持续的开发模式转变（王芳和朱跃华，2009），尤其在滩涂资源丰富的长三角地区，逐步实现了滩涂资源的多目标利用和生态保护。

江苏滩涂开发具有悠久的历史，经历了兴海煮盐、垦荒植棉、围海养殖、临港工业等为主要利用方式的多个阶段，开展了较大规模的滩涂围垦开发活动。自11世纪范公堤修筑以来，共垦殖开发了近3000万亩沿海滩涂，主要以传统的围垦—养垦—种植农业开发模式为主。中华人民共和国成立以来，主要利用方式为围海造地发展大农业、开展养殖等活动，在条件较好的地方则开发建设晒盐场、港口、发展滨海旅游和沿海工业园区等，开发模式趋向多样化（王芳和朱跃华，2009）。2010年以来，江苏沿海滩涂利用主要包括滩涂养殖、港口航运、旅游娱乐、可再生能源发展、保护区建设和城镇建设围海造地等。

浙江经过多年发展，从单一、粗放的经营开发模式，发展为多层次、多领域、多功能的综合开发利用和持续利用的开发理念，合理优化经济效益的同时保持环境的持续发展，加强河口治理、改善通航条件，同时强化了沿海防护林建设、保护了生态海岸，有效地改善沿海地区的生态环境，在完善水利设施、整合滩区资源、发挥政府职能、推动技术进步等方面做出了创新（周一军，2015），并分别针对河口区、开敞海域和海岛地区探索了"新能源基地""人工扩连岛工程"等滩涂资源开发利用新模式（郑雄伟等，2016）。

上海位于长江口、杭州湾交汇处，滩涂湿地是上海最重要的后备土地资源，在上海经济社会发展中具有不可替代的作用。围绕"顺应河势，因地制宜""增加湿地，保护生态""功能多元，适度开发"三大原则，结合长江口特点和综合开发需求，上海市滩涂资源利用遵循了"河势控制利用模式""淡水资源开发利用模式""城市发展空间储备利用模式""生态保护区利用模式"及"深水港口利用模式"五大类利用模式，实现了滩涂资源的可持续利用。

总体而言，长三角滩涂资源利用可概括为七个方面。

1. 增加土地资源

随着长三角地区城市化进程和人口增长的不断加速，对土地资源的需求越来越高。通过对滩涂土地资源进行合理利用和科学规划，可以提高土地的利用率，增加生产生活用地。滩涂土地资源的利用方式非常广泛，如滩涂养殖，建设机场、城市、港口等，促进了地区社会经济的发展。

江苏省滩涂岸线最长，滩涂资源丰富。然而，随着江苏省经济的快速发展和人口基数的持续增长，人均耕地仅 0.93 亩，远低于全国人均 1.41 亩的平均水平，沿海城市人多地少的矛盾日益突出，严重制约了经济的发展。1951～2008 年，江苏省累计匡围滩涂 207 个垦区，总面积 412 万亩，已形成各类农业用地约 209 万亩，其中增加耕地 86 万多亩。根据《江苏省沿海地区发展报告 2020》，2010 年至 2020 年 9 月，滩涂匡围总面积 95.73 万亩，为滩涂养殖、港口航运、城镇建设等提供了重要的土地资源。

上海通过滩涂圈围获得了土地资源，用于机场建设、港口建设、城镇工矿用地、其他建设用地及农用地等。例如，浦东机场促淤圈围工程通过工程促淤，为浦东机场提供了建设用地；南汇东滩促淤圈围工程造地直接为上海空港和洋山深水港服务，是上海建设国际航运中心的重要举措。

浙江省岛屿众多，滩涂利用方式独特，通过围涂和抛坝促淤等填海工程，建成了与大陆相连的近海岛港，例如，岱山北部促淤围垦工程扩连岛的实施，增加了围区面积，减少了海堤长度，节约投资的同时获得了最佳促淤效果，提高了滩涂利用效率。

2. 水资源高效利用

随着长三角地区经济的快速发展，对水资源的需求也越来越大。在这种情况下，滩涂水资源的利用已成为水资源高效利用的重要方式之一。通过对滩涂资源的科学开发和综合利用，不仅能够提高水资源的利用效率，还能够降低水资源的污染风险和保障水生态的健康发展。

上海青草沙水库是滩涂资源利用的成功案例，充分展示了滩涂在水资源保障方面的重要应用。青草沙水库建成后，受益人口超过 1000 万人，供水规模可达 719 万 m^3/d，其规模占全市原水供应总规模的 50%以上。这一经验为其他地区在水资源保障方面的滩涂利用提供了重要的启示，为实现可持续水资源管理和保护提供了有益的借鉴。

浙江省慈溪市滩涂水资源丰富，滩涂水资源的拦蓄问题也得到越来越多的重视。慈溪市通过在滩涂地区修建滩涂水库和河道等蓄水工程来加大滩涂水的拦蓄量，并通过膜技术将海涂水库水淡化、净化后作为工业用水，缓解当地生活、工业用水紧张的现状。滩涂水的成功利用，还将为我国发展湾区经济提供有效的水资源保障。

3. 防灾减灾

滩涂在海岸防灾减灾中具有重要的作用。利用滩涂资源建设海堤、潮汐调节闸、防风林等措施，可以形成一道高效的防灾减灾屏障，有效减轻自然灾害的影响，保护人民生命财产安全。

浙江省宁波市北仑区梅山水道抗超强台风渔业避风锚地工程（简称梅山水道工程），是集防潮防洪、渔业避风、疏港交通、环境治理、滨海旅游等功能于一体的综合型水利工程。该工程建成投用后，区域防潮标准由 20 年一遇提高至 100 年一遇，周边 1.5 万亩农田的排涝标准由 5 年一遇提高至 20 年一遇，周边水生态环境持续改善，形成具有山海特色的海岸旅游景观，受益人口超过 10 万人。

上海市滩涂治理工程一般与上海市海塘防御体系相关联，也是长江口、杭州湾综合整治的组成部分。上海市许多岸段滩涂治理工程采用先促淤后圈围、先高滩后深水、逐步推进、分期圈围的方式，最终形成多道海塘格局。例如，上海市为满足有关大陆海岸线的防汛要求、彻底消除安全隐患，于 2021 年 3 月底正式启动上海石化海堤 200 年一遇达标工程建设，总长 7475 m，在防浪块体、消浪平台、滩涂和芦苇滩等多种海岸防护设施的相互组合和协同作用下，形成了宏伟而壮观的海岸防护屏障，为全区提供更坚实的防汛保障。

4. 港口岸线等交通基础设施

港口是我国经济发展的重要基础。在沿海地理位置优越、气象条件良好、经济腹地发达的滩涂区域建设港口，形成以港口为核心，以经济腹地为依托的临港产业，发展港口经济，是进行滩涂开发、促进社会经济发展的又一重要模式，滩涂资源在交通基础设施建设中发挥着重要作用。

江苏省利用滩涂进行港口建设，主要分布在连云港的连云港区、赣榆港区和徐圩港区，盐城港的滨海港区，南通港的洋口港区、吕四港区和通州湾港区等。到 2020 年，江苏规划沿海岸线长度为 271.5 km，已利用港口岸线 100.5 km，利用率提升为 37.02%，沿海岸线利用率大幅提升。从各港口设施建设程度看，南通港和连云港港岸线开发程度较高，港口设施已利用岸线分别达到 47.4 km 和 29.7 km，占比 58.23% 和 40.30%。

浙江省和上海市作为中国东部沿海发达地区，利用滩涂资源建设了许多交通基础设施，如机场、道路等，促进了交通运输的发展和地区经济的繁荣。以上海浦东国际机场为例，它的建设利用了南汇东滩的滩涂资源，修建了大量的航站楼、跑道、停机坪等设施，为上海及周边地区的航空交通提供了强有力的支撑，有效地提升了地区的经济效益。浙江省利用台州湾滩涂资源，瞄准临海（头门）港区"中心城市港口、工业港和旅游港"的"三港"定位，通过海门港区功能的逐步外延和转移，实现海门港的河口港向临海（头门）港区海港的转变，实现台州城市的东扩。

5. 生态服务

滩涂湿地地处海陆交界，具有多种生态服务功能，如生物多样性保护、海岸侵蚀防护、污染物降解、碳汇功能、水源涵养等，对人类社会和生态环境都起到重要作用。以下是滩涂资源的一些典型生态服务功能。

生物多样性保护：滩涂是独特的生态系统，为许多珍稀濒危物种提供了栖息地和繁殖场所。滩涂湿地是候鸟迁徙的重要站点，如崇明东滩等，吸引了大量鸟类、鱼类、贝类、藻类等生物的栖息和繁衍。通过保护滩涂资源，可以维护和恢复生物多样性，维持生态平衡和生态系统的稳定性。

海岸侵蚀防护：滩涂盐沼植被和地貌结构能够减缓海浪和潮流的冲击，形成自然的防护屏障，减少海岸侵蚀的发生。

污染物降解：滩涂植物和微生物能够吸附、降解和转化污染物，包括重金属、有机物和营养物质等。滩涂湿地作为自然的过滤器和生物降解系统，可以改善水质、净化环境，起到污染物处理和修复的作用。

碳汇功能：滩涂在气候调节和气体循环方面具有重要作用。滩涂盐沼植被通过光合作用吸收二氧化碳并释放氧气，有助于缓解温室效应和气候变化。此外，滩涂还能够调节气温、湿度和风速，缓解城市热岛效应，维持地区的气候舒适度。

水源涵养：滩涂能够吸收和储存大量的水分，具有水源涵养的功能。滩涂湿地在降雨期间可以储存雨水，并逐渐释放，维持河流和湖泊的水量平衡，这对于维护水资源的可持续供应和防治水灾具有重要意义。

6. 生活休闲

由于生活水平的提高，人们逐渐注重生活品质和生活休闲，因此，生活休闲也成了滩涂资源利用的重要方面，典型的案例有上海的奉贤碧海金沙和南通恒大海上威尼斯。

碧海金沙景区地处上海市奉贤区海湾旅游区（图 1-4），景区总面积达 2.81 km²，沙滩面积为 1.3 km²，其中包括 30 m 宽的海边树林、50 m 宽的金色沙滩，海水通过闸门引入海水沉淀区，经 24 h 泥沙沉淀和除菌治污，达到防疫部门检验标准后引入中区海滨泳场。2007 年，被国家水利部命名为"国家级水利风景区"，2008 年 10 月被评定为国家"4A级旅游景区"，2014 年被评为上海市"著名商标"。

南通恒大海上威尼斯通过围堤筑坝，过滤黄沙获得一池碧水，打造了 3.5 km 蔚蓝海岸（图 1-5），再通过移植海南原版细致柔软白沙，铺设至原来的淤泥岸滩上，真正做到了碧海银沙。海滩综合了海上餐厅、游艇俱乐部、沙滩运动区、无边游泳池等项目，同时，海滩的文化风景区设有沙滩瑜伽、沙滩婚礼、影视拍摄、篝火晚会、沙滩烧烤、节假日风情表演等项目，提供了人们生活休闲的场所。

图1-4　上海市奉贤区碧海金沙景区

图1-5　南通恒大海上威尼斯

7. 自然保护

滩涂资源的利用为社会发展带来了丰富的物质和文化资源,带动了沿海经济的开发,改善了人民生活。但是,由于不合理的开发和利用,某些地区滩涂生态环境受到破坏,生态系统失衡。在这种情况下,滩涂保护的重要性日益凸显。通过建立保护区和保留区,可以实现对滩涂生态环境的保护与修复,使其能够更好地为自然生态和社会经济发展作出贡献。

保护区是指对河口防洪（潮）安全、河势稳定、供水安全、水生态环境保护等至关重要而不能开发利用的河口海岸滩涂，也包括各类自然保护区和其他需要特殊保护的区域。保留区是指对河口防洪（潮）安全、河势稳定、供水安全、水生态环境保护影响不明确，或目前尚不具备开发利用条件的河口海岸滩涂。长三角地区滩涂资源保护区共计 45 个，面积为 2395.59 km^2；保留区共计 42 个，面积为 2601.45 km^2。

滩涂自然保护区和旅游地多有重合，很多旅游胜地原本就是滩涂自然保护区，因此通常采用自然保护和旅游开发相结合的综合开发模式。该模式以江苏盐城湿地珍禽国家级自然保护区（又称盐城生物圈保护区）、大丰麋鹿国家级自然保护区为代表。江苏盐城湿地珍禽国家级自然保护区由核心区、缓冲区、试验区三部分组成，是我国环境保护系统一个大型的鹤类自然保护区。大丰麋鹿国家级自然保护区水网纵横、植被繁茂，是麋鹿的重要栖息地，是太平洋西岸保护最完好的半原始湿地。这 2 个相接重合的保护区野生丹顶鹤和麋鹿种群数分别占世界总数的 60%、25%，均被列入世界重要湿地名录。

使用滩涂作为保护区的另一个典型案例是上海崇明东滩鸟类国家级自然保护区，该保护区位于低位冲积岛屿——崇明岛东端的崇明东滩的核心部分，面积约 32600 hm^2，约占上海市湿地总面积的 7.8%，主要保护对象为水鸟和湿地生态系统。区内有众多的农田、鱼塘、蟹塘和芦苇塘，沼生植被繁茂，底栖动物丰富，是亚太地区春秋季节候鸟迁徙极好的停歇地和驿站，也是候鸟的重要越冬地，是世界为数不多的野生鸟类集居、栖息地之一。

1.2.4 滩涂保护与生态修复

根据滩涂受损程度，滩涂生态恢复可分为主动恢复及被动修复。其中，主动恢复指在滩涂受损不超过其负荷且可逆的情况下，滩涂内部生态系统自然恢复的过程；被动修复指在滩涂受损较严重且不可逆的情况下，利用生态技术或生态工程进行人为修复或重建滩涂的过程（张明亮，2022）。国际生态协会出版的国际生态恢复实践标准中也提到，生态修复核心技术有以下四类（"4Re"）：①恢复（recovery），即在生态系统破坏轻微或自然恢复潜力较高时，可依靠生态系统自身实现自然恢复；②修复（restoration），即需采用人为干预手段对原有受到破坏或者发生退化的生态系统进行修复；③替换（replacement），即在原有生态系统已不可恢复时，通过选择和建立另外一种生态系统来代替；④重建（reconstruction），即选择合适的区域进行生态系统的人工重建（Gann et al.，2019；陈一宁等，2020）。在具体修复项目中，尤其是有不同程度退化区域的地点，可以结合应用多种修复技术。

根据拟要修复的对象，滩涂生态恢复可以分为生境恢复技术及生物资源恢复技术（江文斌，2020）。生境恢复技术可以分为基底改造、水生态恢复和土壤理化性质恢复：①基底改造技术是指采用工程措施改造湿地地形地貌，达到减少滩面水土流失、促进本土植物生长繁殖和抵御海岸带侵蚀等目的。②水生态恢复技术可根据工程措施的不同，分为水质修复与水文恢复两类。水质修复是指人为采取各种水体净化措施和污水处理技术控制水体富营养化、消除水体有害微生物和净化水体的技术。水文恢复是指通过疏浚河道、建造水坝和修筑引水渠等人工措施改善区域湿地水文水动力条件，加强水文连通并重建湿地生态水平衡的技术。③土壤理化性质恢复是指通过增强土壤肥力、改良滨海盐碱土和降低土壤污染等技术修复受损土壤，重建湿地生物多样性的技术。

生物资源恢复技术是指利用生态系统中的生物（动植物或微生物）降低湿地污染物浓度，并使其恢复到自然生态水平的过程。现有生物修复主要包括植物修复技术、微生物修复技术和植物-微生物联合修复技术：①植物修复技术主要有两种不同方式，一种是基于生境恢复技术，利用植物自身对污染物的吸收、降解、挥发和富集等作用，修复湿地水生态环境或土壤理化性质，构建湿地植被适宜生境，恢复原有湿地斑块及群落组成（Mitsch and Wang, 2000）；另一种是基于植物物种选育和移栽技术，通过人工播撒种子或引入其他繁殖体（幼苗、根茎）的方式，优化盐地碱蓬、芦苇等植被群落结构（刘帅等，2020；管博等，2011）。②微生物修复技术是指土壤中土著菌或人工培养菌落，通过微生物的降解作用将土壤中有毒污染物转化为无毒物质的过程。③植物-微生物联合修复技术主要针对上述两种单一方式的优缺点，进行有机结合，通过在野外种植大面积植被，并添加各类促进生物降解、植物生长和植被修复的微生物，可最大程度地发挥植物-微生物对受损湿地的联合修复作用（张明亮，2022）。

此外，滩涂湿地的修复尺度逐渐增大，从小范围、单一群落、单一生境的小尺度修复逐渐过渡到大范围、复合群落、复杂生境的大尺度修复，同时也从单一国家或地区发展到多个国家或地区共同合作开展。在此基础上，随着生态修复工程的不断开展，滩涂湿地修复理论研究也从原先的简单、相对独立、不完整，开始相互融合交叉，并逐步发展为成熟的系统化研究，开始往相对较复杂的水文修复及系统化方向发展（江文斌，2020）。

以具体生态修复工程为例分别介绍国内外的滩涂保护与生态修复发展情况。

1. 国外生态修复技术发展

国际上，欧美发达国家在修复工程技术措施上的研究开展得较早，生态修复技术研究基本已实现从单一到复杂的发展。

水动力的恢复或改善是滩涂湿地生态修复的一个基础环节，可为生态环境提供营养物质输运等。例如美国于1998年在Delaware湾开展了以"水动力恢复"为主的滩涂湿地生态修复工程，通过堤坝开口、主次级潮沟开挖等工作恢复湿地内的水文潮汐过程，最终成功恢复盐沼植被（Teal and Weishar, 2005）。西班牙于2000年在Guadalquivir河口滩涂湿地修复过程中，采用多角度全面修复措施来恢复湿地的潮流泥沙过程、生物与生境多样化恢复等。比利时于2005年在Schelde河口开展了"潮汐减控系统"工程及芦苇植被恢复工程，通过在较矮的外堤上建造水闸系统并开挖潮汐通道，人为改善控制河口盐沼湿地的水文条件，恢复了受损的芦苇湿地植被景观格局（Cox et al., 2006; Maris et al., 2007）。

2. 国内生态修复技术发展

我国早期对于滩涂湿地生态的修复工作大多采用相对简单的湿地植被恢复技术及其

对应的基底修复技术，近年来开始尝试采用水文修复、生境恢复、生物资源恢复等多项修复技术结合的形式。在我国滩涂湿地中，红树林和盐沼分布范围较广，两者除了其重要的生态服务价值，也提供了一定的海岸防护功能，因此针对这两类滩涂湿地的修复、重建和恢复工程较多（陈一宁等，2020）。

目前，我国已经开展了一系列以造林技术为核心的红树林生态系统修复工程，即通过在合适的滩涂环境中种植红树林来恢复生态系统（彭逸生等，2008）。在多年的红树林修复工作实践中发现，红树林能否成功定植与环境参数密切相关，如滩涂高程（淹没时间）、盐度、水动力强度等（卢昌义和林鹏，1990；陈鹭真等，2005）。为从更加精细化的角度来探究红树林修复与沉积动力过程之间的相关性、判断适宜红树林幼苗定植生长的生物地貌关键参数，近年来研究人员开始在红树林区生物地貌学观测中应用高精度的SET组网观测、高分辨率声学流速剖面观测以及基于光学的垂向浊度剖面观测等（Chang et al., 2019; Fu et al., 2018）。

在长江口崇明东滩、南汇东滩等地已经开展了许多滨海盐沼生态系统修复工作，主要技术手段为利用围堰后淹水来消除并防治外来物种互花米草，并进行本地种的移植和种植等（Li et al., 2014；胡忠健等，2016；袁琳等，2008；陶燕东等，2018）。辽宁兴城翅碱蓬滩涂开展了采用水文修复、植被修复、底质条件修复、沙蚕生物资源恢复多项修复技术组合的滨海湿地生态修复工作（江文斌，2020）。江苏盐城沿海滩涂湿地在生态修复过程中所采用的修复类型主要有四类：护岸修复、生态系统修复、环境修复和产业修复（陈洪全和张华兵，2016）。

1.2.5 研究趋势与主要研究内容

（1）滩涂动力-泥沙-地貌-生态耦合演变过程与生态恢复机理研究需深入。在不断发展的滩涂观测与模拟技术支撑下，对滩涂动力-泥沙-地貌耦合过程的认识不断加深，但由于对泥沙生物效应的定量化描述准确度还不够，针对滩涂水沙-生物过程耦合机制的研究大多仍停留在定性分析层面，亟须研究大规模人类活动影响下滩涂系统的演变机制，并提出受损滩涂的生态修复技术。

（2）滩涂利用与生态保护的协同作用机制研究需深入。我国滩涂开发利用与生态保护之间的矛盾长期存在，近年来虽然采取了法规约束、规划调整、产业退出等应对策略，但是矛盾问题未得到根本解决，主要原因是滩涂系统内部各因子影响关系复杂，滩涂利用与生态保护的协同机制尚未明确，导致无法精准识别滩涂生态系统主控胁迫因子，难以制定科学高效的协同优化调整策略。

（3）滩涂资源多目标综合利用模式理论支撑需加强。目前主要从滩涂利用的需求出发，提出滩涂资源利用模式，对资源利用的环境风险评价水平偏低，对多目标综合利用的评价方式较为缺乏，评价体系不完善，对滩涂生态系统的响应和社会影响反馈效应考虑不足，相关指标选取、权重选取的主观性较强，多目标综合利用的科学性不高，带来滩涂资源利用环境风险的不确定性。

（4）滩涂岸线绿色利用及保护修复技术体系需完善。尽管我国已实施了一系列海岸带保护修复工程，但现有工程技术大多注重滩涂侵蚀防控功能或者片面强调环境景观改造，对生态服务功能内涵和提升措施考虑不足，尚未形成滩涂岸线全域绿色利用和生态修复技术体系，在滩涂生境优化、自然修复和生态岸堤构建等方面还有待发展和创新。

按照统筹山水林田湖草沙一体化保护和修复的思路，出台了《全国重要生态系统保护和修复重大工程总体规划（2021—2035 年）》（以下简称"双重"规划），指出当前生态保护和修复支撑体系中存在的一些问题，比如生态保护和修复治理技术及模式单一，生态修复系统性和整体性不足；跨平台、多尺度、多学科信息融合力度不足；生态安全风险预测预警能力相对欠缺。为此，"双重"规划强调了生态保护和修复关键技术的突破方向，加强陆海统筹，持续推动红树林、盐沼湿地和砂质岸线等海洋生态保护修复技术，以及生态系统减灾功能和效益研究，开展重大海洋生态修复工程效果评价与监管技术研究。"双碳目标"也提出要推动海洋及海岸带等生态保护修复与适应气候变化协同增效。

参 考 文 献

陈才俊. 1991. 江苏淤长型淤泥质潮滩的剖面发育[J]. 海洋与湖沼, 22(4): 360-368.

陈洪全, 张华兵. 2016. 江苏盐城沿海滩涂湿地生态修复研究[J]. 海洋湖沼通报, (4): 43-49.

陈君, 王义刚, 蔡辉. 2010. 江苏沿海潮滩剖面特征研究[J]. 海洋工程, 28(4): 90-96.

陈可锋, 曾成杰, 王乃瑞, 等. 2020. 南黄海大型潮汐水道动力地貌环境对人类活动响应——以小庙洪水道为例[J]. 水科学进展, 31(4): 514-523.

陈鹭真, 王文卿, 林鹏. 2005. 潮汐淹水时间对秋茄幼苗生长的影响[J]. 海洋学报, 27(2): 141-147.

陈一宁, 陈鹭真, 蔡廷禄, 等. 2020. 滨海湿地生物地貌学进展及在生态修复中的应用展望[J]. 海洋与湖沼, 51(5): 1055-1065.

高抒, 朱大奎. 1988. 江苏淤泥质海岸剖面的初步研究[J]. 南京大学学报(自然科学版), 24(1): 75-84.

龚政, 靳闯, 张长宽, 等. 2014. 江苏淤泥质潮滩剖面演变现场观测[J]. 水科学进展, 25(6): 880-887.

龚政, 石磊, 靳闯, 等. 2021. 江苏中部潮滩长期演变规律及其受米草生长影响[J]. 水科学进展, 32(4): 618-626.

管博, 于君宝, 陆兆华, 等. 2011. 黄河三角洲重度退化滨海湿地盐地碱蓬的生态修复效果[J]. 生态学报, 31(17): 4835-4840.

哈长伟, 陈沈良, 张文祥, 等. 2009. 江苏吕四海岸沉积动力特征及侵蚀过程[J]. 海洋通报, 28(3): 53-61.

韩震, 恽才兴. 2003. 伶仃洋大铲湾潮滩冲淤遥感反演研究[J]. 海洋学报, 25(5): 58-64.

韩震, 恽才兴, 戴志军, 等. 2009. 淤泥质潮滩高程及冲淤变化遥感定量反演方法研究——以长江口崇明东滩为例[J]. 海洋湖沼通报, (1): 12-18.

胡忠健, 马强, 曹浩冰, 等. 2016. 长江口滨海湿地原生海三棱藨草种群恢复的实验研究[J]. 生态科学, 35(5): 1-7.

江文斌. 2020. 滨海盐沼湿地生态修复技术及应用研究[D]. 大连: 大连理工大学.

李国林, 冯凌旋, 崔冬. 2018. 上海市滩涂资源开发利用与保护设想[J]. 水利规划与设计, (4): 8-11.

刘帅, 魏海峰, 刘长发, 等. 2020. 盘锦红海滩翅碱蓬现场生态修复研究[J]. 中国野生植物资源, 39(6): 1-4, 10.

刘小喜, 陈沈良, 蒋超, 等. 2014. 苏北废黄河三角洲海岸侵蚀脆弱性评估[J]. 地理学报, 69(5): 607-618.

刘秀娟, 高抒, 汪亚平. 2010. 淤长型潮滩剖面形态演变模拟: 以江苏中部海岸为例[J]. 地球科学: 中国地质大学学报, 35(4): 542-550.

刘英文. 2012. 基于 RTK-GPS 现场观测的崇明东滩冲淤变化研究[D]. 上海: 华东师范大学.

卢昌义, 林鹏. 1990. 秋茄红树林的造林技术及其生态学原理[J]. 厦门大学学报(自然科学版), (6): 694-698.

彭逸生, 周炎武, 陈桂珠. 2008. 红树林湿地恢复研究进展[J]. 生态学报, 28(2): 786-797.

钱伟伟. 2016. 基于三维激光扫描系统的崇明东滩潮滩地形测量研究[D]. 上海: 华东师范大学.

裴江海, 蒋鹏. 2005. 国内外滩涂开发与研究进展[J]. 浙江水利科技, (3): 12-14.

任美锷. 1989. 人类活动对中国北部海岸带地貌和沉积作用的影响[J]. 地理科学, (1): 1-7.

上海市水务局. 2021. 上海市滩涂资源公报[R]. 上海: 上海市水务局.

沈芳, 邵昂, 吴建平, 等. 2008. 淤泥质潮滩水边线提取的遥感研究及 DEM 构建——以长江口九段沙为例[J]. 测绘学报, 37(1): 102-107.

史本伟. 2012. 长江口崇明东滩盐沼——光滩过渡带沉积动力过程研究[D]. 上海: 华东师范大学.

陶建峰, 张长宽, 姚静. 2011. 江苏沿海大规模围垦对近海潮汐潮流的影响[J]. 河海大学学报(自然科学版), 39(2): 225-230.

陶燕东, 钟胜财, 历成伟, 等. 2018. 南汇东滩湿地海三棱藨草的生态修复效果研究[J]. 海洋湖沼通报, (5): 40-49.

汪亚平, 高抒, 张忍顺. 1998. 论盐沼-潮沟系统的地貌动力响应[J]. 科学通报, 21: 2315-2320.

汪垚, 谢婕. 2021. 粉砂淤泥质潮滩对于波浪作用的响应[J]. 港工技术, 58(2): 1-8.

王芳, 朱跃华. 2009. 江苏省沿海滩涂资源开发模式及其适宜性评价[J]. 资源科学, 31(4): 619-628.

王如生, 杨世伦, 罗向欣, 等. 2015. 近 30 年长江北支口门附近的冲淤演变及其对人类活动的响应[J]. 华东师范大学学报(自然科学版), (4): 34-41.

王颖. 2013. 中国海洋地理[M]. 北京: 科学出版社.

魏佳欣, 龚政, 葛冉, 等. 2023. 潮滩底栖动物对泥沙运动的影响研究进展[J]. 泥沙研究, 48(1): 73-80.

徐孟飘, 东培华, 马骏, 等. 2021. 大小潮作用对潮滩沉积物层理影响的数值模拟研究[J]. 海洋学报, 43(10): 70-80.

杨群慧, 周怀阳, 季福武, 等. 2008. 海底生物扰动作用及其对沉积过程和记录的影响[J]. 地球科学进展, 23(9): 932-941.

杨晓焱, 高华喜, 倪俊, 等. 2010. 浙江省滩涂资源现状及开发利用对策探讨[J]. 中国水运(下半月), 10(4): 62-63.

袁琳, 张利权, 肖德荣, 等. 2008. 刈割与水位调节集成技术控制互花米草(Spartina alterniflora)[J]. 生态学报, (11): 5723-5730.

翟金波, 田伟君. 2010. 滨海滩涂资源的开发历程及主要利用模式分析[J]. 安徽农业科学, 38(19): 10186-10188.

张明亮. 2022. 滨海盐沼湿地退化机制及生态修复技术研究进展[J]. 大连海洋大学学报, 37(4): 539-549.

张勇, 徐国华, 渠慎春, 等. 2018. 沿海滩涂开发利用模式与创新途径[J]. 江苏农业科学, 46(12): 266-271.

张长宽, 陈君, 林康, 等. 2011. 江苏沿海滩涂围垦空间布局研究[J]. 河海大学学报(自然科学版), 39(2): 206-212.

章可奇, 金庆祥, 王宝灿. 1994. 杭州湾北岸张家库潮滩动态系统的频谱分析[J]. 海洋与湖沼, 25(4):

446-451.

赵玉庭, 由丽萍, 马元庆, 等. 2021. 莱州湾沉积物粒度与大型底栖生物群落关系的初步分析[J]. 海洋通报, 40(1): 84-91.

郑雄伟, 曾甄, 王开放. 2016. 浙江省滩涂资源开发利用新模式展望[J]. 浙江水利科技, 44(4): 5-8.

郑宗生, 周云轩, 蒋雪中, 等. 2007. 崇明东滩水边线信息提取与潮滩 DEM 的建立[J]. 遥感技术与应用, 22(1): 35-38+94.

周曾, 陈雷, 林伟波, 等. 2021. 盐沼潮滩生物动力地貌演变研究进展[J]. 水科学进展, 32(3): 470-484.

周晓, 王天厚, 葛振鸣, 等. 2006. 长江口九段沙湿地不同生境中大型底栖动物群落结构特征分析[J]. 生物多样性, (2): 165-171.

周一军. 2015. 浙江沿海地区滩涂资源特点与开发利用模式[J]. 建筑知识: 学术刊, 35(1): 366.

周毅, 杨红生, 毛玉泽, 等. 2003. 桑沟湾栉孔扇贝生物沉积的现场测定[J]. 动物学杂志, 38(4): 40-44.

Anthony E J, Dolique F, Gardel A, et al. 2008. Nearshore intertidal topography and topographic-forcing mechanisms of an Amazon-derived mud bank in French Guiana[J]. Continental Shelf Research, 28(6): 813-822.

Belliard J P, Toffolon M, Carniello L, et al. 2015. An ecogeomorphic model of tidal channel initiation and elaboration in progressive marsh accretional contexts[J]. Journal of Geophysical Research: Earth Surface, 120(6): 1040-1064.

Betbeder J, Rapinel S, Corgne S, et al. 2015. TerraSAR-X dual-pol time-series for mapping of wetland vegetation[J]. ISPRS Journal of Photogrammetry and Remote Sensing, 107: 90-98.

Cahoon D R, McKee K L, Morris J T. 2021. How plants influence resilience of salt marsh and mangrove wetlands to sea-level rise[J]. Estuaries and Coasts, 44(4): 883-898.

Chang Y, Chen Y, Li Y. 2019. Flow modification associated with mangrove trees in a macro-tidal flat, Southern China[J]. Acta Oceanologica Sinica, 38(2): 1-10.

Chen X D, Zhang C K, Paterson D M, et al. 2017. Hindered erosion: The biological mediation of noncohesive sediment behavior[J]. Water Resources Research, 53(6): 4787-4801.

Ciutat A, Widdows J, Pope N D. 2007. Effect of *Cerastoderma edule* density on near-bed hydrodynamics and stability of cohesive muddy sediments[J]. Journal of Experimental Marine Biology and Ecology, 346(1-2): 114-126.

Coco G, Zhou Z, van Maanen B, et al. 2013. Morphodynamics of tidal networks: Advances and challenges[J]. Marine Geology, 346: 1-16.

Cox T, Maris T, De Vleeschauwer P, et al. 2006. Flood control areas as an opportunity to restore estuarine habitat[J]. Ecological Engineering, 28(1): 55-63.

Dai W, Li H, Chen X, et al. 2020. Saltmarsh expansion in response to morphodynamic evolution: Field observations in the Jiangsu Coast using UAV[J]. Journal of Coastal Research, 95(sp1): 433-437.

D'Alpaos A, Marani M. 2016. Reading the signatures of biologic-geomorphic feedbacks in salt-marsh landscapes[J]. Advances in Water Resources, 93: 265-275.

Fagherazzi S, Kirwan M L, Mudd S M, et al. 2012. Numerical models of salt marsh evolution: Ecological, geomorphic, and climatic factors[J]. Reviews of Geophysics, 50(1): RG1002.

Flemming H. 2011. The perfect slime[J]. Colloids and Surfaces B: Biointerfaces, 86(2): 251-259.

Fu H, Wang W, Ma W, et al. 2018. Differential in surface elevation change across mangrove forests in the intertidal zone[J]. Estuarine Coastal and Shelf Science, 207: 203-208.

Gann G D, McDonald T, Walder B, et al. 2019. International principles and standards for the practice of ecological restoration[J]. Restoration Ecology, 27(S1): S1-S46.

Gao S. 1998. Equilibrium coastal profiles: I. Review and synthesis[J]. Journal of Oceanology and Limnology, (2): 97-107.

Geng L, D'Alpaos A, Sgarabotto A, et al. 2021. Intertwined eco-morphodynamic evolution of salt marshes and emerging tidal channel networks[J]. Water Resources Research, 57(11): e2021WR030840.

Geng L, Gong Z, Zhou Z, et al. 2020. Assessing the relative contributions of the flood tide and the ebb tide to tidal channel network dynamics[J]. Earth Surface Processes and Landforms, 45(1): 237-250.

Gong Z, Jin C, Zhang C, et al. 2017. Temporal and spatial morphological variations along a cross-shore intertidal profile, Jiangsu, China[J]. Continental Shelf Research, 144: 1-9.

Gong Z, Wang Z, Stive M J F, et al. 2012. Process-based morphodynamic modeling of a schematized mudflat dominated by a long-shore tidal current at the central Jiangsu coast, China[J]. Journal of Coastal Research, 28(6): 1381-1392.

Harvey G L, Henshaw A J, Brasington J E, et al. 2019. Burrowing invasive species: An unquantified erosion risk at the aquatic-terrestrial interface[J]. Reviews of Geophysics, 57(3): 1018-1036.

Hu Z, Lenting W, van der Wal D, et al. 2015. Continuous monitoring bed-level dynamics on an intertidal flat: Introducing novel, stand-alone high-resolution SED-sensors[J]. Geomorphology, 245: 223-230.

Iwasaki T, Shimizu Y, Kimura I. 2013. Modelling of the initiation and development of tidal creek networks[J]. Maritime Engineering, 166(2): 76-88.

Jin C, Gong Z, Shi L, et al. 2022. Medium-term observations of salt marsh morphodynamics[J]. Frontiers in Marine Science, 9: 988240.

Jung R, Adolph W, Ehlers M, et al. 2015. A multi-sensor approach for detecting the different land covers of tidal flats in the German Wadden Sea — A case study at Norderney[J]. Remote Sensing of Environment, 170: 188-202.

Kang Y, Ding X, Xu F, et al. 2017. Topographic mapping on large-scale tidal flats with an iterative approach on the waterline method[J]. Estuarine, Coastal and Shelf Science, 190: 11-22.

Kirwan M L, Murray A B. 2007. A coupled geomorphic and ecological model of tidal marsh evolution[J]. Proceedings of the National Academy of Sciences of the United States of America, 104(15): 6118-6122.

Kleinhans M G, van der Vegt M, van Scheltinga R T, et al. 2012. Turning the tide: Experimental creation of tidal channel networks and ebb deltas[J]. Netherlands Journal of Geosciences, 91(3): 311-323.

Lee H J, Jo H R, Chu Y S, et al. 2004. Sediment transport on macrotidal flats in Garolim Bay, west coast of Korea: significance Significance of wind waves and asymmetry of tidal currents[J]. Continental Shelf Research, 24(7-8): 821-832.

Lee Y K, Park W, Choi J K, et al. 2011. Assessment of TerraSAR-X for mapping salt marsh[C]//Vancouver: International Geoscience and Remote Sensing Symposium, IEEE.

Li H, Gong Z, Dai W, et al. 2018. Feasibility of elevation mapping in muddy tidal flats by remotely sensed moisture (RSM) method[J]. Journal of Coastal Research, 85: 291-295.

Li H, Cutler M, Zhang D, et al. 2022. Retrieval of tidal flat elevation based on remotely sensed moisture approach[J]. IEEE Journal of Selected Topics in Applied Earth Observations and Remote Sensing, 15:

5357-5370.

Li X, Ren L, Liu Y, et al. 2014. The impact of the change in vegetation structure on the ecological functions of salt marshes: The example of the Yangtze Estuary[J]. Regional Environmental Change, 14(2): 623-632.

Lipcius R, Matthews D, Shaw L, et al. 2021. Facilitation between ecosystem engineers, salt marsh grass and mussels, produces pattern formation on salt marsh shorelines[J]. bioRxiv, 439864.

Liu X J, Gao S, Wang Y P. 2011. Modeling profile shape evolution for accreting tidal flats composed of mud and sand: A case study of the central Jiangsu coast, China[J]. Continental Shelf Research, 31(16): 1750-1760.

Liu Y, Li M, Mao L, et al. 2013. Toward a method of constructing tidal flat digital elevation models with MODIS and medium-resolution satellite images[J]. Journal of Coastal Research, 29(2): 438-448.

Liu Y, Li M C, Cheng L, et al. 2012. Topographic mapping of offshore sandbank tidal flats using the waterline detection method: A case study on the Dongsha sandbank of Jiangsu radial tidal sand ridges, China[J]. Marine Geodesy, 35(4): 362-378.

Lovelock C E, Adame M F, Bennion V, et al. 2014. Contemporary rates of carbon sequestration through vertical accretion of sediments in mangrove forests and saltmarshes of South East Queensland, Australia[J]. Estuaries and Coasts, 37: 763-771.

Lovelock C E, Bennion V, Grinham A, et al. 2011. The role of surface and subsurface processes in keeping pace with sea level rise in intertidal wetlands of Moreton Bay, Queensland, Australia[J]. Ecosystems, 14(5): 745-757.

Lumborg U, Andersen T J, Pejrup M. 2006. The effect of *Hydrobia ulvae* and microphytobenthos on cohesive sediment dynamics on an intertidal mudflat described by means of numerical modelling[J]. Estuarine, Coastal and Shelf Science, 68(1-2): 208-220.

Marani M, D'Alpaos A, Lanzoni S, et al. 2010. The importance of being coupled: Stable states and catastrophic shifts in tidal biomorphodynamics[J]. Journal of Geophysical Research: Earth Surface, 115(F4).

Mariotti G, Fagherazzi S. 2010. A numerical model for the coupled long-term evolution of salt marshes and tidal flats[J]. Journal of Geophysical Research: Earth Surface, 115(F1): F01004.

Mariotti G, Fagherazzi S. 2012. Modeling the effect of tides and waves on benthic biofilms[J]. Journal of Geophysical Research: Biogeosciences, 117(G4): G04010.

Maris T, Cox T, Temmerman S, et al. 2007. Tuning the tide: Creating ecological conditions for tidal marsh development in a flood control area[J]. Hydrobiologia, 588(1): 31-43.

Mason D C, Scott T R, Dance S L. 2010. Remote sensing of intertidal morphological change in Morecambe Bay, U. K. between 1991 and 2007[J]. Estuarine, Coastal and Shelf Science, 87(3): 487-496.

Mitsch W J, Wang N. 2000. Large-scale coastal wetland restoration on the Laurentian Great Lakes: Determining the potential for water quality improvement[J]. Ecological Engineering, 15(3-4): 267-282.

Möller I, Kudella M, Rupprecht F, et al. 2014. Wave attenuation over coastal salt marshes under storm surge conditions[J]. Nature Geoscience, 7(10): 727-731.

Mudd S M, D'Alpaos A, Morris J T. 2010. How does vegetation affect sedimentation on tidal marshes? Investigating particle capture and hydrodynamic controls on biologically mediated sedimentation[J]. Journal of Geophysical Research: Earth Surface, 115(F3).

Naylor L A, Viles H A, Carter N E A. 2002. Biogeomorphology revisited: Looking towards the future[J]. Geomorphology, 47(1): 3-14.

Nie S, Wang C, Xi X, et al. 2018. Estimating the height of wetland vegetation using airborne discrete-return LiDAR data[J]. Optik, 154: 267-274.

Nielsen P. 1992. Coastal Bottom Boundary Layers and Sediment Transport[M]. Singapore: World Scientific.

O'Brien D J, Whitehouse R J S, Cramp A. 2000. The cyclic development of a macrotidal mudflat on varying timescales[J]. Continental Shelf Research, 20(12-13): 1593-1619.

Orvain F, De Crignis M, Guizien K, et al. 2014. Tidal and seasonal effects on the short-term temporal patterns of bacteria, microphytobenthos and exopolymers in natural intertidal biofilms (Brouage, France)[J]. Journal of Sea Research, 92: 6-18.

Orvain F, Le Hir P, Sauriau P G, et al. 2012. Modelling the effects of macrofauna on sediment transport and bed elevation: Application over a cross-shore mudflat profile and model validation[J]. Estuarine, Coastal and Shelf Science, 108: 64-75.

Pritchard D, Hogg A J, Roberts W. 2002. Morphological modelling of intertidal mudflats: The role of cross-shore tidal currents[J]. Continental Shelf Research, 22(11-13): 1887-1895.

Reynolds O. 1889. Report of the Committee Appointed to Investigate the Action of Waves and Currents on the Beds and Foreshores of Estuaries by Means of Working Models[M]. British Association Report, Technical Report 1. Cambridge: Cambridge University Press.

Ryu J H, Kim C H, Lee Y K, et al. 2008. Detecting the intertidal morphologic change using satellite data[J]. Estuarine, Coastal and Shelf Science, 78(4): 623-632.

Schwarz C, Gourgue O, van Belzen J, et al. 2018. Self-organization of a biogeomorphic landscape controlled by plant life-history traits[J]. Nature Geoscience, 11(9): 672-677.

Stefanon L, Carniello L, D'Alpaos A, et al. 2010. Experimental analysis of tidal network growth and development[J]. Continental Shelf Research, 30(8): 950-962.

Stevens D, Dragicevic S, Rothley K. 2007. iCity: A GIS-CA modelling tool for urban planning and decision making[J]. Environmental Modelling and Software, 22(6): 761-773.

Stive M, Wang Z, Roul P, et al. 1998. Morphodynamics of a tidal lagoon and adjacent coast [C]. 8th International Biennial Conference on Physics of Estuaries and Coastal Seas.

Tambroni N, Bolla Pittaluga M, Seminara G. 2005. Laboratory observations of the morphodynamic evolution of tidal channels and tidal inlets[J]. Journal of Geophysical Research, 110(F4): F04009.

Teal J M, Weishar L. 2005. Ecological engineering, adaptive management, and restoration management in Delaware Bay salt marsh restoration[J]. Ecological Engineering, 25(3): 304-314.

Uehlinger U R S, Bührer H, Reichert P. 1996. Periphyton dynamics in a floodprone prealpine river: Evaluation of significant processes by modelling[J]. Freshwater Biology, 36(2): 249-263.

van der Wegen M, Roelvink J A. 2008. Long-term morphodynamic evolution of a tidal embayment using a two-dimensional, process-based model[J]. Journal of Geophysical Research: Oceans, 113(C3): C03016.

van Goor M A, Zitman T J, Wang Z B, et al. 2003. Impact of sea-level rise on the morphological equilibrium state of tidal inlets[J]. Marine Geology, 202(3-4): 211-227.

Vlaswinkel B M, Cantelli A. 2011. Geometric characteristics and evolution of a tidal channel network in experimental setting[J]. Earth Surface Processes and Landforms, 36(6): 739-752.

Wang Y P, Gao S, Jia J, et al. 2012. Sediment transport over an accretional intertidal flat with influences of reclamation, Jiangsu coast, China[J]. Marine Geology, 291: 147-161.

Wang Y, Liu Y, Jin S, et al. 2019. Evolution of the topography of tidal flats and sandbanks along the Jiangsu coast from 1973 to 2016 observed from satellites[J]. ISPRS Journal of Photogrammetry and Remote Sensing, 150: 27-43.

Widdows J, Brinsley M . 2002. Impact of biotic and abiotic processes on sediment dynamics and the consequences to the structure and functioning of the intertidal zone[J]. Journal of Sea Research, 48(2): 143-156.

Wood R, Widdows J. 2003. Modelling intertidal sediment transport for nutrient change and climate change scenarios[J]. Science of the Total Environment, 314-316: 637-649.

Wright J P, Jones C G. 2006. The concept of organisms as ecosystem engineers ten years on: Progress, limitations, and challenges[J]. BioScience, 56(3) : 203-209.

Wu X, Parsons D R. 2019. Field investigation of bedform morphodynamics under combined flow[J]. Geomorphology, 339: 19-30.

Zhang C, Zhang D, Zhang J, et al. 1999. Tidal current-induced formation—storm-induced change—tidal current-induced recovery[J]. Science in China Series D: Earth Sciences, 42(1): 1-12.

Zhang Q, Gong Z, Zhang C, et al. 2016. Velocity and sediment surge: What do we see at times of very shallow water on intertidal mudflats?[J]. Continental Shelf Research, 113: 10-20.

Zhao B, Guo H, Yan Y, et al. 2008. A simple waterline approach for tidelands using multi-temporal satellite images: A case study in the Yangtze Delta[J]. Estuarine, Coastal and Shelf Science, 77(1): 134-142.

Zhao K, Lanzoni S, Gong Z, et al. 2021. A numerical model of bank collapse and river meandering[J]. Geophysical Research Letters, 48(12).

Zhou Z, Coco G, Jiménez M, et al. 2014. Morphodynamics of river-influenced back-barrier tidal basins: The role of landscape and hydrodynamic settings[J]. Water Resources Research, 50(12): 9514-9535.

Zhou Z, Coco G, Townend I, et al. 2018. On the stability relationships between tidal asymmetry and morphologies of tidal basins and estuaries[J]. Earth Surface Processes and Landforms, 43(9): 1943-1959.

Zhou Z, Ye Q, Coco G. 2016. A one-dimensional biomorphodynamic model of tidal flats: Sediment sorting, marsh distribution, and carbon accumulation under sea level rise[J]. Advances in Water Resources, 93: 288-302.

第2章 长三角滩涂资源环境概况

长三角地区自然生态条件优越，拥有丰富的自然资源与深厚的历史文化底蕴，是我国经济发展高水平区域，其海岸带资源环境，影响着整个区域的农业经济、土地利用、海洋资源开发、沿海港口发展、对外贸易等一系列社会经济重要领域。本章围绕水文动力、地形地貌、滩涂资源、生态环境这四个方面，对江苏省、上海市、浙江省三地的环境资源进行了简要介绍。

2.1 江 苏 省

江苏省地处江淮下游、黄海与东海之滨，是我国重要的沿海省份之一。海域面积为 $3.75 \times 10^4 \, km^2$，海岸线全长 888.945 km（江苏 908 专项调查成果），其中，大陆海岸线北起绣针河口苏鲁交界海陆分界点，南至连兴港，长 734.837 km；长江河口岸线自连兴港经苏通大桥至长江口南岸苏沪交界 35 号界碑外侧，长 154.108 km。江苏沿海共有 26 个海岛，其中有居民岛 6 个，无居民岛 20 个；除去麻菜珩和外磕脚、5 个明礁（达山南岛、达东礁、花石礁、大狮礁、船山）及人工岛（太阳岛）外，海岛岸线总长为 84.744 km，总面积为 59.149 km²。沿海未围滩涂总面积 5001.67 km²（750.25 万亩），约占全国滩涂总面积的 1/4，居全国首位。

2.1.1 水文动力

2.1.1.1 气象

江苏省地处我国东部，东临黄海和东海，地居长江与淮河下游，主要范围在 31°～35°N。全省气候具有明显的季风特征，冬季盛行来自高纬的偏北风，夏季盛行来自低纬的偏南风。由于省区位于热带和暖温带的过渡地区，南北气候差异明显。以省内长江淮河流域分型，全省可大致平行分为淮北、江淮、苏南三个地区。这三个地区与省内具有海岸线的沿海三个市区即连云港市、盐城市、南通市所在纬度大致相同。

近岸海域的气候特征是依据有气象观测的岛屿观测资料，对气候特征的统计和分析中用岛屿资料代表该岛附近海域。江苏沿海地区冬季（12 月、1 月、2 月）平均气温在 5℃以下；春季（3 月、4 月、5 月）平均气温增长迅速，从 10℃升温到 20℃；夏季（6 月、7 月、8 月）增温幅度相对稳定，平均气温在 24～27℃；秋季（9 月、10 月、11 月）平均气温的降幅也很显著，从 22℃降至 11℃，幅度在 10℃以上。此外，如果以盐城和大丰作为江淮地区的代表，在 1961～1980 年的 20 年间，两地的多年平均气温分别为 14.2℃和 14.0℃，而最近的 21 年（1986～2006 年）江淮平均气温升高，达到了 15.3℃。

本节中降水量均为月平均降水量，冬季为 0～50 mm，春季为 0～100 mm，夏季雨量充沛，平均降水量150~200 mm，秋季降水量显著减少，为50~80 mm。江苏平均年降水量情况在以往20年和最近20年的变化并不显著。降水情况在1986~2006年的21年期间，多年平均的降水量冬季不到50 mm，春季在100 mm以下，夏季雨量充沛，平均降水量150~200 mm，秋季降水量显著减少，大约50~80 mm。

2.1.1.2 径流

江苏沿海地区主要入海河流有60余条，属长江流域及淮河流域。这些入海河流承担着流域防洪、区域和垦区排涝的任务，形成了流域、区域及垦区排水工程体系。这些入海河流划分为北、中、南三大片，并由流域性行洪河道分成沂南、沂北、里下河、渠北、废黄河以及通南地区六大水利分区。各入海河道除灌河、新沭河外，河口均建闸控制。

一般7~8月径流量最大，夏季径流量占全年径流量的70%~80%，其他季节占30%~40%。平均每年排入黄海径流量逾 $2 \times 10^{10} \mathrm{m}^3$，最大入海径流量 $2.518 \times 10^{10} \mathrm{m}^3$（1963年），最小入海径流量 $7.1 \times 10^9 \mathrm{m}^3$（1978年）；入海河流挟带的泥沙约 $5.26 \times 10^6 \mathrm{t/a}$。

2.1.1.3 潮汐和潮流

江苏近海海域具有独特又相对稳定的潮汐动力环境，山东半岛以南海域逆时针旋转潮波和后继的前进潮在江苏沿海南部海域相遇，两波峰线汇合，沿弶港向东北一带海域形成驻潮波波辐区。该驻潮波由于受海底摩擦的影响，表现出向前传播的特征，故称为移动性驻潮波。江苏近海海域受东海前进潮波系统控制和黄海逆时针旋转潮波的影响，以半日潮波占绝对优势。

江苏沿海潮汐类型主要是半日潮，浅海分潮显著。北部沿海除无潮点附近为不正规日潮外，其余多属不正规半日潮，小部分区域是正规半日潮。南部海区受东海传来的前进波影响，为正规半日潮。江苏沿海向岸边浅水区潮汐过程线有明显的变形，如射阳河口、梁垛闸、新洋港、弶港等浅海分潮振幅较大，属非正规半日潮。

江苏沿海南部海域平均潮差大，为2.5~4.0 m，北部海域在 M_2 分潮无潮点附近的平均潮差只有0.1 m。弶港至小洋口一带海域为潮差最大区，平均潮差可达3.9 m以上，长沙港北达6.45 m，东沙为5.44 m，以弶港为中心向南或向北潮差均逐渐减小。最大可能潮差的分布趋势与平均潮差相似，南部海区最大可能潮差大，北部海区最大可能潮差小。江苏南部沿岸最大可能潮差为5~7 m，外海为5~6 m；北部沿岸射阳河口一带最大可能潮差较小，在4 m左右。北部海区中央最大可能潮差在1~3 m，最大可能潮差最大值在弶港外海一带，如小洋口近海最大可能潮差达6.68 m，长沙港北为8.39 m。多次实测资料也表明，该海域是江苏沿海最大潮差区，例如，长沙港北实测最大潮差为7.64 m，弶港站实测最大潮差为5.72 m，小洋口外实测最大潮差达9.28 m。

2.1.1.4 波浪

江苏海区全年盛行偏北向浪，海域的波形以混合浪为主，波高和波周期分布季节特征明显。就江苏主要海域所处的黄海而言，冬季波浪最大，其次为秋季、春季，夏季最小。

就江苏近岸海域而言，依据南京大学 2006～2007 年春、夏、秋、冬 4 个季度的水文气象要素大面观测结果，平均有效波高秋季最大，其次为春、夏季。由于春季大范围的天气系统活动过程较少，波高比较小，夏、秋两季有效波高均为近岸海域较小，离岸则逐渐增大，其中如东到川东港外海域为有效波高最大的海区，最大值在秋季可达 2.9 m，其他海区的有效波高普遍低于 1.0 m。冬季有效波高分布由北向南逐渐增大，大部分海域有效波高小于 1.0 m，但如东及川东港口附近离岸海域波浪较大，有效波高大于 1.0 m，向岸方向波高显著降低，这可能与波浪在浅水区因摩擦效应能量损耗有关。根据 20 世纪80 年代调查资料显示，由于辐射沙脊群的存在，弶港近岸仅能出现越过沙洲的破碎波浪，因此波高较小，最大不会超过 2.0 m。

2.1.1.5　极端海况

江苏近海经常受台风侵袭，台风增水和风暴流场是台风灾害的两个重要方面。台风风暴流场涉及范围大，流速湍急，流向多变，对近岸浅水区的地貌形态有着比正常潮流大若干倍的破坏力和再塑力。

影响江苏沿海的台风主要有两种类型。一种是台风中心在长江口附近登陆，并继续向西北方向移动，此种路径的台风占北上台风的 8%左右，增水较大，苏北中、南部沿海增水常达 2 m 以上；另一种是到达 35°N 左右的台风中心改向东北偏北方向并在朝鲜沿岸登陆，这种移动路径的台风在江苏沿岸出现最多，占北上台风的 62%左右，增水也较大。据《江苏省沿海风暴潮增减水统计》资料显示，自 1950～1991 年江苏省共受 134次有记载的风暴潮影响，其中最大增水超过 1.5 m 的有 30 次，最大减水超过 1.5 m 的有14 次，最大减水超过 1.0 m 的有 42 次。

2.1.2　地形地貌

2.1.2.1　大时空海陆交互作用

江苏海岸江海作用复杂、时空演变尺度巨大。海洋作用主要是第四纪海面 150 m 先降后升的变化和现代两大潮波在江苏中部海岸辐聚。陆地作用主要是长江、黄河、淮河等入海河流及其三角洲对江苏海岸的深刻影响。江海交互作用的时间可追溯到距今18000 年第四纪末次盛冰期，交互作用的空间东抵冲绳海槽，西至赣榆、淮阴、仪征、江都一线。距今 18000 年以来，江苏沿海地理环境发生了沧海桑田的巨变。

距今 18000 年左右，全球末次冰期达到鼎盛时期，全球海面下降约 120 m，黄海、东海海面下降约 150 m，黄海、东海古海岸线东移至冲绳海槽边缘。现今的江苏海岸及黄海、东海陆架，当时则是沿海高平原，古长江、古黄河、古淮河入海口随着冰期低海面长距离东移入海。距今 8000～7000 年早全新世，海面比现代海面高约 2 m，形成最大海侵时期。末次盛冰期结束后，全球回暖，海面回升，当时古江苏海岸约自赣榆、东海丘陵山地坡麓，经沭阳、泗阳东南岗地，全泗洪，穿过洪泽湖，沿着盱眙、仪征、六山丘岗地至仪征、江都之间，淮河在盱眙县境入海，长江在镇江附近入海（潘凤英，1979）。距今 7000～1000 年，在江苏海岸自北向南形成了赣榆、阜宁、盐城、东台的沙坝-潟湖体系。海岸沙坝以盐城西冈、中冈和东冈为代表，海岸潟湖以里下河洼地和古硕项湖洼地为代表。当时的沙坝-潟湖海岸，如同现代欧洲荷兰海岸、北美墨西哥湾海岸和大西洋海岸，海岸开敞，塑造江苏海岸的动力以波浪及沿岸流为主，海岸堆积的泥沙主要来自波浪淘洗及向岸推移的海底粗砂，堆积形成西冈、中冈和东冈。长期以来，该海岸沙坝相对稳定，一直延续到唐宋时期，直到宋代范仲淹以此沿海高岗地修筑著名的范公堤。公元1128年黄河夺淮入黄海和1855年黄河北归都是江苏海岸历史演变的重大事件。1128年黄河夺淮入海，使江苏海岸由总体稳定略有淤长形成沙坝-潟湖海岸，迅速演变为浪潮共同作用、快速淤长、潮滩宽阔的粉砂淤泥质海岸。1128～1855年的700余年间，在废黄河三角洲堆积了巨量细颗粒泥沙，古黄河口由云梯关延伸至今废黄河口外约20 km。与此同时，古黄河入黄海的输送泥沙，向北使得海州湾快速淤长，形成如今的海州湾海积平原；向南泥沙输送，堆积形成中部盐城海积平原。

公元1855年黄河的北归使得江苏海岸又经历了一次动力泥沙条件的反向突变。自1855年黄河北归，巨量泥沙来源的断绝，在岸外波浪、潮流动力场总体未变的动力环境作用下，废黄河口严重侵蚀。1855～2006年的150余年间岸线后退超过20 km。但目前海岸侵蚀趋于减缓，海岸剖面趋于稳定，一是因为废黄河三角洲海岸剖面塑造与海岸浪潮动力经过150余年的均衡塑造，海岸剖面趋于均衡剖面发展；二是因为海岸堤防护岸工程建设，人为加强了海岸稳定性因素。

长江河口及长江三角洲演变控制了江苏南部海岸演变。距今8000～7000年前的长江口在今镇江、扬州附近。当时的长江口如同现在的杭州湾，由陆向海呈现一喇叭口，口宽180 km，形成与钱塘潮齐名的广陵（古扬州）潮，"横奔似雷行，诚奋厥武，如振如怒，状如奔马，声如雷鼓"（《枚乘》）。长江口如今三级分汊四口分流的格局主要是距今1700～200年间形成，始于唐宋，成于明末清初。

沿海人类活动加剧了江苏海岸向海推进。自北宋修筑沿海范公堤，明清两代为鼎盛时期的两淮盐业发展，晚清以张謇为代表围涂垦殖，新中国成立以后大规模滩涂围垦、围海造地，到当代的围垦开发，江苏海岸线自赣榆—阜宁—盐城—东台一线由陆向海（向东）推进了50～70 km。除废黄河三角洲岸段自然侵蚀后退外，江苏海岸快速向海推进。在盐城境内，当年的范公堤已远距如今海岸线50～70 km。

复杂的海陆交互作用与作用过程，使得江苏海岸特性发生了巨大时空改变，除形成了宽广的江苏海岸平原和宽阔的沿海滩涂外，还留下了丰富多样的全新世海岸沉积与复杂多变的古江苏海岸线。

2.1.2.2 岸线演变

江苏省海岸线，北起绣针河口苏鲁交界海陆分界点（大王坊村东侧），南至长江口南岸苏沪交界，总长为888.945 km（图2-1）。其中，大陆岸线自绣针河口至连兴港，长734.837 km；长江口河口岸线自连兴港经苏通大桥至长江口南岸苏沪交界，长154.108 km。

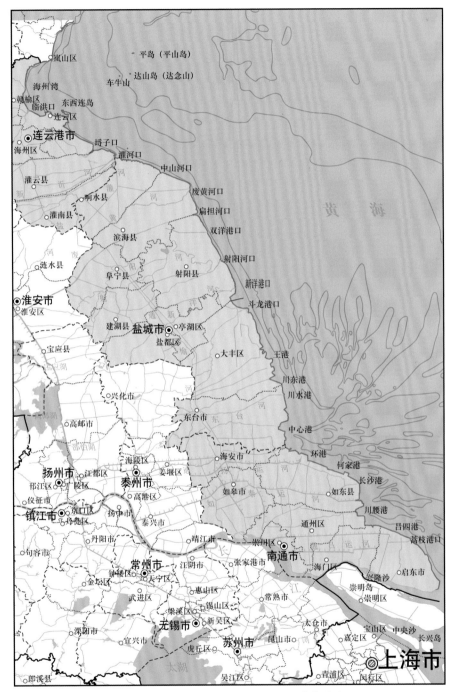

图 2-1　江苏省海岸线和长江口河口岸线分布

连云港市海岸线，北起绣针河口苏鲁交界海陆分界点，南至灌河口团港南侧"响灌线"陆域分界，总长 146.587 km（不含连岛和西大堤），占全省海岸线的 16.49%。

盐城市海岸线，北起灌河口团港南侧"响灌线"陆域分界，南至"安台线"陆域分界，总长 377.885 km，占全省海岸线的 42.51%。

南通市海岸线，北起"安台线"陆域分界，南至启东市连兴港，总长 210.365 km，占全省海岸线的 23.66%。

长江口河口岸线，北起启东市连兴港，沿长江口北支北岸，经苏通大桥，南至太仓市浏河镇东侧的苏沪交界，总长 154.108 km，占全省海岸线的 17.34%。

江苏 908 专项调查结果与 1980 年海岸线位置对比，除废黄河三角洲岸线外，江苏海岸线总体上在向海一侧推进。大丰市至通州区一带推进距离较大，斗龙港—川东港口南侧岸段平均向海推进 1.97 km，岸滩淤长和滩涂围垦是海岸线位置外移的主要原因。由于岸滩侵蚀造成海堤和田地坍塌，在废黄河三角洲响水县至滨海县一带向大陆一侧后退，灌河口—废黄河口侵蚀岸段平均向陆后退 0.38 km。

2.1.2.3 海岸带地貌

江苏海岸地貌总体特点：由基岩低山丘陵点缀的海积、冲积大平原，构成"一山四原"的海岸地貌框架（图 2-2）。"一山"指北部海州湾云台山，"四原"指北部海州湾海积平原、废黄河三角洲平原、中部盐城海积平原和南部长江三角洲平原。

海岸带地貌分四大区域。依据地理位置、地质背景和海洋动力特征的差异，由北向南依次为：北部海州湾海积平原（绣针河口—灌河口）、废黄河三角洲平原（灌河口—射阳河口）、中部滨海海积平原（射阳河口—新北凌河口）和南部长江三角洲平原（新北凌河口—长江口浏河口）。海岸类型复杂多样。依据物质组成，海岸地貌分为基岩港湾海岸、松散堆积平原海岸两大类。松散堆积平原海岸为江苏海岸地貌主体，又可分为海积平原、河流三角洲冲积平原及河口三大类。

现代海岸潮滩宽阔，均宽 4.3 km。因中部平原海岸潮差大，岸外有辐射沙脊群掩护，盐城及南通北部沿岸潮滩最为宽阔，均宽约 6.5 km，最宽处在条子泥边滩，达 14 km，若包含高泥、竹根沙，则宽达 40.0 km。

江苏海岸带地貌分为陆地地貌、人工地貌和潮间带地貌。自岸线内 5 km 至低潮水边线，岸线总长 888.945 km，总面积 6853.74 km^2。其中陆地地貌岸线长 224.163 km（约占 27%），面积 2314.39 km^2（约占 33.77%）；人工地貌岸线 644.782 km（约占 73%），面积 1423.70 km^2（约占 20.76%）；潮间带地貌面积 3115.65 km^2（约占 45.47%）。

陆地地貌（面积 2314.39 km^2），主要为侵蚀剥蚀丘陵和冲积、海积平原。其中侵蚀剥蚀丘陵集中分布于北部海州湾地区，面积 121.37 km^2，约占陆地地貌面积的 5%；平原地貌面积 2193.02 km^2，约占陆地地貌面积的 95%。依成因不同细分为冲积平原、冲积-洪积平原、海积平原、海积-冲积平原等。

人工地貌（面积 1423.70 km^2），主要为养殖区、盐田区、水库、港口码头及水域水利设施用地，其中养殖区面积最大（1092.57 km^2），约占人工地貌总面积的 77%。

潮间带地貌（面积 3115.65 km^2），主要为潮滩地貌、海滩地貌，尤以潮滩地貌为主（面积 3112.36 km^2），约占潮间带地貌面积的 99.89%；砂质海滩地貌集中分布于北部海州湾地区，面积仅 3.29 km^2。潮间带宽度以中部辐射沙脊群海岸最宽（最宽达 14 km），向南北两侧逐渐变窄。

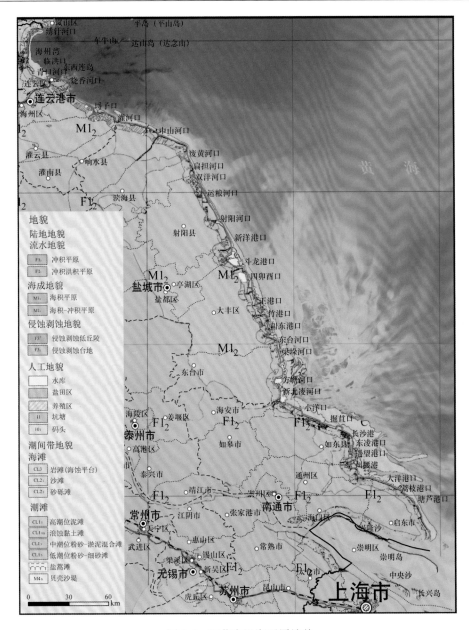

图 2-2 江苏省沿海平原地貌

潮滩地貌细分为高潮位泥滩、中潮位粉砂-淤泥混合滩和低潮位粉砂-细砂滩等。低潮位粉砂-细砂滩广阔（面积 2078.56 km²），约占潮间带地貌面积 67%；中潮位粉砂-淤泥混合滩（面积 565.14 km²）约占 18%，高潮位泥滩（面积 310.79 km²）仅约占 10%，由此可见，江苏海岸潮间带主要为粉砂质潮滩。潮间带高潮位泥滩上普遍发育大面积盐蒿或米草。

2.1.3　滩涂资源

2.1.3.1　滩涂资源演变

岸滩冲淤动态采用地貌与沉积调查、重点断面重复测量和岸线变迁 3 种方法综合分析，江苏整个海岸略有淤长；其中淤长型岸滩长 683.83 km，面积 2790.12 km²；侵蚀型岸滩长 129.62 km，面积 35.71 km²；稳定型岸滩长 75.45 km，面积 289.82 km²（河海大学，2010）（图 2-3，表 2-1）。海州湾岸滩稳定，河口略有淤长；废黄河三角洲岸滩总体侵蚀，主要由其岸线向海突出、废黄河供沙中断等所致；中部海积平原和长江三角洲岸滩轻微淤长，主要由于辐射沙脊群的掩护和人工围垦岸线向海推进。

图 2-3　海岸带滩涂地貌与冲淤动态

表 2-1 海岸带岸滩冲淤类型调查成果 （单位：km²）

所属分区	冲淤类型统计		
	淤长	稳定	侵蚀
海州湾	142.71	47.35	4.52
废黄河三角洲	16.4	242.47	31.19
中部海积平原	965.42	—	—
长江三角洲	1665.59	—	—
总计	2790.12	289.82	35.71

2006 年 908 专项调查结果与 20 世纪 80 年代岸线变化对比，中部海积平原以及长江三角洲都表现为淤长，中部海积平原岸线向海推进宽度为 1.26 km；废黄河三角洲岸线向陆后退宽度为 0.73 km。淤长型岸滩面积 2790.12 km²，占潮间带地貌面积 89.55%，主要集中在中部盐城市射阳县到东台市（射阳河口—北凌河口）和南通市大部分地区（北凌河口—长江口北支），滩面最宽约 30 km。因辐射沙脊群掩护和长江冲积作用，发育大面积粉砂—淤泥质潮滩。

侵蚀型岸滩面积有 35.71 km²，占潮间带面积 1.15%，主要集中在盐城响水县、滨海县和射阳县一带（灌河口—射阳河口）。由于 1855 年黄河改道，该段岸滩淤积的巨量泥沙急剧减少，海洋动力在海岸演变中起主导作用，但现趋于稳定。

稳定型岸滩面积有 289.82 km²，占潮间带面积 9.3%，主要集中在连云港市一带（兴庄河口北侧、西墅—埒子口）。西墅—烧香河口是云台山基岩海岸，烧香河口—埒子口是粉砂质海滩。

2.1.3.2 滩涂开发利用

江苏省的海岸滩涂具有面积大、淤长快、沙脊多、区域好、围垦易、可再生、潜力大的优点。江苏海岸线全长 888.945 km，其中大陆岸线长 734.837 km，全省沿海未围垦滩涂总面积 5001.67 km²，其中潮上带潮滩面积为 307.47 km²，潮间带滩涂面积 4694.20 km²。1996～2008 年，江苏省围垦开发滩涂 180 多万亩。2009 年 6 月，国务院批准了《江苏沿海地区发展规划》，江苏滩涂围垦上升为国家规划，成为具有全局意义的国家战略，为江苏省沿海地区发展提供了千载难逢的机遇。2011 年 12 月 8 日，条子泥匡围一期工程前期工作圆满完成，标志着江苏沿海开发重大工程——百万亩滩涂围垦正式拉开大幕，也标志着江苏创建"国家级滩涂综合开发试验区"全面启动。2013 年底，条子泥一期匡围工程基本完成，共计匡围土地面积 10.12 万亩，有效增加了农业、建设、生态用地，为全省稳增长、调结构、促转型提供了新的空间。

根据国家和江苏省有关滩涂开发的战略定位和总体要求，综合考虑新围滩涂后方陆域的开发条件、现有开发基础以及海洋功能区划等因素，结合农业、生态、建设三类空间的比例要求，确定了滩涂开发的总体功能定位和各围区功能定位。江苏沿海滩涂围垦区域被划分为现代农业综合开发、生态旅游综合开发、临港产业综合开发和绿色城镇综合开发四大类。

现代农业综合开发区。大力发展设施农业、生态农业、观光农业、特色农业等，推进规模化生产、产业化经营、公司化管理，建设商品粮、盐土农作物、生物质能作物和海（淡）水养殖基地，延伸农业产业链，发展农（水）产品加工业，把沿海滩涂建成我国重要的绿色食品基地和观光生态农业产业基地。主要包括六个围区：小东港口—新滩港口围区、双洋港口—运粮河口围区、王港口—川东港口围区、川东港口—东台河口围区、方塘河口—新北凌河口围区、新北凌河口—小洋口围区。

生态旅游综合开发区。加强沿海防护林、护岸林草、平原水库、湿地等建设，充分利用沿海特有的海洋、湿地、文化等旅游资源，大力发展滨海旅游业，择优布局旅游度假区，建设生态旅游示范区。主要包括两个围区：小洋口—掘苴口围区、协兴港口—圆陀角围区。

临港产业综合开发区。依托港口发展大型临港产业，提高投资强度和产出效率。充分利用新增岸线资源，挖掘建设深水港口的条件，加强港区建设。充分利用滩涂资源优势，大力发展石化、冶金、装备制造、粮油加工、物流等临港产业，鼓励发展高新技术产业和环保产业，积极发展风能、太阳能、洋流能、潮汐能、生物质能等新能源产业。主要包括五个围区：徐圩港区围区、运粮河口—射阳河口围区、四卯酉河口—王港口围区、掘苴口—东凌港口围区、遥望港口—蒿枝港口围区。

绿色城镇综合开发区。推进临海城镇建设，促进人口集聚，提升支撑服务功能，建设低碳、绿色新城镇，提高人居适宜性。发展临港配套产业，建设循环经济产业园，提高滩涂开发的层次和水平。主要包括五个围区：绣针河口—柘汪河口围区、兴庄河口—临洪口围区、临洪口—西墅围区、条子泥围区、蒿枝港口—塘芦港口围区。

2.1.3.3 滩涂资源保护

1. 入海河口治导线与河口保护

治导线原本是游荡性河段弯曲型整治设计流路的一种表达方式，在整治实践中需按照治导线来新建和续建整治工程、确定整治工程的位置和长度，故确定治导线是河道整治的核心和依据。河口治导线具有强制治导性，是指河口治导范围是不可突破的最小范围。根据河口流域的演变特征和地区发展需要，河口治导线位置与控制范围可进行动态调整。

江苏入海河流众多，承担着沿海及腹部地区防洪排涝的重要任务。自20世纪50年代江苏沿海大部分入海河口兴建挡潮闸后，闸下淤积成为沿海水利的重大难题，且随着入海河口两侧滩涂匡围工程的实施，入海河口闸下淤积加剧，防汛形势严峻。

因此，江苏入海河道河口治导线是从防洪要求出发进行入海河道整治而拟定的满足行洪排涝设计流量的河口平面轮廓线，是保持沿海挡潮闸闸下港道行洪排涝顺畅的重要保障，是河口治理工程规划同意书和开发利用项目河口防洪影响评价的行政许可依据。

入海河口治导线与河口区域开发利用密切相关，需要综合统筹滩涂围垦、港口建设、环境生态等河口区域开发利用和保护，以及相应进行的水利治理，同时，还要符合海洋功能区划要求，进行科学合理的规划。

以射阳河口和王港口为例，河口治导线规划见图 2-4 和图 2-5。

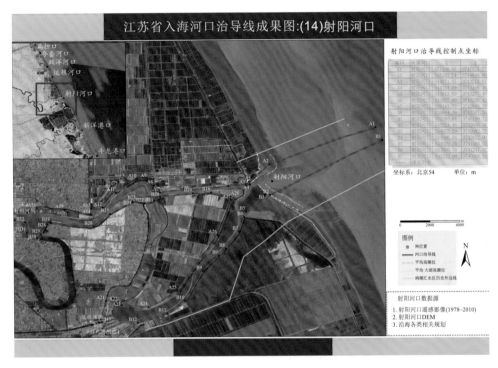

图 2-4　射阳河口治导线规划图

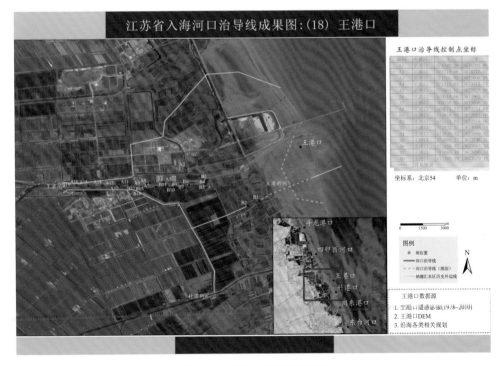

图 2-5　王港口治导线规划图

2. 自然保护区

《江苏省海洋功能区划（2011—2020 年）》划定了 3 个海岸海洋保护区，即连云港临洪河口湿地保护区、盐城湿地珍禽国家级自然保护区和大丰麋鹿国家级自然保护区。按照国家法律法规，对各级自然保护区实施严格有效的保护，不在核心区与缓冲区进行滩涂围垦等开发建设，在实验区内控制滩涂围垦规模，在充分调研基础上进行科学合理围垦，留有足够的生态空间，依靠生态系统自然演替规律，形成新的湿地生态系统，维护海岸生态平衡。

中国黄（渤）海候鸟栖息地（第一期）位于江苏省盐城市，主要由潮间带滩涂和其他滨海湿地组成，拥有世界上规模最大的潮间带滩涂，是濒危物种最多、受威胁程度最高的东亚—澳大利西亚候鸟迁徙路线上的关键枢纽，也是全球数以百万迁徙候鸟的停歇地、换羽地和越冬地。中国黄（渤）海候鸟栖息地遗产地第一期包含 5 个保护区：江苏大丰国家级自然保护区、江苏盐城国家级自然保护区、江苏盐城条子泥市级自然保护区、江苏东台高泥湿地保护地块及江苏东台条子泥湿地保护地块。该区域为 23 种具有国际重要性的鸟类提供栖息地，支撑了 17 种世界自然保护联盟濒危物种红色名录物种的生存，包括 1 种极危物种、5 种濒危物种和 5 种易危物种。

与中国其他自然遗产及复合遗产不同的是，位于盐城的中国黄（渤）海候鸟栖息地（第一期）大部分遗产地为海域，因此可以说本次申遗成功是中国的世界自然遗产从陆地走向海洋的开始。作为中国第一个湿地类世界自然遗产，黄（渤）海候鸟栖息地（第一期）的申遗成功体现了中国坚持绿色发展，建设生态文明和保护全球生态与生物多样性的大国担当。

2.1.4 生态环境

2.1.4.1 海域环境

根据江苏省生态环境厅公布的 2020 年江苏省近岸海域环境质量（图 2-6），全省近岸海域水质状况总体一般，国控水质监测点位年均水质优良（一、二类）面积比例为52.9%，三类面积比例为 22.1%，四类面积比例为 18.0%，劣四类面积比例为 7.0%。与2019 年同比，优良面积比例下降 36.8 个百分点，劣四类面积比例上升 6.2 个百分点。主要超标指标为无机氮和石油类。

江苏省主要入海河流水质状况总体为轻度污染。全省纳入国家入海河流考核的 26条主要入海河流中，平均水质达到或优于III类断面有 18 个，占 69.2%；IV类和V类断面比例分别占 27%、3.8%；无劣V类断面。与 2019 年相比，水质明显好转，达到或优于III类断面比例上升 23.0 个百分点，劣V类断面比例下降 3.8 个百分点，IV类断面比例下降 19.2 个百分点，V类断面比例持平。

苏北浅滩生态监控区 27 个海水水质监测点位中，一类、二类、三类、四类和劣四类海水水质点位比例分别为 18.5%、37.0%、11.1%、18.5%、14.9%，与 2019 年相比，水质有所下降，一、二类海水点位比例下降 26.7 个百分点，劣四类点位比例上升 11.2 个百分点。海洋沉积物均符合《海洋沉积物质量标准》(GB 18668—2002)一类标准。

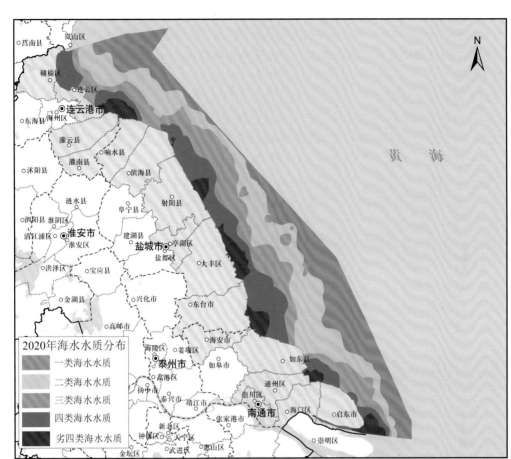

图 2-6　2020 年江苏省近岸海域海水水质分布

2.1.4.2　海域生态

江苏海域海洋生物资源丰富,海岸线漫长,海底地形复杂(辐射沙脊群),海洋生物组成复杂,资源丰富,属于黄海海域。黄海处于北温带,来自寒带、亚寒带、热带和亚热带的生物种群与本地种汇在一起构成独特的生物区系。黄海海域浮游植物已记录 368种,浮游动物已记录 130 种,底栖动物已记录 200 多种;游泳生物北部已发现 219 种,南部有 225 种,鲸类 15 种,鳍脚类 3 种,海龟 4 种。生物量夏季最高。江苏海域地跨北亚热带和暖温带,加之特殊的辐聚辐散海流,使得寒带、温带、亚热带和热带的生物种群汇集构成本海域丰富的生物区系。

江苏省境内有 20 多条大中型河流入海,海区水质肥沃,盐度适中,海洋渔业资源丰富,据调查,鱼虾贝类品种多达 300 余种。陆域属苏北滨海平原亚区和北亚热带长江中下游的江淮丘陵亚区,植被类型和植物种类丰富多样;海岸类型以粉砂淤泥质海岸为主,其中淤积型粉砂淤泥质海岸分布于盐城射阳河口至南通东灶港(岸线长约 366 km),受潮间带水分、盐分等条件控制，在不同高程的滩面上、不同类型的河口及潮沟等形成外貌迥异的湿地植物群落。尤其是江苏沿海以粉砂淤泥质为主（90%以上）的滩涂底质，特别有利于盐沼植被发育，在不同的滩面上形成了芦苇、碱蓬及互花米草等为优势的盐沼植被。中南部海岸外有辐射状沙洲，形成独特的海岸和海底地形，海洋自然环境优越、资源丰富。

江苏海洋生态系统类型多样，结构复杂。根据海岸底质，滨海湿地生态系统又可分为岩岸湿地、砂质海岸湿地和粉砂淤泥质盐沼湿地；近岸海域生态系统又包括海藻场生态系统、海草场生态系统等；岛屿生态系统可分为基岩岛屿生态系统、堆积岛屿生态系统。根据植被覆盖类型，盐沼湿地还包括芦苇盐沼、碱蓬盐沼和互花米草盐沼等。

由于黄海的半封闭性，又远离黑潮流系，黄海环流十分弱，水交换能力差，生态环境较为脆弱。江苏海岸及海洋区域是自然保护区、滩涂湿地、珍稀与经济鱼类"三场"（产卵场、索饵场、越冬场）等的密集区，对于全球生物多样性的保护具有十分重要的意义和价值。江苏海岸及海洋区域又是典型的生态脆弱区，易受外界环境的胁迫与干扰，新一轮沿海开发战略的实施将对该地区的生态环境带来更大的压力。南通启东至盐城射阳的苏北浅滩生态监控区的生物群落结构状况较差，主要生物类群数量明显低于正常波动范围，区域环境污染，渔业资源衰退，特别是潮间带底栖生物多样性急剧减少等生态问题尚未得到有效遏制。

2.2 上 海 市

上海市位于我国海岸带中部，长江入海口，地势低平，由东向西略有倾斜，全市平均海拔为 2.19 m。上海地处天气系统过渡带、中纬度过渡带和海陆过渡带，受冷暖空气的交替作用十分明显，灾害性天气时有发生。特别是 20 世纪 90 年代以来，因全球气候变化、海平面上升，以及热岛效应、地面沉降等多种因素的交互影响，上海受台风、暴雨、高潮、洪水等传统自然灾害的威胁日益严重。

2017 年国务院批复的《上海市城市总体规划（2017—2035 年）》（国函〔2017〕147号）明确，上海的城市性质确定为：我国的直辖市之一，长江三角洲世界级城市群的核心城市，国际经济、金融、贸易、航运、科技创新中心和文化大都市，国家历史文化名城，并将建设成为卓越的全球城市、具有世界影响力的社会主义现代化国际大都市。

2.2.1 水文动力

2.2.1.1 气象

上海地区属亚热带季风气候区，受地理位置和季风影响，具有海洋性和季风性双重特征。气候温和，四季分明，雨水丰沛，日照充足。春季冷暖干湿多变、夏季雨热同季、秋季秋高气爽、冬季寒冷干燥构成了上海地区的气候特点。

上海地区年平均气温 15.2～15.9℃，最冷月（1 月）平均气温 3.1～3.9℃，最热月（7月）平均气温 27.2～27.8℃。年平均降水量为 1048～1138 mm，年降水日 129～136 d。

年无霜期 228 d。上海地区季风盛行，风向季节变化明显，夏季盛行东南风，冬季盛行西北风。年平均风速为 3.7 m/s，沿海地区风速较内陆大，最大风速为 17.0~22.0 m/s。海上平均风速 7.1 m/s，平均最大风速 23.9 m/s。年最多风向 NW-N 和 ESE-SSE，频率分别为 24%和 23%。全年平均最大风日数为 20.7 d，平均风速以冬春季最大，最大风速多发生在夏季台风期。

2.2.1.2 径流

长江入海控制站为大通水文站。大通以下支流入汇量相对较小，长江口径流特征基本可以用大通站实测资料来代表。三峡水库修建一定程度改变了长江中下游的径流和泥沙过程，三峡水库蓄水前（1950~2002 年，下同）多年平均径流量为 9051 亿 m³，多年平均输沙量 4.27 亿 t，多年平均含沙量 0.467 kg/m³。三峡水库蓄水后（2003~2020 年，下同）多年平均径流量为 8782 亿 m³，多年平均输沙量为 1.34 亿 t，多年平均含沙量为 0.153 kg/m³。长江下泄径流年内分配不均，以 7 月来水量最大，1 月来水量最小。三峡水库蓄水前，大通站汛期（5~10 月，下同）径流量占全年径流量的 71.0%，三峡水库蓄水后，汛期径流量占全年径流量的 67.6%。三峡建库后较建库前汛期径流占比减小，枯期占比增加。输沙量年内变化特征与径流量的年内变化特征相应，三峡水库蓄水前汛期 5~10 月输沙量约占年输沙量的 87.6%，三峡水库蓄水后汛期 5~10 月输沙量约占年输沙量的 78.6%。

杭州湾是强潮海湾，具有潮强、流急、含沙量高等特点，其主要注入河流钱塘江多年平均年径流量 3.73 亿 m³，输沙量 659 万 t。钱塘江径流量年内分配不均匀，芦茨埠站（占注入杭州湾总流量的 79%）6 月水量最大，12 月水量最小，3~7 月的流量占全年的 70%。历年最大洪峰流量（29000 m³/s）为最小枯水流量（15.4 m³/s）的近 2000 倍，历年最大年平均流量（1710 m³/s）为最小年平均流量（498 m³/s）的 3.4 倍。流量的季节变化与多年变化均十分显著。

2.2.1.3 潮汐和潮流

上海沿海潮汐属半日潮类型，长江口外为正规半日潮，口内为非正规半日浅海潮，杭州湾内为非正规半日浅海潮。长江口为中等强度的潮汐河口（平均潮差约 2.6 m），南支潮差由口门往里递减，口门附近的多年平均潮差为 2.66 m，最大潮差 4.62 m。北支潮差比南支大，由口门往里逐渐递增，在上段曾有涌潮现象。杭州湾为强潮海湾（平均潮差 5.45 m，最大可达 8.93 m），由于平面宽度由外向内急剧收缩，潮差沿程递增，澉浦潮差比入海口约大一倍。

在上游径流接近年平均流量、口外潮差近于平均潮差的情况下，长江河口的进潮流量达 26.6×10⁴ m³/s，为年平均流量的 8.8 倍。进潮量枯季小潮为 13×10⁸ m³，洪季大潮时达 53×10⁸ m³。杭州湾湾内潮差大，又具有广阔的蓄潮容积，致使进潮量很大，如澉浦的平均涨潮量约 19×10⁴ m³/s。

长江口及其邻近海域潮流属浅海半日潮流，在长江口内为往复流，一般是落潮流速大于涨潮流速，落潮历时长于涨潮历时，涨落潮历时差从长江口口门外到口内不断增加。出口门后向旋转流过渡，在长江口拦门沙以东基本过渡为旋转流，旋转方向以顺时针为主。

上海沿海海域春季的表层流速为 0.04～1.71 m/s，最小值出现在杭州湾海域，最大值出现在北支口门处；底层流速为 0.07～1.38 m/s，最小值出现在南支、北支分叉处，最大值也在北支口门处。长江口口门外的流速大于口门内，杭州湾海域的流速略低于长江口。

夏季表层流速为 0.11～1.58 m/s，最小值出现在北支中部，最大值出现在杭州湾海域；底层流速为 0.06～1.19 m/s，最大值出现在北支口门处，最小值出现在南汇咀附近。长江口口门外流速大于口门内，杭州湾海域的流速高于长江口。

秋季的表层流速为 0.20～1.56 m/s，最小值出现在崇明东滩海域，最大值出现在崇明东滩东南海域；底层流速为 0.03～1.26 m/s，最小值出现在北支口门附近，最大值出现在崇明东滩东南。

冬季的表层流速为 0.12～2.22 m/s，最大值出现在长兴岛北部海域，最小值出现在崇明东滩海域；底层流速为 0.23～1.56 m/s，最大值出现在崇明东滩海域，最小值出现在杭州湾附近。

2.2.1.4 波浪

上海沿海水域波浪以风浪和混合浪为主，长江口内和杭州湾内主要以风浪为主，东部涌浪增多。浪向季节变化明显，冬季盛行偏北浪，夏季盛行偏南浪，涌浪以偏东浪为主。

春季，海浪有效波高变化范围为 0.1～1.4 m，平均值为 0.5 m；最大波高范围 0.1～3.0 m，平均值 0.6 m；有效波周期变化范围 1.0～7.0 s，平均值为 3.2 s；最大波周期变化范围 1.0～8.0 s，平均值 3.6 s。风浪主浪向是东南方向，涌浪主浪向是正东方向。

夏季，海浪有效波高变化范围为 0.1～2.0 m，平均值为 1.0 m；最大波高范围 0.2～2.2 m，平均值 1.0 m；有效波周期变化范围 1.0～8.0 s，平均值为 4.3 s；最大波周期变化范围 0.5～9.0 s，平均值 4.3 s。风浪主浪向是东南向和正南向，涌浪主浪向是东南方向。

秋季，海浪有效波高变化范围为 0.1～1.7 m，平均值为 0.7 m；最大波高范围 0.3～2.0 m，平均值 0.8 m；有效波周期变化范围 0.5～8.0 s，平均值为 3.8 s；最大波周期变化范围 0.5～9.0 s，平均值 4.3 s。风浪主浪向是东南和东北向，涌浪主浪向是东北方向。

冬季，海浪有效波高变化范围为 0.2～1.1 m，平均值为 0.5 m；最大波高范围 0.2～1.2 m，平均值 0.6 m；有效波周期变化范围 1.0～6.9 s，平均值为 3.5 s；最大波周期变化范围 1.1～7.1 s，平均值 4.0 s。风浪主浪向是东北向，涌浪主浪向是东南向。

2.2.1.5 极端海况

上海地区灾害性气候时有发生，主要有暴雨、雷、热带气旋（台风）和龙卷风等。据统计，1949～2021 年，影响上海的热带气旋有 164 个，平均每年 2.24 个。其中，伴有 10 级以上大风的约占总次数的 21%，伴有暴雨的约占 24%。热带气旋（台风）影响上海有以下几个特点：一是季节性。影响上海的台风均出现在 5～11 月，其中以 7～9 月最多，占全年的 80%～90%，因此，称其为台风季节。在台风季节中，又以 8 月最多，占全年的 35%~40%。二是多样性。台风侵袭上海时，既有狂风又有暴雨，有时还形成高潮，多种灾害同时出现，呈现多样性特点。三是严重性。上海遭受台风影响比较频繁，最多的年份有 7~8 次，每次都会造成不同程度的经济损失和人员伤亡。所以，台风造成的灾害是上海自然灾害中最为严重的灾害之一。四是差异性。台风侵袭上海，其破坏程度在地域上有差异，总体上沿海比内陆严重，东南部比西北部严重。五是时效性。单次台风影响上海的时间不长，平均为 2~3 d，最长为 7~8 d，最短为 1 d，50%以上的台风都是1~2 d。

上海地区风暴潮绝大部分是由台风引发的，来势猛、速度快、强度大、破坏力强。造成上海高潮位的台风路径多是近海转向型和浙沪登陆型，其中近海转向型占 48.9%，如 8114 号台风；浙沪登陆型台风带来的潮位也较为严重，此类占总数的 25.6%，如 9711 号台风。1997 年的 11 号台风期间，长江口沿岸出现了有实测资料以来的最高潮位，徐六泾站最高潮位达 4.83 m（1997 年 8 月 19 日，1985 年国家高程基准）。

2.2.2　地形地貌

2.2.2.1　总体地貌特征

上海位于长江和太湖流域下游，北依长江口，东濒东海，南临杭州湾，西接江苏、浙江两省。上海地区的地貌主体是"长江三角洲"，长江三角洲顶点在镇江、扬州一带，北至小洋口，南临杭州湾。上海全域地势低平，由东向西略有倾斜（受太湖碟形洼地影响），全市平均海拔约为 2.19 m（吴淞高程，下同），海拔最高点位于金山区杭州湾的大金山岛，约为 103.70 m。

上海的海岸带较为特殊，由河口（长江口）和河口湾（杭州湾）组成。上海大陆岸线长约 217 km，主要分布于长江口南岸和杭州湾北岸，宝山区、浦东新区（吴淞口—南汇咀）岸线北依长江口，浦东新区（南汇咀—芦潮港）、奉贤区、金山区岸线南临杭州湾。崇明区三岛（崇明岛、长兴岛、横沙岛）位于长江河口内，三岛岸线长度约为 288 km。上海市海岸线开发利用程度极高，全部为人工岸线，利用岸线以外的滩涂资源促淤圈围造就了上海市城区 60%以上的土地，深刻影响着上海城市的发展。

总体而言，上海主要包括陆地地貌、潮间带地貌和人工地貌 3 种地貌类型（表 2-2）。陆地地貌主体为三角洲平原地貌类；潮间带地貌主体为河口地貌和潮滩地貌；人工地貌类型较多，包括：海塘、防护林、水塘、公路桥梁、挡潮闸、港口码头、休闲地、水库等地貌类型（徐韧，2013）。

2.2.2.2　长江河口地形地貌

现代的长江河口是由原先位于镇江—扬州一带入海的河口湾历经 6000 余年发育演变而来的。第四纪以来，长江三角洲新构造运动沉降区覆盖了约 150~400 m 厚的疏松沉积物；公元 3~4 世纪以来，长江流域刀耕火种渐盛，水土流失加剧，大量泥沙下泄至河口。这些沉积物在江、海交互作用下，反复经历沉积-冲刷-再沉积的过程，导致口内

表 2-2 上海地区地貌类型

地貌类型			备注
2 级	3 级	4 级	
陆地地貌	海成地貌	三角洲平原	长江三角洲前缘地带
潮间带地貌	河口地貌	入海水道	注入长江河口和杭州湾的主要河道 19 条
		河口边滩	川杨河口、大治河口、金卫港口等最为典型
	潮滩地貌	淤泥滩	分布于多数边滩
		粉砂-淤泥滩	水下滩分布较多
		粉砂滩	主要分布于南汇南滩
		泥坎	主要分布在杭州湾
		芦苇滩	在长江口隔坝田和杭州湾北岸高潮滩分布
		盐沼滩	在长江口隔坝田和杭州湾北岸中高潮滩分布
		草滩	分布较广,以斑块状出现
		潮沟	南支、北港、南港、南槽、杭州湾北岸均有分布
		潮流沙脊	主要分布于南港、南槽、北港等
		砾石滩	分布于宝山区吴淞湿地公园滨岸
人工地貌		海塘(含丁、顺坝)	大陆沿岸及三岛环岛
		挡潮闸	注入长江口及杭州湾的河道(黄浦江除外),均建有挡潮闸
		港口码头	主要分布在宝山区、浦东新区
		水库	宝钢水库、陈行水库、青草沙水库、东风西沙水库、碧海金沙等
		水塘	海堤内均有分布
		居民区	分布较广
		工矿企业	分布较广
		公路桥梁	分布较广
		促淤圈围工程	分布较广
		农田	主要分布在崇明三岛、南汇、奉贤、金山
		防护林	分布较广
		休闲地	分布较广

河渠纵横变换、江中沙洲发育-消失周而复始,形成目前长江河口"三级分汊、四口入海"的基本格局(图 2-7)。长江口自徐六泾以下至口外原 50 号灯标全长约 181.8 km,被崇明岛分为南支与北支,南支被长兴岛、横沙岛分为南港与北港,南港被九段沙、江亚南沙分为南槽与北槽。各级分汊河道特征如下。

第一级分汊:南支和北支。长江口北支西起崇明岛崇头,东至连兴港,全长约 83 km,河道平面形态上段弯曲,下段呈喇叭形展宽,弯顶在大洪河至大新河之间,弯顶上下游河道均较顺直。上口崇头断面宽约 3.0 km,下口连兴港断面宽约 12.0 km,河道最窄处在崇明庙港北闸上游,河宽仅 1.6 km。北支平均水深自上而下呈递增之势,上口崇头附近平均水深 2.2 m 左右(吴淞基面 0 m 以下,下同),入海口连兴港 5.9 m 左右。南支

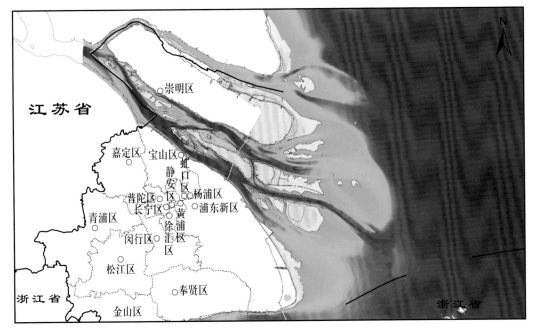

图 2-7　长江口河势图

河面宽阔，多水下沙洲和浅滩，全长约 53 km。以七丫口为界，南支分为上、下两段，上段为徐六泾节点段和白茆沙汊道段，下段被扁担沙分为南支主槽段和新桥水道。自新通海沙整治工程实施后，徐六泾节点段缩窄至 5.0 km 左右，往下游展宽，至白茆河口——海太汽渡处江面展宽至 6.7 km。白茆沙汊道段分为白茆沙南、北水道，两汊道在七丫口附近汇合，主流经南支主槽至浏河口顺接进入南、北港。自崇头至七丫口，上段河道水深总体逐渐增大，最深处位于荡茜口上游，床底水深为 20 m 以上，七丫口以下河槽深度逐渐减小，至杨林口下游-浏河口一带-10 m 槽中断。

　　第二级分汊：南港和北港。南北港分流口段因中央沙圈围和青草沙水库等工程相继建设，河势逐步受控稳定。北港为一条微弯型河道，自中央沙头至口外拦门沙约 80 km，北港中下段因近左岸有堡镇沙纵卧其间而形成偏 W 形复式河槽。北港自中央沙头至佘山岛外，河槽平均水深为 4～15 m，堡镇港附近水深最深，越往下游受拦门沙影响水深越浅，至佘山岛附近平均水深仅为 4 m 左右。南港自中央沙头至南北槽分汊口长约 31 km，2000 年以前，南港中下段被瑞丰沙分割为南港主槽和长兴水道（即长兴岛涨潮沟），为"W"形复式河槽；2000 年以来，由于南港中段落潮主流部分北偏，加之瑞丰沙中部无序采砂，瑞丰沙体逐步冲刷消失，南港中下段逐渐转为单一河槽。南港平均水深自上游中央沙头至南北槽分汊口逐渐增大，平均水深在 6～15 m。

　　第三级分汊：南槽和北槽。北槽自南北槽分汊口至深水航道北导堤头长约 59 km，受长江口深水航道治理工程约束，双导堤加长丁坝的治理工程起到了明显的导流、挡沙、减淤作用。长江口深水航道治理三期工程完成后，北槽 12.5 m（理论基面）深水航槽贯通。北槽河槽断面形态已完成从宽浅型向窄深型转变，在人工疏浚辅助下主槽水深维持，坝田处有淤积，从平面形态上看 0 m 河槽槽宽自上而下逐渐放宽。南槽水域宽阔，河道内主槽平面形态较为单一，河槽内分布有江亚南沙、九段沙及南汇东滩，0 m 河槽平面形态呈向东海方向扩张的喇叭形。南槽进口处 0 m 河槽平均宽约 2.8 km，浦东机场附近宽约 5.2 km，出口（南堤头）宽约 28.9 km。南槽受拦门沙地形影响，呈两头深、中段浅的地形特征。

长江口除上述"三级分汊、四口入海"河道体系外，在河道之间或周围还分布有大量水下浅滩和边滩，这些潮滩也是长江河口地貌体系的重要组成部分。

长江口潮滩地貌类型主要有：淤泥滩、粉砂质淤泥滩、粉砂滩、芦苇滩、盐沼滩、草滩等。其中，崇明岛、长兴岛和横沙岛潮滩主要为淤泥滩、粉砂质淤泥滩，局部分布着芦苇滩、盐沼滩和草滩；九段沙、江亚南沙主要为粉砂质淤泥滩、盐沼滩和粉砂滩；宝山区岸段边滩仅在练祁河、新川沙等河口、炮台湿地湾公园分布着部分小面积的草滩，在吴淞口北岸的炮台湿地湾公园和宝钢堆场为人工堆积的砾石边滩，其余边滩均为淤泥-粉砂滩；浦东新区（吴淞口—南汇咀）西段海塘外侧一般直接毗邻南港河道水域，海塘外侧为狭窄的淤泥质粉砂滩，往东海塘外侧淤泥质浅滩逐渐展宽；南汇东滩为上海市陆缘的低潮滩中宽度最宽、面积最大的区域之一，宽度可达 800～1000 m，以淤泥滩、粉砂质淤泥滩、粉砂滩为主，滩面平顺、坡度平缓。

杭州湾上接钱塘江口，是我国典型的强潮河口湾，杭州湾平面上呈喇叭状河口湾，湾顶位于浙江澉浦断面，湾口在上海芦潮港断面，纵向长约 85 km，水面宽度由上至下从 19.4 km 展宽为 98.5 km，其间乍浦至庵东断面宽 32.2 km，金山至四灶浦断面宽约 45.5 km。杭州湾湾底平坦，乍浦以上底面抬高，至仓前、七堡一带达到最高点，高出乍浦湾底约 13 m，形成 1/10000～1/5000 的坡度，过此最高点到闸口以上的闻家堰，底面又开始降低，出现 0.6/10000 左右的逆坡。这个巨型的河口沙坎长达 130 km、宽约 27 km、厚约 20 m、体积达到 425 亿 m³，它是长期以来由杭州湾底冲刷而来及从长江口扩散出的物质，被潮流带到湾头和河口段沉积而形成的，是杭州湾典型的地貌特征。在杭州湾北侧，金山卫与乍浦之间的湾底现存一巨大的冲刷坑，其最深处超过 40 m（理论基面），称为金山深槽。河口沙坎是由分选很好的粉砂组成，抗冲能力很差，在强潮作用下，很容易搬运，导致金山深槽及杭州湾北岸海床稳定性较差。

杭州湾北岸岸线平顺内凹，堤前-5 m 等深线以上边滩较窄，一般在 300～500 m，1000 m 以外大多已进入平坦的海床。上海浦东新区（南汇咀—芦潮港）、奉贤区和金山区濒临杭州湾，地貌特征分述如下：

浦东新区（南汇咀—芦潮港）海岸外侧为南汇南滩，以粉砂滩为主。滴水湖出口、东海大桥、芦潮港河口水闸和河口边滩为次一级地貌，芦潮港河口两侧边滩生长着茂密的草地，其他河口边滩不发育。海塘主体和顺坝之间形成坝田地貌，坝田里除泥滩外，生长有芦苇、蘑草等植被。

奉贤区海岸岸滩区域保存有生长芦苇、互花米草的中高滩，因杭州湾大风浪影响，草滩受冲刷形成泥坎地貌，在星火农场岸段和金汇港西侧发育 1.0～2.0 km 淤泥质潮滩，潮滩上发育潮沟地貌。二团港、南门港、金汇港和南竹港等河口地貌主要为水闸人工地貌，在金汇港和南竹港河口两侧发育边滩，生长茂密芦苇，其他河口边滩不发育。

金山区海岸大部分为人工地貌，金山卫以东的岸段丁坝和顺坝护坡工程较少，并在岸堤外发育有宽度 400～800 m 的淤泥质、粉砂质潮滩；金山卫以西的海塘外侧有丁坝和顺坝护坡，形成坝田地貌，坝田里生长芦苇植被，顺坝外分布着淤泥质浅滩。牌楼港河口地貌主要为水闸人工地貌，在金山卫海湾发育茂密的芦苇滩，芦苇滩外侧发育稀疏的蘑草。

2.2.2.3　河势滩势变化特征

长江口河道演变总体规律表现为"主槽南偏、沙岛并岸、河宽缩窄、河口向东南方向延伸"。杭州湾北岸现均为人工岸线，其滩势演变总体为浦东新区段岸滩以淤积为主，奉贤区段岸滩总体冲刷趋势明显，金山区段岸滩基本冲淤平衡（张行南，2020）。以下分述长江口、杭州湾主要滩槽近期演变特征（图 2-8）。

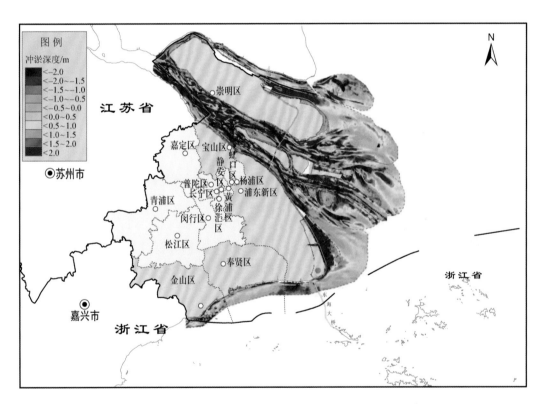

图 2-8　长江口及杭州湾北岸近期冲淤变化图（2005～2017 年）

1. 长江口北支、南支

北支在整个长江口及杭州湾区域，属整体淤积最强烈区域。空间上，近年来河道部分冲淤存在一定的年际变化，但总体上保持在"不淤"状态。北支河道内洲滩淤积明显，最为明显的是下口南岸（崇明岛北岸）边滩，2005～2017 年普遍淤长厚度超过 2.0 m。

南支河道呈冲淤交替状态，与北支相反，整体以冲刷为主，也是整体冲淤演变过程最复杂、冲淤幅度最剧烈的区域。空间上，主要是主槽冲刷，普遍冲刷1.5～2.0 m。而白茆沙、扁担沙等仍然以淤积为主，沙顶的淤积厚度在2.0 m以上。总体上，南支以持续冲刷为主，2005～2017年普遍刷深了0.74 m。

2. 长江口北港、南港

北港总体以冲刷为主，主要冲刷部位在北港上段（横沙岛—崇明岛东端以西河段），普遍冲刷2.0 m左右。而青草沙、横沙岛北边滩沙洲仍然以淤积为主，沙顶的淤积厚度在2.0 m以上，北港下段（横沙岛—崇明岛东端以东河槽）也明显淤积。整个北港2005～2017年持续冲刷，平均刷深了0.63 m。

南港不仅总体以冲刷为主，且是整个长江口及杭州湾区域冲刷幅度最大的区域。空间上，南港冲刷部位主要在主槽，2005～2017年普遍冲刷2.0 m以上，而瑞丰沙、新浏河沙等沙洲边滩淤积，沙顶的淤积厚度约1.0 m。

3. 崇明东滩

崇明东滩总体处于冲淤平衡、略有淤积状态。2005～2017年主要淤积在边滩及北港北沙的浅滩上，但北港的北向分汊槽内以冲刷为主，局部冲刷1.0～2.0 m。

4. 横沙东滩

横沙东滩总体处于冲淤平衡，略有淤积状态。空间上，横沙东滩主要淤积在横沙岛东侧圈围区及东北部的浅滩上，淤积厚度1.0～2.0 m。但在北港、北槽和圈围工程东端潮水沟部分，仍以冲刷为主，深槽普遍刷深2.0 m以上。时间上，冲淤过程表现为先淤后冲的迹象，2005～2017年普遍淤积厚度为0.04 m。

5. 九段沙

九段沙总体上表现为淤积。2012年以前以淤积为主，2012年以后淤长与冲刷状态呈波动发展。

6. 南汇东滩

南汇东滩总体呈冲淤稳定，略有淤积态势。2005～2017年，淤积主要发生在中高滩上，淤积速率与滩地高程成正比，中高滩部分平均淤高超过2.0 m。

7. 杭州湾北岸

杭州湾北岸总体呈冲淤稳定，略有冲刷态势。空间上，主要刷深部位在奉贤岸段，浦东新区段岸滩以淤积为主，而金山区外岸滩基本冲淤平衡。时间上，表现为先冲后淤特征，2005～2010年杭州湾北岸滩地平均刷深0.43 m，而2010～2017年则平均淤积0.03 m。

2.2.3　滩涂资源

2.2.3.1　滩涂资源变化

上海市滩涂资源主要分布在崇明北沿边滩、崇明东滩、北港北沙、横沙东滩、南汇东滩、长江口江心洲等地区（图 2-9）。据 2021 年实测滩涂水下地形资料，上海市−5 m线以上滩涂资源面积为 2226.74 km^2，−2 m 线以上滩涂资源面积为 1346.07 km^2，0 m 线以上滩涂资源面积为 876.59 km^2，2 m 线以上滩涂资源面积为 421.51 km^2，3 m 线以上滩涂资源面积为 278.78 km^2（上海市水务局，2022；表 2-3）。

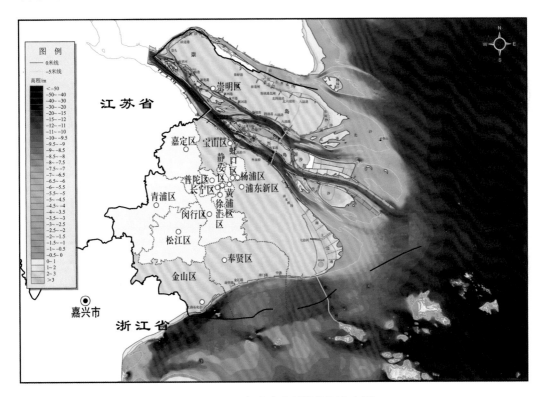

图 2-9　2021 年上海市滩涂资源分布图

表 2-3　2021 年上海市滩涂资源面积统计表　　　　　　（单位：km^2）

区域		3 m 线以上	2 m 线以上	0 m 线以上	−2 m 线以上	−5 m 线以上
崇明岛	崇明北沿边滩	94.51	119.15	134.91	151.04	161.42
	崇明南沿边滩	18.78	29.22	44.48	55.29	73.86
	崇明东滩	36.99	54.32	110.28	164.88	273.41
	北港北沙	/	2.63	51.87	111.48	309.89
横沙岛	横沙东滩	9.19	9.47	93.33	204.90	373.69
	其他边滩	1.74	3.10	5.65	6.75	8.44

续表

区域		3 m 线以上	2 m 线以上	0 m 线以上	−2 m 线以上	−5 m 线以上
长兴岛	中央沙和青草沙	0.41	0.58	6.00	13.18	20.51
	其他边滩	1.14	1.50	2.98	6.38	8.52
长江口南沿边滩	南汇东滩	32.53	77.49	159.81	205.44	364.11
	其他边滩	1.00	1.60	11.16	19.10	26.22
长江口江心洲	九段沙	81.81	111.31	171.31	260.55	380.17
	其他边滩	0.69	10.67	68.05	110.15	179.41
杭州湾北沿边滩		/	0.27	16.76	36.91	47.09
合计		278.79	421.51	876.59	1346.05	2226.74

　　得益于上海市滩涂资源开发利用工作中始终坚持"开发利用与保护并重""先促后围，多促少围"等原则，同时也在长江上游下泄泥沙的持续堆积作用下，上海市虽经过了多年高强度的滩涂资源开发利用，但滩涂资源总量仍然能够基本保持平衡。根据2017~2021年滩涂资源量统计数据，近5年来，长江口、杭州湾−5 m以上滩涂资源总量变化不大，基本维持在2200 km²以上，保持动态平衡；−2 m以上滩涂资源量在1300 km²左右波动；0 m以上滩涂资源量呈波动略有增长态势；2 m以上和3 m以上滩涂资源量呈现增加态势（表2-4）。

表2-4　2017~2021年上海市滩涂资源量统计　　　　　（单位：km²）

年份	3 m线以上	2 m线以上	0 m线以上	−2 m线以上	−5 m线以上
2017	190.7	335.3	795.0	1280.7	2212.5
2018	191.1	361.5	832.7	1350.2	2295.9
2019	276.5	412.7	882.6	1319.4	2185.8
2020	320.6	392.81	862.29	1297.58	2201.84
2021	278.79	421.51	876.59	1346.05	2226.74

注：数据来源于《上海市滩涂资源公报》。

2.2.3.2　滩涂资源开发利用

　　1949~2000年底，上海市共实施滩涂圈围成陆873.04 km²，增加陆域面积14%（表2-5）。"十五"以来（统计至2020年底），上海市共实施促淤工程面积743.60 km²，实施圈围工程面积375.8 km²，平均每年促淤37.18 km²，圈围18.79 km²，其中"十五"期间促淤373.07 km²，圈围172.60 km²；"十一五"期间促淤180.00 km²，圈围113.33 km²；"十二五"期间促淤172.33 km²，圈围71.67 km²；"十三五"期间促淤18.20 km²，圈围18.20 km²。

表 2-5　1949 年以来上海市滩涂促淤圈围面积统计　　（单位：km²）

时期	促淤	圈围
1949～2000 年		873.04
2001～2005 年	373.07	172.60
2006～2010 年	180.00	113.33
2011～2015 年	172.33	71.67
2016～2020 年	18.20	18.20
合计	743.60	1248.84

2000 年以来，上海市的滩涂资源开发利用始终与河势控制、航道整治、生态保护及水源地建设等方面的需求紧密结合，取得了多方面的效益：

一是增加土地资源，支撑上海经济发展。上海自 2000 年以来（统计至 2020 年底）在南汇东滩、横沙东滩、崇明北缘、杭州湾北岸及长江口江心洲等地圈围成陆 56.37 万亩，有效地缓解了经济发展与土地紧缺的矛盾。

二是滩涂利用与河势控制结合，稳定了长江口河势。如崇明北缘系列促淤圈围工程束窄了北支中下段河道，缓解了北支水沙倒灌南支的现象，中央沙圈围工程为控制南北港分流口奠定了基础，使得长江河口河势变化最频繁的河段渐趋稳定。

三是缓解了长江口航道整治工程疏浚土消纳问题。如横沙东滩系列促淤圈围工程大量使用疏浚土吹填，截至 2019 年底，已消纳航道疏浚土逾 3 亿 m³。

四是改善上海饮用水供应格局，保障了城市供水安全。如在北港上段青草沙圈围而成的青草沙水库强化了上海"两江并举、多源互补"的供水格局，可为上海提供 719 万 m³/d 清洁饮用水。

2.2.3.3　滩涂自然保护区

上海海岸带滩涂湿地是全球生物多样性集中分布的热点区域之一，是重要的候鸟栖息地，水生动物产卵育肥生境。上海海岸带共划定有 14 个生态保护区，其生态保护红线分布示意见图 2-10，包括鸟类、鱼类等自然保护区、湿地公园（保护区）、水源保护区等，面积约 2400.32 km²（上海市规划和自然资源局和上海市海洋局，2022）。本节简要介绍崇明东滩鸟类国家级自然保护区、九段沙湿地国家级自然保护区以及长江口中华鲟自然保护区等上海代表性的滩涂自然保护区（上海市规划和自然资源局，2022）。

上海崇明东滩鸟类自然保护区成立于 1998 年，于 2005 年升级为国家级自然保护区，位于崇明岛东岸，是亚太地区迁徙水鸟的重要通道，主要保护对象为水鸟和湿地生态系统。保护区范围南起奚家港，北至八滧港，西以一线海塘为界线，东至吴淞标高 0 m 线外侧 3000 m 水线，划分为核心区、缓冲区和试验区，其中核心区 165.92 km²、缓冲区 10.7 km²、试验区 64.93 km²。

上海九段沙湿地自然保护区设立于 2000 年 3 月 8 日，2005 年 7 月，升级为国家级自然保护区，位于长江口南槽和北槽之间，是鸟类迁徙的重要中途停歇地和越冬地。保护区范围包括江亚南沙、上沙、中沙、下沙 4 个沙洲陆域以及周边水域，东西长 46.3 km、南北宽 25.9 km，保护区面积 420.2 km^2。

图 2-10 上海市生态保护红线分布示意图

上海市长江口中华鲟自然保护区成立于 2003 年，于 2008 年被列入《国际重要湿地名录》，保护区位于崇明岛东岸（与崇明东滩鸟类自然保护区大部分重叠），以中华鲟为主的水生野生生物及其栖息生态环境为保护对象，是中华鲟集中产卵及幼鱼生长的水域，也是其他鱼类洄游的重要通道和索饵产卵的重要场所。保护区范围南起奚家港，北起八滧港，由崇明岛东部一线海塘与吴淞标高–5 m 线围成，保护区总面积约695.6 km^2。

2.2.4　生态环境

2.2.4.1　海域环境

上海市海域海水水质整体稳中趋好，但近岸水质状况仍不容乐观。根据《2022 上海市生态环境状况公报》（上海市生态环境局，2023），上海市海域内符合海水水质标准第一类和第二类的面积占 34.6%，较 2021 年上升 9.2 个百分点；符合第三类和第四类的面积占 21.2%，较 2021 年上升 6.8 个百分点；劣于第四类的面积占 44.2%，较 2021 年下降16.0 个百分点。主要指标中，化学需氧量平均浓度为 1.61 mg/L，较 2021 年上升 5.9%；无机氮平均浓度为 0.505 mg/L，较 2021 年下降 26.8%；活性磷酸盐平均浓度为0.0237 mg/L，较 2021 年下降 14.7%（图 2-11）。

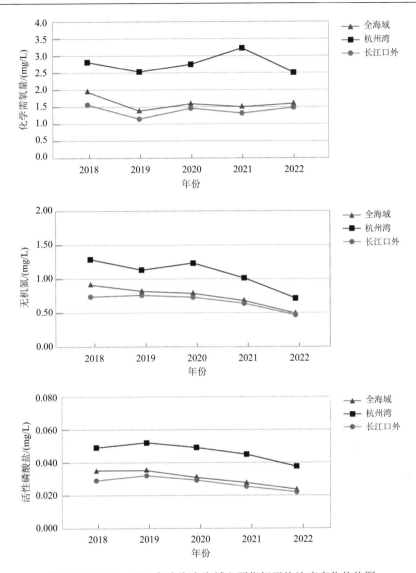

图 2-11　2018～2022 年上海市海域主要指标平均浓度变化趋势图

长江口外海域海水水质主要指标中，化学需氧量平均浓度为 1.48 mg/L，较 2021 年上升 13.0%；无机氮和活性磷酸盐平均浓度分别为 0.467 mg/L 和 0.0217 mg/L，较 2021 年分别下降了 26.2% 和 14.6%。

2.2.4.2　海域生态

上海海洋生态系统复杂且类型多样。根据《2017 上海市海洋环境质量公报》（上海市海洋局，2018），春季和夏季上海市海域共鉴定出浮游植物、浮游动物、底栖动物和潮间带生物 444 种，隶属于 4 个生物界、18 个门，以广分布种为主，还有少量淡水种和河口种。夏季，长江口生态监控区海洋生态系统处于亚健康状态。

1. 浮游植物

春季，共鉴定出浮游植物 111 种，主要类群为硅藻，优势种为中肋骨条藻，多样性指数范围为 0.03～2.82，平均值为 1.26。夏季，共鉴定出浮游植物 139 种，主要类群为硅藻，优势种为尖刺伪菱形藻和中肋骨条藻，多样性指数范围为 0.03～2.72，平均值为 1.52。

2. 浮游动物

春季，共鉴定出浮游动物 60 种，主要类群为节肢动物和腔肠动物，优势种为华哲水蚤、虫肢歪水蚤和火腿许水蚤，多样性指数范围为 0.46～3.31，平均值为 1.56。夏季，共鉴定出浮游动物 90 种，主要类群为节肢动物，优势种为背针胸刺水蚤、太平洋纺锤水蚤、虫肢歪水蚤和真刺唇角水蚤，多样性指数范围为 0.39～3.14，平均值为 1.83。

3. 游泳动物

全年共鉴定出 72 种游泳动物，以鱼类为主，达 42 种，其次为甲壳类，共 26 种，头足类 4 种。主要优势种包括棘头梅童鱼、安氏白虾、凤鲚、三疣梭子蟹等。生物多样性指数平均值为 2.47，游泳动物群落个体分布较均匀。

4. 底栖动物

春季，共鉴定出底栖动物 123 种，主要类群为环节动物和节肢动物，优势种为丝异须虫，多样性指数范围为 0～4.04，平均值为 1.50。夏季，共鉴定出底栖动物 107 种，主要类群为环节动物和节肢动物，优势种为河蚬，多样性指数范围为 0～4.38，平均值为 1.14。

5. 潮间带动物

夏季，共鉴定出潮间带动物 26 种，主要类群为节肢动物和软体动物。崇明东滩潮间带动物 22 种，主要类群为软体动物和节肢动物。南汇东滩潮间带动物 17 种，主要类群为节肢动物和软体动物。

6. 滨海湿地植被分布状况

卫星遥感监测表明，2017 年上海市近岸滨海湿地植被总面积约为 20302.89 hm²，以互花米草、芦苇和海三棱藨草为标志的植物群落（图 2-12）。互花米草分布面积最大，约占植被总面积的 43%，主要分布在崇明北湖、崇明东滩、九段沙下沙及中沙。芦苇主要分布在崇明岛周缘湿地、长兴岛与横沙岛周缘湿地、崇明东滩、九段沙上沙。海三棱藨草和藨草作为长江口滩涂的先锋物种，主要分布在滨海湿地的前沿位置。菰、糙叶薹草、白茅三种植被仅在特有区域分布。

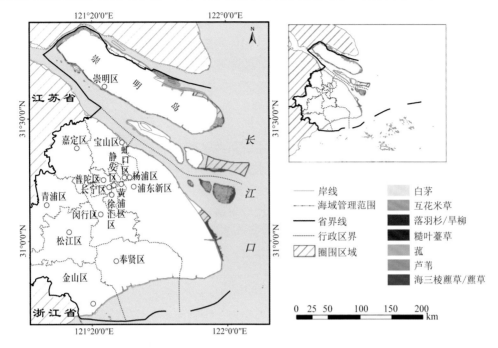

图 2-12　上海市近岸滨海湿地植被分布状况（2017 年）

2.3　浙　江　省

　　浙江省位于中国东南沿海，陆域面积 10.55 万 km²，海域广阔，海岸曲折，形成了众多的港湾，沿岸有杭州湾、象山港、三门湾、台州湾、温州湾、乐清湾等面积大于 30 km² 的较大港湾 10 处，大小岛屿密布，包括舟山本岛、玉环岛、岱山岛、六横岛、大衢岛等面积大于 10 km² 的较大岛屿 26 个。浙江省大陆海岸线北起平湖市金丝娘桥，南至苍南县虎头鼻，蜿蜒曲折，岸线长度 2215 km，海岸线总长度 6715 km，居全国首位。钱塘江、甬江、椒江、瓯江、飞云江和鳌江等河流独流入海。

2.3.1　水文动力

2.3.1.1　气象

　　浙江沿海地区位于亚热带季风区，东临太平洋，由于受大陆高压气团、太平洋副热带高压控制，冬季以晴冷天气为主；春季降水增多，春雨、梅雨连绵不断；夏季以晴热天气为主，7～8 月为高温干旱期，盛夏受台风影响，常有台风暴雨出现；秋季常出现秋高气爽的天气。气候特点是季风交替、气温适中、四季分明、雨量充沛、空气湿润。

　　浙江沿海多年平均气温在 15.7～17.9℃之间，有北面低、南面高的总趋势。沿海降水较多，浙南可达 1600～1700 mm，浙北为 1300～1400 mm，全年大致上可分为两个雨季和两个相对的干旱季，其中，第一个雨季 3～5 月（春雨）和 6～7 月初（梅雨），可占全年降水量的40%~50%，第二个雨季为秋雨（9月）。冬季盛行偏北风，春季受日本海小高压影响，多偏东风，夏季盛行东南风。沿海内陆多年平均风速2~4 m/s，而外海多年平均风速为5~8 m/s。沿海大风以6~7级居多，占总次数的80%~85%，10级以上的不到4%，10级及以上的强风主要集中在7~9月，台风过程最大风速可达90 m/s。

2.3.1.2 径流

浙江省由于地势低平，江河众多。其中容积在1.0×10^6 m^3以上的湖泊就多达30余个，如西湖、东钱湖等。此外，主要河流水系自北向南分别有东西苕溪、钱塘江、曹娥江、甬江、灵江、瓯江、飞云江、鳌江八大河流水系。其中，钱塘江为浙江的第一大河，被誉为浙江人的母亲河。陆域境内河川径流较丰富，含沙量少，多以降水补给为主，多年平均年径流总量为9.14×10^{10} m^3，径流模数为5~20 dm^3/（s·km^2），单位面积产水量较高，年径流系数差别较大，变化范围为0.35~0.7。

1. 钱塘江河口

钱塘江流域水文测站以芦茨埠水文站为代表，控制面积3.16万km^2，占闻家堰以上流域面积76%。该站多年平均径流流量952 m^3/s，最大年平均流量1710 m^3/s（1954年），最小日平均流量15.4 m^3/s（1934年8月22日）。钱塘江流域径流具有明显的年内和年际变化。年内存在洪、枯季之分，4~7月为丰水期（或称梅汛期），径流量占全年70%左右，大洪水主要由梅雨造成，新安江建库前实测洪峰流量为29000 m^3/s（1955年6月22日），8月~次年3月为枯水期；年际间的径流量变幅较大，最大与最小年径流量之比达4.15，且多年连续丰、枯水文年交替出现。

2. 椒江河口

椒江河口受梅雨和台风雨影响，径流量的年内分配极不均匀，主要集中于梅汛期（4~6月）和台风期（7~9月），占全年总量81%左右；枯季（10月~次年2月），径流量占全年19%左右；径流量年际间变幅也较大，柏枝岙站和沙段站最大与最小年径流量之比分别为14.5和4.4。椒江河口上游灵江径流的另一显著特点是洪水暴涨暴落，洪枯流量变幅很大，以柏枝岙站为例，多年平均洪峰流量（2939 m^3/s）与多年平均年最小径流量（3.03 m^3/s）之比达970倍。

3. 瓯江、飞云江和鳌江河口

瓯江、飞云江和鳌江三个流域径流量总体呈现年际间差别大、年内分配很不均匀和洪枯流量差别大等特点，对三个河口海岸的河床冲淤变化起着至关重要的作用。

瓯江属山溪性河流，上游河床坡陡，洪水猛涨猛落，历时短，洪峰流量大。圩仁站（控制流域面积75%）实测最大洪峰流量22800 m^3/s，最小枯水流量10.6 m^3/s，多年平均径流量470 m^3/s。多年平均入海径流量169.5亿m^3。瓯江河口汛期（4~9月）径流量占全年78%。

飞云江属山溪性河流，洪水暴涨暴落，历时短，洪峰流量大。峃口水文站实测最大洪峰流量 12500 m^3/s（1990 年），平均流量 75 m^3/s，口门多年平均入海径流量 43.8 亿 m^3，飞云江河口径流量年内分配不均匀，汛期（4～9 月）的径流量约占全年 80%。

鳌江为典型的山溪性河流，上游洪水暴涨暴落，历时短，洪峰流量大。埭头水文站（控制流域面积 22.6%）实测多年平均流量 16.85 m^3/s，最大 29.12 m^3/s，最小 8.38 m^3/s，实测最大洪峰流量 3140 m^3/s，最小枯水流量 0.57 m^3/s，多年平均径流量 5.32 亿 m^3/s。感潮河段麻步以下，有支流南港水系注入，年平均径流量为 5 m^3/s，占干流径流量的 28%。鳌江流域径流量年内分配不均匀，汛期（4～9 月）的径流量约占全年的 75%。

2.3.1.3　潮汐

浙江省河口海岸潮波自太平洋传入，沿大陆架进入浅海后，潮波类型多样，属强潮海域。在钱塘江河口由于喇叭口的平面形态和庞大的水下沙坎，河床向上游急剧抬高，水深变浅，潮波变形，在澉浦附近形成举世闻名的钱塘江涌潮。浙江省的近海和岛屿基本属正规半日潮区，但深入港湾和河口区为不正规浅海半日潮，潮位日不等现象十分明显，涨落历时不等，一般落潮历时大于涨潮历时。在台风暴潮与天文大潮相遇时，导致海平面异常升高，出现特高潮位。表 2-6 为浙江沿海代表潮位站潮位特征，图 2-13 为其天文潮年最大潮差分布（韩曾萃等，2003）。

表 2-6　浙江沿海代表潮位站潮位特征

代表潮位站	高潮（水）位/m		低潮（水）位/m		潮差/m		涨潮历时/h	落潮历时/h
	平均	最高	平均	最低	平均	最大		
澉浦	3.09	6.56	−2.55	−4.36	5.67	9.15	5.47	6.95
乍浦	2.56	5.54	−2.13	−4.01	4.66	7.57	5.48	7
金山	2.16	4.98	−1.8	−3.37	3.93	6.34	5.45	7.02
镇海	1.04	3.35	−0.73	−2.07	1.77	3.67	6.31	6.1
定海	1.26	1.98	−0.67	−1.36	1.91	3.32	5.75	6.65
临海	2.57	10.27	−0.34	−2.45	2.99	6.17	3.38	9.05
海门	2.45	5.67	−1.54	−2.76	4.02	6.87	5.1	7.32
龙湾	2.4	5.56	−2.01	−3.48	4.5	7.21	5.45	7
瑞安	2.5	5.01	−1.73	−2.82	4.37	6.81	4.9	7.52
上关山	2.44	4.2	−1.9	−3.81	4.2	7.24	6.1	6.31
鳌江	2.54	4.79	−1.71	−2.35	4.21	6.41	4.2	8.21
琵琶门	2.34	4.47	−1.92	−3.9	4.28	7.33	6.12	6.23

从图表可知，浙江沿海属强潮海区，除镇海、定海一带潮差较小外，其他地区潮差均较大（表 2-6、图 2-13）。镇海多年平均潮差仅 1.77 m，最大潮差 3.67 m；钱塘江河口澉浦的实测多年平均潮差 5.67 m，最大潮差 9.15 m，椒江河口台州湾海门站多年平均潮差 4.02 m，最大潮差 6.87 m；浙南诸河口及温州湾多年平均潮差 4.2～4.5 m，最大潮差 6.4～7.33 m。

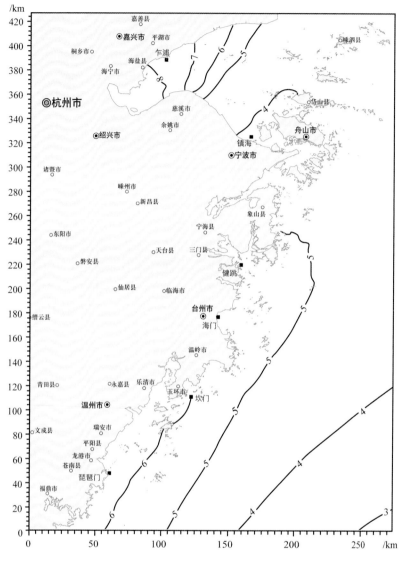

图 2-13 浙江沿海典型天文潮年最大潮差分布

2.3.1.4 潮流

浙江沿海自北向南的东海沿岸流和由南往北的台湾暖流是影响浙江沿岸的两支主要海流（中国海湾志编委会，1992），参见图 2-14。浙江近海潮流运动的特点表现为运动形式以往复流为主，在港湾、河口水域及潮汐通道处，受地形、边界条件的制约，往复流的性质更加明显，最大潮流流速由东向西递增，大流速均出现在河口、海湾和峡道区，大部分站点实测最大落潮流速大于涨潮流速，涨落潮流速差值为 0.1～0.2 m/s。钱塘江河口杭州湾、椒江河口台州湾，以及瓯江、飞云江、鳌江河口及温州湾的潮流特征分析如下。

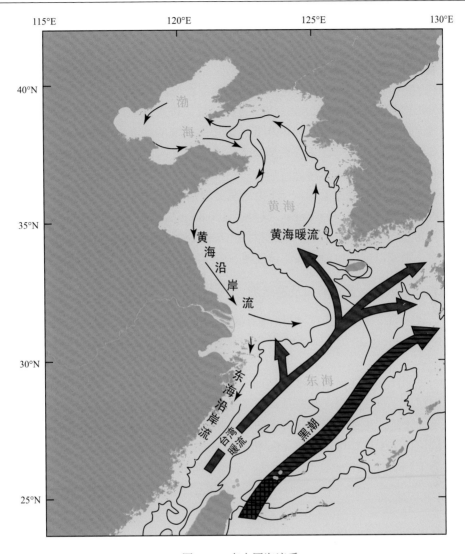

图 2-14　东中国海流系

1. 钱塘江河口杭州湾

钱塘江河口段的涨、落潮流向与岸线基本平行。除尖山河段外，流速横向分布比较均匀，最大值一般在尖山—盐官一带，澉浦、尖山、盐官等断面实测最大垂线平均流速可达 4.40~4.50 m/s，测点流速可达 5~6 m/s。杭州湾水域开阔，潮流不但存在量值变化，而且还在方向上旋转。杭州湾内以 M_2 分潮为主，M_2 分潮椭圆旋转率绝对值 $|K|$ <0.1，最小为 0，潮流运动形式仍以往复流为主，湾口附近涨潮平均流速约 1.5 m/s，最大流速约 2 m/s，杭州湾湾顶澉浦附近涨潮平均流速约 2.5 m/s，最大流速为 4.6 m/s，自湾口向湾顶递增；湾顶附近落潮平均流速约 1.8 m/s，最大流速 2.7 m/s，湾口附近平均流速约 1.5 m/s，最大流速约 2.7 m/s，自湾顶向湾口递减。

2. 椒江河口台州湾

东海潮波进入台州湾海域时，经一江山岛—黄琅、一江山岛—头门岛水道分别以 282°～300°方向和 273°～287°方向进入头门岛南部水域，在椒江口以 270°～285°方向进入椒江口，头门岛北侧潮波以 288°～295°方向传播，进入椒江口台州湾北侧水域和北洋涂浅滩水域。落潮时，处于椒江口内和其河口边滩水域的纳潮水体，以及河口的径流则分别以向东偏南流向，经一江山岛两侧进入东海水域，其中一部分落潮水流经一江山岛—黄琅断面向东偏南向流入东海。

从涨落潮垂线平均流速上看，一江山岛至黄琅水道水域为 0.50～0.58 m/s，一江山岛至头门岛水道水域为 0.58～0.61 m/s，其外侧达 0.85 m/s。头门岛北侧为 0.47～0.54 m/s，椒江口浅滩为 0.65～0.79 m/s，口门处达 1.23 m/s。头门岛西南水域为 0.49～0.58 m/s。总体上看整个水域以椒江口门、椒江口浅滩、头门岛以东水域较大，其他站则变化不大。

3. 瓯江、飞云江、鳌江河口及温州湾

瓯江、飞云江、鳌江河口及温州湾海域的潮流属于规则半日潮流的类型，其比值 WM_4/WM_2 在 0.06～0.20 之间，浅海分潮流具有极大的比重，潮流性质为非正规半日浅海潮流。

瓯江、飞云江和鳌江河口区潮流运动形式主要以往复流为主，外海区域以旋转流为主。整个海域以飞云江、瓯江和鳌江河口流速相对较大，以飞云江河口为最强，当外海潮波汇入飞云江时，形成较强的涨潮流势，外海流速相对较小，大、中潮实测垂线平均最大涨潮流速在飞云口可达 1.35 m/s 和 1.32 m/s；其次为瓯江南口，大、中潮最大涨潮流分别为 1.3 m/s 和 0.8 m/s，其他垂线，涨潮流势较缓。

2.3.1.5　波浪

浙江省沿岸海域冬季风浪和涌浪以北向为主，夏季以南向为主，春季风浪和涌浪的盛行方向同为东向和东北向，秋季风浪多偏北向、涌浪多偏东北向。北部海域月平均波高 1.0～2.0 m，11 月至翌年 1 月波高较大，平均值为 2.0 m，5～7 月波高较小，平均 1.0～1.6 m，月平均波周期为 4.7～7.0 s，最大周期在 9.0～14.0 s 之间；中南部海域月平均波高为 1.5～2.0 m，10 月至翌年 2 月波高较大，平均值为 2.0 m，其余月份波高较小，平均 1.5 m，月平均波周期为 5.0～7.0 s，最大周期为 14.0 s。

1. 钱塘江河口杭州湾

钱塘江河口杭州湾有乍浦、滩浒和镇海游山 3 处波浪站。乍浦和滩浒两站以风浪为主，风浪频率高达 95%以上，涌浪仅占 2%；位于湾口南岸的镇海游山站涌浪比例增大，属风浪和涌浪兼有的混合区。

经统计分析乍浦波浪站资料，全年常浪向为 SE，强浪向为 E。实测最大波高 6.0 m（1972 年 8 月 17 日目测得，后经分析约 4.0 m）。建站前曾在本站附近外浦山进行为期 2 年（1960～1962 年）观测，1960 年 8 月实测波高为 5.6 m，可作为统计系列中最大值。

春、夏季的常浪向 SE，秋季为 N，冬季为 NW，多年平均波高 0.2 m，平均周期 1.4 s。乍浦站位于杭州湾北岸，夏季波高较大。全年 1.5 m 以上波高占 0.6%，多年最大波高不小于 2.5 m，出现在夏季和秋季，浪向分别为 E—SE 和 SSW—SW，而 W—N 向的浪较小。

滩浒站实测波浪资料表明，全年常浪向 NNW，强浪向 ENE，最大波高 4.0 m。浪向季节性变化较明显，春、夏季的常浪向为 SSE，秋、冬季常浪向分别为 NNE 和 NNW。多年平均波高 0.4 m，平均周期 2.0 s，平均波高的季节性变化较小，秋季略大，约为 0.5 m，其他季节均为 0.4 m。全年 1.5 m 以上波高占 1.5%。

镇海游山站处在杭州湾口的南岸外游山，东西南面受舟山群岛和大陆的阻挡，全年的常浪向和冬季的常浪向均为 N。多年平均波高 0.5 m，平均周期 3.8 s，大于 1.5 m 波高的频率为 6.8%，年最大波高出现在夏、秋两季，浪向为 NW—NNW。

2. 椒江河口台州湾

台州湾海域的波浪情况可用大陈站波浪资料进行统计分析，主浪向受季风更替和台风风向的支配。大陈站波浪出现频率 NE、E—SSE 向占 73.9%；N—NE 向为 20.9%。波向冬夏季节变化明显，ENE—SSE 向频率冬季 68.4%（其中 ENE—E 向 48.6%）；夏季为 78.4%（其中 SE—SSE 向 47.1%）；秋季为 71.4%（其中 ENE—E 向 48.8%）。NE—N 向波浪出现频率：冬季为 30.9%（其中 N—NNE 向 28%），春季为 19.4%（其中 NNE 向 11.2%），夏季为 5.5%，秋季为 27.1%（其中 NNE 向 14.8%）。

台州湾海域盛行混合浪，以涌浪为主的混合浪居多，浪向以 N—NE 向最多，年出现频率为 53.7%，S—SSW 向次之，为 14.6%，其季节变化明显，除夏季 S—SSW 向占优外，其余各季均以 N—NE 向浪为主。涌浪浪向集中，ENE—SSE 向年出现频率达 99%，夏季 ESE—SE 向浪居多，其他季节以 ENE—E 向浪居多，无风浪出现频率为 21.7%。

累年平均波高 1.2 m，最大波高为 14.4 m，波向 E，7～11 月波高较大，月平均波高 1.3～1.4 m，月最大波高 6.0～14.4 m。累年平均周期 5.6 s，最大周期 18.1 s，7～10 月周期较长，月平均周期 5.8～6.1 s，月最大周期 14.5～18.1 s。

3. 瓯江、飞云江、鳌江河口及温州湾

温州湾受季风影响，冬季盛行偏北风，夏季盛行偏南风，春秋季则偏南、偏北风交替出现。全年呈现 E—ES、N—EN 两个主要波向，出现频率分别为 52% 和 36%。

根据 1990 年 12 月～1992 年 9 月洞头岛 NE 端甲米礁（27°50′N、120°09′E）处波浪观测统计结果，瓯江口外风浪常浪向主要为 N—NE 向，出现频率为 55%，次常浪向为 S—SW 向，频率为 16.5%，涌浪方向集中于 ENE 向，频率为 26.3%。该站年平均 $H_{1/10}$ 波高为 0.6 m 以上。强浪向为 NNE—ENE，集中于 8、9 月台风季节，实测最大波高为 4.3 m（E 向），为 9216 号台风所形成。

统计鳌江口外琵琶门站 1992～2004 年的资料，该海域波浪主要以混合浪为主，风浪和涌浪出现频率的年平均值为 71.5% 和 92.7%，以出现次数计算，则 F 或 F/U 占 30.5%，U 或 U/F 占 69.6%，涌浪出现的频率远大于风浪，方向出现在 ENE 向和 E 向。该海域的

常浪向为 E 向，次常浪向为 ENE 和 NE 向，出现频率分别为 81.0%、5.2% 和 3.6%。各向最大波高相差较大，强浪向为 ENE 向和 E 向，最大波高分别为 6.7 m 和 6.5 m，分别发生在 1994 年 8 月 8 日 11 时和 14 时，为 9414 号台风经过附近海域时形成。

2.3.1.6 极端海况

浙江省沿海地区受台风影响频繁。台风来袭时间在 5～11 月，其中以 7～9 月比较集中，占总数的 85% 之多，7 月最多，占总数的 31%。台风登陆点的空间分布规律是：温岭以南的南沿海占 48%，温岭至象山间的浙中沿海占 4%，象山以北的浙北沿海占 7%。根据台风年鉴及热带气旋年鉴的数据，2000 年以来严重影响浙江的台风平均每年为 3.1 个，登陆浙江的台风平均每年 1.4 个。台风增水与天文大潮高潮位遭遇时往往导致特高潮位的出现。根据浙江省水文局提供的实测资料统计，浙江省沿海各测站的历史最高潮位均由风暴潮引起，且比平均高潮位高出 2.5～3.6 m。杭州湾地区由于其特殊的几何形状，发生极端增水的可能性最大，湾内澉浦站实测最大高潮增水值达 3.33 m。

2.3.2 地形地貌

2.3.2.1 滩槽格局

浙江省海域在地质上属于东海构造单元，是大陆边缘坳陷和环西太平洋新生代沟、弧、盆构造体系的组成部分，包括浙闽隆起区、东海陆架盆地、钓鱼岛隆褶带、冲绳海槽盆地和琉球岛弧隆起带等构造单元，呈现西隆东坳的构造特征。浙江海域所在的东海陆架是中国大陆的自然延伸，也是全球最宽的陆架之一，最大宽度达 600 km，最窄处 340 km，平均坡度为 58″，平均水深为 72 m。坡折线以东为冲绳海槽区，水深明显变深，最大达 2700 m。浙江沿岸地形复杂，主要山脉有会稽山、四明山、天台山和雁荡山等，这些山脉之间有钱塘江、甬江、椒江、瓯江、飞云江和鳌江等入海河流流过。

1. 钱塘江河口杭州湾

钱塘江河口杭州湾是一个典型的喇叭状河口湾，从湾顶澉浦到湾口芦潮港—镇海断面长 85 km，湾宽从 16.5 km 展宽为 98.5 km。其间的乍浦至庵东断面宽约 32.2 km，金山至四灶浦约 45.5 km。湾口北部与长江口相毗连，南部由甬江注入，东部通过星罗棋布的舟山群岛间诸水道与东海沟通。纵向上，钱塘江河口存在庞大沙坎，沙坎下端起于杭州湾湾顶下游乍浦断面附近，向上游延伸，贯穿整个河口段止于闻家堰（韩曾萃等，2003）。杭州湾北岸为侵蚀岸段，岸线多呈弧形内凹形态，总体为平原海岸，局部是基岩海岸，沿岸分布北岸深槽，水深达 15 m 以上。南岸为淤长岸段，岸线呈弧形或平直展布，突出部分多呈舌状向海延伸，为平原海岸（图 2-15）。

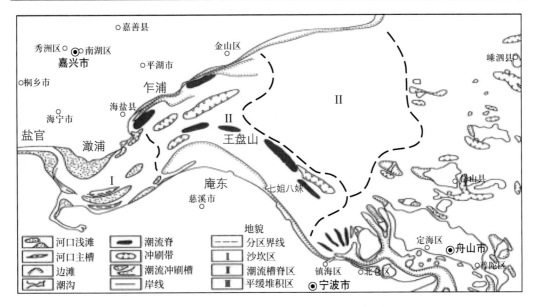

图 2-15　钱塘江河口杭州湾地貌分布示意图

2. 椒江河口台州湾

椒江河口平面呈喇叭形，椒江牛头颈处河宽 1.8 km，出牛头颈后堤岸迅速展宽，距牛头颈 18 km 的白沙南北堤岸宽达 19 km。椒江口外发育有拦门沙浅滩，浅处水深不足 5 m，长 18 km，处于相对稳定状态，其海床纵向坡降平均为 1/2000。台州湾为开敞式的河口湾，呈喇叭形向外延伸，海域广阔，外侧有东矶列岛、台州列岛等岛屿组成屏障，与东海相隔。台州湾两岸为广阔的椒北平原和温黄平原，地形坦荡，河网密布。

3. 瓯江河口温州湾

瓯江河口为强潮河口，在径流和潮流共同作用下，滩槽冲淤变化较为剧烈，发育有江心屿、七都涂、灵昆岛等多个江心浅滩和岛屿。瓯江口拦门沙主要分布在瓯江口外，口外海滨滩、槽相间，如南口沙、三角沙、重山沙、中沙、刀子沙等，组成物质以细砂为主，分选系数为 1~1.58，磨圆程度极差，离口门越远，沙体越小，高程越低。这些沙洲相应分隔出南北槽、中水道、沙头水道、黄大岙水道和重山水道等潮汐汊道，与洞头列岛的潮汐通道相互关联。瓯江、飞云江及鳌江口外，无明显完整的湾形，三条河的河口平原与洞头列岛组成了开敞式海域，东北部有洞头列岛作屏障，岛间发育有沙头水道、中水道、黄大岙—青菱屿水道、重山水道等潮汐通道与外海相通，大陆岸线平直，海底平坦，泥沙淤积明显，瓯飞滩、飞鳌滩等潮滩发育，潮间带沉积物由粉砂质黏土组成。

2.3.2.2 岸线演变

1. 钱塘江河口杭州湾

在杭嘉湖平原和宁绍平原形成之前,钱塘江河口杭州湾沿岸原是一片汪洋(图2-16)。在会稽、四明、天台诸山的屏蔽下,来自东南方向的潮流在杭州湾南岸形成回流区,造成良好的泥沙沉积环境。此时,钱塘江口门在富阳附近,从桐庐到富阳为径流、潮流交互作用的河口段,富阳以下则两侧开阔,完全受潮流控制。嗣后,古长江在口外逐渐堆积沙嘴。南侧的古沙嘴首先连接常州、江阴、常熟一带的孤山,然后向东南伸展,到达今杭州湾后,由于受到强潮影响,折向西南推进,最终与钱塘江口的北侧沙嘴连成一片,将太湖与大海隔开,从而形成了钱塘江河口喇叭雏形。

图 2-16 钱塘江河口杭州湾平面形态示意图

在杭州湾喇叭雏形形成之初,河口形态尚较顺直,进入杭州湾的潮流直冲杭州闸口以上。潮流自东南方向进入湾内,经北岸湾口弧线的引导,逐渐转向南岸,再折射冲击北岸。南、北两岸的受冲点随湾口北岸弧线的演变呈现逐渐东移的趋势。南岸受冲点由曹娥江口西侧逐渐移向江口东侧,而后又进一步东移,造成元代杭州湾南岸滩涂一度坍退。北岸受冲点由杭州以上定山、浮山一带,一直东移至杭州以下乔司、临平一带。所以,"杭州潮患,其初惟在城之东南隅,继而移至城之东北隅。后仅在东北隅之一部。近百年来,乃无所闻。其向下流逐渐退缩之原因,由于潮流改向之所致也"。也正因潮流如此折射,遂在潮流所背之区,有杭州湾南岸外长、今河口段的三门变迁和萧山南沙、杭州北沙之形成;也是杭州闸口以上河段呈"之"字形的部分原因。

公元 4 世纪以前，杭州湾北侧海岸线，大致由大尖山向东，经澉浦至王盘山，折东北与柘林、奉贤一带冈身相连。现今海岸至王盘山之间为大海，在当时却为滨海平原。随长江口南岸沙嘴的延伸，杭州湾南岸淤积，改变了水动力条件，引起杭州湾北岸的坍塌。王盘山首当其冲，最先坍入海中。唐后期金山附近岸线严重坍塌，唐末五代时海潮直逼金山脚下，海盐一带岸线在县东 2.5 km 望月亭，乍浦岸线在故邑城以南，这条岸线保持到南宋初年，之后海岸又迅速内缩。12 世纪 50 年代金山沦入海中，元时海盐城外宁海镇也被海水吞没，海岸距海盐城约 1 km，明时仅及半华里[①]。15 世纪 60 年代岸线逼近金山卫南面，几无滩地。15 世纪 70 年代以来屡修海塘，坍岸有所控制，塘外滩地稍有扩展（图 2-17）。

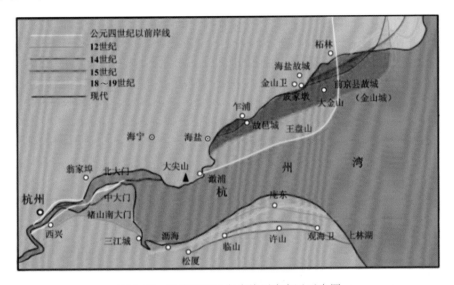

图 2-17　钱塘江河口海岸线历史变迁示意图

杭州湾受自然条件和人类活动的双重影响，呈淤积趋势。庵东滩面在这个大环境中也是淤积的，属淤长型滩涂。慈溪历史上修建的海塘，记载着各个历史时期海岸线的变迁过程，自公元 1341 年建成大沽塘以来，已先后建成海塘近 11 条，海岸线向外推移约 16 km，围垦土地约 931 km²，其中中华人民共和国成立后建海塘 4 条（八、九、十、十一塘）。慈溪市海岸线在各个历史时期虽然有淤、坍交替变化过程，但总的趋势为逐渐向外延伸淤长（韩曾萃等，2003）。从各个时期岸线位置可推算出近 600 年来，南岸线外推速度为 15～70 m/a。中华人民共和国成立后，由于经济社会发展对土地的迫切需求而开展了促淤围垦措施，岸线向外推移速度明显加快。

海王山至甬江口之间为钱塘江河口南岸东部边滩，岸线长 35.0～40.0 km。其中海王山至龙山岸段长 14.0 km，为淤长型岸滩。然而，该岸段的淤长速度远不及庵东滩面，呈现自西向东淤长的特点，与杭州湾南岸庵东滩面受落潮流控制，水、沙运动自西向东扩散而出现淤积规律有关。

---

① 1 华里=500 m。

2. 椒江河口南侧岸段

椒江河口的发育演变主要受人类活动的影响,唐朝以前河口基本处于自然变化状态。据历史记载,唐宋以后,特别是南宋年间兴建水利和围涂活动频繁,使河道潮量减小,径流作用加强,河口外延(图 2-18)。椒江河口从海门沙堤(1145 年)至今海塘已外推了 11 km,向海推进的速度从 3~4 m/a 提高到现在的 23~42 m/a。椒江河口南侧的围垦自明弘治年间至清末 400 多年共围涂 30.6 万亩,1951~2010 年共围垦 30 万亩,围涂以来椒江河口成陆速度比自然状态提高了 4~5 倍,最近 40 年又提高了 3 倍左右。

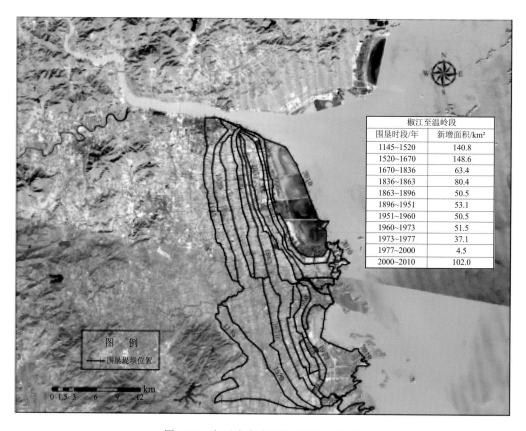

椒江至温岭段	
围垦时段/年	新增面积/km²
1145~1520	140.8
1520~1670	148.6
1670~1836	63.4
1836~1863	80.4
1863~1896	50.5
1896~1951	53.1
1951~1960	50.5
1960~1973	51.5
1973~1977	37.1
1977~2000	4.5
2000~2010	102.0

图 2-18　台州湾南岸海岸线变迁示意图

通过 1931 年、1970 年、1982 年及 2004 年等历次地形对比可以看出,台州湾水域及浅水地区普遍淤积,水深 0 m、2 m、5 m、10 m 均向海推进,尤以 2 m、5 m 外移最为显著,2 m 等深线 1931~1970 年向外移动约 5 km,平均外移约 125 m/a。从海门至东矶列岛 10 m 等深线范围内 40 年来淤积沉积物 11 亿 t,年淤积量为 2900 万 t,床面淤积速度约 2~3 cm/a,近岸滩地仍处于淤积状况,受人工促淤,速度有所增大,淤积速度约 10 cm/a。

3. 瓯江、飞云江、鳌江河口及温洲湾

瓯江、飞云江、鳌江河口及温州湾海区的古海岸是不断向东海推进的,河口逐渐

下移。

据历史记载，东晋时期（公元 317～420 年），温州城内河网密布，沼泽连片。公元 5 世纪初，温瑞塘河所经之地，仍有宽广水面，这就充分说明了当时这些地区毗海，而且湖荡沼地之多，经过长时间以来的封淤疏干变成现在的平原陆地。此外，从瑞安市的大罗山脚的帆游山、穗丰山等可发现这种历史演变过程的痕迹。瑞安市 1552 年建成的城东石塘和 1736～1795 年建成的新横塘相比，两三百年间，海岸向海域推进 2 km 之多。中华人民共和国成立后，1958 年建成的人民塘（泥质塘坝），又向海域推进了 3～4 km。特别在 1970 年以来，随着围涂促淤技术的提高，通过促淤工程措施，促使滩涂淤长，向海推进的速度比中华人民共和国成立前有较大的增长，海涂淤长甚快。中华人民共和国成立前，每 20～40 年围涂一次；中华人民共和国成立后，每 3～5 年围涂一次，每年海滩向海推进 20～30 m。

2.3.3　滩涂资源

浙江省滩涂资源的形成和变化与其河口海岸的演变是密不可分的。浙江海岸类型复杂，河口与港湾众多，海岸线曲折漫长。不同岸线有其特定的地理环境条件，水动力条件差异较大。在海岸水流、风浪等动力条件作用下，来自入海河流和大陆架大量的泥沙在河口海岸堆积，形成了以堆积地貌为主的河口海岸滩涂，形成了丰富的滩涂资源。由于水动力条件、泥沙分布及人类活动等影响，浙江省河口海岸各区域滩涂资源呈现不同的演变趋势。

2.3.3.1　滩涂资源演变

1. 滩涂类型

从滩涂的地域分布类型看，浙江省沿海滩涂主要有河口区滩涂、平直海岸区滩涂、港湾内滩涂和岛屿周边滩涂 4 种类型。河口区滩涂以钱塘江河口的慈溪庵东边滩最为典型，滩涂范围大，淤长速度快。平直海岸由于岸边水动力减弱、外海波浪向岸边输沙等，也会形成较大范围的边滩。港湾由于隐蔽条件好，水动力交换相对较弱，泥沙容易落淤，在港湾四周也易形成滩涂。岛屿周边由于水道纵横、水动力较强，往往滩涂的面积较小，主要在流影区或岛屿的凹岸缓流区泥沙落淤形成滩涂。

根据冲淤类型来看，浙江省沿海滩涂亦可分为淤长型、稳定型和侵蚀型三类。淤长型岸滩主要分布在钱塘江河口杭州湾、三门湾、台州湾、隘顽湾、漩门湾、瓯江、飞云江及鳌江口外两侧，这是浙江省河口海岸滩涂资源的主要区域；稳定型岸滩主要分布在隐蔽的基岩港湾内，如象山港、乐清湾等，由于环境稳定，岸滩动态变化不明显，滩涂处于极缓慢的淤长状态；侵蚀型岸滩主要分布在杭州湾北岸，苍南琵琶门以南，岛屿迎风面。

2. 滩涂泥沙来源

滩涂是河流或海流挟带的泥沙在河口海岸附近沉积形成的滩地，是一个处于动态变化中的陆海过渡地带。浙江省滩涂资源的形成主要依靠 3 类泥沙：长江口入海泥沙的向南输运、省内入海河流的输沙、内陆架的供沙。

长江入海泥沙的输运：据统计，1959～1989 年的 30 年间，长江大通站年平均输沙量约 4.54 亿 t；1990～2003 年的 14 年间，年平均输沙量减少到 3.23 亿 t，2004～2008 年年均输沙量降至 1.43 亿 t，较 20 世纪 90 年代平均输沙量减少幅度达 70%。其中约 1.4 亿 t 进入钱塘江河口杭州湾，约 0.85 亿 t 随潮沿岸南下，至瓯江口以南约 0.24 亿 t，成为浙江省滩涂资源泥沙供给的主要来源。

省内入海河流的输沙：浙江省的钱塘江、瓯江等 6 条入海大河流年均输沙总量由 20 世纪 60～80 年代的 1040 万 t，减少至目前的 720 万 t 左右。各江的陆地来沙量分别为钱塘江 320 万 t、甬江 28 万 t、椒江 71 万 t、瓯江 205 万 t、飞云江 25 万 t、鳌江 26 万 t、乐清湾诸小河来沙 18 万 t、三门湾和象山港来沙各 15 万 t 左右。流域来沙中少部分泥沙进入河口外滨，大部分沉积在河口段。

内陆架供沙：浙江省沿海内陆架底质为泥质粉砂或粉砂质泥，该粒级物质通常在 15～30 cm/s 流速下会发生再悬浮和运移。浙江沿海潮流和波浪等动力叠加，尤其在近岸底层潮流速涨潮大于落潮的情况下，有利于内陆架再悬浮的细粒物质向岸方向移动，具体年补充量不确切。

根据浙江沿海海域不同时期床面冲淤统计分析（浙江省水利水电勘测设计院，2005），1959～1989 年的 30 年间年均沉积量约 2.02 亿 t，其中，钱塘江河口杭州湾为 1.06 亿 t，浙东海域为 0.96 亿 t；1989～2003 年年均沉积量为 2.63 亿 t 左右，其中，钱塘江河口杭州湾为 2.0 亿 t，浙东海域为 0.63 亿 t；1959～2003 年的 44 年间年平均沉积量达 2.21 亿 t，其中，钱塘江河口杭州湾为 1.36 亿 t，浙东海域为 0.85 亿 t（史英标等，2006）。从长时期平均来看，长江口入海进入浙江沿海的泥沙量基本与浙江沿海海域泥沙的沉积量平衡。进入的泥沙组成由岸向外大致上可分为黏土质粉砂沉积带（中值粒径为 6～7Φ）、粉砂质黏土沉积区（中值粒径为 8～9Φ）和东海陆架区泥沙（中值粒径小于 3Φ）等三个沉积物类型。

3. 滩涂资源演变

浙江省沿海岸线由北向南是不断淤长和外延的。根据近 60 年的数据统计，从平湖金丝娘桥至甬江口北的杭州湾口（北岸大部分除外）淤长速率平均为 1.8 cm/a，南岸东部浅滩为 1～3.5 cm/a，南岸线外延速率为 15～70 m/a；甬江口南至象山石浦的象山港及三门湾区域（含浦坝港）淤长速率为 1～3 cm/a，岸线外延速率为 15～60 m/a；椒江口南至温岭石塘的台州湾南岸区域淤长速率约为 1.5～2.1 cm/a，岸线外延速率为 20～40 m/a；温岭石塘至玉环的隘顽湾、漩门湾及瓯江口以北的乐清湾内区域淤长速率为 2.2 cm/a，岸线外延速率为 15～60 m/a；瓯江口南至飞云江口北的温州湾南浅滩区域近岸浅滩淤长速率为 2.2 cm/a，岸线外延速率为 30～40 m/a；飞云江口南至鳌江口北的瑞平沿海及鳌江口南区域淤长速率为 1.5～3 cm/a，岸线外延速率为 20～40 m/a；舟山群岛周边滩地淤长速率为 1.2 cm/a，洞头列岛淤长速率为 2.2 cm/a（浙江省水利河口研究院，2013）。

浙江沿海地区由于滩涂的淤长导致了岸线的不断外推，以钱塘江河口南岸庵东边滩为例，从中华人民共和国成立前 7 塘开始，中华人民共和国成立至今，共建成了 8、9、10、11、12 塘，共围涂土地 20 万亩。1966 年钱塘江河口在九号坝下游围涂 2.25 万亩，拉开了大规模治江围涂的序幕，紧接着在萧山头蓬以北、以东结合江道整治，进行大规模的围涂，至 2017 年钱塘江河口澈浦断面以上河段达到钱塘江河口规划线要求（图 2-19），钱塘江河口治江结合围涂，围涂服从治江，截至 2014 年末共围涂达 205 万亩。

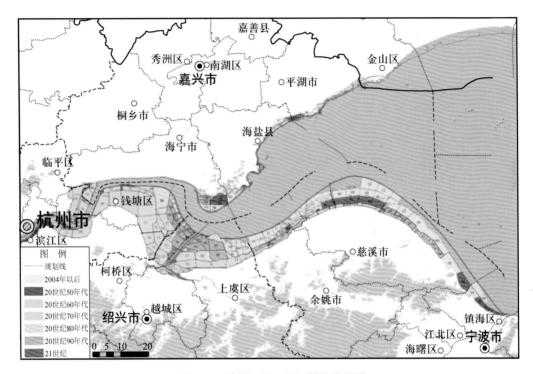

图 2-19　钱塘江河口治江围涂进程图

中华人民共和国成立后浙江省对河口海岸滩涂资源（理论深度基准面 0 m 以上）曾有过七次调查。第一次是 1958～1960 年全省土壤普查时的调查统计，不包括江河滩涂，全省滩涂资源面积为 302.48 万亩。第二次是 1977～1978 年由浙江省水利厅组织的滩涂资源考察，包括江河滩涂的滩涂资源面积为 400 万亩。第三次是 1980～1986 年进行的海岸带资源综合调查，全省海涂及钱塘江江涂资源面积共 432.89 万亩（其中江涂面积 66.3 万亩）。第四次是浙江省围垦局于 1997 年下半年进行的沿海（江）滩涂资源调查，得到全省滩涂资源量为 388.26 万亩，其中海涂资源总面积 359.04 万亩。第五次是 2003～2004 年浙江省围垦局组织省地理信息中心，采用卫星遥感影像技术结合水下地形测量进行的滩涂资源调查，理论基准面以上的滩涂面积为 390.61 万亩，其中钱塘江滩涂资源面积 107.50 万亩，理论深度基准面至理论深度基准面–2 m 以上后备滩涂资源 199.39 万亩，理论深度基准面–2～–5 m 后备滩涂资源 354.99 万亩。第六次是 2010～2012 年，由浙江省围垦局组织浙江省河海测绘研究院进行全省滩涂资源调查，全省理论深度基准面 0 m 以上的滩涂资源面积为 318.11 万亩，理论深度基准面 0～–2 m 的后备滩涂资源为 194.15

万亩，理论深度基准面–2～–5 m 的后备滩涂资源为 324.96 万亩。第七次是 2015～2019 年浙江省围垦局组织浙江省河口海岸测绘院对全省重点区域的滩涂进行了调查，理论深度基准面 0 m 以上的滩涂资源约 244 万亩，理论深度基准面 0～–5 m 的后备滩涂资源面积为 441.18 万亩，与 2004 年以前的调查结果相比，滩涂资源面积呈减少态势（浙江省水利河口研究院，2019）。

综上，从历次滩涂资源调查可见，1950～2004 年滩涂湿地并未随围垦面积的增加呈现减少态势，而是稳定在 388 万～433 万亩的水平，变化幅度在均数的 6% 以内。随着 2004 年后滩涂围垦强度的增加、泥沙补给量的减少，滩涂资源量呈动态变化并减少的态势。

2.3.3.2 滩涂开发利用

滩涂围垦是拓展浙江省经济社会发展空间、增加土地资源的主要途径。浙江省沿海自中华人民共和国成立以来截至 2010 年共围垦滩涂面积 356.06 万亩。其中，杭州市 66.90 万亩，宁波市 106.39 万亩，温州市 27.77 万亩，绍兴市 42.68 万亩，嘉兴市 15.03 万亩，台州市 71.72 万亩，舟山市 25.57 万亩（浙江通志编纂委员会，2020）。

滩涂围垦功在当代、利在千秋，也是国土整治的战略性措施。通过围垦形成的土地资源素以土质肥沃、单产和复种指数高著称，商品粮基地和经济作物基地大多数是在这类土地上发展形成的。浙南由于盐度高，脱咸时间长，可因地制宜地发展一些水产养殖。浙江省已围土地开发利用方向已从单纯的农业转向高效立体养殖业、效益农业、工业、电力、交通、港口和城镇建设，为经济发展和加快城市化进程，调整农业产业结构，加快农业农村现代化提供腹地，其发展前景十分广阔。围成的新土地为浙江省的建设事业提供了广阔的发展空间，为沿海的电力、化工、港口、机场、高速公路、经济开发区、乡镇企业等提供了宝贵的土地，诸如镇海炼油化工厂、台州电厂、北仑电厂、嘉兴电厂、秦山核电厂、钱江开发区、舟山东港开发区等（浙江省水利厅，2012）。1950～2010 年浙江省滩涂围垦面积中已开发利用 283.88 万亩，占已围面积的 80%，围成的滩涂开发利用面积统计见表 2-7。

表 2-7 浙江省围成滩涂开发利用面积统计

土地利用类型	面积/万亩	占已开发利用面积比例/%
耕地	81.12	28.57
园地	18.37	6.47
水产养殖	74.19	26.13
工业用地	52.76	18.59
城镇建设用地	6.14	2.16
水面（湿地）	23.83	8.4
其他	27.47	9.68
合计	283.88	100

浙江省滩涂资源围垦后的开发利用主要体现在以下 3 个方面。

一是为粮食安全提供保障,拓展了经济社会的发展空间。滩涂围垦极大地缓解了土地供需矛盾,维持了耕地占补平衡,围垦区新增耕地 81.12 万亩,占已开发利用面积的 28.57%,促进了浙江省农业经济的可持续发展。

二是培育了新的经济增长点,促进了产业结构调整和县域经济的发展,取得了明显的综合效益。滩涂围垦为岸线资源、港口码头资源、航道资源、旅游资源等整合提升,特别是环杭州湾和温台沿海两大产业带的发展,起到了十分重要的促进作用。滩涂围垦为建设“海上浙江”,走出一条具有浙江特色的海洋经济和陆域经济联动发展新路子,创造了必不可少的基础条件。

三是较好地维持和修复了沿江沿海生态体系,特别是河口地区的湿地生态。围垦区通过再造生态,营造海堤防护林,形成了沿海沿江的“特色长城”;1950~2010 年,全省围垦面积 356 万亩,已有 98 万亩转化为海涂水库、河道、渠道和养殖水面,增加了湿地面积,围垦生态环境大为改善。

2.3.4　生态环境

2.3.4.1　海域环境

浙江地处长三角南翼,所属海域位于东海近海的中心位置,拥有我国最大的舟山渔场。浙江近海北起浙沪交界的金丝娘桥,南至浙闽交界的虎头鼻经七星岛南端至北纬 27°,往东延伸至领海外部界线,海域面积约 4.5 万 km^2,浙江近岸海域水环境污染严重,大部分为第四类或劣四类海水水质,海水主要超标物质为无机氮和活性磷酸盐,主要分布在杭州湾、三门湾、乐清湾、椒江口、瓯江口等重要港湾、河口区域。采用《2021 年浙江省生态环境状况公报》中的有关成果对近岸水环境质量、海水富营养化和贝类生物体质量进行现状分析。

1. 近岸海域水环境质量

根据 2021 年春季、夏季和秋季三季监测综合评价结果统计,优良水质(一、二类)海水面积平均占比 46.5%,劣四类水质平均占比 30.4%,海水主要超标指标为无机氮和活性磷酸盐。各沿海城市近岸海域,温州优良水质占比 64.1%,劣四类水质占比 13.9%;台州优良水质占比 54.8%,劣四类水质占比 18.5%;宁波优良水质占比 50.0%,劣四类水质占比 27.7%;舟山优良水质占比 42.5%,劣四类水质占比 36.9%;嘉兴劣四类水质占比 100%。

2. 海水富营养化

全省海水富营养化状态面积 19405 km^2,占近岸海域面积的 43.6%,轻度、中度、重度富营养化分别占比 14.5%、11.9%、17.2%,富营养化面积季节性变化明显,春季面积最大,夏季最小,杭州湾和台州湾等河口港湾海域富营养化程度相对较重。

3. 海洋生物体质量

全省沿海城市贝类生物体质量保持相对稳定，宁波、舟山、台州、温州等沿海城市贝类生物体质量均为二类。

2.3.4.2 海域生态

浙江省海洋生物种类繁多，初级生产力空间分布基本上为浙南海区>浙北海区>浙中海区；浮游植物密度和生物量均很高，以硅藻类为主；浮游动物具有近岸海域种类较少，离岸区域种类丰富的特点；底栖生物以低盐沿岸种和半咸水性河口种为主，包括甲壳类、软体动物、多毛类、鱼类、棘皮动物、腔肠动物和大型藻类；游泳生物约有 439 种；可供保健和药用的海洋生物有 420 种。

从 21 世纪初到 2007 年，浙江省海洋各季节叶绿素 a 浓度变化差异不明显，均值相近，空间分布上的变化幅度范围也比较相近。21 世纪初全年网采浮游植物细胞丰度低于 20 世纪 80 年代，优势种组成也发生了较大的变化。近 5 年来的浮游植物监测结果中平均细胞丰度、各季节的细胞丰度与 20 世纪 80 年代和 21 世纪初存在明显的差异，但是各季节之间的变化趋势基本一致（表明收集的近 5 年来的数据在一定程度上能反映实际变化趋势），平均细胞丰度远高于 20 世纪 80 年代和 21 世纪初，各季节上高值更高、低值更低。

与 20 世纪 80 年代比，21 世纪初的浮游动物调查由于调查范围、站位数量的差异，种类数差异比较大，但是种类组成上差异不大，均以桡足类占优势，种类数都占 30%以上。底栖生物的种类组成中多毛类和软体动物增加明显，可能与海洋环境污染有关；平均生物量和生物密度也相应增高。而近 5 年的调查结果和 20 世纪 80 年代以及 21 世纪初相比，平均生物密度和生物量都要明显得低。

与 20 世纪 80 年代相比，21 世纪初潮间带生物调查结果中，藻类种类数明显减少，由 169 种减少到 101 种。潮间带生物量和密度变化明显，但是甲壳动物和软体动物一直是潮间带生物的优势类群。近 5 年的相关调查结果表明平均生物密度与 20 世纪 80 年代陆地沿岸软相底质潮间带相当，低于 21 世纪初，而平均生物量高于 20 世纪 80 年代陆地沿岸软相底质潮间带，远低于 20 世纪 80 年代外海沿岸潮间带生物平均生物量以及 21 世纪初的潮间带生物生物量。

根据《2022 年中国海洋生态环境状况公报》，杭州湾鉴定出浮游植物 127 种，硅藻占 79%，甲藻占 17%，多样性指数 2.80，优势种为琼氏圆筛藻和布氏双尾藻；浮游动物 66 种，节肢动物占 45%，浮游幼虫占 23%，多样性指数 2.27；大型底栖生物 9 种，环节动物占 78%，多样性指数为 0.88。乐清湾鉴定出浮游植物 145 种，硅藻占 73%，甲藻占 26%，多样性指数 2.68，优势种为中肋骨条藻和菱形海线藻；浮游动物 125 种，节肢动物占 44%，刺泡动物占 17%，多样性指数 3.41；大型底栖生物 33 种，环节动物占 42%，多样性指数为 2.44。

参 考 文 献

韩曾萃, 戴泽蘅, 李光炳, 等. 2003. 钱塘江河口治理开发[M]. 北京: 中国水利水电出版社.

河海大学. 2010. 江苏 908——海岸带地貌第四纪调查分报告[R]. 南京: 河海大学.

潘凤英. 1979. 试论全新世以来江苏平原地貌的变迁[J]. 南京师大学报(自然科学版), (1): 8-15.

上海市规划和自然资源局, 上海市海洋局. 2022. 上海市海岸带综合保护和利用规划(2021～2035 年)[R]. 上海: 上海市规划和自然资源局, 上海市海洋局.

上海市规划和自然资源局. 2022. 上海市国土空间生态修复专项规划(2021～2035 年)[R]. 上海: 上海市规划和自然资源局.

上海市海洋局. 2018. 2017 年上海市海洋环境质量公报[R]. 上海: 上海市海洋局.

上海市生态环境局. 2023. 2022 上海市生态环境状况公报[R]. 上海: 上海市生态环境局.

上海市水务局. 2022. 上海市滩涂资源报告(2021 年)[R]. 上海: 上海市水务局.

史英标, 倪勇强, 韩曾萃, 等. 2006. 沿海滩涂开发强度与维持平衡的临界阈值探讨[J]. 海洋学研究, 24(S1): 35-48.

徐韧. 2013. 上海市近海海洋综合调查与评价[M]. 北京: 科学出版社.

张行南. 2020. 扁担沙横沙浅滩滩势演变分析研究[D]. 南京: 河海大学.

浙江省水利河口研究院. 2013. 浙江省沿海滩涂动态演变研究[R]. 杭州: 浙江省水利河口研究院.

浙江省水利河口研究院. 2019. 浙江省滩涂资源重点区域监测动态变化分析报告(2017～2019 年度)[R]. 杭州: 浙江省水利河口研究院.

浙江省水利水电勘测设计院. 2005. 浙江省滩涂围垦研究专题[R]. 杭州: 浙江省水利水电勘测设计院.

浙江省水利厅. 2012. 全国河口海岸滩涂开发治理管理规划[R]. 杭州: 浙江省水利厅.

浙江通志编纂委员会. 2020. 浙江通志: 第四十五卷. 水利志(二)[M]. 杭州: 浙江人民出版社.

中国海湾志编委会. 1992. 中国海湾志第五分册[M]. 北京: 海洋出版社.

第 3 章　滩涂泥沙特性与生物效应

　　滩涂泥沙具有颗粒细、易冲淤，起动-沉降过程复杂、生物特性显著等特点，对海岸泥沙稳定、滩涂演变规律有重要影响。滩涂泥沙的理化特性、运动特性一直是河口海岸研究的重要内容。传统的泥沙运动研究主要关注泥沙的物理和化学特性，但实际海岸沉积环境中，附着在泥沙颗粒上的微生物会在泥沙表面形成生物膜，显著改变泥沙的特性，成为近年来河口海岸泥沙研究的热点。本章将从滩涂泥沙的基本特性、运动特性与生物稳定效应三个方面，介绍主要研究成果，对于认识滩涂演变规律，实现滩涂资源的多目标利用和保护具有重要的理论和实际意义。

3.1　滩涂泥沙基本特性

　　海岸滩涂地区潮流、波浪相互作用剧烈，水体含沙量高，泥沙颗粒细，泥沙运动复杂。由于细颗粒泥沙比表面积较大，因此物理化学作用相对较强，会在其表面形成双电层结构，颗粒表面的物理化学作用对它的起动、输移、沉降和固结等运动特性有着十分重要的影响。黏性细颗粒泥沙在含盐水体中还易发生絮凝，加大了对其运动特性研究的复杂程度。因此，黏性细颗粒泥沙的研究一直是海岸滩涂研究的重点和难点。本节从泥沙级配空间分布特征和絮凝特性两方面，介绍滩涂泥沙的物理化学特性。

3.1.1　滩涂泥沙的空间分布特征

　　滩涂泥沙多为细颗粒泥沙混合物，粒径范围较宽，典型粒径一般在 0.005～2.0 mm，主要由细砂、粉砂、黏土及有机质组成。江苏省滩涂泥沙总体北粗南细、中部最细：北部海州湾泥沙平均粒径 1～3 Φ，主要是中砂；中部粉砂淤泥质滩涂粒径最细，平均粒径在 3～6 Φ，尤其以射阳河口至弶港段沉积物最细；南部区域平均粒径在 2～5 Φ（张长宽，2013）。浙江省滩涂泥沙平均粒径大部分在 4～8 Φ，其中粉砂是杭州湾内主要泥沙组分，含量在 76.36%～92.88%，黏土含量在 0～19.04%，泥沙平均粒径为 4.61～6.89 Φ（张海生，2013）。上海市崇明东滩泥沙以粉砂为主，平均粒径在 3～8 Φ，呈现出自海向陆和自南向北变细的特征，横沙东滩泥沙平均粒径为 3～5 Φ，南汇东滩为 3～7 Φ（徐韧，2013）。

　　由此可见，在长三角海岸带滩涂区域，粉砂是底质沉积物的主要组分，黏土含量次之。受不同沉积与动力环境影响，泥沙级配存在空间差异，同时受不同潮汐以及不同季节水文泥沙条件的影响，滩涂沉积物泥沙粒径也随之变化。从滩涂泥沙的组成和级配上来看，其不仅存在水平向的分选特征，在垂向上也具有"分层"特性。

　　从平面分布来看，潮上带、潮间带和潮下带泥沙组成具有不同的分布特征：在潮上带（平均高潮位线以上区域），底质为黏土和细粉砂；在潮间带（平均高潮位线和平均低潮位线之间的区域），底质逐渐过渡为细粉砂、粉砂；在潮下带（平均低潮位线以下的区域），底质以粉细砂、细砂为主（张长宽等，2018）。总体而言，滩涂泥沙粒径向海逐渐增大，但是这种平均粒径海向粗化的趋势在局部有可能因为风暴潮过程、潮汐憩流时间长短、潮沟的存在以及生物作用等因素而被打破。例如，风暴潮天气可携带大量较粗的泥沙沉积到潮间带中上部或植被滩，造成岸向泥沙粗化。不同泥沙组分之间存在相互作用，且不同组分泥沙因其自身颗粒物理化学性质以及对动力响应的差异性，运动过程极为复杂，因此掌握潮滩泥沙的级配分布特征有助于准确刻画滩涂泥沙输移，是揭示变化环境下滩涂地貌演变的关键。

从滩涂泥沙垂向分布来看，潮汐的周期性作用（如涨落潮周期、大小潮周期、季节性及更长时间尺度的周期）导致床面泥沙冲刷与淤积的交替，沿底床深度方向形成了不同的层理特征。滩涂泥沙垂向层理由砂质沉积层和泥质沉积层组成。在长三角区域滩涂主要表现为粗粉砂、中粉砂与细粉砂、极细粉砂的互层，其中砂质层和泥质层均为粉砂级沉积物。层理的变化与潮流及憩流相位的改变关系紧密，因为砂质层主要在潮流运动期间沉积而形成，而泥质层主要在憩流期间沉积而形成，值得关注的是泥质层常有砂颗粒分散在其间。对江苏中部滩涂开展现场观测研究表明，毫米级薄水平互层层理由半日潮产生，而厘米级厚砂泥互层层理则为半月天文潮（大小潮）的产物。对长江口南汇东滩的现场观测表明，潮汐层偶的厚度与大小潮周期潮差旋回性有关，层偶厚度是潮差的函数，随潮差由"小潮-大潮-小潮"而发生由"薄-厚-薄"的规律性变化。

3.1.2 滩涂泥沙的絮凝特性

泥沙颗粒愈细，单位体积泥沙颗粒所具有的比表面积愈大。一般情况下细颗粒泥沙表面总是带有负电荷，水体周围阳离子吸附于其表面，形成典型的双电层结构，如图 3-1 所示。滩涂泥沙中黏土和粉砂成分占优，因此其容易发生絮凝，进而影响滩涂泥沙的冲刷、输移和沉积特性。

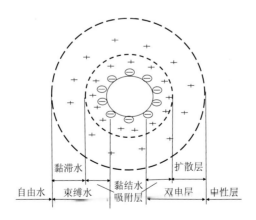

图 3-1 黏性泥沙颗粒表面双电层结构

滩涂泥沙絮团达到平衡的时间、絮团的粒径分布和相应沉降速度等受到多种因素的影响。在一定的水动力作用下，絮团粒径达到平衡状态所需时间范围跨度较大，一般在 30 min～12 h 不等，平衡时间由泥沙特性、水体紊动强度、有机质含量等影响因素共同决定。在有机质影响较弱的区域，絮团粒径一般呈单峰分布，而有机质含量较高时，絮团粒径分布呈现双峰现象。长三角地区絮团粒径跨度从十几微米到几百微米，通常中值粒径为几十微米，不同于细颗粒泥沙颗粒本身，絮团有效密度较低，平均沉降速度跨度较大，介于 0.01～1 mm/s（郭超等，2016；吴荣荣等，2007；李秀文和朱博章，2010）。例如，对长江口细颗粒泥沙絮凝过程研究显示，絮团的平均沉降速度为 0.22～0.26 mm/s，在洪枯季节略有差异（郭超等，2016）。

滩涂泥沙絮凝的主要影响因素还包括水体紊动强度和盐度。在一定水体紊动强度作用下，絮团尺寸增大，有效密度降低，而当水体紊动超过某一临界值时，絮团分解为尺寸较小的絮团，且有效密度增大。例如，采用长江口滩涂泥沙进行的室内实验表明，当水体紊剪切速率为 23.1 s^{-1} 时，絮团的尺寸达到峰值（海希等，2019）。滩涂地区涨落潮流水体紊动的差异将导致细颗粒泥沙絮团物理特性以及沉降特性不同，进而使得涨落潮过程中泥沙输运现象更加复杂。

水体的盐度是影响滩涂泥沙絮凝的另一重要因素。盐度变化主要引起水体中阳离子的浓度变化，带负电的泥沙颗粒周围形成的双电层结构及吸附水膜的厚度在阳离子的作用下发生改变，进而改变泥沙的絮凝特性。实验表明，长江口地区细颗粒泥沙的最佳絮凝盐度为 12‰左右，在该盐度作用下，泥沙由絮凝导致的絮凝沉降量最大（金鹰等，2002）。需要注意的是，一般而言，随着泥沙浓度增加，泥沙间碰撞几率增加，絮凝过程得到促进。由于滩涂地区泥沙级配较宽，粉砂含量范围变化较大，当粉砂含量过高时，泥沙颗粒间的碰撞易导致较大的絮团破碎，形成的絮团粒径分布较集中，有效密度较大（Xu et al., 2022）。

3.2　滩涂泥沙运动特性

黏性颗粒在滩涂泥沙中占有较大比重，在波浪、潮流、近岸流等诸多动力作用下，泥沙运动特性十分复杂。目前多采用黏性泥沙理论描述滩涂泥沙运动。中国学者，如钱宁、窦国仁、刘家驹、赵子丹、金镠等，从起动、沉降、固结、水体挟沙力等方面开展了大量研究，提出了丰富理论与计算公式（钱宁和万兆惠，1983；赵子丹，1983；窦国仁，1999；刘家驹，2009；金镠等，2018）。近年来，有学者认识到滩涂泥沙具有宽级配的特点，准确模拟泥沙运动需要进一步研究黏性非均匀沙或黏性宽级配泥沙的运动规律（孙志林等，2011；van Ledden et al., 2004；van Rijn, 2006）。一方面，当黏性颗粒含量超过 10%时，混合物表现出黏性泥沙特性，宜按照黏性泥沙处理。另一方面，若滩涂泥沙中的粉砂及极细砂（粒径在 40～125 μm）含量占优，泥沙运动特性表现与黏性泥沙截然不同。曹祖德、季则周、李孟国等国内学者将由此类泥沙组成的海岸称为粉砂质海岸，以区分传统以黏性泥沙为主的淤泥质海岸（李孟国和曹祖德；2009；曹祖德和孔令双，2011；季则周等，2021）。本节从泥沙起动和沉降量方面，介绍黏性非均匀泥沙的运动特性。

3.2.1 泥沙起动与沉降

3.2.1.1 泥沙起动的室内实验

泥沙起动条件是泥沙运动力学中最基本的问题之一,是滩涂地貌演变的重要影响因子。泥沙起动切应力条件的准确获取是研究水动力过程与泥沙输运的关键。关于泥沙的临界起动条件,国内外有众多学者做过研究,如 Shields 和我国的窦国仁、张瑞瑾等都结合理论推导与水槽试验研究,得到了不同的泥沙起动经验公式。但由于不同的泥沙起动公式所依据的泥沙样本不同,且细颗粒泥沙的起动与粗颗粒泥沙有较大差异,经验公式的使用局限性明显,与实测的泥沙临界起动条件具有较大差异,而测量的泥沙临界起动条件可靠性更高。

测量泥沙的临界起动条件主要分为两种方法,室内实验与现场测量。室内实验测量即在现场尽可能较小扰动地采集或在实验室重塑泥沙样本,在实验室通过直水槽或环形水槽对泥沙的临界起动条件进行测量,这是目前应用较广的一种方法。但泥沙样本在取样、输运过程中难免会对泥沙颗粒造成扰动;现场滩面还有生物附着,在实验室难以重塑具有生物特性的泥沙,因此,对于泥沙起动条件最好能采取现场测量的手段。本节将介绍泥沙起动的室内实验测量方法,现场测量方法常见于工程泥沙领域,采用原位测试方法,详见 3.2.1.2 节。

1. 泥沙起动实验方法

如前文所述,长三角滩涂底质以粉砂为主要组分,因此本书主要介绍粉砂占优型泥沙的起动特性。从江苏中部的粉砂淤泥质滩涂区域采集泥沙样本,在实验室内经洗沙、干燥等处理,通过筛网振筛法和离心沉降法,将泥沙样本中的黏土、粉砂及细砂组分进行分选,进而调配为 7 种粉砂含量的底床,并使用环形水槽采用逐级提高流速的方法进行泥沙起动实验(图 3-2)。实验中控制粒径小于 8 μm 的组分占比小于 5%,最大程度降低黏粒对底床性质的影响。将上述泥沙样本编号,计算其中的粉砂含量及中值粒径如表 3-1。

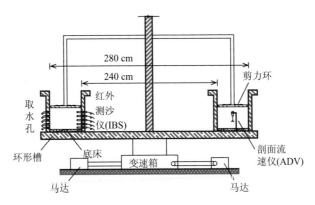

图 3-2　基于环形水槽的泥沙起动实验与仪器布置图

表 3-1　底床泥沙样本的粉砂含量与中值粒径

编号	E1	E2	E3	E4	E5	E6	E7
$P_{黏土}$（<8 μm）/%	3	3	4	4	5	1	1
$P_{粉砂}$（8~62.5 μm）/%	79	66	60	49	36	29	19
$P_{砂}$（>62.5 μm）/%	18	31	36	47	59	70	80
D_{50}/μm	42.6	50.4	52.0	59.7	72.2	81.6	96.9

2. 粉砂含量对床面切应力的影响

不同流速条件下床面切应力随底床粉砂含量的变化如图 3-3 所示。随流速增加，底床切应力随底床粉砂含量变化的差异愈显著。在 1~3 流速级，切应力数值很小，基本保持定值，并不随粉砂含量的变化而变化。在 4~6 级流速下，床面切应力随着底床粉砂含量增加表现为减小（29%~36%），继而持平（36%~60%），然后增加（60%~66%）。在 7~9 级流速下，随着底床粉砂含量的增加，底床切应力先下降（19%~29%），后小幅度升降（29%~60%），之后又上升（66%~79%）。尽管在不同流速下，床面切应力关于底床粉砂含量的变化特点不尽相同，粉砂含量 36%~60%的底床床面切应力仍较为相近，并且与其他底床相比量值较小。

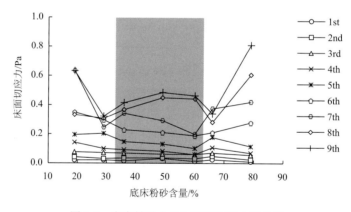

图 3-3　底床粉砂含量与床面切应力的关系

3. 粉砂含量对水体平衡含沙量的影响

不同流速条件下水体平衡含沙量随底床粉砂含量的变化如图 3-4 所示。同级别流速条件下，不同底床发育的平衡悬沙浓度随粉砂含量的不同而存在差异。流速 7、8 两级的悬沙浓度随底床粉砂含量的增加呈现"减小-持平-增大"的趋势，分别在粉砂含量为 36%、60%处发生转折；流速 9、10 两级，悬沙浓度随粉砂含量增加而不断增大。进一步将折线分为三个区间：19%~36%，36%~60%，60%~79%，这三个区间的平均斜率依次增大，36%与 60%为其转折点。在流速第 7~9 级，粉砂含量为 36%~60%的底床所对应的悬沙浓度相对其他组次较低，如图 3-4 阴影部分所示，但当流速达到第 10 级，悬沙浓度随粉砂含量的增长逐渐趋于线性上升。

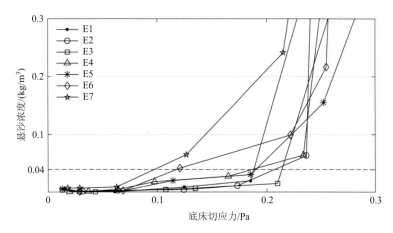

图 3-4　底床粉砂含量与水体平衡悬沙浓度的关系

4. 粉砂含量对泥沙临界起动切应力的影响

通过绘制床面切应力与平衡含沙量的关系图，并定义一个泥沙起动的临界含沙量，即可反算出对应的床面切应力，即为泥沙临界起动切应力。图 3-5 展示了不同底床的平衡含沙量与床面切应力的关系，在床面切应力达到某临界值（本实验定义为 0.04 kg/m³）之前，悬沙浓度基本都维持在较低的水平，达到该临界值后，悬沙浓度才会明显提升。

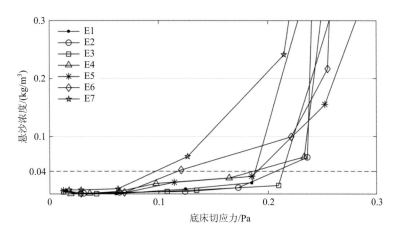

图 3-5　泥沙起动阶段距底 2.95 cm 处悬沙浓度与底床切应力
虚线表示临界悬沙浓度 0.04 kg/m³，对应的底床切应力为临界起动切应力

泥沙临界起动切应力如图 3-6 所示，当底床粉砂含量从 29% 增长到 36% 时，临界起动切应力出现显著提升，然而随着粉砂含量的进 步增长，起动切应力鲜有波动。底床 E6 和 E7 的起动切应力基本符合 Shields 曲线［图 3-6（b）］，但其他底床（粉砂含量大于 35%）的起动切应力则大于 Shields 曲线的值，故 Shields 曲线难以作为粉砂含量较大底

床的起动切应力的判别标准。

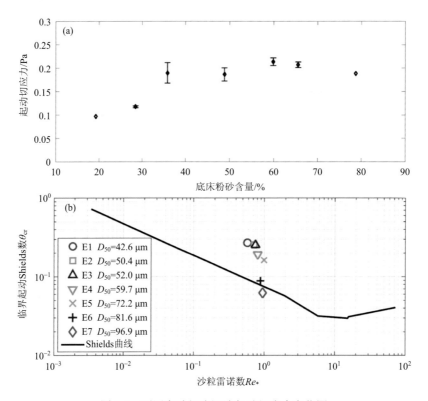

图 3-6　不同实验组次泥沙起动切应力变化图

（a）泥沙起动切应力与粉砂含量的关系；（b）不同底床临界起动 Shields 数与 Shields 曲线的关系

5. 粉砂-砂混合底床起动切应力公式

上述实验展示了粉砂含量对粉砂质底床稳定的增强作用，本书引入分子间作用力，考虑粉砂颗粒的影响。窦国仁（1999）用以下公式进行描述：

$$F_c = \alpha_c \rho_w D_{50} \varepsilon \left(\rho_{dry} / \rho_{stable} \right)^{\beta} \tag{3-1}$$

式中，ρ_w 为水的密度；ρ_{dry} 是泥沙干密度；ρ_{stable} 是泥沙固结稳定后的干密度；ε 为黏性系数，取决于泥沙种类（m^3/s^2）；α_c 和 β 为经验系数。对于粉砂占优型泥沙，在黏性成分有限时，其固结过程很短，可以认为 $\rho_{dry} / \rho_{stable} \approx 1$，式（3-1）可改写为

$$F_c = \alpha_c \rho_w D_{50} \varepsilon \tag{3-2}$$

式（3-2）表征了粉砂与黏土的本质区别，一方面粉砂可形成骨架结构，快速沉积；另一方面粉砂因自身矿物成分，颗粒间黏结力仅表现为分子间引力，故黏结力弱于黏土。接着，将 F_c 植入 Shields 数的表达式中：

$$\frac{\tau_{cr}}{(\rho_s - \rho_w)gD_{50} + \alpha \dfrac{\rho_w}{D_{50}}} = f(Re_*) \tag{3-3}$$

利用前人实验数据（Roberts et al.，1998；窦国仁，1999；Jia et al.，2020）及本书实验数据率定 α 的值，发现 $\alpha = 5.2 \times 10^{-8}$ m^3/s^2。值得注意的是，式（3-3）仅对粉砂含量大于 35% 的情形下的起动切应力作出修正，当粉砂含量小于 35%，Shields 曲线仍然适用。代入 α 的率定结果，粉砂-沙混合泥沙的起动切应力表达式为

$$\begin{cases} \tau_{cr} = \tau_{cr,o}, \text{ for silt content}<35\% \text{（sand-dominated）} \\ \tau_{cr} = (1+\beta_{SS})\ \tau_{cr,o}, \text{ for silt content} \geqslant 35\% \text{（silt-dominated）} \end{cases} \quad (3\text{-}4)$$

式中，τ_{cr} 为粉砂-砂混合泥沙的起动切应力；$\tau_{cr,o}$ 是 Shields 曲线所提供的起动切应力（van Rijn，2006）；β_{SS} 为表征粉砂结构作用力的无量纲数，其表达式为 $\beta_{SS} = \dfrac{\alpha}{(s-1)\ gD_{50}^2}$，其中 $\alpha = 5.2 \times 10^{-8}$ m^3/s^2；s 为泥沙相对密度（$s = \rho_s/\rho_w$）。

3.2.1.2　泥沙起动的现场测量

泥沙起动的现场测量的代表性装置包括流通式直水槽、环形水槽、CSM（cohesive strength meter）等。流通式直水槽是结构较为简单的测量水槽（Scoffin，1968；Grissinger et al.，1981），但普遍体型较大，且在使用过程中需要源源不断水流的供给，给测量带来了不便。环形水槽应用较多，有可携带式的环形水槽[图 3-7（a）～（b），Peirce et al.，1970；Thompson et al.，2013]及大型水下环形水槽 Voyager II [图 3-7（c），Thompson et al.，2011]等，这些环形水槽均采用顶部旋转叶片带动水流，底部切应力分布不均匀。CSM 又被称作垂直喷射系统[vertical jet systems，如图 3-7（d）]，在使用过程中利用位于装

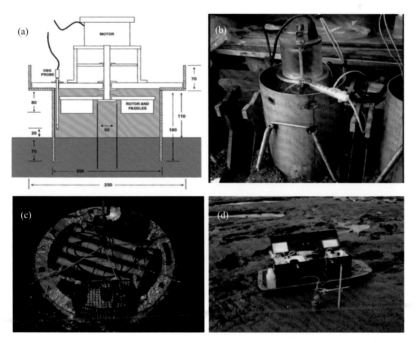

图 3-7　现场临界起动切应力观测装置

（a）Mini-Annular Flume；（b）Core Mini Flume；（c）大型水下环形水槽 Voyager II；（d）CSM

置顶部的喷嘴向滩面喷射水流起动泥沙。该装置虽然使用便捷，测量时间短，但由于它是用垂直水流冲刷床面，与自然状态下的水平水流侵蚀床面的原理不同，因此它的测量结果受到很多人质疑。

由此可见，以往的测量方法存在一些局限性，如未能产生水平的水流切应力，测量过程会对原状土有扰动，从而使测量结果不够准确；有些装置现场操作不够简便等，限制了推广应用。

本书中介绍了自行研制的潮间带泥沙起动切应力现场测量装置。该测量系统参考实验室环形水槽进行了初步设计，通过数值模拟研究测量系统的底部切应力分布状况，确定仪器的尺寸、转速-切应力关系等；研制实体装置，并通过实验室验证；最后在潮滩现场进行了应用。

1. 测量系统初步设计

测量系统主要由三部分构成，包括底部支撑结构、上部结构和固定支架结构（图 3-8）。底部支撑结构主要包括插入滩面的内金属圆筒和外金属圆筒，用于支撑上部结构，使滩

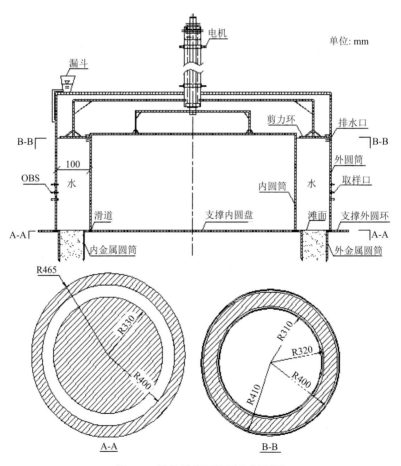

图 3-8　测量系统侧视图及剖面图

面不致产生沉降。上部结构由内圆筒、外圆筒、剪力环、电机和传动轴组成，内圆筒和外圆筒用有机玻璃制成。内圆筒、外圆筒和剪力环三者通过传动轴相连，由电机带动以不同速度转动。固定支架结构底部支撑于滩面之上，顶部连接上部结构，将上部结构重量传至滩面，并保持装置在工作过程中的整体稳定。

2. 测量系统水动力数值模拟

采用内、外圆筒和剪力环的合理旋转方式，在近底层产生均匀的切应力分布，是装置研究成败的关键。本书采用径向二维水动力数值模拟方法，确定在有剪力环和无剪力环情况下内、外圆筒的最佳转速比，建立底部切应力和转速的关系，并探究装置尺寸与最佳转速比的关系（龚政等，2019）。

数模结果表明，当内圆筒和外圆筒同向转动时，以最佳转速比在水槽底部可形成均匀的切应力分布。对于无剪力环的测量系统，切应力分布随内、外筒转速比变化如图 3-9 所示，在内圆筒半径 330 mm、外圆筒半径 400 mm、工作水深 260 mm 的组合下，最佳转速比为 3∶1。与无剪力环的测量系统相比，有剪力环时能够在更大的区域内形成均匀的切应力。考虑到无剪力环的测量系统结构简单，可以满足滩涂泥沙起动切应力的测量精度和范围，本书重点介绍无剪力环的测量系统。

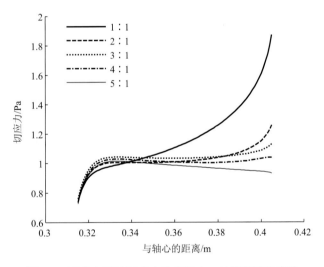

图 3-9　无剪力环时切应力分布随内、外筒转速比变化

3. 测量系统实验室验证

实验室验证分两个步骤。首先测量该装置运行时水槽底部切应力分布情况，来验证数值模拟的准确性和测量系统的可行性，试验过程及结果见龚政等（2019），总体来说，数值模型对底部切应力的模拟值与试验测量值较为吻合。在验证了环形水槽内底部切应力分布的基础上，采用三种粒径的沙进行了临界起动切应力初步测量试验，其中一种为江苏中部潮滩现场采集的泥沙，另外两种为均匀沙，三种泥沙中值粒径分别为 38.29 μm、

100 μm 和 300 μm。测得现场沙的临界起动切应力在 0.12~0.26 Pa，该结果与前人研究中采用的数值吻合较好。而两组均匀沙起动实验结果与理论希尔兹曲线吻合较好（图 3-10），证明该环形水槽的试验结果可信。

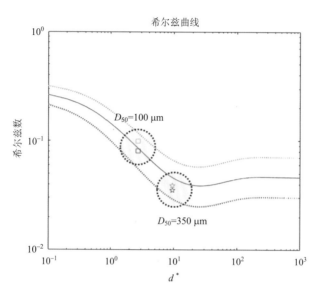

图 3-10　均匀沙起动试验中试验点与理论希尔兹曲线对比图

4. 测量系统现场应用

在实验室验证的基础上，对仪器进行了局部改进，使得测量系统更加轻便，更好地适应现场条件。现场应用在江苏中部潮间带潮滩进行，共进行了两组试验。同时采用了 CSM 在附近的滩面上进行了对比试验。其中一组试验过程如图 3-11 所示，结果见图 3-12。采用测量系统测得的临界起动切应力介于 0.11~0.14 Pa，而采用 CSM 测得的临界起动切应力为 0.39 Pa。该结果远远大于使用环形水槽装置测得的泥沙临界起动切应力值。根据前人的研究，CSM 测量的原理存疑，多有高估的情况出现。

图 3-11　滩涂泥沙临界起动切应力现场测量过程

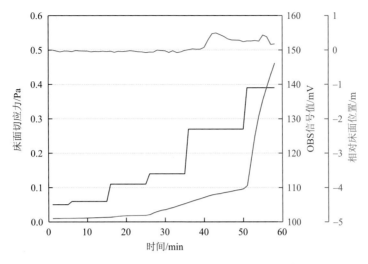

图 3-12　滩涂泥沙临界起动切应力现场测量结果

由此可得,该泥沙临界起动切应力原位测量装置具有可行性和可靠性。

3.2.1.3　细颗粒泥沙制约沉降特性

1. 细颗粒泥沙沉降形式及特征

滩涂细颗粒泥沙中的主要黏土矿物包括高岭土、伊利土、蒙脱土等,其中高岭土分布较广、粒度较细,表现出很强的活性与凝聚性,采用高岭土作为室内实验沙样可以较好地模拟滩涂细颗粒泥沙的物理性质及运动特性,同时也可确保结果的可重复性。制约沉降指在高含沙水体中,泥沙颗粒沉降过程中受到周围泥沙颗粒影响的现象。本节以高含沙水体密度和含盐度为主控因子,在沉降桶中配制密度、盐度均一的高岭土悬浊液(针对不同的试样,密度范围介于 $1050\sim1250$ kg/m^3,盐度介于 5‰~33‰)模拟高含沙水体的制约沉降过程。实验中配制悬浊液所用的土样为 4000 目的煅烧高岭土(图 3-13)。沉降实验在 3 L 和 1 L 的沉降桶中进行,分析水体盐度对高含沙水体沉降过程的影响。

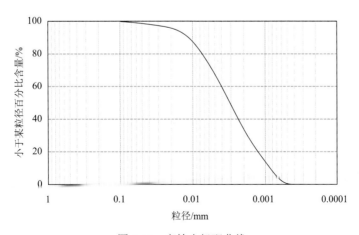

图 3-13　高岭土级配曲线

　　高岭土悬浊液在盐水与清水条件下将产生不同的沉降模式。含盐水体中阳离子导致黏性泥沙表面双电层结构受到压缩，颗粒间的凝聚特性增强。高含沙水体条件下形成的絮团相互联结，相对位置不易改变而发生共同沉降,高岭土悬浊液呈现清晰的水-泥界面,此时可将清-浑界面的下降速率视为悬浊液的整体沉速。当交界面基本不再降低时,沉降体系达到稳定沉积状态。而在清水沉降条件下,水体电解质浓度很低,高岭土颗粒间以排斥力为主,整体呈现自由扩散沉降的形式。底部泥沙聚集区域先发生一定程度的固结,与上层悬浮体系间形成一不甚清晰的浓度梯度分界。上层扩散区域内高岭土颗粒基本以自由沉降的方式落淤,其沉降速率远小于稳定水-泥界面的沉降速率,上层水体澄清需经历一周左右的较长沉降历时,相应地底部固结层厚度缓慢增加,直至达到稳定沉积状态。

　　具体而言,盐水条件下和清水条件下高含沙水体的沉降行为有明显区别,不同的悬沙落淤方式造成了沉降体系浓度剖面的差异。图 3-14 所示分别为清水沉降（$S=0$）及各组次含盐度条件下（$S=5‰\sim18‰$）3 L 沉降桶中悬沙浓度剖面随沉降时间的变化曲线,更高盐度组次得到的浓度分布特征与图 3-14（e）和（f）（即含盐度分别为 $S=15‰$、$S=18‰$）相似,此处仅对 18‰盐度以下的各组次浓度结果进行比较分析。当水体含盐度为 0 时[图 3-14（a）],水-泥分层界面模糊,落淤至底部的悬沙颗粒相互聚集并逐渐固结,沉降桶底层形成较大浓度梯度,而中上层区域则为分散颗粒的扩散沉降空间,水体悬沙浓度近似均匀分布,且浓度值随沉降时间相应减小,扩散水体逐渐澄清。浓度剖面仅在近底层有明显梯度变化,且转折点高度随沉降历时相应增加,表明底部固结层厚度随落淤悬沙量的增加而逐渐增大。

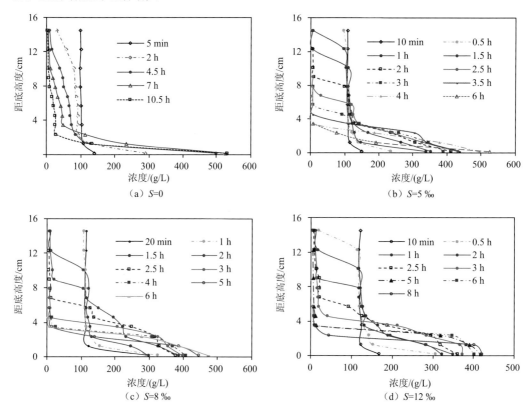

（a）$S=0$　　　　　　　　　　　　　　　　（b）$S=5‰$

（c）$S=8‰$　　　　　　　　　　　　　　　　（d）$S=12‰$

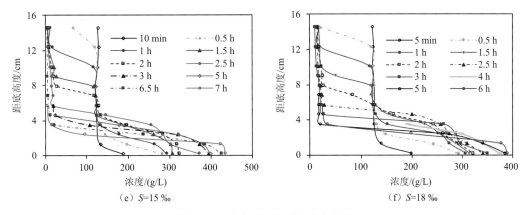

图 3-14　浓度随沉降时间变化曲线

水体含盐度的增加使得浮泥悬浊液表现出明显的絮凝沉降行为，沉降体系出现清晰的水-泥界面，其浓度剖面[图 3-14（b）～（f）]与图 3-14（a）清水沉降组次有明显不同。以含盐度 15‰组次为例，沉降前期浓度垂向分布存在两个梯度变化：第一个梯度变化为水-泥界面的浓度分界，第二个梯度变化介于底层颗粒聚集区与其上浓度均匀分布的悬浊液之间。因此，沿垂向可将整个沉降区域分为 4 部分，分别为上层清液、悬浊液沉降区、过渡区及底部沉积固结区。已有研究表明，浑液面沉降速率与其周围水体悬沙浓度相关；由于沉降过程中水-浮泥界面稳定下降，沉降速率恒定，故在沉降前期不同时段内悬浊液沉降区各高度点悬沙浓度均匀分布且保持不变。随着沉降的进行清浑界面相应降低，而底部沉积层厚度缓慢增加，在浓度分布剖面上表现为均匀悬沙层厚度的逐渐减小。沉降 2.5～3 h 后水-泥界面与底部固结区相遇，悬沙浓度过渡区消失，沉降体系可根据水-泥界面高度清晰地划分为上层清液与底部新淤固结层，高含沙水体的沉降进入固结阶段，水-泥界面沉降速率显著降低，沉积层厚度范围内的浓度剖面随固结历时发生进一步调整，直至达到基本稳定密实状态。

2. 有效沉降速率

图 3-15 为 1 L 沉降桶中不同含盐度的高含沙水体清浑界面沉降曲线。制约沉降阶段清浑界面基本以均匀速率稳定下降，这是由于盐度的加入使水体电解质浓度提高，初始絮凝阶段高岭土颗粒迅速发生聚集，在整个沉降空间形成尺度相当且相互联结的絮团，受周围流线的相互干扰絮团间相对位置不易改变，故近似以相同速率共同沉降。

不同盐度下颗粒聚集形成的絮团尺寸及孔隙结构不尽相同，宏观上体现为制约沉降阶段清浑界面的沉速差异，通常将界面下降速率定义为悬浊液的有效沉降速率（w_s）。根据沉降曲线斜率计算得到不同盐度浮泥层的有效沉降速率（图 3-16）。水体含盐度的增加使得进入泥沙表面双电层中的阳离子浓度提高，双电层受压缩变薄，颗粒间排斥力降低，聚集得到更大尺寸的絮团，有效沉降速率相应增大。实验表明，对于纯净的高岭土溶质而言，在天然海水的含盐度范围内存在若干不同的最佳絮凝盐度点。这是电解质浓度的渐次增加使得颗粒表面由电负性过渡至电中性，进而发生表面电荷变号；过量

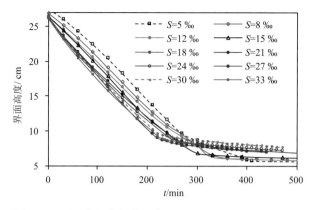

图 3-15　不同含盐度条件下高含沙水体清浑界面沉降曲线

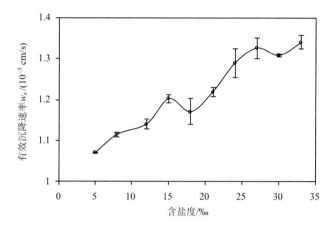

图 3-16　不同盐度浮泥层的有效沉降速率

电解质的加入使悬沙颗粒间因压缩双电层效应而相互凝聚的同时也受到部分非静电性质作用力的影响，如氢键、疏液结合、表面络合等，统称为颗粒的"专属作用"，一定程度增强了絮凝体的稳定性，换言之即部分削弱了压缩双电层效应引起的颗粒絮凝程度。故在高盐度情况下，絮团尺寸并非随含盐度的增加而稳定增大，在某些盐度下可能出现一定程度的减小。本章实验中，18‰及30‰盐度下悬沙颗粒受"专属作用"的影响聚集形成的絮团尺寸稍有减小，有效沉降速率相应降低，故曲线在15‰及27‰盐度下存在小的沉速峰值点。但总体而言，当含盐度在天然海水盐度范围内变化时，颗粒表面压缩双电层效应为影响颗粒间相互作用的主要因素，随含盐度的增加颗粒间引力势能不断增大，絮凝程度增强，有效沉降速率整体呈增大趋势。对于高岭土悬浊液而言，当水体悬沙浓度低于 10 g/L，临界絮凝盐度约为10‰；而当水体浓度大于 10 g/L 时，悬浊液有效沉降速率随含盐度增加持续增大，无明显的临界絮凝盐度点。周晶晶（2009）在探究高岭土悬浊液的静水絮凝沉速时将最大盐度设定范围增大至60‰以上，发现当盐度增加致使悬浊液介质比重接近或大于泥沙颗粒比重时，悬浊液比重成为影响絮凝沉速的主要因素，此后絮团沉速明显降低。实际河口一般不存在盐度极限高的情况，此处仅作补充说明，分析盐度变化对高含沙水体有效沉降速率的影响。

3. 胶凝点浓度

高含沙水体的制约沉降伴随清浑界面的稳定下降，沉降区域的缩小使得絮团间排列更为紧凑，沉积层孔隙率相应降低；当水体悬沙浓度增加至某一量值时，絮团之间紧密联结，在整个沉降空间形成类凝胶状的絮网结构。此后进一步的沉降将使含沙水体发展成具有一定有效应力支承的结构土体，固结阶段开始。研究中通常将沉降体系的这一转变点称为胶凝点（gelling point），相应的临界点浓度被定义为高含沙水体的胶凝点浓度。

胶凝点浓度（c_{gel}）作为判断高含沙水体由制约沉降阶段进入固结阶段的定量化参数，其值可根据制约沉降阶段高含沙水体的质量平衡方程确定：

$$hc_0 = \int_0^{h(t)} c\mathrm{d}z = \int_0^{\delta_1} c\mathrm{d}z + \int_{\delta_1}^{h} c\mathrm{d}z \approx c_{gel}\delta_1 + c_2\delta_2 \tag{3-5}$$

$$c_{gel} = \frac{hc_0 - c_2\delta_2}{\delta_1} \tag{3-6}$$

式中，c_0 为悬沙水体初始浓度；h 为初始沉降时高含沙水体高度；δ_1 为沉降 t 时刻底部淤积层厚度，对应于浓度剖面上第二个浓度分界面距底高度；δ_2 和 c_2 分别为其上含沙水层（泥水界面至底部浓度分界面）的高度及平均浓度。采用上式计算胶凝点浓度 c_{gel} 时需确保选取的沉降时刻仍处于制约沉降阶段，若沉降体系已进入整体固结阶段，则计算得到的 c_{gel} 值将偏大。

当在悬浊液沉降过程中准确观测到图 3-17 沉降曲线转折点对应的沉降时刻 t_c 及界面高度 h_1 时，胶凝点浓度计算方法可进一步简化为

$$c_{gel} = \frac{hc_0}{h_1} \tag{3-7}$$

据此可根据初始固结时段底泥层的平均浓度估算高含沙水体悬浊液的胶凝点浓度 c_{gel}。

图 3-17 所示为不同含盐度条件下高含沙水体的胶凝点浓度（c_{gel}）及对应的进入整体固结阶段的沉降历时（t_c），可以看出随着含盐度的增加，沉降体系将更快进入固结阶段，胶凝点浓度降低，相应地初期固结淤泥层高度增加。这是由于高盐度条件下形成的絮团具有更高的孔隙率，因而沉降体系达到类凝胶絮网结构所需的悬沙浓度相应减小，宏观上即表现为高含沙水体胶凝点浓度降低，整体固结阶段提前。

由此可知，水体含盐度的不同将通过改变絮团的尺寸及孔隙结构，造成絮凝体沉速及悬沙浓度的差异，宏观上即表现为高含沙水体的制约沉降特性，包括其有效沉降速率、沉降历时及固结淤泥层初始沉积形态等。一定含盐度的增加促使高岭土颗粒聚集成大尺寸、高孔隙率的含水絮团，浮泥层的有效沉降速率增加，胶凝点浓度降低，制约沉降力时明显缩短，沉降体系更快进入整体固结阶段，固结淤泥层初始高度相应增大。

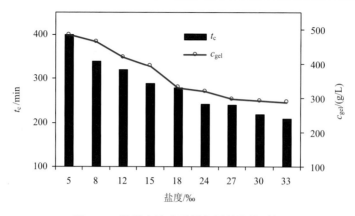

图 3-17　胶凝点浓度及进入固结阶段时间

3.2.2　黏性泥沙流变特性

流变特性是淤泥质黏性泥沙的基本力学特征之一。黏性泥沙在剪切荷载作用下的流变特性十分复杂，其流变响应受加载方式、泥沙密度、颗粒级配、矿物组成、盐度和温度等多种因素的影响。本节以高岭土和现场黏性泥沙的实验结果为例，介绍在单向剪切荷载和振荡剪切荷载作用下黏性泥沙典型的流变行为，分析黏性泥沙在不同荷载条件下的流变特性。

3.2.2.1　单向剪切荷载下黏性泥沙的流变特性

迄今，大多数关于黏性泥沙流变特性的研究集中在剪切荷载作用下泥沙屈服应力的大小及泥沙屈服后的流变行为。近年来，随着流变仪精度的提高，黏性泥沙流变特性研究的焦点逐渐转移到低速率下的流动行为上，发现在切应力达到屈服应力前，泥沙并非不发生流动，只是流动速率较低。在室内实验中，通过控制单向剪切速率对高岭土和现场黏性泥沙施加逐级递增的剪切荷载，记录不同剪切速率下的切应力和黏度值，进而分析剪切速率（应变率）和切应力的流变曲线，可以观察到黏性泥沙在不同剪切速率下的流变响应规律。

图 3-18 和图 3-19 分别为在相同的单向剪切荷载作用下得到的高岭土和现场黏性泥沙样本的流变响应实验结果（Nie et al.，2018，2019，2020；Jiang et al.，2019）。为观察样本在低速率条件下的流变行为，图中采用了双对数坐标。由图可见，两组泥沙样本的流变曲线及黏度曲线表现出相似的变化形式。在剪切速率从低到高逐渐增大的过程中，两个样本的流变曲线均出现两次明显的斜率转折点（斜率突然减小），即黏性泥沙发生了两次明显的屈服行为。

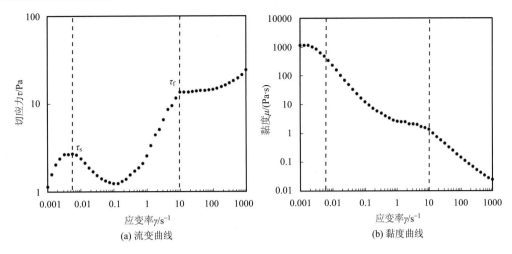

图 3-18　容重 1356 kg/m³ 的连云港淤泥单向剪切荷载下的流变曲线和黏度曲线

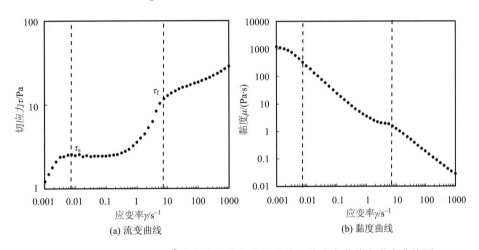

图 3-19　容重 1165 kg/m³ 的高岭土单向剪切荷载下的流变曲线和黏度曲线图

　　第一次屈服现象出现在低剪切速率区，第二次出现在高剪切速率区，据此可将泥沙的流变过程分成 3 个阶段（由图中两条虚线分开），即黏性泥沙在单向剪切荷载下的流变行为可以分成 3 个阶段，分别为类固态阶段、固-液转换阶段和液态阶段。由图可见，这 3 个阶段可由两个屈服应力来划分，可将之定义为静态屈服应力（τ_s）和动态屈服应力（τ_f）。其中，下标 s 代表着类固态（static），下标 f 代表着液态（fluidic）。两个屈服应力所对应的应变率可被定义为静态临界剪切速率 γ_s 和动态临界剪切速率 γ_f。当切应力小于静态屈服应力，黏性泥沙的流变行为类似于黏弹性固体。当切应力大于动态屈服应力，黏性泥沙表现出黏性液体的流动特征，流化现象发生。需要注意的是，这种相态的转换不是瞬间发生的，而是存在一个逐渐转换的过程，即固-液转换阶段。

　　此外，实验结果表明，高岭土的流变曲线也和连云港淤泥的流变曲线呈现同样规律。不同之处在于固-液转换阶段初期没有出现明显的应力下降，而是应力保持不变，出现一个小的应力平台。可归因于高岭土颗粒由于矿物成分与天然淤泥不同，颗粒间的连接作用较强，所构成的网架结构较为紧密，故破坏后也不会造成突然的应力下跌状况。

在流变学中，把材料在外力作用下从类固体状态变为类似液体的流动状态的现象称为流化现象。上述结果表明，黏性泥沙在单向剪切荷载下出现了明显的固-液转换现象，也即在某一剪切速率下黏性泥沙会发生流化现象。

3.2.2.2　振荡剪切荷载下黏性泥沙的典型流变行为

通过控制剪切荷载振幅，即对泥沙试样施加振幅逐级递增的周期性振荡荷载，并记录不同剪切荷载下的应力振幅、弹性模量、损耗模量等流变参数，分别对容重为 1356 kg/m^3 的连云港现场淤泥和容重为 1264 kg/m^3 的高岭土样本进行了振幅扫描流变实验（Nie et al.,2020）。考察剪切荷载和主要流变参数间的相互关系，可获得黏性泥沙在振荡剪切荷载下的流变响应特征。图 3-20 为实验得到的在振荡剪切荷载作用下现场黏性泥沙和高岭土试样的典型流变响应结果。由图可见，两种沙样在流变曲线及各参数变化上均表现出相似的变化规律。与单向剪切荷载作用下黏性泥沙流变实验类似，在振荡荷载剪切下黏性泥沙也呈现出两次明显的屈服行为，将泥沙的流变过程分成了 3 个阶段，即类固态阶段、固-液转化阶段和液态阶段。亦即，黏性泥沙在振荡剪切荷载下同样出现了明显的固-液转换即流化现象。

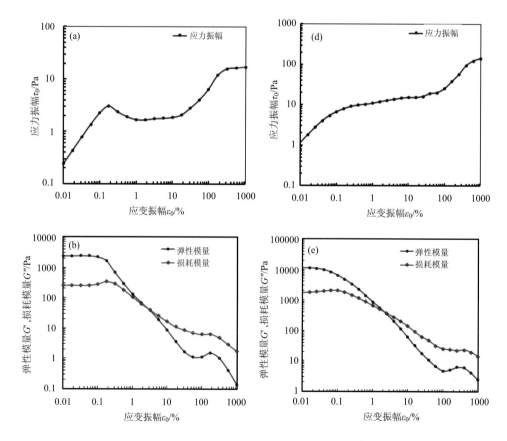

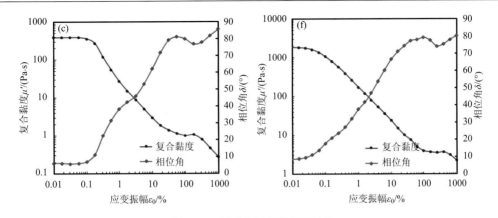

图 3-20　振荡剪切荷载测试结果

（a）～（c）：容重 1356 kg/m^3 的连云港淤泥；（d）～（f）：容重 1264 kg/m^3 的高岭土

同样地，黏性泥沙在振荡剪切荷载作用下的 3 个流变阶段，亦可由两个屈服应力，即静态屈服应力 τ_s' 和动态屈服应力 τ_f' 来划分。当应力振幅小于静态屈服应力，黏性泥沙的流变行为类似于固体，当应力振幅大于动态屈服应力，黏性泥沙表现出黏性液体的流动特征。这种相态的转换与黏性泥沙在受剪过程中微观结构的变化有关。

3.2.3　底床液化及其机理

液化是泥沙底床失稳的主要原因之一。在振荡荷载作用下的底床液化定义为底床在循环振荡荷载的作用下产生超静孔隙水压力，从而使土体有效应力降低，底床逐渐丧失抗剪强度发生流动液化并产生永久变形。波浪作用下的底床孔压响应存在孔压振荡和孔压累积两种形式，其对应的液化分别称为瞬时液化和累积液化。当底床渗透性较高时，孔隙水压力响应以振荡为主，在孔隙水压力的振荡过程中，孔压与床面波压力的差值超过底床上覆有效应力时就发生了瞬时液化。底床的瞬时液化与孔压的幅值及孔压与床面振荡压力的相位差相关。当底床渗透性较低时，孔隙水压力会产生累积，当累积的孔隙水压力超过上覆有效应力就会发生累积液化。通常认为，液化多发于粉砂或无黏性泥沙底床，然而，近期的相关研究成果表明，液化亦会发生于具有一定黏性的黏土底床，本节介绍黏土含量对振荡荷载作用下底床液化影响的研究成果（Zhang et al.，2020）。

3.2.3.1　黏土含量对底床瞬时液化的影响

图 3-21 为在不同入射波条件下，不同黏土含量沙泥混合底床内超静孔压的实测结果。由图可见，在沙床中由于底床透水条件较好，其超静孔压振幅值较大，孔压振幅随波高变化幅度较小。而对沙泥混合底床，由于透水性降低，床内超静孔压振幅值随波高的变化明显受到黏土含量影响。在黏土含量为 5%条件下（CC5），混合底床内的超静孔压振幅值与沙床相当，但其孔压振幅随波高的变化较大，当波高较小时底床内的孔压振幅较沙床小。此外，沙泥混合底床内的超静孔压振幅值随黏土含量的增加而减小，波高对混合底床内孔压振荡幅值的影响也随黏土含量的增加而减小。上述变化趋势归因于底

床的渗透性随混合底床黏土含量的增加而减小。

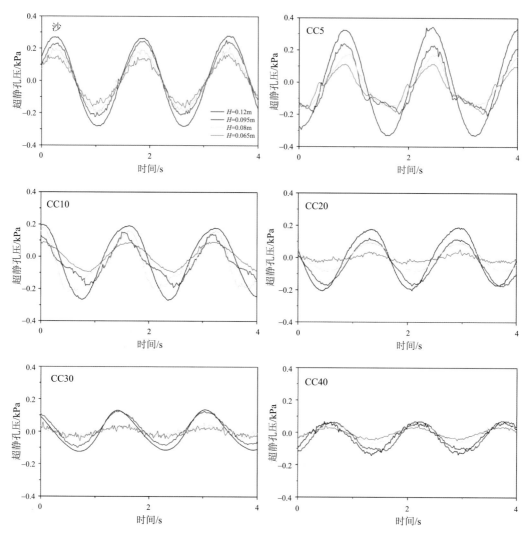

图 3-21　沙泥混合底床的超静孔压振荡

CC 为 clay content，表示黏土含量（%）

　　图 3-22 为在波高 0.12 m，周期 1.6 s 的波浪作用下，不同黏土含量沙泥混合底床内超静孔隙水压力随黏土含量变化的实测结果。由图可见，超静孔隙水压力振幅随着黏土含量增加而减小，且在不同底床深度，超静孔隙水压力随黏土含量的变化趋势不同：在床面 $z=0.02$ m 处，由于易于排水，孔压不易累积，孔压振幅与黏土含量基本呈线性关系。在 $z=0.1$ m 处，CC5、CC10 和 CC20 底床均呈现出较大的孔压振幅，这是由于底床液化后，床面波动会引起孔压振幅增大所致。在 $z=0.18$ m 处，只有 CC5 和 CC10 底床呈现出较大的孔压振幅，其主要原因是随着黏土含量的增加，底床液化能够达到的深度减小。

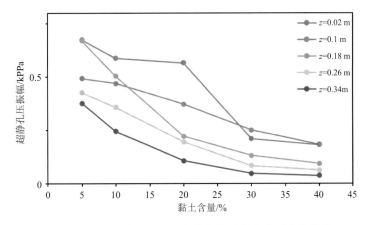

图 3-22   不同深度超静孔压振荡幅值随黏土含量变化趋势

图 3-23 为在波高 0.12 m，周期 1.6 s 的波浪作用下，不同黏土含量沙泥混合底床内 $z=0.02$ m 处孔隙水压变化的实测结果。从该图可以看出黏土含量对沙泥混合底床浅层超静孔隙水压力与波压力间相位差的影响。由图可见，沙床和 CC5 底床的孔压波峰发生在波压力峰值的左侧，CC10 底床的孔压波峰则在波压力峰值右侧，表明沙床床面孔隙水压力相较于波压力相位超前，而随着黏土含量的增加，混合床的孔隙水压力相位逐渐后移，即孔隙水压力相位落后于波压力，相位差由负变正。

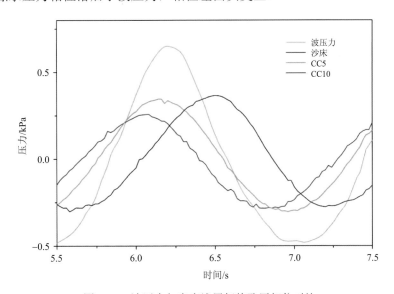

图 3-23   波压力与底床浅层超静孔压相位对比

表 3-2 给出了不同黏土含量沙泥混合底床浅层超静孔压与床面波压力间相位差的统计结果，同时列出了其净向上压力梯度的计算结果以及由式（3-8）计算得到的底床瞬时液化的压力阈值。从该表中可以看出，在混合底床的黏土含量为 5%～30% 条件下，净向上压力梯度随着黏土含量的增加而增加。当混合底床的黏土含量高于 10% 时，净向上压力梯度值大于底床上覆有效应力，混合底床会发生瞬时液化。

$$\sigma_0 = \gamma'z \qquad\qquad (3\text{-}8)$$

表 3-2　黏土含量对沙泥混合底床浅层净向上压力等影响

黏土含量/%	相位差/π	P_{net}/kPa	σ_0/kPa
0	0.26	0.34	
5	0.07	0.21	
10	−0.21	0.41	
20	−0.53	0.57	0.38
30	−0.77	0.62	
40	−0.76	0.53	

3.2.3.2　黏土含量对底床累积液化的影响

图 3-24 给出了不同黏土含量沙泥混合底床内超静孔压的累积幅度随波高变化的实测结果。由图可见，在沙床中，由于底床透水条件较好，其超静孔压累积幅度相对较小。在沙泥混合底床中，超静孔压随波浪作用时间增加逐渐加大。在黏土含量低于 20% 条件下，混合底床内的超静孔压累积受波高变化的影响较为明显，当黏土含量高于 30% 时，混合底床内的超静孔压累积趋势及其累积幅度基本保持不变，且其孔压累积幅度与沙床相当。

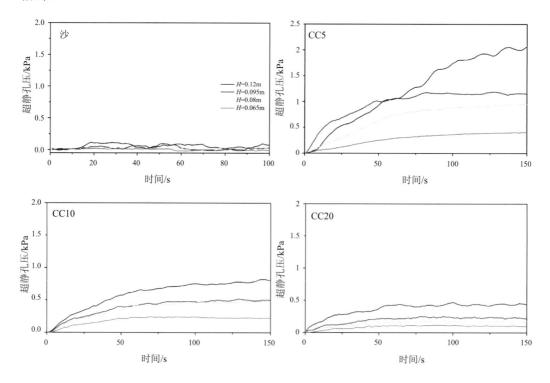

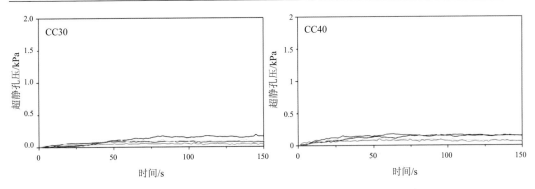

图 3-24　不同波高条件下沙泥混合底床的超静孔压累积幅度

图 3-25 给出了在波高 0.12 m、周期 1.6 s 的波浪作用下，沙泥混合底床内超静孔压累积峰值随黏土含量变化的实测结果。由图可见，混合底床中的超静孔压累积值随着黏土含量增加而减小，超静孔压随着深度增加而增加。当黏土含量高于 20% 时，超静孔压累积值随黏土含量变化的趋势趋于平缓。

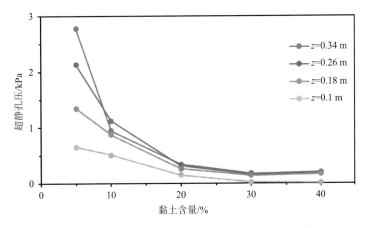

图 3-25　不同深度超静孔压累积峰值随黏土含量变化

为了分析沙泥混合底床不同深度处累积液化的变化情况，图 3-26 给出了超静孔压累积值的无量纲化结果，其中纵坐标为超静孔压累积值与临界平均垂直有效应力 σ_0 [式（3-9）] 的比值。可见，纵坐标大于 1 表示底床内的超静孔压累积超过了其上覆有效应力，即底床发生了液化。由图可见，沙泥混合底床发生液化的黏土含量阈值为 10%，液化深度为 0.26 m。在黏土含量为 5% 条件下，混合底床发生液化的深度为 0.34 m。

$$\sigma_0 = \gamma' z \frac{1 + 2k_0}{3} \qquad (3\text{-}9)$$

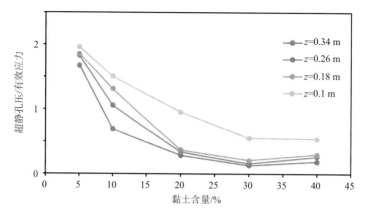

图 3-26　黏土含量对沙泥混合底床累计液化影响实测结果

3.3　滩涂泥沙的生物效应

当广泛存在于海水中的细菌、藻类等微生物吸附于固体表面（如潮间带泥沙颗粒、植被根茎等）时，会分泌一种被称为胞外聚合物（extracellular polymeric substances，EPS）的黏性物质。EPS 的主要成分与微生物的胞内成分相似，是一些高分子聚合物，主要为多糖和蛋白质。微生物及其分泌的 EPS 共同组成了生物膜。本书将生物膜与泥沙的共聚体定义为"生物泥沙"。本节聚焦于滩涂泥沙因附着生物膜而产生的生物效应，以江苏滩涂为例，介绍滩涂生物泥沙的基本特性、生物膜时空分布特征、生物膜对泥沙稳定的影响，以及生物泥沙形成过程及机理。

3.3.1　生物泥沙的基本特性

EPS 在细胞外有多种存在方式，或附着于细胞壁上，与细胞壁紧密结合（被称为胶囊 EPS，capsule EPS），或以胶体和溶解状态存在于水体中（被称为黏质 EPS，slime EPS）（Flemming，2011）。目前，大多数研究一般将两者分别称作结合型 EPS（bound EPS）和溶解型 EPS（soluble/colloidal EPS）。不同类型 EPS 对泥沙底床的作用不同：溶解型 EPS对泥沙中的孔隙水有保持作用，抑制沉积物失水干燥，但同时也不利于黏性泥沙排水固结；结合型 EPS 具有包裹泥沙颗粒，增加颗粒间黏性的作用（Orvain et al.，2014）。

由于海岸带滩涂生物膜的存在，滩面泥沙与空气/水体之间形成了一道天然的保护屏障，被相关学者称为滩涂的"皮肤"。滩涂生物膜在滩面的固-液/固-气交界面上，调节着众多复杂的物理、化学和生物过程，在滩涂系统的结构、功能和动力方面扮演着重要角色。由于生物膜中微生物优势种群的不同，滩涂生物膜可能展现出多种不同的表观特征，最为典型的是呈现棕褐色的硅藻类生物膜（图 3-27，夏季生物膜为代表）。滩涂微生物受潮动力影响，形成独特的生长模式（区别于河流环境）。例如，在每日涨落潮过程中，当流速较大时，为了避免暴露于较强的动力环境下，具有移动性的硅藻常从滩面向下迁移至底床的次表层；而落潮露滩时，若光照过强，为避免高强度辐射对细胞带来损伤，硅藻也会从滩涂表面向下迁徙（Paterson, 1989; Paterson et al., 2008; 龚政等, 2021）。

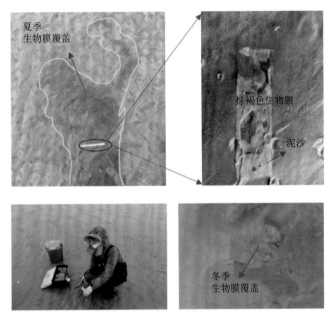

图 3-27　江苏滩涂冬季、夏季生物膜覆盖特征

　　生物膜与泥沙的结合能力不仅受所处环境（水动力、盐度等）影响，也受 EPS 组分（多糖和蛋白的比值等）、微生物的种类（菌类、藻类、菌藻共生体系）等因子的影响，而这些微生物的生理指标又取决于其所处环境条件。Gerbersdorf 等（2005）对研究区域潮间带泥沙的多个指标进行了检测，包括容重、含水率、矿物组成、叶绿素 a 浓度、EPS 含量、临界起动切应力等，认为泥沙的沉积因子和生物因子之间有着密不可分的关联，在水动力作用下相互影响，共同决定了海岸底床的稳定性。

3.3.2　生物膜时空分布特征

　　本节以江苏滩涂为例，介绍生物膜的时空分布特征（Chen et al., 2023）。基于"江苏淤泥质潮滩剖面演变现场观测"中观测剖面的设置，详见 4.2.2.2 节"中观尺度潮滩剖面演变"中的研究区域介绍。本节选取了位于光滩处的 S6～S9 站点开展现场观测。观测发现，滩涂表面覆盖的生物膜的表观特征在夏季和冬季呈现出较大的差异，如颜色、面积、平滑度等，如图 3-27 所示。夏季生物膜覆盖的滩面呈棕褐色，多个生物膜"簇团"连接成片，形成边界明显的覆盖区域。近距离观察滩面可发现，夏季生物膜覆盖后的滩面表面平滑。刮去表面的薄膜层后，露出最表层的"泥状"沙，与表面附着的生物膜在表观颜色上有一定差异。夏季生物膜的颜色主要因微生物群落中含有大量微藻所致。冬季生物膜在外观上表现出与夏季较大的差异。首先，颜色上冬季生物膜呈灰白色，这主要是因为冬季微生物群落中微藻含量很低，故无明显的颜色。覆盖面积上，冬季生物膜在观测点位附近均未观察到大面积覆盖现象。局部表面可见不均匀凸起的薄膜状物质，与原始泥沙滩面也形成较明显的表观差异。肉眼观察可得,露出的、无生物膜覆盖的滩面泥沙较夏季粗,呈分散的颗粒状。

从各次采集的泥沙样品中分层提取 EPS,得到各个站点底沙中 4 cm 深度范围内泥沙中 EPS 垂向分布剖面。如图 3-28 所示,秋冬季节各站点的整体 EPS 浓度水平均很低,平均总 EPS 含量在 100 μg/g DW 左右。不同于传统认知,滩涂 EPS 并非只集中分布于表层毫米级深度范围内,而是在距离表面 4 cm 的取样深度内的各层泥沙中均有一定的含量,且垂向剖面较平均。此外,几乎所有观测站点在秋冬季节中各层 EPS 浓度的最高值均不出现在表层,而是于距离滩面以下 1.5～2.5 cm 的深度范围内取得。这可能与秋冬季节微生物群落以菌类为主有关。不同于底栖微藻,大部分菌类微生物不需要光合作用来维持生长,因此,菌类细胞可以生存于滩面以下的泥沙孔隙间。由于次表层受到表层泥沙层的保护,水动力较弱,不易被冲刷,因而具有在更深层泥沙中累积 EPS 的可能性。

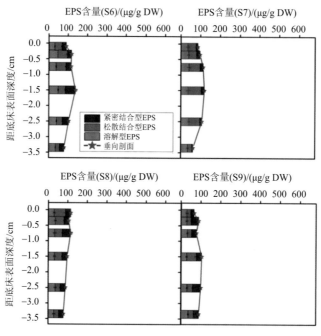

图 3-28　秋冬季 S6～S9 站点滩涂底沙 EPS 含量的垂向分布
以 2015 年 12 月 24 日观测结果为例

如图 3-29 所示,春夏季节各站点 EPS 的剖面分布差异明显。S6 和 S7 站点总体 EPS 浓度均很高,且两个站点的 EPS 剖面数据均展现出明显的垂向不均匀特性。高浓度 EPS 集中在滩面表层,S6 站点的表层 EPS 含量高达 650 μg/g DW,而 S7 站点表层也达到了 450 μg/g DW。然而,S6 和 S7 站点表层以下(距离表面 0.2～0.5 cm)的泥沙中 EPS 浓度迅速衰减,降到 300 μg/g DW 以下。S6 和 S7 距离表面 3～4 cm 泥沙中 EPS 浓度仅有 100～150 μg/g DW,低于表面浓度的 1/4。相比较,S8 和 S9 站点的总体 EPS 浓度水不高,且各层分布平均,沿深度方向变化不大,与 S6 和 S7 表现出的表层集中高浓度 EPS、沿深度方向迅速衰减的剖面不均匀现象有很大差异。

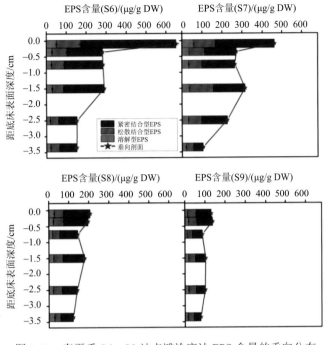

图 3-29　春夏季 S6～S9 站点滩涂底沙 EPS 含量的垂向分布

以 2016 年 6 月 19 日观测结果为例

春夏季节，温度、光照等环境条件均利于微藻生物膜的形成，且 S6 和 S7 站点位于平均低潮位线以上，相对于 S8 和 S9 站点，露滩时间较长。因此，S6 站点在 6 月表现出暴发式增长。由于藻类需进行光合作用以维持生长，这一条件限制了藻类生物膜向底床更深层的分布。因此，微藻分泌的大量 EPS 集中在滩面，造成垂向分布的不均匀现象。随着离岸距离的增加，水动力增强，可能超过了生物膜生长的阈值，不利于 EPS 的累积。同时，由于 S8 和 S9 露滩时间较短，底栖微藻能够进行光合作用的时间较短，生长受到抑制。因此，即使在春夏季节，S8 和 S9 站点 EPS 整体含量的变化也相对较小。

3.3.3　生物膜对泥沙稳定性的影响

由于生物膜的黏附而抑制泥沙侵蚀的效应最早被国外学者 Paterson 和 Daborn 定义为"生物稳定性"（biostabilisation），并逐渐在国际上受到关注（Paterson and Daborn, 1991; Gerbersdorf et al., 2020）。生物稳定性的产生机理复杂，但一般认为，在水流作用下，水中的微生物通过其分泌物 EPS 与泥沙颗粒粘连，生物膜包裹泥沙表面、填充颗粒间空隙并提供更多离子吸附点位（赵慧明等，2014；方红卫等，2011b），使得泥沙除了理化黏性以外，还具有了生物黏性，继而导致泥沙运动特性的改变。

滩涂系统受潮汐影响，水流切应力对生物膜产生周期性扰动（Mariotti and Fagherazzi, 2012）。因此，滩涂地区生物泥沙的形成及其运动特性，与现有的针对河流（准）恒定流环境下的相关研究成果差异显著。

3.3.3.1 单向流作用下生物膜对泥沙稳定性的影响

大多数室内水槽实验研究恒定流作用下生物膜的生长。这种水动力条件的设置，更适用于反映河流系统中的情况。针对滩涂生物稳定性的研究，选择在恒定流条件下，关注生物泥沙底床的发育、冲刷特性的演变，是对自然环境的一个简化模拟，更易于实验条件的控制，得到滩涂生物膜影响非黏性泥沙冲刷的一般性规律及影响机制。

利用自主研发的一套室内实验装置，同时进行多组平行实验，培养不同生长天数的生物泥沙，并进行原位冲刷观测（图 3-31）（Chen et al., 2017a, 2017b）。将江苏滩涂取回的现场沙经物理、化学处理后得到"干净沙"，进行菌藻混培生物膜的培养，在人工海水中加入菌、藻类微生物及所需的基础营养物。各组次的培养天数不同，分别为 5 天、10 天、16 天和 22 天，其余环境条件保持一致。在培养过程中，对底沙分层取样，并通过化学提取、电镜图像等一系列分析方法，从亚微观层面分析不同培养天数下形成的共生生物泥沙中 EPS 的分布；从微观层面分析黏附生物膜后泥沙颗粒微观形貌及颗粒间黏结方式的变化。培养完成后，由于培养时间不同，底床形成 EPS 含量水平不同的泥沙，在相同的水动力条件下进行原位冲刷实验，得到不同的冲刷曲线，研究菌藻共生环境对生物泥沙的形成、稳定性、冲刷过程等的影响。

如图 3-30 所示，图（a）～（d）分别展现了培养 5 天、10 天、16 天和 22 天后的生物泥沙颗粒微观形貌。低倍扫描电镜图像（图 3-31）显示，随着培养时间从 5 天增加到 22 天，底床表层 2 mm 的泥沙颗粒中的生物膜影响明显增加。

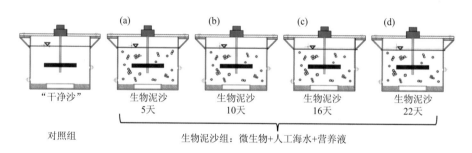

图 3-30 生物泥沙培养平行实验设置示意图

由图 3-31（a）可知，培养 5 天后，大部分"干净"颗粒表面暴露在外，只有少量 EPS 呈零星的斑块状分布。这表明在有限的天数内，生物黏性并未发挥显著作用，不足以建立与"干净沙"差别明显的生物泥沙系统。

当培养天数延长至 10 天后，生物膜进入快速生长期，EPS 逐渐在泥沙表层中累积。如图 3-31（b）所示，泥沙颗粒表面多处出现 EPS 簇团。除了附着于颗粒表面，还可观察到颗粒间也有小型的簇团充斥于空隙间。尽管如此，培养 10 天后，电镜图拍摄范围内的大面积颗粒仍处于"干净沙"的无生物黏性状态。

培养 16 天后的电镜图表明[图 3-31（c）]，随着生物膜的成熟，泥沙中的微生物组分明显增加，其对表层颗粒的结合作用亦显著增强。EPS 最初局限于小颗粒泥沙的黏附

图 3-31　低倍电镜下表层 2 mm 生物泥沙颗粒微观形貌随培养时间的变化

[图 3-31（b）]，随着黏附范围的扩张[图 3-31（c）]逐渐将小颗粒泥沙聚集成团，黏结成更大的团聚体，其直径可达 150 μm，达到与粗颗粒相近的尺度。同时，可见一些小颗粒聚团黏附于大颗粒上，使得原本分散的各单个细颗粒形成多颗粒互相连接的、更加稳定的团状结构。在此期间，EPS 往往表现出不同程度的分支，形成结构完整性，最终形成复杂的 EPS 网络。

　　培养 22 天后的电镜图显示[图 3-31（d）]，位于底床表层的细颗粒泥沙在生物膜作用下团聚形成较大颗粒的现象，较培养 16 天后的生物泥沙[图 3-31（c）]中更加普遍，表明从 16 天到 22 天的培养期间内，生物黏聚作用仍然有很大增强。但不难发现，EPS 对粗颗粒（粒径约为 150 μm）的黏附能力非常弱，如图 3-31（d）中，培养 22 天后的生物泥沙中仍可见大量的、表面光滑的大颗粒，说明对于较粗的沙粒，本实验条件下形成的生物膜未能在颗粒上（或颗粒间）形成肉眼可见的有效黏附（或聚团）。

　　由图 3-32 中不同生长天数（分别为培养 5 天、10 天、16 天和 22 天）的生物泥沙冲刷曲线与"干净沙"对比可知，菌藻共生生物膜的生长导致的生物稳定效应对泥沙的侵蚀过程有明显的调节作用。随生物膜培养时间的增加，生物泥沙表面的抗侵强度明显增加。由希尔兹公式计算可得本章实验所研究的"干净沙"（D_{50}=108 μm）的临界起动切应力为 0.15 Pa，在未长生物膜的情况下，极细砂底床表现出极低的抗侵蚀能力。培养 22 天后，底床泥沙的临界起动切应力明显增加，在梯级冲刷过程中，直至底部切应力增加至最后一级，即 BSS=0.33 Pa，才观察到泥沙的大量悬浮，是"干净沙"起动阈值（0.15 Pa）的

2.2 倍。SSC 值在最后一级切应力持续作用下，短时间内从 0 急剧增加到 40 kg/m³。表明在失去生物膜的表层保护后，底床泥沙在高强度切应力作用下，迅速发生破坏，并长时间内始终维持很高的冲刷率，发生持续的整体冲刷（mass erosion）。值得注意的是，破坏的生物膜碎片从底床剥离、悬浮进入水体中，造成 OBS3+测得的浊度值在较长的一段时间内保持一个高于初始背景浓度但很低的值。22 天的冲刷曲线，在 BSS=0.33 Pa 施加之前，从 t=350 s 到 t=700 s 之间长达约 6 min 的高切应力作用时长下，观察到 SSC 呈现微幅上升，该阶段肉眼可见水体中有机质碎片的增加，但肉眼未观察到泥沙起动。此外，由于生物膜抑制了冲刷，降低了水体中的悬沙浓度，很大程度上增加了泥沙起动的滞后效应，对泥沙输运的预测产生较大的影响。

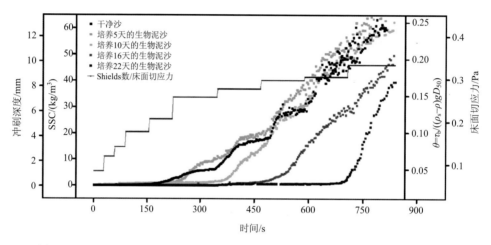

图 3-32　干净沙及菌藻混培生物泥沙培养 5 天、10 天、16 天、22 天后的冲刷曲线

3.3.3.2　潮流作用下菌藻共生生物泥沙的形成及其稳定性

对于滩涂泥沙生物稳定性的研究，需进一步考虑滩涂环境中独特水动力条件的影响（Chen et al., 2021）。滩涂系统的一个主要的动力特征是受大、小潮影响，在高、低切应力之间循环变化形成的周期性扰动（冲刷）。因此，生长于滩涂地区的微生物群落，需适应这种动态变化的动力环境。鉴于这一特征，有学者提出，滩涂环境下是否能够建立生物稳定性，取决于扰动发生的强度和频率，即可以用"机会窗口"理论来描述滩涂生物膜的生长特征（Mariotti and Fagherazzi, 2012）。根据传统的"机会窗口"理论，只有当扰动频率较小或强度较低时，才有可能形成生物稳定性。目前，并没有实验数据或现场观测结果来证实该理论在研究滩涂生物泥沙稳定性演变特性上的适用性。

如图 3-33 所示，前期生长历史对生物泥沙稳定性的重建具有重要影响（Chen et al., 2019, 2022）。图中，重复的循环冲刷作用下，生物泥沙系统的冲刷曲线由第 1 个循环周期（"cycle 1"，对应无生物膜生长历史）发展到第 4 个循环（"cycle 4"，对应前期有 3 个循环历史），并以"干净沙"的冲刷曲线作为对照。对比第一轮（"cycle 1"）经过 5 天生长形成的生物泥沙的冲刷曲线，与"干净沙"的冲刷曲线，发现两者非常接近。

这与单周期恒定流作用下菌藻共生体系培养 5 天后的结果一致，同时证明了实验的可重复性。该结果说明，在仅 5 天的培养下，微生物群落形成的初级阶段生物膜并不能体现出对泥沙的生物稳定效应。但随着循环次数的增加，底床的稳定性不断提高。在每一轮循环的生长期内，生物泥沙的抗侵强度都从前一轮的冲刷后迅速恢复，并在相同的培养天数内（仅 5 天），增加至超过前一轮培养下得到的起动切应力。这一结果表明，在相同的扰动频率下，有前期生长历史的生物泥沙表现出更快的生长率，并具有在短期内形成抗侵能力更高的、单周期培养中成熟生物膜才能具有的高稳定性生物泥沙底床。

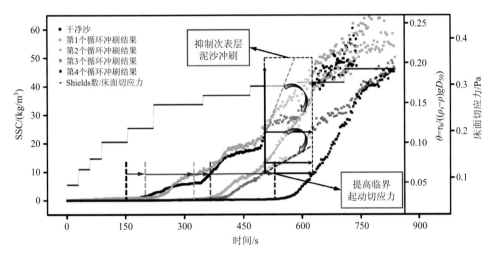

图 3-33　菌藻共生生物泥沙在经历不同循环次数后的冲刷曲线

3.3.4　生物泥沙形成过程及机理

"机会窗口"理论的建立，是用于判断滩涂周期性扰动的环境下盐沼植被系统能否建立。如图 3-34 所示，$\tau_{cr,o}$ 表示不考虑生物膜作用下泥沙本身的抗侵强度，$\tau_{扰动}$ 表示大潮期间的最大切应力值，τ_{cr} 表示生物泥沙的抗侵强度。基于传统的"机会窗口"理论，生物膜在小潮期间生长，抗侵强度由"干净沙"的起动切应力 $\tau_{cr,o}$ 为初始值开始，随生长天数的增加，生物泥沙的抗侵强度 τ_{cr} 服从对数增长曲线。经历大潮期间，水流切应力增加至一峰值 $\tau_{扰动}$，若小潮期间形成的 τ_{cr} 超过这一阈值，则生物泥沙不产生冲刷，生物稳定性不被破坏。当再次经历小潮时，生物稳定性继续增加。经过多次大小潮交替，成熟的生物泥沙体系逐渐形成，如图 3-34（a）所示。而在如图 3-34（b）所示的高频扰动作用下，若生物稳定性不能在第一个周期内得到充分提高，则生物泥沙的抗侵强度 τ_{cr} 将在扰动期间回落到"干净沙"的初始状态 $\tau_{cr,o}$，因而在接下来的循环周期中始终无法形成稳定的生物泥沙体系，泥沙的特性可近似为不考虑微生物因素的纯沙。

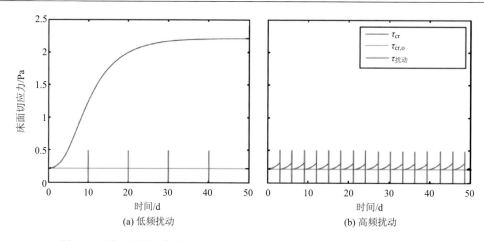

图 3-34　基于传统"机会窗口"理论循环冲刷下生物泥沙抗侵强度的变化

然而，本章节中关于潮流作用下菌藻共生生物泥沙的形成及其稳定性研究结果表明，随着循环次数的增加，生物泥沙的抗侵强度并非如图 3-34 所示在每一个生长周期内都重复着相同的增长曲线，而是表现出迅速恢复的能力，并在相同的生长期内（5 天），增加至超过前一轮培养下得到的抗侵强度。因此，高频扰动的循环动力作用下，在相同的 5 天生长时间内，有前期生长历史的生物泥沙表现出更快的生长率，并具有在短期内形成抗侵能力更高的、单周期培养中成熟生物膜才能具有的高稳定性生物泥沙底床。因此，传统的"机会窗口"理论并不适用于循环动力作用下的生物泥沙稳定系统的建立。本书改进了传统的"机会窗口"理论，如图 3-35 所示，随着循环扰动次数的增加，泥沙在每一轮生长周期结束时可达到的临界起动切应力不断增加（Chen et al., 2019, 2022）。

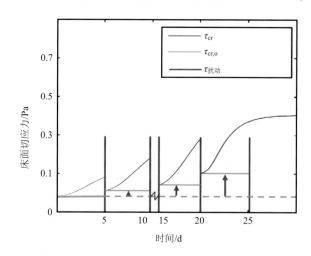

图 3-35　基于改进"机会窗口"理论周期性频繁冲刷下生物泥沙抗侵强度的变化

基于改进的"机会窗口"理论，建立了循环动力作用下生物泥沙的形成及其对水动力响应的概念模型，如图 3-36 所示（Chen et al., 2019）。循环开始于微生物细胞在底床上的初始黏附。在菌藻混合体系中，一些微生物种群（细菌、底栖微藻等）的细胞能通过分泌大量 EPS 形成生物膜，与泥沙颗粒紧密结合；而另一类微生物种类则可能栖息于泥沙孔隙之间（沙层微藻），与颗粒松散黏结。初始附着之后，细胞生物量增加，并分泌大量 EPS，形成"簇团"状群落，EPS 开始包裹较小的颗粒，在较大的颗粒之间形成"架桥"，并于底床表面形成一定厚度的生物膜覆盖层。此时泥沙中的生物黏性显著，床面抗侵能力增加。当扰动发生时，被侵蚀的生物泥沙进入泥沙的"ETDC"循环中（冲刷-输移-沉降-沉积）。在物质交换较弱的系统中，被冲刷进入水体的悬沙以及残留的有机质，将在新一轮沉降过程中重新回到底床中，作为下一轮循环周期的初始状态，开始生物膜的进一步附着和生长。因此，在类似的循环动力环境下，表面覆盖的生物膜以及次表层 EPS 网状结构包裹的沙粒将有机会借助水动力的作用，进行底床深度方向上的重分布，进入到床层的更深处。而这些在冲刷过程中残留的生物膜碎片，将在下一轮生物泥沙底床的再生长阶段中，成为微生物重新附着的"innocula"（接种物），促进了下一轮冲刷之前生物黏性的增长和底床的稳定。而在这一过程中，生物膜以及生物黏性在底床的垂向分布也将变得更加均匀。

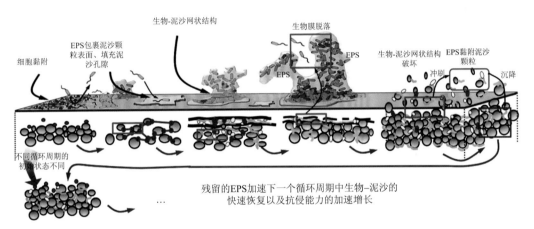

图 3-36　频繁扰动下生物泥沙的形成及其对水动力响应的概念模型

生物膜黏附能引起泥沙抗侵强度的显著提高，如表面生长硅藻生物膜后细沙的临界起动切应力可提高 5～8 倍。方红卫等（2011a）根据淡水环境下培养生物膜后泥沙的起动实验数据，将生物膜作用产生的粘连力引入颗粒受力分析中，得到了生物膜生长后泥沙颗粒的起动流速计算公式。然而，生物膜在泥沙上的生长与环境条件关系密切，在多因子共同作用的复杂滩涂生境下，不同环境条件如温度、光照强度、营养盐浓度、水动力条件、微生物群落、植被根系、底栖动物等的组合影响下，生物膜与泥沙黏附的稳定性、所形成的生物膜-泥沙的抗侵强度将发生较大改变。而在众多复杂的环境因素中，哪些是关键性的影响因子，海岸带泥沙生物稳定性应如何定量描述与数学表达，还需建立在大量野外观测数据的基础上，利用多学科交叉的方法进行综合分析。未来，需在深入认识滩涂泥沙生物效应基础上，形成泥沙运动量化公式，推动工程泥沙科技进展。

参 考 文 献

曹祖德, 孔令双. 2011. 粉沙质海岸泥沙运动特性研究[J]. 海洋学报, 33(5): 152-162.

窦国仁. 1999. 再论泥沙起动流速[J]. 泥沙研究, (6): 1-9.

方红卫, 尚倩倩, 府仁寿, 等. 2011a. 泥沙颗粒生长生物膜后起动的实验研究——Ⅱ.起动流速计算[J]. 水科学进展, 22(3): 301-306.

方红卫, 赵慧明, 何国建, 等. 2011b. 泥沙颗粒生长生物膜前后表面变化的试验研究[J]. 水利学报, 42(3): 278-283.

龚政, 陈欣迪, 周曾, 等. 2021. 生物作用对海岸带泥沙运动的影响[J]. 科学通报, 66(1): 53-62.

龚政, 甘全, 徐贝贝, 等. 2019. 潮间带泥沙起动切应力现场测量装置[J]. 水利水电科技进展, 39(3): 56-61.

郭超, 何青, 郭磊城. 2016. 长江河口控制站泥沙絮凝特性研究[J]. 泥沙研究, 5: 60-65.

海希, 邵宇阳, 张健玮. 2019. 动水条件下泥沙絮凝体粒径变化分析实验研究[J]. 科学技术与工程, 19(11): 262-266.

季则周, 张华庆, 肖立敏, 等. 2021. 粉沙质海岸泥沙运动理论与港口航道工程设计[M]. 上海: 上海科学技术出版社.

金镠, 虞志英, 何青. 2018. 淤泥质海岸波致液化及航道骤淤问题初步研究[J]. 水运工程, (12): 104-109.

金鹰, 王义刚, 李宇. 2002. 长江口粘性细颗粒泥沙絮凝试验研究[J]. 河海大学学报(自然科学版), 30(3): 61-63.

李孟国, 曹祖德. 2009. 粉沙质海岸泥沙问题研究进展[J]. 泥沙研究, (2): 72-80.

李秀文, 朱博章. 2010. 长江口大面积水域絮凝体粒径分布规律研究[J]. 人民长江, 41(19): 60-63.

刘家驹. 2009. 海岸泥沙运动研究及应用[M]. 北京: 海洋出版社.

钱宁, 万兆惠. 1983. 泥沙运动力学[M]. 北京: 科学出版社.

孙志林, 张翀超, 黄赛花, 等. 2011. 黏性非均匀沙的冲刷[J]. 泥沙研究, (3): 44-48.

吴荣荣, 李九发, 刘启贞, 等. 2007. 钱塘江河口细颗粒泥沙絮凝沉降特性研究[J]. 海洋湖沼通报, 3: 29-34.

徐韧. 2013. 上海市近海海洋综合调查与评价[M]. 北京: 科学出版社.

张海生. 2013. 浙江省海洋环境资源基本现状[M]. 北京: 海洋出版社.

张长宽. 2013. 江苏省近海海洋环境资源基本现状[M]. 北京: 海洋出版社.

张长宽, 徐孟飘, 周曾, 等. 2018. 潮滩剖面形态与泥沙分选研究进展[J]. 水科学进展, 29(2): 269-282.

赵慧明, 汤立群, 毛远意. 2014. 潮间带微生物系统对海岸泥沙影响研究进展[J]. 水道港口, 35(4): 445-452.

赵子丹. 1983. 波浪作用下的泥沙起动[J]. 海洋通报, 1: 75-79.

周晶晶. 2009. 细颗粒泥沙基本特性实验研究[D]. 南京: 河海大学.

Chen X D, Kang Y Y, Zhang Q, et al. 2023. Biophysical contexture of coastal biofilm-sediments varies heterogeneously and seasonally at the centimeter scale across the bed-water interface[J]. Frontiers in Marine Science, 10: 1131543.

Chen X D, Zhang C K, Paterson D M, et al. 2017a. Hindered erosion: The biological mediation of noncohesive sediment behavior[J]. Water Resources Research, 53(6): 4787-4801.

Chen X D, Zhang C K, Paterson D M, et al. 2019. The effect of cyclic variation of shear stress on non-cohesive sediment stabilization by microbial biofilms: The role of 'biofilm precursors'[J]. Earth Surface Processes and Landforms, 44(7): 1471-1481.

Chen X D, Zhang C K, Townend I, et al. 2021. Biological cohesion as the architect of bed movement under wave action[J]. Geophysical Research Letters, 48(5): e2020GL092137G.

Chen X D, Zhang C K, Townend I H, et al. 2022. The resilience of biofilm-bound sandy systems to cyclic changes in shear stress[J]. Water Resources Research, 58(3): e2021WR31098W.

Chen X D, Zhang C K, Zhou Z, et al. 2017b. Stabilizing effects of bacterial biofilms: EPS penetration and redistribution of bed stability down the sediment profile[J]. Journal of Geophysical Research: Biogeosciences, 122(12): 3113-3125.

Flemming H C. 2011. The perfect slime[J]. Colloids and Surfaces B: Biointerfaces, 86(2): 251-259.

Gerbersdorf S U, Jancke T, Westrich B. 2005. Physico-chemical and biological sediment properties determining erosion resistance of contaminated riverine sediments-Temporal and vertical pattern at the Lauffen Reservoir/River Neckar, Germany[J]. Limnologica, 35(3): 132-144.

Gerbersdorf S U, Koca K, de Beer D, et al. 2020. Exploring flow-biofilm-sediment interactions: Assessment of current status and future challenges[J]. Water Research, 185: 116182.

Grissinger E H, Little W C, Murphey J B. 1981. Erodibility of streambank materials of low cohesion[J]. Transactions of the ASAE, 24(3): 624-630.

Jia Y, Liu X, Zhang S, et al. 2020. Wave-Forced Sediment Erosion and Resuspension in the Yellow River Delta[M]. Singapore: Springer.

Jiang Q, Nie S, Li C. 2019. Rheological responses of soft mud to sinusoidal water waves[C]. E-proceedings of the 38th IAHR World Congress, Panama.

Mariotti G, Fagherazzi S. 2012. Modeling the effect of tides and waves on benthic biofilms[J]. Journal of Geophysical Research: Biogeosciences, 117G04010.

Nie S, Jiang Q, Cui L, et al. 2019. Rheological properties of fluid mud under large amplitude oscillatory shear[C]. The 29th International Ocean and Polar Engineering Conference, Honolulu, Hawaii, 85-2: 2295-2301.

Nie S, Jiang Q, Cui L, et al. 2020. Investigation on solid-liquid transition of soft mud under steady and oscillatory shear loads[J]. Sedimentary Geology, 397: 105570.

Nie S, Jiang Q, Wang L, et al. 2018. A laboratory study of rheological properties of soft mud using a dynamic shear-controlled oscillatory viscometer[J]. Journal of Coastal Research, 85: 1226-1230.

Orvain F, De Crignis M, Guizien K, et al. 2014. Tidal and seasonal effects on the short-term temporal patterns of bacteria, microphytobenthos and exopolymers in natural intertidal biofilms (Brouage, France)[J]. Journal of Sea Research, 92: 6-18.

Paterson D M. 1989. Short-term changes in the erodibility of intertidal cohesive sediments related to the migratory behavior of epipelic diatoms[J]. Limnology and Oceanography, 34(1): 223-234.

Paterson D M, Aspden R J, Visscher P T, et al. 2008. Light-dependant biostabilisation of sediments by stromatolite assemblages[J]. PLoS One, 3(9): e3176.

Paterson D M, Daborn G R. 1991. Sediment Stabilisation by Biological Action: Significance for Coastal Engineering[M]. Bristol: University of Bristol Press.

Peirce Y J, Jarman R T, De Turville C M. 1970. An experimental study of silt scouring[J]. Proceedings of the Institution of Civil Engineers, 45(2): 231-243.

Roberts J, Jepsen R, Gotthard D, et al. 1998. Effects of particle size and bulk density on erosion of quartz particles[J]. Journal of Hydraulic Engineering, 124(12): 1261-1267.

Scoffin T P. 1968. An underwater flume[J]. Journal of Sedimentary Petrology, 38(1): 244-246.

Thompson C E L, Couceiro F, Fones G R, et al. 2011. In situ flume measurements of resuspension in the North Sea[J]. Estuarine, Coastal and Shelf Science, 94(1): 77-88.

Thompson C E L, Couceiro F, Fones G R, et al. 2013. Shipboard measurements of sediment stability using a small annular flume-Core Mini Flume (CMF)[J]. Limnology and Oceanography: Methods, 11(11): 604-615.

van Ledden M, van Kesteren W G M, Winterwerp J C. 2004. A conceptual framework for the erosion behaviour of sand-mud mixtures[J]. Continental Shelf Research, 24(1): 1-11.

van Rijn L C. 2006. Principles of Sediment Transport in Rivers, Estuaries and Coastal Seas Part 2_supplement/update[M]. Amsterdam: Aqua publications.

Xu C Y, Odum B, Chen Y P, et al. 2022. Evaluation of the role of silt content on the flocculation behavior of clay-silt mixtures[J]. Water Resources Research, 58(11): e2021WR030964.

Zhang J, Jiang Q, Jeng D S, et al. 2020. Experimental study on mechanism of wave-induced liquefaction of sand-clay seabed[J]. Journal of Marine Science and Engineering, 8(2): 66.

第 4 章　滩涂动力地貌演化机制

滩涂地貌由多种动力作用塑造，其演化过程复杂，掌握滩涂地貌演变机制对于海岸工程、滩涂环境保护、预测未来演变趋势具有重要意义。本章介绍遥感反演、原位观测与物理模型试验 3 种滩涂地貌观测技术，探讨滩涂地貌不同时空尺度的变化过程；分析滩涂泥沙输运过程，探究滩涂中长期地貌演变规律；通过模拟正常天气和台风浪情况下的滩面演变，揭示台风浪对滩涂地貌的塑造机制；着眼于学术界长期存在的滩涂平衡态争议，以输沙率及其梯度为判据，提出 4 种滩涂地貌平衡态类型及其判别方法，丰富滩涂地貌冲淤平衡态理论。

4.1　滩涂地貌观测与实验技术

阐明滩涂地貌演化机制，首先需要对滩涂系统有直观的认识，这离不开监测技术的支撑。目前，常用监测手段有原位现场观测、遥感监测和物理模型实验。其中，现场观测是通过固定桩或固定剖面实测，获得不同时期剖面高程，揭示剖面形态变化规律。然而，滩涂湿地自然环境复杂，潮沟纵横分布，水浅浪急，现场观测面临"船测难下海，人测难上滩"的现实问题，并且现场观测仅能获得有限的离散数据，不足以揭示大范围滨海湿地变化。遥感方法通过建立遥感反演模型，获得不同历史时期滩涂地形，分析冲淤变化，可以揭示大范围滩涂演变规律，为滩涂地貌演变监测提供有效补充。物理模型以沙盘构造微型地貌，最大限度还原自然界动力条件，复演滨海湿地演变过程，以探究潮差、潮汐不对称、海平面上升等因素对潮网发育及平衡态的影响。3 种技术方法协同，互为补充，可以加深人们对滩涂地貌演化机制的认识。

4.1.1　卫星遥感与无人机监测技术

4.1.1.1　卫星遥感技术

遥感监测滩涂变化具有大规模、快速、动态观测的优势，成为滩涂地貌演变分析的重要工具。国内外学者利用遥感技术开展了大量研究，应用范围从小尺度如监测葡萄牙里斯本的塔古斯河口、中国广西防城港市，到中大尺度如澳大利亚潮间带、中国沿海地区、东亚滨海地区，以及扩大到对全球尺度的潮间带监测。

主要方法有雷达监测技术、无人机三维倾斜摄影测量技术。其中，雷达技术具备较高精度，但是调查费用相对高昂，且缺少历史数据积累，较少用于滨海湿地演变。无人机摄影测量方法受限于续航、潮汐、天气因素，更适于小规模测量。水边线法是卫星遥感监测滩涂地形的主流技术手段，应用较为广泛，已在英国、法属圭亚那、德国、韩国、中国等多个国家（地区）应用。其中，遥感含水量法技术原理是由于退潮后潮滩逐渐出露，地势高的区域出露较早含水量低，地势低的区域出露较晚含水量高，出露滩面含水量与高程呈负相关关系，通过遥感影像反演潮滩滩面含水量，可间接获得潮滩高程。

　　遥感含水量法技术流程如图 4-1 所示，主要包括 3 个方面：①选择低潮位遥感影像，进行大气校正、几何校正和海陆分离处理，分析反演因子与含水量的关系，建立含水量反演模型，获得潮滩含水量的空间分布；②基于实测高程和含水量测定，分析含水量空间分布与高程的负相关关系，同时考虑坡度对含水量与光谱关系的影响，利用潮沟缓冲区将滩涂划分为潮沟区和非潮沟区，分别建立适宜不同坡度的高程与含水量关系模型；③基于含水量反演模型、含水量与高程关系模型，推导潮滩高程反演模型，反演滩涂地形。

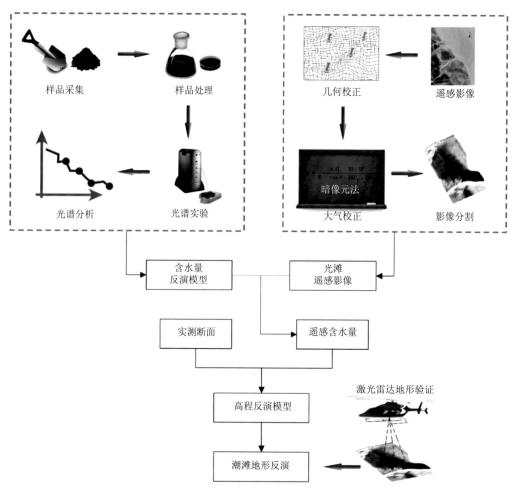

图 4-1　遥感含水量法技术路线

　　卫星激光遥感监测是一种主动遥感技术，利用激光系统准确、快速地获取地面或大气三维空间信息。通过发射覆盖地面目标的激光束并接收其回波信号，可以确定目标的距离、方向和特征。基于卫星的激光遥感监测对距离、速度和角度的分辨率很高，可以同时获得目标的多个图像，图像信息丰富，对目标的分辨能力突出。ICESat-2（Ice, Cloud, and land Elevation Satellite-2）是由美国航空航天局（NASA）于 2018 年 9 月推出的一颗激光雷达卫星。ICESat-2 使用的主要仪器是 ATLAS（advanced topographic laser altimeter system），它是一种激光高度计。ATLAS 激光器通过发射高能量的光脉冲来测量冰层和地面的高度。当光脉冲击中地面或冰层时，一部分光线被反射回卫星。ATLAS 的接收器测量反射光线的时间差，然后利用光速计算出光脉冲在空气中行进的距离。由于此激光测高技术精度高、速度快、分辨率高，通过不断发射光脉冲并测量返回的反射光，ATLAS 在地形测量中有不可小觑的优势。ATLAS 测量示意图如图 4-2 所示。

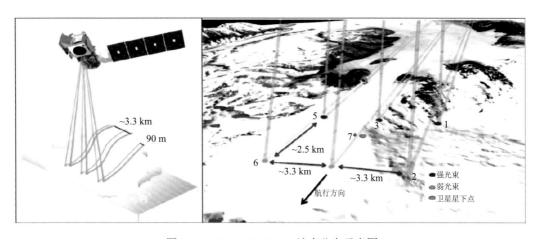

图 4-2　ICESat-2/ATLAS 波束分布示意图

4.1.1.2　无人机监测技术

无人机应用在遥感领域有巨大的优势，无人机低空倾斜摄影测量精度高、机动性强且成本低。无人机倾斜摄影测量是全新的三维建模技术，通过多视角照相机采集目标区前、后、左、右及顶部 5 个角度图片（图 4-3），可重建目标区域三维地形。

退潮后，潮滩地表往往会有残余水分，为了避免太阳耀斑的影响，无人机更适宜在多云天气或清晨、傍晚弱光时段进行数据采集，通过设置镜头倾斜 45°，相邻照片的航向和旁向重叠率为 80%，选择 80 m 飞行高度，单张照片拍摄范围约为 92 m×69 m，空间分辨率可达 2 cm。

无人机倾斜摄影测量后期处理过程中需要高精度控制点，以实现航拍照片对齐、排列、三维点云计算、DEM 重建等流程。控制点精度十分重要，需在测区内相对均匀布控圆形靶点作为控制点，再利用 RTK-GPS 测量靶点的三维空间信息。潮滩区控制点布控极其困难，可采用"定点桩–控制点"结合的布控方式，即以定点桩为基座，其上放置控制点（图 4-4）。

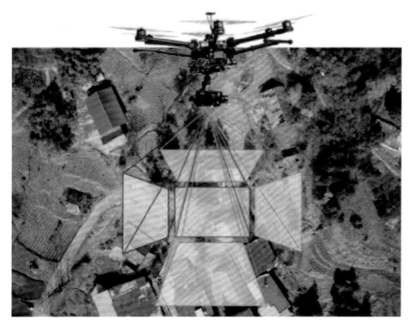

图 4-3　无人机图像采集方式

图 4-4　无人机图像采集控制点布控

数字高程模型（DEM）和正射影像重建利用了运动恢复结构 SfM（structure from motion）算法，起初该算法的实现需要设置多个固定相机，拍摄目标物体不同角度相同时刻的照片，但对于相对稳定、短时间不发生变化的潮滩，可通过无人机快速移动拍摄，获取不同角度照片，重建三维地形。

SfM 算法的原理是从不同的二维图像中寻找同名点，并计算照片拍摄位置的空间参数，2 个拍摄位置和 1 个同名点即可形成稳固的三角几何关系，推算出同名点的三维空间信息（经度、纬度、高程）。一旦同名点的三维信息计算出来，便将之放至三维空间坐标系，逐点计算，每多一个点目标物便完整一分，当点数达到一定数量后，目标物体则以点云的形态在空间坐标系中完整展现，该过程称为三维场景结构恢复。前文提及的控制点则是在点云中找到对应的位置，按照一定的数学规则（函数映射），对点云拉伸、扭曲、放大、缩小，进行几何形态校正，从而完成控制点处的地理信息向三维点云数据的传导。

多个商业软件如 Smart3D、Photoscan、DroneDeploy 等都可调用 SfM 算法模块实现三维重建，本书采用了 Photoscan®，主要包括以下步骤（图 4-5）：利用光束法平差进行相机对齐，通过检测和匹配重叠的照片中的同名点，计算每个相片的外部相机参数（位置和方向），并细化相机校准参数；估计相机的空间位置，计算每个同名点位置，建立密集点云；在点云的基础上构建三维多边形网格；重建后的网格用于生成纹理、数字高程模型和正射影像；模型建立后生成的数字高程模型和正射影像具有相同比例尺，输出为 WGS84 经纬度坐标。

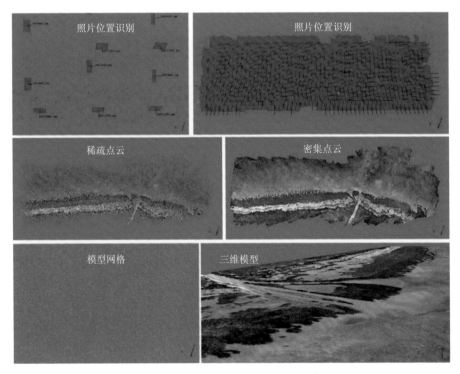

图 4-5　建模过程

4.1.2 水准桩现场观测技术

水准桩观测是滩涂高程观测的传统手段，在江苏沿海、美国海岸、澳大利亚等海岸高程监测上有着广泛应用。水准桩由若干段不锈钢管及尼龙棒组成，安装时，将不锈钢管桩分节打入地下，为保证其沉降在允许范围内，安装时尽可能将不锈钢管桩打入深处。在江苏中部沿海开展测量时，每个站点不锈钢管桩打入滩面以下深度约为 6 m。在其上部安装直径 5 cm、长 1 m 的尼龙棒，露出滩面约 40 cm[图 4-6（a）]。为了减小水准桩后期的自沉降及人为破坏，可以考虑在尼龙棒根部、滩面以下浇筑混凝土墩。但实践中发现，光滩区域混凝土墩对水流扰动极其显著，对附近滩面造成局部强烈冲刷，甚至发育潮沟。因此，在光滩区域观测时需去除混凝土墩，减少桩身周围土体冲刷。水准桩安装后，使用 RTK-GPS 对水准桩高程进行逐月测量[图 4-6（b）]，当水准桩自沉降量较小时可开展观测。

图 4-6　水准桩现场照片及 RTK 高程复测

滩面高程的观测采用美国地质调查局研发的滩面高程观测仪（rod-surface elevation table，Rod SET），仪器由主体部分、连接杆和测针组成，总长约 1 m，仪器主体部分包括左端的平衡杆、中间的枢纽环节和右端的悬臂，由铝和不锈钢制成（图 4-7）。连接杆也采用同样材质制成，测针由轻质的玻璃纤维制成。Rod-SET 右端悬臂长 50 cm，均匀分布 10 个测量孔。连接杆连接水准桩和上部测量仪器主体，其上部设置有可调节的转盘，使仪器可在 8 个方向进行固定。

在对江苏沿海的研究中发现，由于研究区域水流强、泥沙粒径小，水准桩周围因扰流产生局部强烈的冲刷，Rod-SET 仪器 50 cm 悬臂难以适应本区域滩面观测。因此，根据需求对悬臂长度进行适当改造，将悬臂加长至 1.5 m，悬臂上设置 20 个测孔（图 4-8），实际测量时可根据各站点情况，调整采用的测孔，使水准桩周边局部冲刷等引起的误差降至最低。

观测时，将 Rod-SET 主体部分通过连接器安装在水准桩上，在 8 个方向中选取某一方向固定好，调整调节螺丝，使得悬臂呈水平状态；在离水准桩 1~1.5 m 范围内，插入 5 根测针至针尖恰好接触滩面，用铁夹固定测针，依次测量悬臂上部测针长度（图 4-8）。

根据仪器各部分的长度以及桩顶高程换算出滩面高程，按照相同的步骤在其他方向上进行观测，滩面高程取各方向测量结果的平均值。

图 4-7　观测仪器现场图

图 4-8　滩面高程变化现场观测

4.1.3　滩涂微地貌室内模拟与量测技术

物理模型实验能够反映真实的三维水流结构以及泥沙运动规律，模拟自由且完整的潮沟系统发育演变过程，成为研究滩涂微地貌演变规律的重要手段。目前，针对潮沟系统演变的物理模型实验主要关注其形态特征与演变过程，如潮沟系统的排水密度、潮沟断面参数的沿程变化规律、潮沟发育初期的溯源侵蚀现象等。本节物理模型实验以典型的开敞式粉砂淤泥质潮滩为原型，建立概化物理模型，对涨、落潮优势流影响下的潮沟形态和发育过程进行了模拟，采用激光技术重构了滩槽微地形，并首次在潮沟模型实验中采用示踪粒子法捕捉到薄层水流的复杂流态，从水动力角度解释了滩涂微地貌的演变过程。

开敞式潮滩具有分布范围广、坡度缓的特点，以江苏省北部海岸的粉砂淤泥质潮滩为例，该区域潮间带宽度约 7～10 km，滩面坡度仅为 0.1%～1%。为模拟整个潮间带范围内的潮沟发育过程，突显潮沟地貌形态，采用变态模型进行模拟，结合实验场地条件，确定水平比尺为 750，垂向比尺为 100，模型变率 7.5。为保证水深很浅的实验环境下模型沙的运动特征与实际相符，采用泥沙起动相似条件和水流相似条件，选取经过防腐处理的木屑作为模型沙，中值粒径 1 mm，模型中的主要相似比尺见表 4-1。在正式实验之前，对模型沙选取的合理性进行了测试，在水深 5 cm 条件下，模型沙起动流速为 5～7 cm/s。通过对实验过程中水流表面流速的测量，涨落潮流速的最大值均大于模型沙的起动流速，因此，实验过程中模型沙能够顺利起动。

表 4-1 物理模型主要相似比尺

比尺名称	符号	相似比尺	比尺名称	符号	相似比尺
水平比尺	λ_l	750	密实颗粒容重比尺	$\lambda_{\gamma s}$	2.38
垂直比尺	λ_h	100	淤积物干容重比尺	$\lambda_{\gamma 0}$	1.86
流速比尺	λ_u	10	泥沙沉速比尺	λ_{ω}	1.33
时间比尺	λ_t	75	含沙浓度比尺	λ_s	0.21
流量比尺	λ_Q	750000	冲淤时间比尺	λ_{t2}	60

实验装置及其布置情况见图 4-9。实验模拟区域沿岸线方向长 4.2 m，垂直于岸线方向 5.5 m，均匀铺设模型沙，床面向海倾斜，坡度为 1%，各组实验具有相同的初始地形条件。为保证实验过程中有充足的泥沙，陆侧滩面泥沙厚度 15 cm，所对应的水位高程约为 14.2 cm，海侧泥沙厚度 10 cm，对应水位高程约为 9.2 cm，并在海侧边界设置宽度 20 cm 的过渡段，泥沙厚度逐渐减小为零，保证水流均匀平稳地流入潮滩区域。

实验过程中水流通过进水管进入潮滩，水位高度受定轴尾门控制，并时刻保持溢流状态。通过由水位计、数据采集箱、控制程序和定轴尾门组成的控制系统，实现模型水位变化过程的自动控制。在实验过程中使用示踪法测量水流表面流速，示踪粒子选用直径 2 mm 的塑料泡沫颗粒，将其均匀播撒在观测区域附近，能够漂浮于水面之上并随水流一起运动，通过架设在观测区域之上的摄像机记录示踪粒子的移动轨迹。为准确获取视频中的距离信息，实验之前在流速测量区域摆设标尺，为后续的流速计算提供长度基准。实验结束后分时段对流速观测影像进行处理：观察每一时段影像中各示踪粒子的移动轨迹，根据示踪粒子移动的距离和其经历的时间计算表面流速以及方向。

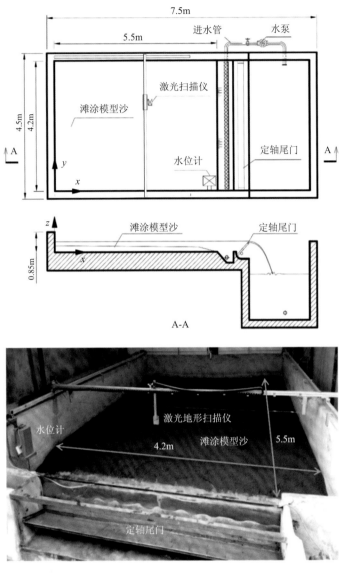

图 4-9　实验装置设计图与布置图

在每组实验结束后，使用激光地形扫描仪逐行逐点测量滩面地形，扫描仪水平分辨率为 1 cm，垂向测量精度为 0.5 mm，通过插值得到二维矩阵形式的数字高程模型，实现激光地形的重构；计算潮滩表面的水流方向、各点排水路径长度以及流域面积等参数。根据重构得到的数字高程矩阵进行地形分析，识别潮沟系统平面轮廓，提取潮沟中轴线和深泓线，统计潮沟断面宽度、深度、断面面积及宽深比。最后对比分析不同潮汐情况对潮沟形态特征和发育过程的影响，并基于测得的水动力解释不同高程处潮沟发育的差异。图 4-10 为地形重构及数据分析流程图。

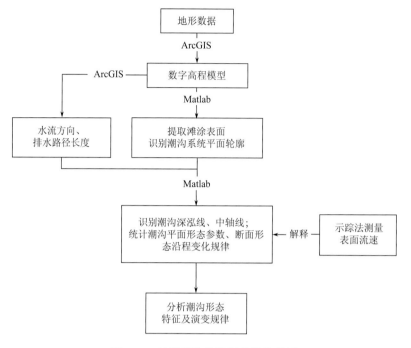

图 4-10　地形重构及数据分析流程图

本实验创新了潮沟地形识别技术,使用 Matlab 编写程序实现自动识别。具体过程为:对 DEM 矩阵逐点进行分析,使用潮滩各点附近一定范围内的高程计算潮滩表面高程,并通过迭代运算使潮沟点的表面高程不断趋近于周围潮滩高程,直到迭代达到稳定时停止。该方法通过不断迭代的方式,可以较为准确地找出潮滩与潮沟之间的分界线,并划分出潮沟平面轮廓。由于高程基准的选取是根据各点附近区域的平均高程决定的,因此不受滩面坡度的影响,能够适应范围大且滩面复杂的潮滩情况。

4.2　波流作用下的滩涂地貌演变过程与机制

4.2.1　潮滩滩面泥沙输运过程

20 世纪 30～60 年代,在荷兰 Wadden Sea、中国渤海、英国 Wash 等地,学者们对淤泥质海岸沉积动力方面开展了相关研究,获得了卓越的研究成果。关于水沙运动特性,潮流、波浪作用的影响,学者们基本形成了波浪掀沙、潮流输沙的认识。具体来看,Postma(1954,1961)在 20 世纪 50 年代提出了著名的泥沙“沉积滞后”和“冲刷滞后”滩涂地貌发育理论。这一理论在封闭的 Wadden Sea 已得到成功验证,虽然这种延迟机制也适用于半开敞型、开敞型淤泥质潮滩的泥沙输移,但具有一定局限性(张忍顺,1986; Zhang,1992; 陈卫跃,1992)。Bassoullet 等(2000)、Black(1999)通过现场观测研究,认为平静天气下,潮流控制着泥沙输移方向和再悬浮过程,潮汐能量向岸减弱,使得泥沙向岸净输移(Yang et al., 2003);弱风浪天气下,滩涂整体处于沉积状态,波浪能量的增加会减弱滩面沉积（Allen and Duffy, 1998）；风浪天气下，波浪成为影响泥沙输移的主导因素（De Swart and Zimmerman, 2009），滩面易发生冲刷，随着波浪的能量增强，底部泥沙向海输移。陈德昌等（1989）以破波带为分界线，进一步阐述了滩面泥沙运动的物理过程：破波带内由波浪掀沙作用造成泥沙悬浮；破波带外，水体含沙量来源于破波带内悬浮泥沙在潮流作用下的扩散运移。在此基础上，唐寅德（1989）进一步揭示了滩面泥沙输移的两种形式：潮流作用导致了泥沙的横向输移；波浪和潮流共同作用下，泥沙以垂向和横向掺混交换并存的方式输移。

龚政等（2013）系统研究了滩面泥沙时空演变过程，通过构建平面二维水动力、泥沙输运及滩涂中长期演变数学模型，分析滩涂双凸形剖面形态的形成机制。对水沙通量的分析表明，江苏中部滩涂沿岸向水沙输运相对于横向输运占优；从大潮到小潮期间，随着水动力的减弱，滩涂整体上由冲刷变为淤积；小潮到大潮期间，滩涂演变趋势相反。潮间带流速较小，基本处于淤积环境，加之流速自潮下带至低潮位线位置急速减小，而后向岸缓慢减小，泥沙在短时间内失去搬运动力而迅速堆积，形成了双凸形剖面的上凸点。潮下带在涨潮时冲刷、落潮时淤积，小潮期累积淤积量高于大潮期累积冲刷量，该位置淤积率相对较高，较弱的落潮流不足以掀动底沙，从而在潮下带中部形成下凸点，由此揭示了剖面泥沙输移及双凸形剖面的形成机制。

4.2.2　滩涂系统地貌演变

长三角滩涂系统演变复杂，不同区域动力特征差异显著，本节仅以滩涂面积占比较大的江苏为例，从宏观、中观、微观三个尺度阐述滩涂地貌演变机制。在宏观尺度层面，采用遥感反演和数值模拟技术，探讨了开敞式海岸滩涂及离岸式辐射沙脊群的长期演变过程；在中观尺度层面，通过现场观测手段，开展了长达 8 年的滩涂剖面演变过程现场观测；在微观尺度层面，建立了降比尺的物理模型，研究了潮沟演变过程。

4.2.2.1　宏观尺度滩涂地貌演变

1. 基于遥感反演的江苏沿海潮滩演变

基于遥感反演技术，探究了 2008～2021 年滩涂地貌长期演变趋势。对不同时期遥感反演地形变化分析，识别了江苏滩涂的强淤积岸段、弱淤积岸段、过渡岸段、弱侵蚀岸段、强侵蚀岸段以及稳定岸段（图 4-11）。

绣针河口为弱淤积岸段，单位面积内高程年均增加 3.46 cm；绣针河口南侧至临洪河口南侧为弱侵蚀岸段，单位面积内高程年均减少 2.62 cm；临洪河口南侧至烧香河口属基岩岸段，为稳定岸段，无滩涂分布；烧香河口至灌河口为强侵蚀岸段；灌河口至废黄河口为弱淤积岸段，单位面积内高程年均增加 12.38 cm；废黄河口至射阳河口为强侵蚀岸段，扁担河口单位面积内高程年均增加 6.77 cm，射阳河口局部单位面积内高程年均增加 8.0 cm；新洋河口至四卯西河口判定为过渡岸段，单位面积内高程年均增加 5.0 m；四卯西河口至方塘河口判定为强淤积岸段，单位面积内高程年均增加 12.31 m；方塘河口至吕四港口判定为弱淤积岸段，单位面积内高程年均增加 7.85 m；吕四港口至通启运港口判定为过渡岸段，单位面积内高程年均增加 0.46 m；在通启运港口至连兴港区域，随着潮滩面积的减少，水动力的作用使得泥沙从潮下带向潮上带搬运，这一过程导致潮间带的高程年均增加 0.92 m。

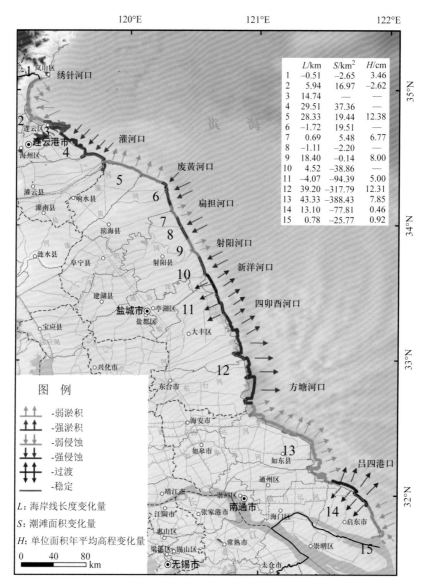

图 4-11　江苏滩涂地貌冲淤演变趋势（2008～2021 年）

2. 辐射沙脊群滩涂的形成演变机制

南黄海辐射沙脊群分布于江苏海岸与黄海内陆架海域，以北为废黄河水下三角洲、以南是长江口外海域。沙脊群呈辐射状向海分布，分布着丰富的滩涂资源，占江苏沿海滩涂比例较大。通过动力地貌数值模拟，探明了江苏沿海驻潮波特性和辐射沙脊群滩涂水沙地形动态平衡机制。

江苏近海的潮波和潮流特征受中国东部海域的潮波运动所控制。太平洋前进潮波进入东海陆架传播至黄海后，遇朝鲜半岛、山东半岛、辽东半岛发生潮波绕射，使潮波方向逆时针偏转；遇海岸发生潮波反射与干涉，形成响应潮波系统。山东半岛以南海域的逆时针旋转潮波和后继的前进潮波在苏北海域相遇，两波峰线汇合，沿弶港向东北一带海域形成驻潮波区。该驻潮波由于受海底摩擦的影响，表现出向前传播的特征，故称之为移动性驻潮波。

江苏海域受东海前进潮波系统控制和黄海逆时针旋转潮波的影响，以半日潮波占绝对优势，具有独特又相对稳定的潮汐动力环境。图 4-12（a）为江苏海域 M2 分潮波同潮时线和等振幅线分布。由图可以看出，各条同潮时线在废黄河口外绕某一中心点作逆时针旋转，其中心为无潮点。江苏沿海主要受两个潮波系统控制，以无潮点为中心的旋转潮波系统控制着江苏沿海的北部海区，江苏沿海南部海区则受自东海进入的前进潮波系统制约。这两个潮波波峰线在弶港至洋口港岸外辐合，并具有向岸边推进的特征，弶港以东 15 km 处（条子泥）是辐射沙脊群顶点。

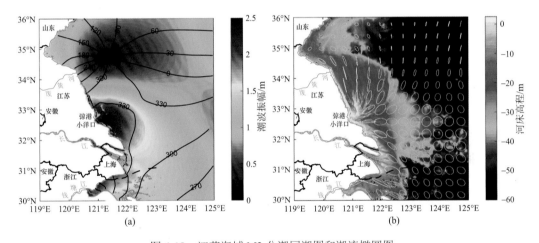

图 4-12　江苏海域 M2 分潮同潮图和潮流椭圆图

江苏海域潮流性质属正规半日潮流，但在近岸和辐射沙脊群附近，浅海分潮显著，潮流日不等现象明显。图 4-12（b）为江苏海域 M2 分潮潮流椭圆，由图可见，以旋转潮波与前进潮波辐聚为特征的辐射沙脊群海域，其潮流场呈辐聚辐散的格局，与沙脊群潮流通道一致。辐射沙脊群海域以旋转流为主，沙脊群北部潮流椭圆椭率较小，呈现往复流形式，沙脊群南部则除近岸深槽外多为旋转流。辐射沙脊群海域的潮流椭圆长轴均指向弶港。

长时间尺度的动力地貌模拟结果显示：受大陆岸线（山东半岛反射潮波）和地理位置（科氏力）的影响，移动性驻潮波下形成的辐射状潮流场是控制辐射状沙脊群的主要动力机制（图 4-13），辐聚辐散潮流场和充足的泥沙供给是形成和维持当今辐射沙脊群地貌格局的主要因素，而东海前进潮波和南黄海旋转潮波的动力条件差异、长江和黄河的供沙条件和供沙丰度差异，是塑造出辐射沙脊群南北两翼格局不对称的关键。北翼脊阔槽宽、长度大、沙脊末端向北偏转，南翼脊狭槽深、长度小、沙脊末端向南偏转，北翼沙脊的变迁活动强度明显强于南翼。

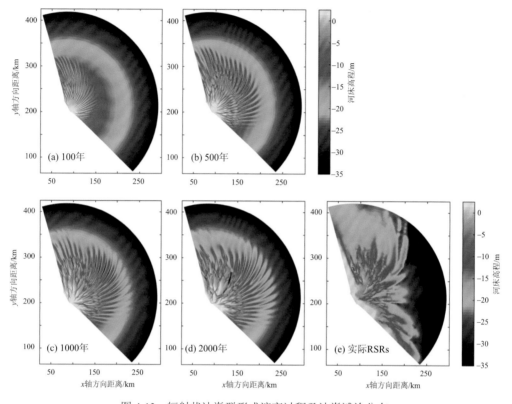

图 4-13　辐射状沙脊群形成演变过程及沙脊滩涂分布

4.2.2.2　中观尺度潮滩剖面演变

淤泥质潮滩的现场观测可以直观揭示潮流、波浪、风暴潮作用下泥沙的堆积、侵蚀、搬运机制。1980 年以来，江苏滩涂管理局在射阳河口至长江口典型淤泥质潮滩上布设 19 个观测断面，监测滩面沿程的冲淤变化。通过分析连续 10 年（1980～1989 年）的观测资料，认为泥沙供应、风浪、潮流及围垦是影响潮滩剖面发育的主要因素，发现了两个沉积峰区，滩涂剖面呈双凸形（陈才俊，1990，1991），多年平均潮位线以上滩面淤积加高，随海平面上升淤积速率趋于减小，多年平均潮位线以下区域趋于蚀低（杨桂山等，2002）。很多学者也对长江口区域潮滩开展了相关野外调查研究工作，发现南汇东滩中潮位以上区域，自岸向海垂向淤积速率降低，平均高潮位处淤积速率最大（杨世伦，1991；朱骏等，2001）。在杭州湾地区的研究中，章可奇等（1994）定量分析了杭州湾北岸滩面高程的变化与波浪、潮流之间的关系，发现波浪的季节性变化对滩涂短期地貌演变起重要作用（Wang and Eisma，1990）。

为了探究自然条件下江苏中部滩涂剖面长期演变规律，2012 年 8 月在江苏中部川东港南侧滩面布设水准桩，自陆向海设置了 S1～S9 观测站点。其中 S3～S4 位于平均高潮位附近，S5 站点在观测初期位于盐沼与光滩交界处，S6～S9 站点分布于光滩区域，各站点间平均距离约 500 m[图 4-14（a）]，初始剖面形态如图 4-14（b）所示。

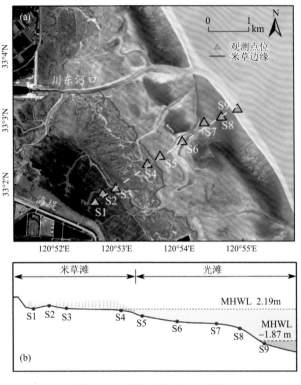

图 4-14　观测点位及初始高程

　　由于潮滩各处受到潮流、植被生长等因素的多年作用，盐沼区和光滩区剖面演变的时空变化存在异同，时间上不仅存在季节性差异，年际变化更为显著：盐沼高滩区 S2 站点，7 年来滩面高程稳定（图 4-15），在 11 月至次年 4 月，由于淹没频率低，地下土层的压缩膨胀过程是滩面发育主导因素，4 月至 11 月，随着淹没频率的增长，滩面的泥沙沉积是控制滩面高程变化的主要因素；盐沼区中部 S3、S4 站点滩面高程持续增长，但年际间高程增长速率下降（图 4-15）；盐沼边缘处的 S5 站点，被米草覆盖，滩面高程不断淤高，年际滩面高程增长率高于盐沼中部区域（图 4-15）；光滩区的潮间带中部的 S6、S8、SM89、S9 站点表现出年际冲刷的态势，但冲刷量值不稳定；原本淤积的 S7 站点，在风暴作用下，滩面高程下降，发生大量冲刷（图 4-16）。

　　总体而言，在观测的 7 年间，自海向陆的滩面空间变化主要表现为盐沼区向海淤长，光滩区下部蚀低且向岸后退。为了进一步探明滩涂剖面演变趋势，提出以年均冲淤量 5% 为界限，作为识别淤积、稳定与冲刷区域的判据。当滩涂某区域年均冲淤量小于 5% 时，表明该区域总体稳定；当冲淤量超过 5% 时，表明该区域处于冲刷或淤积状态。由此将滩涂剖面由陆向海依次分为基本稳定带、快速淤积带、基本稳定带、快速冲刷带 4 个部分（图 4-16）。

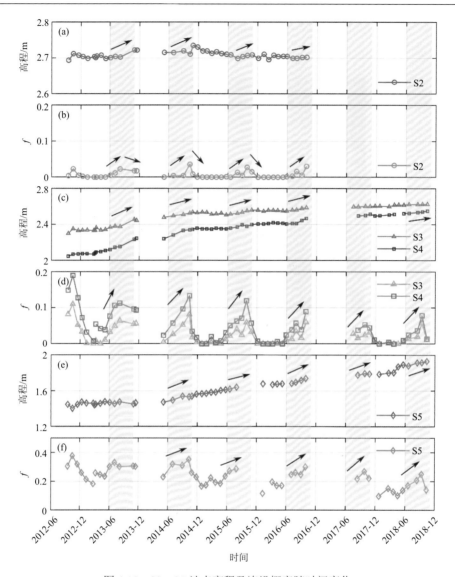

图 4-15　S2～S5 站点高程及淹没概率随时间变化

　　川东港南侧潮滩总体的冲淤演变，受到光滩区大幅度冲淤变化影响，改变了之前潮滩基本冲淤平衡状态，由于盐沼区的向海推进和光滩区的蚀退，冲刷加剧，潮间带坡度逐步增大。潮滩剖面的双凸型剖面特征不再明显，受盐沼促淤的影响，平均高潮位线附近仍保持淤积态势，不断向海推进，仍是剖面上凸点所在位置。但光滩区剖面不断蚀低，西洋深槽对潮下带影响增加，S7 站点年际冲刷加剧，剖面整体双凸形特征不明显，未来江苏中部的剖面形态双凸形特征将消失，转化为上凸形与斜坡形组合的剖面类型。由于盐沼区的向海推进和光滩区的蚀退，在盐沼滩与光滩的交接区域总存在冲淤平衡位置，受盐沼区域向海推进影响，该冲淤平衡点在 7 年间向海移动约 120 m，移动幅度较小（图 4-16）。

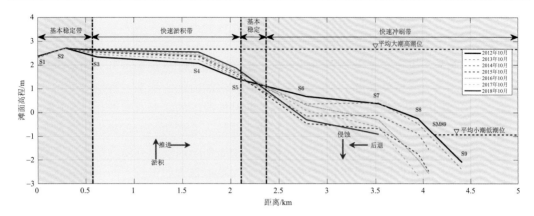

图 4-16　川东港南侧潮滩剖面冲淤分带及年际变化

距离指各点与 S1 站点的相对距离

4.2.2.3　微观尺度潮沟系统演变

通过建立降比尺的水槽，设计了涨落潮不对称的实验条件，探究了涨潮优势流和落潮优势流对微观尺度潮沟系统演变的影响。

首先研究了不同外海水位、外海水位变化率和不同位置处滩涂表面流速的变化过程（图 4-17）。涨潮占优和落潮占优情况下的流速变化整体趋势与余弦型潮波情况基本一致，在落潮后期和涨潮初期分别出现了落潮和涨潮阶段的流速最大值。水位变化速率对表面流速的影响显著。涨潮占优情况是涨潮时较快的水位变化率，使得涨潮水流表面流速普遍大于落潮占优中的涨潮情况。同样，落潮占优情况会产生较大的落潮流速。

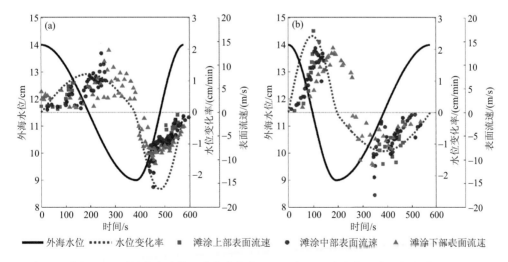

图 4-17　预设外海水位、水位变化率及不同位置处滩涂表面流速变化过程

（a）涨潮占优，（b）落潮占优，流速方向以落潮为正

其次，由于外海潮汐条件的变形，涨潮占优和落潮占优的表面流速也表现出不同的变化规律。涨潮占优和落潮占优情况下，潮滩下部（图 4-17 绿色三角符号）的涨潮流速最大值与涨潮最大水位变动率几乎同时出现，潮滩中部（红色圆形符号）的最大涨潮流速略早于涨潮最大水位变动率。反映出涨潮占优和落潮占优的涨潮过程均会受到地形的影响，且影响程度大致相同。对于落潮过程，两种情况下的落潮流速变化过程均滞后于水位变动率。滞后现象是由潮沟向下游宣泄滩面滞留水造成的。但落潮占优情况下落潮流速滞后现象更加明显，由于落潮历时很短，落潮后期滩面残留大量滞留水，并通过潮沟向下游宣泄，即使此时外海水位变动速率几乎为零，也会产生较大的落潮流速，滩面的落潮过程也因此被延长。

为比较滩涂不同位置处潮汐通量的变化过程，计算了整个潮周期中潮滩不同位置处表面流速的平均值（图 4-18）。涨潮占优情况下，涨潮平均流速自海向陆显著减小，反映出涨潮能量随着潮汐向陆传播而递减的特性，而落潮流速变化较小。落潮占优情况下的落潮流速明显大于涨潮占优的落潮流速，而滩面不同位置处流速相差不大。

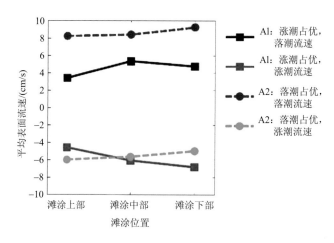

图 4-18　潮滩不同高程位置处平均表面流速

通过比较图 4-17 和图 4-18 中两种潮汐情况下涨落潮的流速变化差异，可以得出涨潮流和落潮流的两个主要区别：倾斜的滩面会削弱涨潮流而增强落潮流，使涨潮水流能量向上游呈递减趋势，而落潮能量的沿程变化不明显；落潮流的加强会使流速变化过程滞后于水位变化过程，潮沟内落潮过程得到延长，而涨潮流增强的情况下，流速变化过程与水位变化过程间没有明显的滞后现象。

涨、落潮不同的水流特性，会改变滩涂泥沙的输移规律以及潮沟演变过程，使潮沟系统产生不同的平面和断面形态。图 4-19 分别为涨潮占优、余弦型潮波以及落潮占优情况下的滩涂高程图。

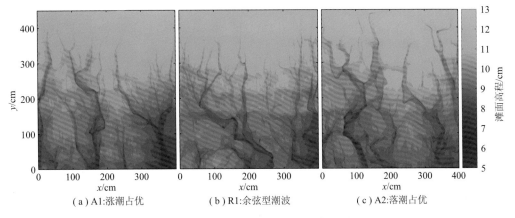

（a）A1:涨潮占优　　　　　　（b）R1:余弦型潮波　　　　　　（c）A2:落潮占优

图 4-19　不同潮汐情况中滩面高程图

由图 4-19 可知，涨潮占优情况中，潮沟系统呈现明显的分支结构，潮沟较为顺直，仅滩涂下部的主潮沟产生了弯曲，且弯曲程度很小；滩涂下部除三处较为明显的主潮沟外，其余区域比较平坦，而在潮滩上部，规模较小的次级支潮沟发育充分。落潮占优情况下，潮沟规模更大，并且弯曲摆动现象十分明显，使得潮沟系统结构复杂；由于滩涂下部潮沟摆动更加剧烈，深泓线位置改变频繁；滩涂上部的潮沟分支也具有较大规模，但潮沟数量相对较少。余弦型潮波所塑造的潮沟系统同时具备涨、落潮占优的两种特点：潮滩上部发育有规模很小且较为顺直的支潮沟，潮滩下部主潮沟经历了较为强烈的弯曲摆动。

结合示踪法所观测到的流速变化规律，可以进一步解释上述潮沟系统形态差异。通常来说，涨潮阶段潮锋通过滩面时，涨潮流能够同时推动潮沟内外泥沙向上游输运；落潮阶段，由于潮沟中的落潮流持续时间较长，使大量泥沙通过潮沟下泄。整个潮周期循环中，涨潮时一部分通过滩面向上游运动的泥沙在落潮阶段通过潮沟向下游输移。因此，涨潮占优情况中，潮滩下部在强烈的涨潮流作用下，滩面上泥沙运动更为均匀，使得该处较为平坦，仅发育有几条主潮沟，小潮沟的发育受到抑制；随着涨潮流向上传播，潮流能量逐渐减小，在潮滩中上部涨潮流仅能带动潮沟内泥沙向上游输运，使潮沟沿其原有走向延长并加深。相反，落潮占优情况中，由于落潮能量始终保持较高水平，潮滩下游潮沟摆动更加剧烈，地形更加复杂。

4.3　极端动力对滩涂地貌短历时破坏机制

风暴潮是台风强烈扰动所致的海平面异常升高现象，国内外学者探究了风暴潮作用下的岸滩剖面变化，从沉积学角度揭示了滩涂沉积特征，通过物理模型实验，模拟了风暴作用下沙坝的形成及侵蚀过程（张洋等，2015；Palmsten and Holman, 2012），建立数值模型，分析了短历时强动力条件下的泥沙输移和岸滩演变机制（Lettmann et al., 2009；刘桂卫等，2010；赵秧秧和高抒，2015）。总体而言，极端动力对滩涂地貌短历时破坏机制研究较少。

4.3.1　台风期水沙过程

台风天气下，动力作用增强，风暴增水明显，底床扰动加剧，悬沙浓度增高，阐明其水沙过程，有助于深刻理解台风对滩涂地貌的破坏机制。本节以江苏为例，介绍了台风期间的水沙过程。江苏近岸和辐射沙脊群区域波浪传播方式有所不同，故分别介绍。

首先介绍江苏近岸台风期间的水动力过程。2012 年 9 月至 2016 年 9 月间，江苏沿海共经历过 4 次台风暴潮，分别由 1416 号强热带风暴"凤凰"、1419 号超强台风"黄蜂"、1509 号超强台风"灿鸿"和 1521 号台风"杜鹃"引起，风暴潮期间的最大波高见表 4-2，风暴潮发生当月逐时潮位及波高分布见图 4-20。从图中可知，除了台风之外，寒潮引起的气压骤变也会导致外海不同程度的增水以及大浪过程。

表 4-2　台风期波浪观测结果（高程基准采用 1985 黄海高程基准面）

台风情况		有效波高/m	
名称	时间	最大波高	最大日均波高
凤凰	2014-09-22～24	1.60	1.11
黄蜂	2014-10-10～14	2.50	1.93
灿鸿	2015-07-10～12	2.30	1.88
杜鹃	2015-09-29～30	2.40	1.67

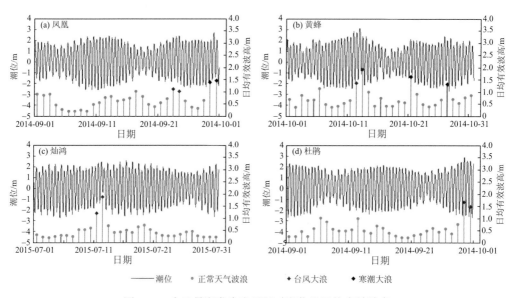

图 4-20　台风暴潮发生当月逐时潮位及日均有效波高

辐射沙脊群区平静天气及台风期间波高分布情况：波浪是重要的海岸动力因素，在讨论辐射沙脊区的水动力条件时，不可避免地要涉及波浪的分布和波浪的作用。但是，由于沙脊区的地形复杂，常规的波浪浅水算法均遇到很大困难，故采用逆波向线波谱折射法，推算了外海波浪到达沙脊群内各深槽不同点位的可能路径及不同波向的入射波在沙脊区的波高分布（张东生等，1998）。在整个沙脊群水域布设了 25 个波高计算点，分别计算外海波浪到达 25 个点位的可能路径。计算结果显示，受水下地形影响，波浪在沙脊群内的传播路径与潮位以及入射波的波周期有关。以西洋深槽为例，仅在高潮位时，才有 NNE-SE 方向的外海长周期波传入；水位降至中潮位以下时，E 向和 SE 向的外海波浪已不能到达，而 N 向和偏 N 向的波浪也只能通过西洋深槽传入。从而说明，只有在高潮位时，外海波浪的影响才是全域性的，而在中潮位以下时，外海波浪的影响只是局部性的。

为了得到大风条件下的波高分布，用 NE 和 ESE 向 25 年一遇 26.7 m/s 的风速，计算得到了 5.46 m 的深水波高，并以此推算了沙脊群水域的波高分布。高潮位时的波高普遍较大，辐射沙脊群整体有效波高 4 m 以上，西洋深槽内波高相对偏低；沙脊之间深槽内的波高明显较小，方向性差异显著，如小北槽内高潮位时，NE 向的波高为 3.94 m，ESE 向的波高仅 3.36 m，中潮位时 NE 向的波高为 3.44 m，ESE 向的波高为 2.73 m；随着潮位的降低，深槽内的波高急剧减小，如陈家坞槽内，ESE 向浪的波高在高潮位时为 2.76 m，中潮位时 0.73 m，低潮位仅有 0.48 m；辐射沙脊群外缘深水区波高受潮位影响很小。

计算的波浪场表明，在平静天气下，沙脊区的波高一般为 2 m 左右，当水位在中潮位以下时，波高更小，而且区域性的差异较大，波浪仅能对局部的微观地貌形态有一定影响，而对宏观的沙脊群地形，不论是平面形态还是剖面形态，其作用相对于潮流的作用都是次一级的。台风天气下，如风速为 25 年一遇时，沙脊区高潮位时波浪较大，波高在 4 m 左右，对滩涂地貌的破坏要远强于平静天气。

4.3.2　台风浪对开敞式海岸滩涂地貌的破坏机制

4.3.2.1　台风浪对滩涂剖面形态的影响

本节基于台风前后的滩面高程观测，分析了江苏中部沿海滩涂剖面形态的变化（龚政等，2019）。自 2012 年 9 月至 2018 年 12 月，开展了川东港滩面高程的逐月观测，具体观测方法见 4.1.2 节。

研究结果表明，潮间带上部对多次风暴潮（2014 年 9 月、10 月，2015 年 7 月、9 月）响应不明显；潮间带中部对风暴潮响应明显，主要体现在风暴潮流引起潮沟平面摆动以及潮沟形态的变化，潮沟范围内侵蚀显著；潮间带下部在风暴潮期间潮流流速增加，在强风浪与潮流耦合作用下底沙更易扰动，滩面冲刷量显著增加，例如，7 月"灿鸿"前后滩面高程由–1.40 m 降至–1.70 m，9 月"杜鹃"前后滩面高程由–1.82 m 陡降至–2.47 m，冲刷幅度超过 60 cm。其中，风暴潮与天文大潮的叠加作用不容忽视，虽然"灿鸿"比"杜鹃"风浪强度大，但由于"灿鸿"登陆时间位于小潮期，而"杜鹃"登陆时间位于大潮期，前者造成的冲刷量反而小于后者。

上述分析表明，在风暴潮作用下，潮间带中部和下部都发生了显著冲刷，然而，这些被冲刷的泥沙并未在潮间带上部滩面堆积。这主要是由于该区域沿岸方向的潮流作用主导,在夏季涨潮优势特性的沿岸潮流作用下使泥沙向南净输移(Gong et al., 2017)。因此,潮滩剖面整体表现为"低滩侵蚀、沿岸输运、高滩稳定",明显区别于沙质海岸在台风浪作用下"高滩侵蚀、离岸输运、低滩淤积"的演变特征。

4.3.2.2　台风期剖面变化破坏机制分析

为了深入剖析台风对滩涂剖面的破坏机制,建立平面二维水沙动力数学模型,将川东港滩涂研究区域概化为沿岸向 12 km,垂直岸向 10 km 的矩形纳潮盆地。初始剖面采用实测地形,模型设置南、北水域开边界以及东侧西洋深槽开边界,东边界设置潮差为 4 m 的正弦潮波作用,沿岸方向设置 0.3 h 的相位差。参考本区域的相关数学模型,初始滩面采用 5 m 厚的黏性沙和非黏性沙均匀混合而成,非黏性沙中值粒径 D_{50} = 0.1 mm,黏性沙临界切应力为 0.2 Pa,沉速为 0.4 mm/s,冲刷系数为 3.3×10^{-4} kg/ (m²·s)。东侧开边界含沙量取 1.2 kg/m³,南北侧开边界含沙量从陆侧 0.1 kg/m³ 向东边界作线性插值。模型考虑两种工况:①正常天气工况,有效波高为 0.5 m 的规则波浪连续作用 2 个月;②台风浪工况,即有效波高为 0.5 m 的规则波浪连续作用 1 个月,有效波高为 1.5 m 的台风浪持续作用 2 天,有效波高为 0.5 m 的规则波浪连续作用至第 2 个月末,波浪方向均为正东向(E 向)。模拟得到正常天气下近岸处涨急流速约为 0.7 m/s,涨落急流速比约为 1.28,与 2006 年江苏中部沿海测站的流速相近,含沙量约为 0.95 kg/m³,与实际含沙量相符。

正常天气和台风浪工况下的剖面形态如图 4-21 所示。可以看出,泥沙主要淤积在离岸约 2 km 处的潮间带中部,冲刷部位主要位于离岸约 3.5 km 的潮间带下部至离岸约 4.5 km 处。在不考虑床面变形的情况下,两种工况波致底部切应力沿程分布见图 4-22。自海向陆随着水深的逐步减小,波浪产生的切应力先缓增至潮间带下部,之后急增,波浪对底床泥沙的扰动陡然增强,导致滩面冲刷,直至波浪破碎。切应力在潮间带中部达到峰值后迅速衰减,波浪引起的切应力减小、流速降低,大量泥沙在此落淤。潮间带下部的冲刷量从陆向海先增大后减小,在离岸约 4 km 处达到最大(图 4-23)。台风浪工况下,2 天台风浪作用引起的潮间带下部的冲刷量明显大于正常天气工况下的冲刷量。

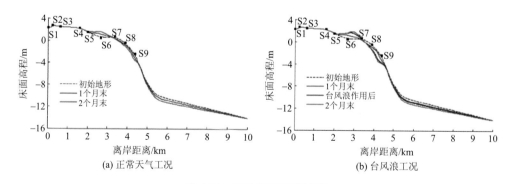

图 4-21　整体剖面演变过程

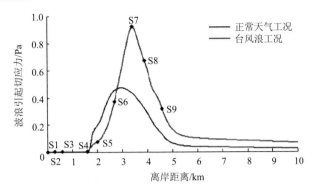

图 4-22　正常天气和台风浪下波浪切应力

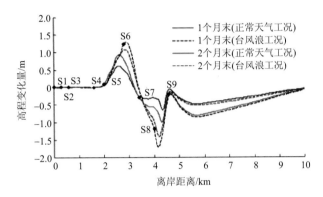

图 4-23　正常天气和台风浪工况下滩面高程变化

通过对比潮间带下部在正常天气工况和台风浪工况下的累积冲淤厚度（图 4-24），可以看出，S8 和 S9 在正常天气工况一直属于冲刷状态，在短历时台风浪过程中冲刷量大幅增加；而 S7 在正常天气工况有所冲刷，但在短历时台风浪期间略微淤积，后期则基本处于不冲不淤状态。台风浪过后的冲淤演变趋势则与正常天气工况类似，体现了短历时台风浪对于滩面演变的"插曲式"作用。图 4-25 为台风浪工况在北北东向（NNE）、东北向（NE）和东向（E）3 种不同波向条件下的高程变化情况。不同波向下滩面的冲淤量略有差异，其中在 E 向浪作用下潮间带下部冲刷量最大，NE 向浪次之。波浪在向

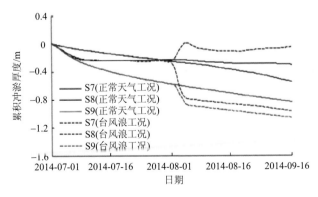

图 4-24　正常天气和台风浪工况下观测点的累积冲淤厚度

岸传播过程中方向发生偏转，到达潮间带下部时方向接近于垂直岸向。由表 4-3 可知，潮间带下部 S7、S8、S9 观测点在台风浪期间由波浪引起的切应力随着波浪方向从 E 向至 NNE 向不断向北偏转而减小，其中 E 向浪下的切应力可达 NNE 向浪的数倍，由此导致潮间带下部冲刷量的差异。

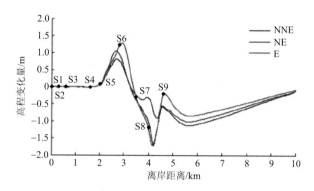

图 4-25　不同波向下的高程变化量

表 4-3　台风浪期间不同波向下观测点由波浪引起的切应力

波向	波浪引起的切应力/Pa		
	S7	S8	S9
E	0.918	0.689	0.415
NE	0.749	0.612	0.374
NNE	0.306	0.234	0.130

　　潮间带下部在波浪作用下沿程存在不同程度的冲刷，这部分泥沙输运和分布会受到该区域沿岸潮流的影响，在距南边界 2 km、4 km、6 km、8 km、10 km 处设置 5 个断面分析沿岸向的输沙情况。图 4-26 为 1 个月末叠加的 2 天台风浪过程和同时段正常天气工况下 2 天的日均黏性沙悬沙通量，正的通量方向定义为由北向南。两种情况下的悬沙通量均由北向南逐渐增大，但台风浪作用下相邻断面间的增量（即曲线的梯度）为正常天气情况下的两倍。靠北侧断面由于受到向岸风浪的作用，台风浪情况下泥沙更易在潮间带中上部堆积，在外海沙源量相同的情况下沿岸向的悬沙通量较小，而在中部和靠南侧断面通量大幅增加，主要依托于北侧断面侵蚀下来的泥沙向南输运。图 4-27 为台风浪工况下沿岸方向 5 个横断面在 2 个月末的床面高程变化量，除南侧断面局部受到边界影响波动较大外，潮间带中上部滩面较为稳定，潮间带下部自北向南滩面高程逐步抬升，说明台风浪期间潮间带下部被冲刷的泥沙，一部分在高滩区淤积，大部分则随沿岸涨潮优势流向南侧输运堆积，沿岸向输沙占主导作用。由于数值模拟中没有考虑大小潮和风暴增水的影响，因此，模拟的沿岸潮流输沙作用较实际情况偏小，相应的向高滩输沙作用比实际情况偏大。

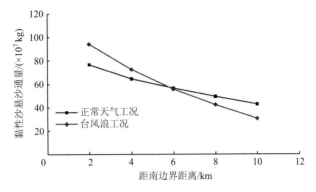

图 4-26　正常天气和台风浪工况下沿岸向不同断面的黏性沙悬沙通量

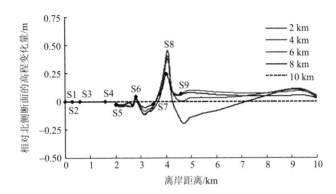

图 4-27　台风浪工况下相对北侧断面的高程变化量

4.3.3　台风浪对辐射沙脊群滩涂地貌的破坏机制

沙脊区经常受台风侵袭,影响江苏沿海的台风主要有 3 种类型,即海上北上型、长江口登陆型和海上转向型,后两种类型台风的风暴流场对辐射沙脊区有重大影响。台风引起的风暴流场是一个巨大的逆时针涡漩,涡漩的中心相对于台风中心有一定偏移,涡漩的范围南北可跨 4 个纬距(约 400 km)。为了模拟近岸局部地形影响下的风暴流场,建立了东中国海风暴潮数学模型,模型中采用粗细网格嵌套(张东生等,1998)。

基于上述模型,模拟了长江口登陆型 7708 台风和海上转向型 8114 台风,结果显示,两次台风在吕四一带海域均产生 2 m 左右的增水。它们在登陆或转向前,其风暴流涡漩的中心在长江口东南方,漩涡范围涉及整个辐射沙脊群水域。沙脊区的风暴流为逆时针涡漩的一个部分,其流向基本沿岸线自北向南,流速可超过 1 m/s。弶港以北水域的风暴流向与沙脊和槽沟走向的交角较小,弶港以南水域,风暴流向与沙脊和槽沟的走向交角大,甚至可能正交。1997 年 9 月 11 日 2 时 7708 号台风中心位于崇明岛正东约 70 km 处,巨大的逆时针风暴流涡漩,南可及杭州湾南侧,北可达江苏射阳河口附近(张东生等,1998)。风暴流场与潮流场有明显的差异,特别在弶港以南区域,流向近似为南向,与沙脊的走向几乎正交。

风暴流场与潮流的成因不同,其分布和变化规律也别具特点。潮流的特点是流速和流向呈周期性变化，风暴流场在流速和流向上具有突变性和随机性的特点。

通常分析滩涂地貌演变时，多通过水流的挟沙力加以论证，挟沙力与流速和波高的某个次方成正比。台风袭来时，不论长江口登陆型或是海上转向型，沙脊区的水位都抬高 1~2 m，波高为 4 m 左右，风暴水流的流速达到 1 m/s 左右。如此强大的动力条件，具有比正常潮流大得多的挟沙能力，会对处于潮流长期作用下已达到相对稳定的沙脊地貌形态形成巨大的冲击。风暴流的方向与潮流不同，多与沙脊和潮流槽的走向斜交，与台风波浪共同作用造成沙脊和滩地冲刷，被冲刷的滩地泥沙落入深槽，导致深槽淤积。

台风风暴的作用时间短，台风过后潮流又在沙脊区起主导作用，被风暴"改造"过的沙脊形态又会在潮流的作用下，逐渐恢复到风暴前的状态。潮流塑造—风暴破坏—潮流恢复是当前辐射沙脊群地貌的演变机制。应该特别指出，沙脊形态经风暴破坏后，尽管在潮流作用下可以逐渐恢复，但只能是逼近原有的形态。通过多次破坏—恢复—破坏的循回后，沙脊区会出现一定的局部位移和形态变化。从地学的角度讲，沙脊区在潮流的持久作用下处于稳定状态，但是从工程的角度看，风暴的作用短期内会引起局部形态的巨大变化，因此，在辐射沙脊群海域附近的海岸工程可行性论证中应予以重视。

4.3.4　台风浪对长江口滩涂泥沙输运及地貌影响

台风浪对滩涂泥沙输运研究较多，但对滩涂细颗粒泥沙垂向分布的作用认识不足，尤其是在滩涂保护修复背景下，滩涂植被对泥沙搬运和层理的影响研究较为缺乏。因此，本节以长江口南汇潮滩为例，建立了植被-波浪耦合数值模型，探究台风期细颗粒泥沙的搬运和层理现象。

通过与 Li（1991）收集的实测水动力数据以及 Fan 和 Li（2002）的实测悬浮泥沙浓度数据对比，验证模型的准确性。为方便定量分析，设置了 3 个观测点，分别是：在距离海堤 1 km 位于上部植被潮滩处的观测点 Ob1、在距离海堤 1.6 km 位于中部潮滩处的观测点 Ob2 和在距离海堤 3.4 km 位于下部潮滩处的观测点 Ob3（图 4-28）。图 4-29 显示了一个大小潮周期内三个观测点（Ob1、Ob2 和 Ob3）的水位、流速以及悬浮泥沙浓度随时间的变化。水位变化过程显示，潮汐淹没频率向陆侧降低。流速变化由海向陆逐

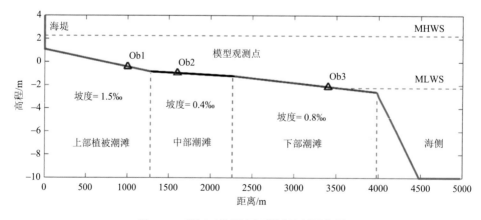

图 4-28　长江三角洲南汇潮滩及剖面位置

渐减小，在 Ob1 处具有明显的涨潮占优[图 4-29（b）]，模拟结果与 Li（1991）现场观测资料相匹配。悬浮泥沙浓度的变化通常遵循与潮汐流速相同的趋势，在大潮时期到达峰值，最大悬浮泥沙浓度约为 3 kg/m³，在小潮时，悬浮泥沙浓度约 1.3 kg/m³，这也与 Fan 和 Li（2002）、Li（1991）现场观测的结果相吻合[图 4-29（c）]。

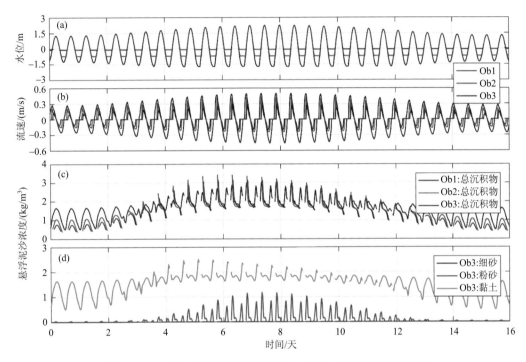

图 4-29　一个大小潮周期观测点水位、流速、悬浮泥沙浓度变化

　　三个观测点的悬浮泥沙浓度具有明显的时空差异性。在小潮期间，靠近海侧的 Ob3 处悬浮泥沙浓度最大达 1.7 kg/m³，向陆侧逐渐降低；在大潮期间，靠近陆侧的 Ob1 处悬浮泥沙浓度最大，达到 3.3 kg/m³，向海侧逐渐降低。产生悬浮泥沙浓度时空变化差异的原因可以通过将总悬浮泥沙浓度中的三种沉积物分离，分别研究其中三种不同沉积物单独的悬浮泥沙浓度[图 4-29（d）]来分析。结果显示，在相同的水动力条件下，黏土、粉砂、细砂的表现有很大差异：无论在大潮还是小潮期间，黏土的含沙量一直维持在较高的水平，而粉砂只有在大潮期间才会被更强的水动力条件悬浮到水体中；细砂则与黏土和粉砂不同，因其所需的临界起动切应力较大，即使是在大潮期间，水体中细砂的悬浮泥沙浓度也非常小，基本无法被水流运输。由此可见，不同沉积物悬浮泥沙浓度的时间和空间差异性，是形成沉积物分选和潮滩沉积层理的根本原因之一。

　　在一维概化模型中分别设置了 4 组工况，模拟了有植被条件下的平静天气工况和风暴工况，以及无植被条件下的平静天气工况和风暴工况。经过 1 个月的模拟，滩涂剖面变化如图 4-30 所示。

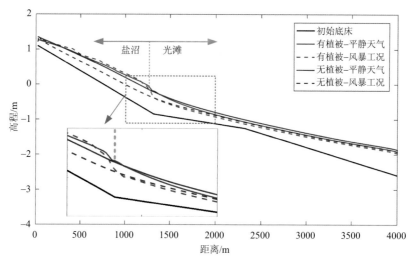

图 4-30　不同工况下 7 个月模拟后滩涂剖面对比

由于海侧边界设置有沉积物供应，四组工况均会发生一定的淤积，底床高程增加。当不考虑植被作用时，平静天气工况下滩涂平均沉积量约为 40 cm（图 4-30 蓝色实线），而风暴工况下滩涂平均高程会相对减少 10～20 cm，尤其是在潮间上带，风暴侵蚀作用更加明显（图 4-30 蓝色虚线）。在平静天气工况下，在潮间上带，盐沼植被的存在会导致泥沙淤积量增加 5～8 cm；盐沼前缘光滩区的淤积量对比无植被工况略低，这是因为盐沼区植被提高了沉积物捕获能力，原本随落潮流向海输运的沉积物在植被区域被截留。考虑风暴作用时，光滩区域高程进一步降低，这是风暴造成的侵蚀与上部盐沼植被捕获沉积物双重作用下的结果。植被区域的滩涂高程在风暴作用后有所增加，因为在风暴期间，较强的水动力会携带更多的沉积物到滩涂上部并且被植被捕获并沉积。因此，风暴作用往往会进一步增加植被前缘与光滩交界处的坡度。

在平静天气工况下，经过 7 个月的模拟后，滩涂剖面不同组分沉积物在水平方向与垂直方向上的分布情况如图 4-31 所示。其中 3 幅剖面子图分别展示了滩涂剖面上黏土［图 4-31（a）］、粉砂［图 4-31（b）］和细砂［图 4-31（c）］的分布情况与占比。滩涂不同组分沉积物在水平向和垂直向呈现不同的分布特征。在水平方向上，滩涂上部主要以黏土为主，黏土几乎覆盖了从 0～1500 m 的整个滩涂［图 4-31（a）］。在滩涂上部，由于定植植被的弱流消浪作用，上部的滩涂沉积厚度相比光滩更高，并且在植被定植区和光滩区可以观察到明显的沉积陡坎。滩涂的中下部则以粉砂为主［图 4-31（b）］。在垂直方向上，由于细砂在平静天气下不活跃，在图 4-31（c）中可以发现除了初始底床上 2 m 厚的细砂之外，滩涂沉积层中没有细砂的痕迹，表明在平静天气下不活跃的细砂不易被水流携带搬运。在滩涂的中下部区域，可以看到明显的潮汐韵律层结构，其中砂质主导层主要成分为粉砂，而泥质主导层主要成分为黏土。

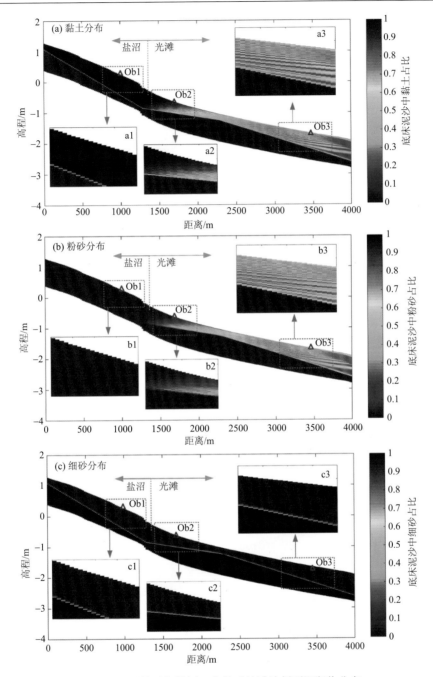

图 4-31 平静天气模拟 7 个月后的滩涂剖面沉积物分布

在风暴工况下模拟 7 个月后,滩涂剖面沉积物水平向与垂向分布情况如图 4-32 所示。其中三幅子图分别展示了风暴工况下滩涂剖面上黏土[图 4-32(a)]、粉砂[图 4-32(b)]和细砂[图 4-32(c)]的分布情况。同平静天气工况相一致,黏土的分布主要在滩涂的中上部[图 4-32(a)],但在风暴工况下,初始全部为黏土的滩涂上部区域出现了一层粒径更粗的砂质主导层,厚度为 2~3 cm。粉砂主要分布在滩涂中下部[图 4-32(b)],

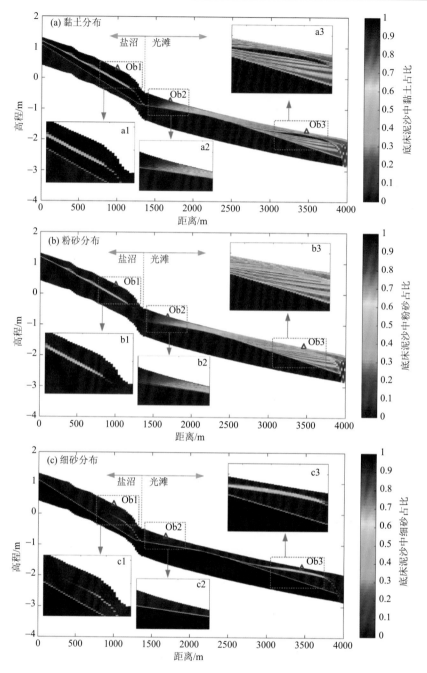

图 4-32　风暴工况模拟 7 个月后的滩涂剖面沉积物分布

在滩涂下部的 Ob3 处可以观察到清晰的滩涂韵律层结构。风暴的作用使得原本在平静天气下无法到达滩涂上部的粉砂被强烈的水动力作用携带到滩涂上部并沉积，整个沉积层的分布范围可以从滩涂下部区域一直延伸到陆侧海堤堤脚处，且滩涂上部砂质主导层中粉砂的占比可以达到 60%～75%。如前文所述，细砂在平静天气下不易被水流携带搬运，而风暴作用使细砂达到所需的起动切应力，后被水流携带到滩涂下部并形成一层厚度

7～10 cm 的砂质主导层，其中细砂的占比可以达到 50%～60%。Ob3 处以细砂为主的砂质主导层破坏了平静天气下粉砂和黏土交替主导的潮汐韵律层结构，重塑了滩涂沉积层理形态。但在风暴过程之后，平静天气下以粉砂和黏土为主的沉积层又逐渐将风暴层理覆盖，恢复到平静天气下的沉积过程。值得注意的是，当风暴作用到达一定的强度，甚至可以将粒径较粗的细砂带到位于滩涂上部植被区域沉积，如图 4-32（c1）所示，在植被滩涂前缘，可以形成一层较薄的以细砂为主的砂质主导层，覆盖范围在 1000～1300 m，其中细砂占比为 35%～45%。

为了更细致地研究盐沼滩涂沉积层理结构，分析了平静天气工况和风暴工况下 3 个观测点在风暴过程结束后一周的滩涂垂向沉积物分布，如图 4-33 所示。在平静天气下，仅有潮流的水动力作用不足以将粗颗粒沉积物带到植被覆盖的盐沼滩涂，Ob1 处的沉积物主要以黏土为主[图 4-33（a）]，沉积总厚度为 30～40 cm。在 Ob2 和 Ob3 处，沉积层理结构的特点是在 7 个大小潮周期中产生了 7 组黏土和粉砂交替主导的潮汐层偶。值得注意的是，Ob3 处的沉积总厚度在 35～45 cm，大于 Ob2 处 10～14 cm 的总沉积厚度，这是因为 Ob3 处的坡度较陡且沉积物供应更充分，有利于泥沙沉积。

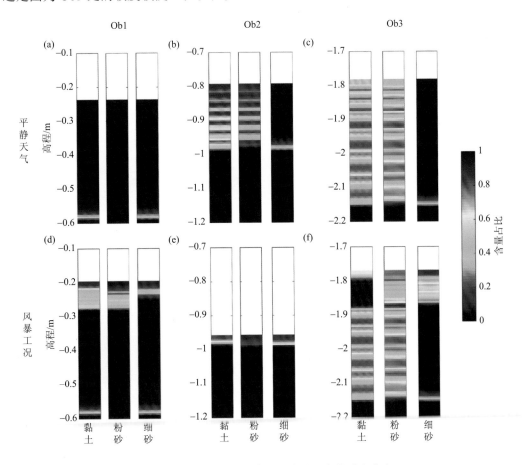

图 4-33　不同工况下 3 个观测点处沉积物垂向分布

　　在风暴工况下，同样的模拟时间中，滩涂总体沉积物厚度和滩涂层理结构发生了显著的改变。风暴作用会在滩涂上产生 5～6 cm 由较粗颗粒沉积物组成的砂质主导层，这与 Fan 等（2006）的现场观测结果一致。在 Ob1 观测点处，可以清晰地看到风暴沉积层[图 4-33（d）]，风暴沉积层上部为较薄的细砂主导层，厚度约 1 cm，中下部为厚度约 5 cm 的粉砂主导层。Ob1 所在的上部植被滩由于植被对滩面的保护作用，没有发生明显的侵蚀，滩涂沉积厚度略有增加。在 Ob2 观测点处，可以看到在平静天气下沉积的潮汐韵律层几乎被全部侵蚀[图 4-33（e）]，这表明风暴对滩涂沉积层理的侵蚀作用在空间上有所不同。在 Ob3 观测点处，风暴过后滩涂沉积总厚度变化不大，但层理结构发生了显著的改变[图 4-33（f）]。不同于平静天气下粉砂和黏土交替主导的潮汐韵律层，在风暴的作用下形成了厚度为 8～10 cm 的以细砂为主的砂质主导层，且细砂的含沙量达到 60%～70%。

　　综上所述，研究发现发生在几个潮汐周期时间内的风暴作用可能会产生相当于平静天气下数月甚至是数年沉积物侵蚀或者淤积的结果，对滩涂湿地的地貌演变起到很大的影响。在有盐沼植被的滩涂上，风暴的加入会使滩涂的侵蚀和沉积具有空间差异性。以黏土沉积物为主的滩涂上部盐沼植被区域，植被的存在增加了上部滩涂捕获沉积物的能力，使得一些原本应该被落潮流输运到滩涂下部的沉积物在上部植被区域沉积，在风暴过程后往往表现出淤积特征，而以粉砂和细砂为主的滩涂中下部光滩区域在风暴过程后往往表现出侵蚀的特征，因此面对风暴潮等极端天气时，盐沼植被可以有效的对滩涂滩面进行防护，减少其受到的侵蚀作用。

4.4　滩涂地貌冲淤平衡态

　　前述了不同动力条件下滩涂的演变过程，可知滩涂地貌受到潮汐、波浪、台风浪等多种不同时空尺度的动力过程影响，多处于动态变化和调整中，那么滩涂地貌在一个长时间尺度上是否存在一个相对稳定的状态一直是学术界、工程界试图解决的问题，这一状态通常被称作"冲淤平衡态"。冲淤平衡态对判断滩涂湿地生态系统稳定性、海岸工程前后地貌格局的稳定性、环境容量、后备土地资源、航道疏浚等方面具有重要的科研价值和实际应用意义。因此为了更好地保护和利用滩涂资源，需要厘清滩涂地貌冲淤平衡态的内涵。

4.4.1　地貌平衡态概念

　　长期以来，关于滩涂冲淤平衡态一直存在争议，自然条件中的边界条件一直在不断变化，因此滩涂地貌难以达到严格意义上的静态平衡，但随着滩涂不断发育，在长时间尺度上通常会达到一个相对平衡的状态，之后的地貌形态虽有调整，在大尺度上一般不会发生过于明显的变化。

　　滩涂地貌发育和演变过程主要受控于边界条件的动力作用和组成物质间相互作用，当地貌各组成部分不相适应时，会通过各部分相互作用产生地貌的调整。例如，潮沟发育初期摆动强烈是由于水动力和地貌之间不匹配，但随着水动力不断对潮沟的塑造以及潮沟形态对水动力过程的反作用，两者之间逐渐相互适应，潮沟形态则会逐渐趋于稳定，也即潮沟达到某种冲淤平衡状态，此时潮沟地貌的形态、组成物质、作用过程和边界条件处于相互适应的状态。其实，在自然界中，由于边界条件的不断变化，滩涂潮沟也通常会不断摆动，但整体的地貌形态相对稳定，以江苏盐城条子泥滩涂为例（图 4-34），部分近岸潮沟在年际尺度摆动剧烈，甚至对海堤的安全形成了巨大威胁，这是由于区域性的水动力格局的季节性变化。

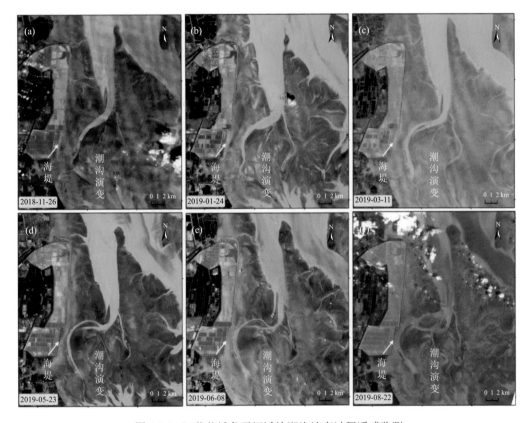

图 4-34 江苏盐城条子泥滩涂潮沟演变过程遥感监测

以下介绍潮沟具体的形成与演化过程，有助于更加形象地理解滩涂系统冲淤平衡态的概念。潮沟的形成属于潮滩表面的潮流通量的集中，随着沉积物的不断输入，该区域的整体高程不断提高，先锋植物斑块的存在、地形起伏的小扰动等均会对潮流产生阻力而导致通量的集中，使得产生的局部冲刷大于该处的底部临界切应力。水流集中排到地势较低处，导致床面切应力的增加和净侵蚀，不断重复该过程直至形成一个完整的潮沟系统，通常将这一过程称为"溯源侵蚀"。随着时间的不断推移，小潮沟不断发育，甚至与其他潮沟合并，潮沟系统开始逐渐发展。潮沟发育的早期，正反馈驱动的自我增强机制促进潮沟的演变与生长，但随着潮沟的不断发育，潮沟逐渐趋于成熟，演变开始变为缓慢，再加之发育的过程中，会存在植被的定植，能够进一步固结河岸沉积物，从而使得潮沟更为稳定，最后达到一个冲淤平衡态。

此外，有研究表明潮沟发生变化的根本原因是输沙不平衡，当输入潮沟的泥沙超过水流的挟沙能力时，过多的泥沙将会沉积下来，使底床淤高；当来沙量小于水流的挟沙能力时，不足的泥沙将从底床得到补充，使床面冲刷。当底床发生冲淤变化时，底床形态的改变进而会影响水动力条件的变化，将使水流的挟沙能力发生相应的变化，所以潮沟地貌也处于不断调整的过程，直到处于一种相对平衡的状态（刘希林和谭永贵，2012）。然而，在真实的河口海岸滩涂区域中，动力地貌平衡态也会更加复杂，除了物理、化学、生物等内部过程，也会受到人为扰动、气候变化等外部因素的影响。例如，大规模的人类活动直接或间接搬运大量泥沙会引起地貌变化，海平面的上升也会引起地貌变化。

4.4.2　滩涂地貌平衡态类型和判别方法

关于滩涂地貌平衡一直存在着较大的争议，Zhou 等（2017）通过 Exner 方程系统地论述了不同平衡态类型和判别方法，以输沙率及其梯度为判据，提出了 4 种平衡态类型，以下作简要介绍。

在海岸动力地貌学研究中，大多依据 Exner 方程来判断该地貌系统是否达到平衡，Paola 和 Voller 依据 Exner 方程进行了综合推导（Paola and Voller, 2005），提出了适用于基底（岩石）、沉积层和流体层的方程形式，该方程共有 10 项，即①岩石基底沉降和隆起；②基底沉积物界面的变化；③沉积柱的压实或膨胀；④沉积层内任何颗粒通量的散度；⑤沉积物柱内微粒质量的产生或破坏；⑥沉积物-水界面的变化；⑦水柱内微粒质量的损失或增加；⑧水流内微粒通量的水平散度；⑨通过水面的微粒质量的增加或损失；⑩水柱内微粒质量的产生或破坏。

该方程最常见的形式为

$$(1-p)\frac{\partial \eta}{\partial t} + \nabla \cdot q_s = \sigma_s \qquad (4\text{-}1)$$

式中，p 为孔隙率；η 为底床高程；q_s 为输沙率；σ_s 为源汇项；t 为时间。

根据上述方程，可以定义以下 4 种平衡状态（图 4-35）：

（1）静态平衡，$q_s=0$ 和 $\sigma_s=0$：无泥沙输运，无泥沙的输入和输出，系统处于静态平衡。

（2）Ⅰ类动态平衡，$q_s\neq0$，$\nabla \cdot q_s = \sigma_s$，且 $\sigma_s=C_1$：恒定的源/汇项平衡了泥沙通量的散度，此时局部底床不变化。当 $\sigma_s=0$ 时，为该状态的特殊形式，无泥沙通量散度，无源汇项，此时发生泥沙输运，但一段时间内（如一个潮周期内）平均泥沙净通量为零。

（3）Ⅱ-a 类动态平衡，$q_s\neq0$，$\nabla \cdot q_s = \sigma_s(t) = C_2 t$，$\sigma_s$ 随时间线性变化（C_2 是常数）：线性时变的源汇项平衡了泥沙通量散度，虽然局部底床处于不断调整中，且这种调整通常滞后于源汇项的变化，但当选取合适的时间尺度，可认为平均的底床变化趋于零，如源汇项是线性的海平面上升则是这种动态平衡的典型例子。

（4）Ⅱ-b 类动态平衡，$q_s\neq0$，$\nabla \cdot q_s = \sigma_s(t) = C_3 f(t)$，$\sigma_s$ 随时间非线性变化：非线性时变的源汇项平衡了泥沙通量散度，由于源汇项的变化是非线性的，地貌变化的滞后性信号往往能被较好地捕捉到，如以 18.6 年月球节点周期的源汇项所带来的地貌变化。

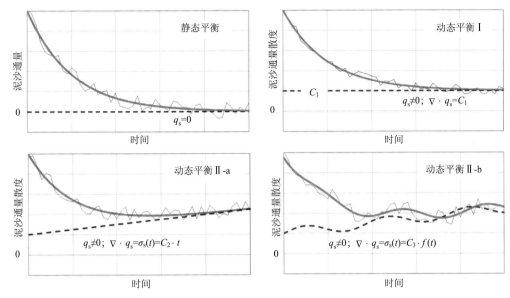

图 4-35　河口海岸系统地貌平衡态 4 种情况

这 4 种平衡态的定义基本涵盖了自然河口海岸研究中涉及的各类稳态类型，以静态平衡态为例，系统中没有任何泥沙输运是传统意义上的平衡态，这类平衡态由于边界动力条件的变化通常在自然界中很难达到。自然条件下，泥沙输运一般是一直存在的，如海岸的沿岸输沙过程通常是持续性的，某一岸段的输入泥沙与其输出泥沙量如果达到了一致，则该岸段就处于不冲不淤的状态，也即第 I 类动态平衡态。值得一提的是，学界还存在一些其他的平衡态的概念，例如一个河口海岸系统如在长时间尺度内地貌表现为围绕一个平均值发生较小的变化，则称为统计意义的平衡态；另外，也有河口海岸系统演化过程中地貌变化的速率逐渐减小且趋于零，但一直未达到零，学界一般称之为准平衡态，这类平衡态常会出现在基于过程的数值模拟中。

地貌平衡态的概念通常较为理论，为便于理解，下面以滩涂地貌平衡剖面的数学推导和潮沟系统演化过程的物理模型为例做具体介绍。

4.4.3　滩涂平衡剖面

通过观测资料分析可知，滩涂剖面有时会长期大致保持一个形态，学术界称之为平衡剖面（Friedrichs，2011）。滩涂的平衡剖面形态特征是判断其冲淤状态及趋势的重要指征（Kirby，2000），尽管世界不同地区的滩涂剖面形态特征各异，但大体可归纳为上凸形（convex）和下凹形（concave）两种基本形态，上凸形滩涂大多呈现淤长趋势，而下凹形滩涂多表现为侵蚀趋势（Friedrichs，2011）。基于大量实测数据，Friedrichs（2011）指出影响滩涂剖面形态的因素有很多，包括潮流、波浪、泥沙来源、生物作用、人类活动等（图 4-36）。

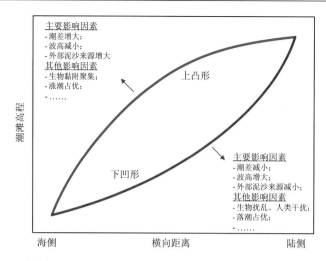

图 4-36　滩涂剖面形态与影响因素（基于 Friedrichs, 2011; 张长宽等, 2018）

　　在泥沙来源较为稳定的情况下，潮流和波浪作为主要影响因素，它们的相对强弱很大程度上决定了滩涂剖面的形态特征。当潮流占主导作用时，尤其是涨潮历时短于落潮历时的涨潮占优情况下，滩涂沉积物有岸向的净输移，剖面多呈现上凸形；而当波浪占主导作用时，沉积物有海向的净输移，滩涂剖面多呈现下凹形。

　　此外，风暴潮、生物作用、人类活动以及潮汐不对称性等因素也不同程度上影响着滩涂的演化及其形态特征。其中，台风浪对于滩涂滩面形态改造的显著作用备受关注，例如，台风期间风暴增水效应使得江苏沿海的"双凸形"滩涂剖面形态及沉积分布格局发生变化，台风过后在平均高潮位线附近出现泥质沉积物最大堆积点，在滩涂中下部存在不同程度的侵蚀，整个滩涂剖面呈现"上凸"形态（赵秧秧和高抒，2015）。

　　以一维平衡态为例，讨论滩涂平衡剖面，Friedrichs 和 Aubrey 于 1996 年提出的切应力空间均等理论认为，由水动力产生的底部切应力是泥沙输移的直接原因，因此，沉积物的侵蚀、淤积、运动等过程通常来说与底部切应力可建立直接或者间接的数学关系，该理论假设当滩涂上最大底部切应力处处相等时地貌达到稳定状态，相对于直接估算沉积物的输移，底部切应力的空间分布是一个更直接、有效的出发点，滩涂上某点的切应力与其平均值的偏差是沉积物发生净冲刷或者净淤积的原因。

　　基于以上假设，Friedrichs 和 Aubrey（1996）推导出了潮流作用与波浪作用分别主导下岸线顺直或弯曲滩涂的平衡剖面形态。以顺直岸线的情况为例，假设滩涂剖面沿程线性变化，即

$$Z(x) = a\left(2\frac{x}{L} - 1\right) \tag{4-2}$$

式中，$Z(x)$ 为 x 处滩涂的高程，x 介于 0～L 之间（x 为 0 或 L 分别对应滩涂低水位或高水位处的位置）；a 为潮振幅。对于这种线性剖面，Friedrichs 和 Aubrey（1996）发现在标准正弦潮汐作用下，滩涂中下部（即 $Z \leqslant 0$）各点最大潮流速（以及最大切应力）相同，滩涂剖面处于平衡状态，而滩涂中上部（即 $Z > 0$）各点上的最大潮流速（以及最大

切应力）并不相同，因此滩涂剖面中上部不同位置上会产生不均匀的泥沙输运，造成地貌改变。综合来看，方程（4-2）所表示的线性剖面在单一潮流作用下并非平衡剖面。基于最大切应力沿程相等这一条件，Friedrichs 和 Aubrey（1996）修正了滩涂中上部的方程，得到潮流主导下滩涂平衡剖面形态的解析解为

$$Z(x) = \begin{cases} a\left(\dfrac{x}{L^*} - 1\right), & 0 \leqslant x \leqslant L^* \\ a\sin\left(\dfrac{x}{L^*} - 1\right), & L^* < x \leqslant L \end{cases} \qquad (4\text{-}3)$$

式中，L^* 为滩涂中下部的长度（当 $x = L^*$ 时，$Z = 0$）。方程（4-3）所表示的滩涂剖面形态如图 4-37 中蓝色线所示，平均海平面以下部分是线性剖面，以上部分是正弦曲线所表示的上凸形剖面。

当考虑波浪作用主导时，Friedrichs 和 Aubrey（1996）发现线性剖面不能满足最大切应力沿程相等的平衡条件，基于波浪能守恒方程，推求得到滩涂平衡剖面方程为

$$\frac{h(x)}{h_0} = (1 - \frac{x}{L})^{2/3} \qquad (4\text{-}4)$$

式中，$h(x)$ 为滩涂沿程 x 处的水深，h_0 为 $x = 0$ 时高潮位时的水深，也即潮差。方程（4-4）所表示的滩涂剖面形态如图 4-37 中的绿线所示，可见在仅考虑波浪作用时滩涂呈现下凹形剖面。

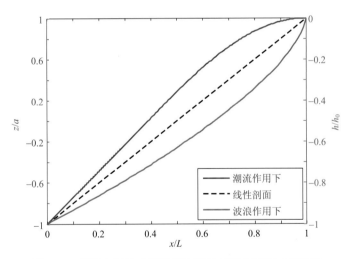

图 4-37 潮流与波浪分别作用下滩涂平衡剖面形态解析解

基于 Friedrichs 和 Aubrey（1996）理论绘制

上述滩涂剖面在潮流及波浪作用主导下的解析解对于认识滩涂形态特征及演变规律有重要的价值，从基础理论层面解释了主控因子不同的滩涂呈现不同形态特征的原因。

4.4.4　潮沟系统平衡态

现实中外部动力条件一直在不断变化，因此现实生活中的潮沟一直在摆动，但模拟的潮沟由于动力条件较稳定，可以达到某种动态平衡，同时在模拟的过程中记录不同阶段的地貌发育情况。以下以物理模型实验为例，作简要介绍。

以江苏省中部沿海川东港南侧潮滩-潮沟系统为研究对象，选用变态、动床模型，模拟正向潮流作用下潮沟系统的发育演变过程，泥沙运动形式包括悬移质和推移质运动；实验中滩面变形以冲刷过程为主，伴随有少量淤积。由于实验室条件下难以使用正态模型模拟平坦宽阔的潮滩情况，因此，实验选用平面比尺 λ_l=750，垂向比尺 λ_h=100，模型变率为 7.5。为保证极浅水情况下模型沙的运动符合实际，通过水流相似条件和泥沙起动相似条件确定模型沙。模拟在潮汐作用下，潮沟系统从平坦滩面逐渐形成、发育演变至动态平衡状态的过程，并分析了潮沟系统在不同阶段的形态特征（龚政等，2017b）。

如图 4-38 所示，在实验初期，滩面变化剧烈，滩面上形成细密的、互不连通的纹理，其方向大致与水流涨落方向一致。在"归槽水"作用下，纹理连通形成细长形潮沟，再逐渐加深、拓宽和延长形成潮沟系统。在实验后期，虽然在短时间范围内会存在潮沟局部形态调整的现象，但长时间内潮沟系统总体形态特征基本保持不变，认为此时潮沟系统达到了动态平衡状态，即研究区的滩面输沙量散度（滩面高程变化量）近似为 0，泥沙在模型区域的绝大部分处于静止状态（潮流动力与地貌基本匹配、泥沙几乎不动），接近于前面介绍的平衡态类型的第一类。

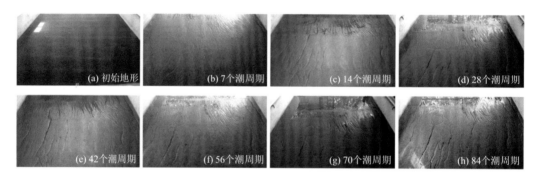

图 4-38　潮沟系统发育过程（龚政等，2017b）

定义两种判断潮沟系统的发育程度的方法，一是以潮沟发育各阶段潮沟系统的总长度与终态时潮沟总长度的比值，二是不同实验阶段潮沟及其相邻处潮滩的高程变化速率。在实验过程中，通过这两种方法衡量潮沟系统的发育程度，结果显示潮沟演变先快后慢，演变初期潮沟内部高程变化速率快于潮沟外部，随着潮沟发展，潮沟内外高程变化速率之差逐渐减小。

潮滩达到动态平衡后，潮沟内外高程变化速率大致相当，潮沟不会显著加深或拓宽。在实验过程中，潮沟平面形态特征也发生了变化，潮沟系统发育达到动态平衡后，模型中各级潮沟个数占潮沟总数量的比例基本固定，与江苏中部潮沟系统遥感资料以及前人的实验结果相吻合。1 级、2 级、3 级潮沟的截面面积、宽度与深度依次增大；4 级潮沟的截面面积和深度小于 3 级潮沟，宽度大于 3 级潮沟。各级潮沟宽深比基本稳定。潮沟的宽度、深度、宽深比均符合对数正态分布；潮沟的宽度与宽深比、深度与宽深比之间均具有幂函数关系（龚政等，2017b）。

在此基础上，改变不同的初始床面和不同的潮差，获得不同情况下潮沟的发育过程。潮沟发育过程受到床面坡度变化的影响，坡度均一的潮滩上，潮沟系统通过相邻小潮沟相互连接而形成，没有明显的潮沟头部溯源侵蚀现象；水深较大时，水流流速主要受水位变化率的控制。涨潮流和落潮流对于潮沟的塑造作用不同，涨潮流对于潮沟的塑造作用表现在涨潮初期流速出现最大值阶段，强烈的水流推动潮沟内外的泥沙同时向上游运动，使潮沟向末端方向延伸；落潮流对于潮沟的塑造表现在落潮后期，由于地形对水流的集中，上游汇聚的归槽水持续对潮沟底部和边壁进行冲刷，使潮沟不断加深并横向摆动，而潮沟外部的泥沙运动较弱。当潮滩演变至动态平衡状态后，整体上潮滩中部的泥沙运动最为剧烈，潮沟发育最为明显，其次是潮间上带，潮间下带最弱。泥沙运动强度分布情况与水动力条件有关，当潮位处于波峰和波谷时，潮位变化梯度近乎为 0，水动力条件较弱，因此在潮间带上部和下部的泥沙运动较弱（龚政等，2017a）。

统计比较了不同潮差情况下潮沟的发育情况，不同潮汐动力对于潮滩-潮沟系统塑造过程的不同：对于单位面积的纳潮流域而言，大潮差情况具有较大的纳潮量，水动力条件较强，能够更迅速改变潮滩形态，并使其达到动态平衡；相反，小潮差情况则是较为缓慢地塑造潮滩-潮沟地形。潮差越大则潮沟系统越早达到动态平衡，且具有更大的拓宽潮沟的作用，但潮差对于潮沟系统形态和结构的影响较小，不会影响到潮沟总长度对于流域面积的响应（龚政等，2017a）。

总体而言，滩涂地貌受到潮汐、波浪、台风浪、生物过程、海平面上升等多种不同时空尺度的动力过程影响，多处于动态变化和调整中，滩涂地貌在小时空尺度上很难处于一个绝对的冲淤平衡状态，但在一个较长时间尺度上如边界动力条件变化较小，可结合输沙率及其梯度判断滩涂是否处于冲淤平衡态，这对于判断滩涂生态系统健康性、海岸工程前后地貌格局的稳定性等方面具有重要的科研价值和实际应用意义。

参 考 文 献

陈才俊. 1990. 围滩造田与淤泥质潮滩的发育[J]. 海洋通报, (3): 69-74.

陈才俊. 1991. 江苏淤长型淤泥质潮滩的剖面发育[J]. 海洋与湖沼, (4): 360-368.

陈德昌, 金镠, 唐寅德, 等. 1989. 连云港地区淤泥质海岸近岸带水体含沙量的横向分布[J]. 海洋与湖沼, 6: 544-553.

陈卫跃. 1992. 潮滩泥沙输移及沉积动力环境——以杭州湾北岸、长江口南岸部分潮滩为例[J]. 海洋学报, 13(6): 813-821.

龚政, 耿亮, 吕亭豫, 等. 2017a. 开敞式潮滩-潮沟系统发育演变动力机制——Ⅱ.潮汐作用[J]. 水科学进展, 28(2). 231-239.

龚政, 黄诗涵, 徐贝贝, 等. 2019. 江苏中部沿海潮滩对台风暴潮的响应[J]. 水科学进展, 30(2): 243-254.

龚政, 吕亭豫, 耿亮, 等. 2017b. 开敞式潮滩-潮沟系统发育演变动力机制——Ⅰ. 物理模型设计及潮沟形态[J]. 水科学进展, 28(1): 86-95.

龚政, 张长宽, 陶建峰, 等. 2013. 淤长型泥质潮滩双凸形剖面形成机制[J]. 水科学进展, 24(2): 212-219.

刘桂卫, 黄海军, 丘仲锋. 2010. 大风浪影响下海域泥沙输运异变数值模拟[J]. 水科学进展, 21(5): 701-707.

刘希林, 谭永贵. 2012. 现代地貌学基本思想的认识和发展[J]. 中山大学学报：自然科学版, 51(4): 112-118.

唐寅德. 1989. 淤泥质海滩泥沙交换输移形式及其判据的探讨[J]. 泥沙研究, 1: 1-7.

汪亚平, 高抒, 张忍顺. 1998. 论盐沼-潮沟系统的地貌动力响应[J]. 科学通报, (21): 2315-2320.

杨桂山, 施雅风, 季子修. 2002. 江苏淤泥质潮滩对海平面变化的形态响应[J]. 地理学报, (1): 76-84.

杨世伦. 1991. 风浪在开敞潮滩短期演变中的作用——以南汇东滩为例[J]. 海洋科学, (2): 59-64.

张东生, 张君伦, 张长宽, 等. 1998. 潮流塑造-风暴破坏-潮流恢复——试释黄海海底辐射沙脊群形成演变的动力机制[J]. 中国科学(D 辑: 地球科学), 28(5): 394-402.

张忍顺. 1986. 江苏省淤泥质潮滩的潮流特征及悬移质沉积过程[J]. 海洋与湖沼, 17(3): 235-245.

张洋, 邹志利, 苟大旬, 等. 2015. 海岸沙坝剖面和滩肩剖面特征研究[J]. 海洋学报, 37(1): 147-157.

张长宽, 徐孟飘, 周曾, 等. 2018. 潮滩剖面形态与泥沙分选研究进展[J]. 水科学进展, 29(2): 122-135.

章可奇, 金庆祥, 王宝灿. 1994. 杭州湾北岸张家库潮滩动态系统的频谱分析[J]. 海洋与湖沼, (4): 446-451.

赵秧秧, 高抒. 2015. 台风风暴潮影响下潮滩沉积动力模拟初探——以江苏如东海岸为例[J]. 沉积学报, 33(1): 79-90.

朱骏, 杨世伦, 谢文辉, 等. 2001. 潮间带短期冲淤过程的横向差异及其定量表达——以长江口南汇滨海岸段的观测分析为例[J]. 地理研究, (4): 423-430.

Allen J R L, Duffy M J. 1998. Medium-term sedimentation on high intertidal mudflats and salt marshes in the Severn estuary, SW Britain: The role of wind and tide[J]. Marine Geology, 150: 1-27.

Bassoullet P, Le Hir P, Gouleau D, et al. 2000. Sediment transport over an intertidal mudflat: Field investigations and estimation of fluxes within the "Baie de Marenngres-Oleron" (France) [J]. Continental Shelf Research, 20(12-13): 1635-1653.

Black K S. 1999. Suspended sediment dynamics and bed erosion in the high shore mudflat region of the Humber Estuary, UK[J]. Marine Pollution Bulletin, 37(3-7): 122-133.

De Swart H E, Zimmerman J T F. 2009. Morphodynamics of tidal inlet systems[J]. Annual Review of Fluid Mechanics, 41: 203-229.

Fan D, Guo Y, Wang P, et al. 2006. Cross-shore variations in morphodynamic processes of an open-coast mudflat in the Changjiang Delta, China: With an emphasis on storm impacts[J]. Continental Shelf Research, 26(4): 517-538.

Fan D, Li C. 2002. Rhythmic deposition on mudflats in the mesotidal Changjiang Estuary, China[J]. Journal of Sedimentary Research, 72(4): 543-551.

Friedrichs C T. 2011. Tidal Flat Morphodynamics : A Synthesis[J]//Wolanski E，McLusky D. Treatise on Estuarine and Coastal Science. Amsterdam: Elsevier, 137-170.

Friedrichs C T, Aubrey D G. 1996. Uniform Bottom Shear Stress and Equilibrium Hypsometry of Intertidal Flats[M]//Pattiaratchi C. Coastal and Estuarine Studies, Mixing in Estuaries and Coastal Seas. Washington D C: American Geophysical Union, 405-429.

Gong Z, Jin C, Zhang C K, et al. 2017. Temporal and spatial morphological variations along a cross-shore intertidal profile, Jiangsu, China[J]. Continental Shelf Research, 144: 1-9.

Kirby R. 2000. Practical implications of tidal flat shape[J]. Continental Shelf Research, 20(10/11): 1061-1077.

Lettmann K A, Wolff J O, Badewien T H. 2009. Modeling the impact of wind and waves on suspended particulate matter fluxes in the East Frisian Wadden Sea (Southern North Sea)[J]. Ocean Dynamics, 59(2): 239-262.

Li J F. 1991. The rule of sediment transport on the Nanhui tidal flat in the Changjiang estuary[J]. Acta Oceanologica Sinica, 10(1): 117-127.

Palmsten M L, Holman R A. 2012. Laboratory investigation of dune erosion using stereo video[J]. Coastal Engineering, 60(2): 123-135.

Paola C, Voller V R. 2005. A generalized Exner equation for sediment mass balance[J]. Journal of Geophysical Research: Earth Surface, 110(F4).

Postma H. 1954. Hydrography of the Dutch Wadden Sea[J]. Arch. Neerl., 10: 405-511.

Postma H. 1961. Transport and accumulation of suspended matter in the Dutch Wadden Sea[J]. Netherlands Journal of Sea Research, 1(1/2): 148-190.

Wang B C, Eisma D. 1990. Supply and deposition of sediment along the north bank of Hangzhou Bay, China[J]. Netherlands Journal of Sea Research, 25(3): 377-390.

Yang S L, Friedrichs C T, Shi Z, et al. 2003. Morphological response of tidal marshes, flats and channels of the outer Yangtze River mouth to a major storm[J]. Estuaries, 26: 1416-1425.

Zhang R S. 1992. Suspended sediment transport processes on tidal mud flat in Jiangsu Province, China[J]. Estuarine, Coastal and Shelf Science, 35(3): 225-233.

Zhou Z, Coco G, Townend I, et al. 2017. Is "Morphodynamic Equilibrium" an oxymoron?[J]. Earth-Science Reviews, 165: 257-267.

第5章 滩涂生物动力地貌耦合作用

河口海岸滩涂泥沙运动输移及地貌演变规律是海岸工程学、地貌学的重要研究内容。河口海岸滩涂有机质含量高，丰富而活跃的生物因子与泥沙颗粒相互影响，赋予了泥沙颗粒生物特性，深化了对于传统海岸泥沙运动力学的认知，相关研究正逐渐成为研究热点。因此，有必要掌握河口海岸滩涂地貌多尺度耦合演变中的生物-物理过程相互作用关系，开发考虑包括潮汐、波浪、风暴潮、泥沙输运、生物作用等多种动力过程耦合的河口海岸滩涂动力地貌演变数值模型，本章着重介绍滩涂植被动力地貌过程、微生物与水沙地貌的互馈、底栖生物对水沙过程的影响等相关成果。

5.1 滩涂植被动力地貌过程

盐沼滩涂是一个复杂的生态系统，盐沼植被作为其中的重要组成部分，影响着水动力、泥沙输运及地貌演变过程。滩涂常规水动力主要是潮流和波浪，现场观测和室内实验均表明盐沼有着显著的消浪弱流作用。当潮流传播到盐沼区域时，植被会对潮流产生阻挡，其阻挡水流的机理为平均流速降低、紊动的产生、能量耗散以及垂向流速剖面的改变（Leonard and Luther, 1995）。波浪在光滩上传播时，波能耗散主要由水深减小以及底摩阻增大造成，从而发生变形甚至破碎；而在盐沼区域内，波浪破碎为主要耗能方式（Chen et al., 2020; 史本伟等, 2010; 时钟等, 1998）。盐沼的消浪弱流效果受植被种类、植株高度、生物量、密度等因素影响（史本伟等, 2010）。

盐沼本身的生长扩张也受到环境因素的影响。植株的淹水频率高低决定了其生长阶段的环境是否适宜，过高或过低的淹水频率会分别造成缺氧和干旱高盐的问题（Colmer and Flowers, 2008; Fraaije et al., 2015）。潮流也是输送植被种子的重要动力途径之一，使植株可以在滩面上大范围定植。盐沼前缘的泥沙堆积为植被提供了生长空间，从而促进盐沼的海向扩张。而较强的环境作用力会对盐沼植被产生侵蚀破坏，如波浪是盐沼前缘陡坎侵蚀和崩塌的主要因素之一，造成盐沼岸线后退（Tonelli et al., 2010）。此外，如海平面上升等长时间尺度的动力过程也会造成影响：若泥沙供给速率小于海平面上升速率，在造成滩涂面积减少的同时，会使盐沼退化成光滩（李加林等, 2006）；若泥沙供给充足，能够抵消甚至超越海平面上升带来的影响，则会促进盐沼前缘的垂向沉积与海向扩张（汪亚平等, 1998）。

总体而言，泥沙来源充足、波浪作用较弱、海平面上升速率较慢的区域适宜盐沼植被生长和扩张。但目前关于海岸动力和泥沙运动对植被生长作用的认知还处于定性层面，定量化研究仍处于发展阶段。因此，建立海陆耦合、环境-植被动力过程耦合的动力地貌模型对于预测海岸植被的未来演变具有重要意义。本节依次介绍了盐沼植被生态地貌特征、盐沼植被对水-沙-地貌影响模拟以及水沙过程对盐沼植被生长过程影响模拟。

5.1.1　盐沼植被生态地貌特征

盐沼滩涂中上部分布着耐盐植被，中下部一般为光滩，盐沼滩与光滩的交界处通常被称为盐沼前缘。陆侧成熟的盐沼通常是呈片状分布，且常伴随潮沟系统来实现物质交换，其地貌变化通常缓慢，但盐沼前缘的海向推进与陆向蚀退较为明显且易于观测。因此，常通过盐沼前缘形态变化来研究滩涂水动力与沉积环境特征。

盐沼前缘总体呈现 3 种典型的地貌形态（Allen, 2000; Evans et al., 2019）：一是盐沼滩与光滩之间以斑块或簇团的形式平缓过渡[图 5-1（a）]，受局部水动力、沉积物供给等因素的影响，斑块大小、形态各异，靠海侧簇团一般较小，靠岸侧簇团随着盐沼扩张可连成片；二是盐沼滩与光滩之间表现为高度约 0.5～2.0 m 的前缘陡坎[图 5-1（c）]，一般被认为是侵蚀型滩涂的表征（Allen, 1989; Bendoni et al., 2014; Fagherazzi et al., 2013; Zhao et al., 2017），但也有学者发现前缘陡坎也可发育在淤长型滩涂环境（Gao and Collins, 1997）；三是介于前两者之间的脊-沟相间的地貌形态[图 5-1（b）]，常被认为是过渡性地貌单元（Allen, 2000; Carling et al., 2009），长期来看主要表现出侵蚀性特征，脊-沟走向通常与岸线垂直且海向坡度一般小于 10°，靠海侧的脊-沟上一般无盐沼植被分布。

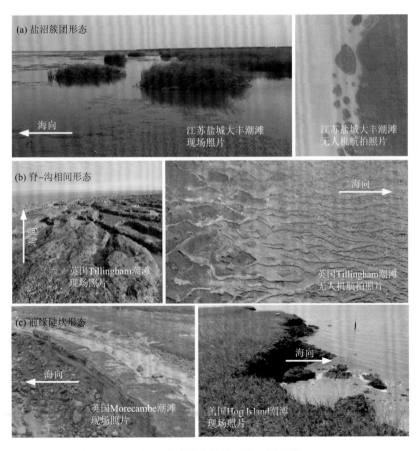

图 5-1　不同盐沼滩涂地貌前缘形态（周曾等，2021）

　　盐沼前缘地貌演变受控于多种因素，包括泥沙供给、海平面上升速率、区域水动力环境、生物种群竞争与共生行为等。一般而言，盐沼斑块主要分布于波浪较弱、沉积物来源丰富的淤长型滩涂，常见于我国江苏沿海滩涂与长江三角洲滩涂；盐沼前缘陡坎主要分布于波浪较强、沉积物供给较少的侵蚀型海岸，在英国东部海岸、荷兰瓦登海及意大利威尼斯潟湖报道较多；脊-沟相间的地貌形态研究相对较少，主要集中在英国的部分滩涂。这3类盐沼前缘形态会随着动力环境条件的改变发生系统状态转换，且一些地区的盐沼前缘可表现出周期性的侵蚀与扩张特征（Allen, 2000; Singh Chauhan, 2009），但其系统状态转换的具体机制尚不明确。下文以江苏斗龙港滩涂的现场观测研究为例进行具体介绍。

　　Chen 等（2020）在斗龙港滩涂的现场观测过程中，发现了两种盐沼前缘地貌形态：斑块状与陡坎状[图 5-2（b），（d）]。此外，在图 5-2（c）所示区域观察到了陡坎与斑块共存的现象，将其视作两种地貌的过渡区域。设置了三条观测断面 A-A（斑块状）、B-B（过渡区）和 C-C（陡坎状），测量了断面高程、水动力、泥沙、植被等数据。

　　高程结果显示 C-C 断面的盐沼滩高程最高（约 1.6 m），其他两个断面均低于 1.5 m。C-C 断面处的陡坎高度约为 0.4 m，B-B 断面处陡坎较小，高度约为 0.1 m。在光滩区域，B-B 断面的高程最高。三个区域靠近前缘的光滩坡度均较平缓，但当远离盐沼前缘时，C-C 断面的坡度不断增大（图 5-3）。

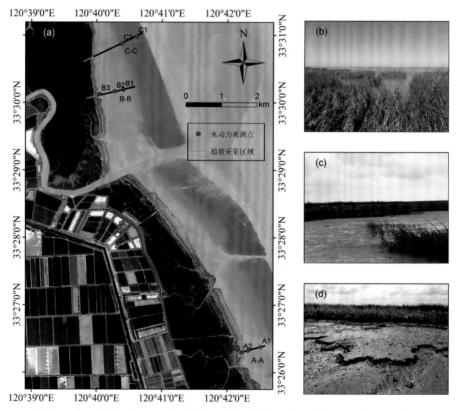

图 5-2　江苏斗龙港潮滩研究区域与盐沼前缘地貌形态（Chen et al., 2020）

（a）研究区域观测断面及点位布置图及盐沼前缘的地貌形态；（b）斑块状；（c）斑块与陡坎共存；（d）陡坎状

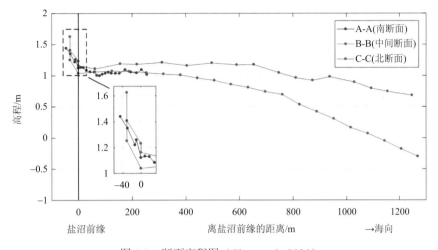

图 5-3　断面高程图（Chen et al., 2020）

　　水动力数据结果显示，波浪在向岸传播过程中，有效波高沿程减小，在测量点 A2 和 A3 之间的有效波高沿程衰减率大于 A1 和 A2 之间的衰减率[图 5-4（a）]，凸显了盐沼前缘处植被的消浪作用。C-C 断面的有效波高最大为 0.7 m，大于 A-A 断面的 0.4 m [图 5-4（a）、（c）]，对应两个断面处的盐沼前缘地貌形态，说明波浪作用是形成陡坎的重要因素之一。C1 测点和 A2 测点的水体悬沙浓度值变化较大，最大值分别可达到 1700 g/m³ 和 2000 g/m³ 以上，而 C2 位点的水体悬沙浓度值变化较小，平均值为 500 g/m³ [图 5-4（d）]。

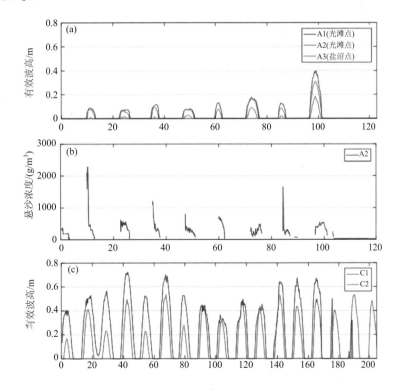

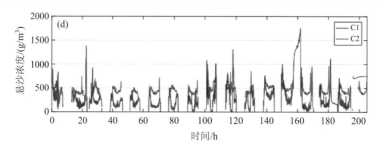

图 5-4　研究断面的水动力图

（a）A-A 断面的有效波高；（b）A2 测点的水体悬沙浓度；（c）C-C 断面的有效波高；（d）C-C 断面的水体悬沙浓度（Chen et al.，2020）

　　在盐沼区域，一共采集了 22 个 0.5 m×0.5 m 的植物样方，测量了各个样方的植株密度、平均植株直径、平均植株长度与地上生物量干重，分析结果如下：

　　从变化趋势上看，A-A 和 B-B 的平均植物密度在前缘附近先增加后降低，而 C-C 断面的值先降低后增加[图 5-5（a）]。三个断面的平均植物直径都向陆增加，但在远离盐沼边缘时，B-B（x=160 m）和 C-C（x=210 m）都出现一个较小的下凹点，分别为 6.4 mm 和 6.5 mm。三个断面的平均株高在空间上都呈现出相似的变化趋势：先升高，后降低，再升高[图 5-5（c）]。三个断面的地上生物量干重均先在前期增加，后向陆地方向减少 500~800 g/m³。在 B-B 和 C-C 断面，地上生物量干重在大约 110 m 后变得相对稳定（B-B 和 C-C 的值分别为 1500 g/m³ 和 1300 g/m³）。

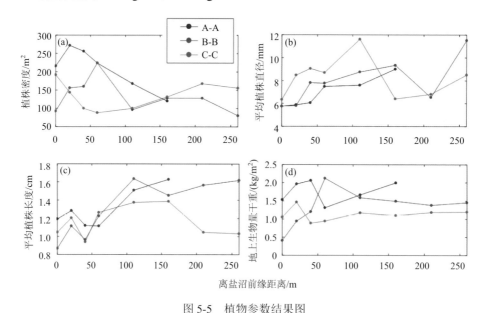

图 5-5　植物参数结果图

（a）植株密度；（b）平均植株直径；（c）平均植株长度；（d）地上生物量干重（Chen et al.，2020）

　　通过比较 3 个断面的植物特征，发现某些植物参数的空间分布具有一定的相位差。例如，截面 C-C 和 B-B 之间的平均植株直径变化曲线有约 20 m 的相位差，B-B 和 A-A

曲线之间的相位差也约 20 m[图 5-5（b）]。如果以 B-B 断面作为参考，则 A-A 断面可视为在 B-B 断面的基础上向海延伸 20 m，而 C-C 断面可视为向陆地移动 20 m。对于植物密度和地上生物量干重的变化曲线，B-B 和 C-C 断面之间也存在这种相位差[图 5-5（a）、（d）]。

此外，B-B 断面最前缘处（0～20 m）的植物参数总是最小的，但随后 B-B 断面的植物特征参数会迅速增大甚至超过另外两条断面（图 5-5），其原因是在 B-B 断面前缘，先锋盐沼植物一直处于一个生长-侵蚀-再生长的循环发展中。因此，该处的植物总是处于早期状态，生物量较小。

5.1.2　盐沼植被对水-沙-地貌影响模拟

盐沼植被对水沙动力地貌影响的研究处于快速发展阶段。典型的生物动力地貌数学模型主要包括水动力、泥沙运动、地貌改变和盐沼植被 4 个模块，不同模块之间通过相互作用和耦合共同影响系统的演变（图 5-6）。本节以潮流为主导作用的淤长型潮滩为例，建立了水动力、泥沙输运与植被生长过程相耦合的地貌演变模型，模拟了潮滩剖面的发育和演变过程，剖析了植被对潮滩水动力、泥沙输运以及地貌演变的影响。

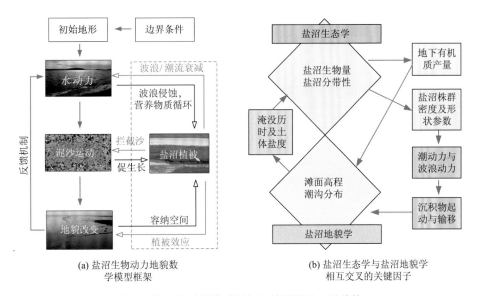

(a) 盐沼生物动力地貌数　　　　(b) 盐沼生态学与盐沼地貌学
　学模型框架　　　　　　　　　相互交叉的关键因子

图 5-6　盐沼生物动力地貌模型框架与关键因子（周曾等，2021）

5.1.2.1　植被与水-沙-地貌过程耦合模型

由于模拟岸段的沿岸均一性，采用一维浅水方程来计算横向潮流的水动力过程。泥沙输运以悬移质输运为主，暂不考虑推移质运动。在植被生长模拟中，目前有两种应用较广泛的植被生长模型，以下作详细介绍。

（1）Mudd 等（2004，2010）提出了生物量与平均高潮位时滩面水深间呈线性关系，生物量计算公式为

$$B = \begin{cases} \dfrac{B_{\max}}{D_{\max} - D_{\min}}(D - D_{\min}), & D_{\min} \leqslant D \leqslant D_{\max} \\ 0, & D < D_{\min} \text{或} D > D_{\max} \end{cases} \tag{5-1}$$

式中，B 为生物量；$B_{\max}$ 为最大生物量，取 2.0 kg/m^2；D 为平均高潮位时滩面水深；$D_{\max}$、$D_{\min}$ 分别为植被生存的上下限水深。

（2）Morris（2006）提出了生物量与平均高潮位时滩面水深间呈抛物线关系，生物量计算公式为

$$B = \begin{cases} B_{\max}(aD + bD^2 + c), & D_{\min} \leqslant D \leqslant D_{\max} \\ 0, & D < D_{\min} \text{或} D > D_{\max} \end{cases} \tag{5-2}$$

选取参数 a、b、c，满足式中 B 值在 D 取值 $D_{\max}$、$D_{\min}$ 时为 0 以及在抛物线对称轴处取最大值 $B_{\max}$，$D_{\min}$ 取值为 0 m，$D_{\max}$ 为潮差的函数（Kirwan et al., 2010; Mckee and Patrick, 1988）：

$$D_{\max} = 0.7167T_r - 0.483 \tag{5-3}$$

式中，T_r 为潮差。

关于水沙动力过程与植被生长过程的耦合，主要考虑了植被 4 个方面的影响。

（1）植被提高了滩面的抗冲刷能力，采用 Mariotti 和 Fagherazzi（2010）提出的泥沙起动临界切应力与生物量之间的关系式，表达式为

$$\tau_{\text{eveg}} = \tau_e(1 + K_{\text{veg}}B/B_{\max}) \tag{5-4}$$

式中，K_{veg} 为决定植被影响程度的系数，取值为 5.0（Le Hir et al., 2007）。

（2）植被影响了泥沙沉积过程，采用 Kirwan 等（2010）、Mariotti 和 Fagherazzi（2010）提出的植被存在时泥沙沉积率的计算公式，表达式为

$$Q = Q_s + Q_t \tag{5-5}$$

式中，Q_s 为泥沙的自然沉积率；Q_t 为被植被黏附所引起的泥沙沉积率，本节中将植株视作圆柱体，Q_t 计算式如下：

$$Q_t = cud_s n_s h_s \xi \tag{5-6}$$

式中，c 为垂向平均含沙浓度，kg/m^3；u 为潮流经过植被区时的垂向平均流速，m/s；d_s 为植株的直径，m；n_s 为单位面积内的植株数量，m^{-2}；h_s 为植株的平均高度，m；ξ 为植株捕获泥沙颗粒的效率，Palmer 等（2004）根据实测资料提出 ξ 的经验计算公式为

$$\xi = 0.224\left(\dfrac{ud_s}{v}\right)^{0.718}\left(\dfrac{d_p}{d_s}\right)^{2.08} \tag{5-7}$$

式中，d_p 为泥沙颗粒的中值粒径，m；v 为水的运动黏滞系数，m^2/s。d_s、n_s、h_s 为植被的参数，Mudd 等（2004）提出植被参数是生物量的函数，关系式分别为

$$d_s = 0.0006B^{0.3} \tag{5-8}$$

$$n_s = 250B^{0.3032} \tag{5-9}$$

$$h_s = 0.0609B^{0.1876} \tag{5-10}$$

（3）植被能增加额外的水流拖曳力，对水流流速产生影响。自然界中的植物存在多样性，但在模型中将植株简化为在水流作用下不发生倾倒和摆动的刚性圆柱体。目前考虑植被对水流作用的普遍做法是将植被看作吸收平均动量的"汇"，在动量方程中增加阻力项 F_D，表达式为

$$F_D = \frac{1}{2} C_{DV} n_s d_s u^2 \tag{5-11}$$

式中，C_{DV} 为植被对水流的拖曳系数，设为 1.0；u 为潮流经过植被区时的垂向平均流速，m/s。

（4）植被能产生有机物沉积，可直接改变床面高程。Randerson（1979）提出有机物沉积导致滩面高度增加值与生物量之间的线性关系式为

$$\Delta z_g = k_b B / B_{\max} \Delta t \tag{5-12}$$

式中，Δz_g 为有机物沉积滩面高度增加值；k_b 为最大的沉积速率，取 0.009 m/a。

5.1.2.2　植被对水-沙-地貌过程影响模拟

在上述模型中，设置滩涂初始剖面如图 5-7 所示，平均海平面为 0 m，滩涂高程从 –6 m 到 4 m，坡度为 1/1000，滩涂总宽度 10 km。海边界设置潮差为 4.0 m、周期为 12 h 的正弦潮；涨潮期间海边界的悬沙浓度设置为定值 0.1 kg/m³。空间步长 $\Delta x = 50$ m，时间步长 $\Delta t = 20$ s。

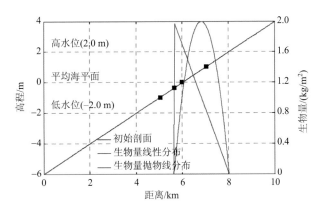

图 5-7　初始时刻生物量沿程分布（龚政等，2018）

模型分别采用上述介绍的两种植被生物量计算方法（分别简称"植被生物量线性分布"和"植被生物量抛物线分布"）研究滩涂植被-动力-地貌过程。初始时刻植被生物量沿程分布如图 5-7 所示，植被分布在距海边界 5.7～8.0 km 的区域，生物量分别呈线性和抛物线分布。

为了研究植被对滩涂水流的影响，分别计算滩涂有无植被时演变初期几个代表性区域涨潮时的最大流速值，选择区域分别为光滩区（C 点）、盐沼边缘地带（E 点）、植被区（D 点）、潮间带上部（F 点）。涨潮期间最大流速值以及植被对水流产生的阻力项计算结果见表 5-1，表中涨潮最大流速是指演变初期一个潮周期内的涨急流速，通过该值

的变化情况来分析植被的弱流作用。

表 5-1　不同区域涨潮最大流速以及植被对水流产生的阻力项

监测点	最大流速/（cm/s）			阻力项 F_D/（10^{-3} m/s²）		
	无植被	线性分布	抛物线分布	无植被	线性分布	抛物线分布
光滩区 C 点	27.9	27.2	27.9	0	0	0
盐沼边缘 E 点	25.1	18.8	19.9	0	3.9	1.4
植被区 D 点	24.9	18.6	19.1	0	3.7	2.7
潮间带上部 F 点	22.7	16.2	15.0	0	2.0	2.6

由表 5-1 可知，在无植被和有植被分布时，涨潮最大流速都是从海向陆依次减小。在光滩区，植被存在对涨潮最大流速影响较小。生物量呈线性分布时，植被对盐沼边缘 E 点涨潮最大流速的削减为 25.1%；对植被区 D 点涨潮最大流速的削减为 25.3%；对潮间带上部 F 点涨潮最大流速的削减为 28.6%。生物量呈抛物线分布时，植被存在对盐沼边缘 E 点涨潮的削减为 20.7%；对植被区 D 点涨潮最大流速的削减为 23.3%；对潮间带上部 F 点涨潮最大流速的削减为 33.9%。由此可知，当植被生物量呈抛物线分布时，只有在潮间带上部的弱流效果比线性分布情况更好。对应表 5-1 的阻力项数据，生物量呈抛物线分布时产生的阻力项沿程增加，而线性分布情况产生的阻力项沿程减小。因此，不同的生物量分布形式会产生不同的阻力和弱流效果，在滩涂演变数值模拟中选取合适的生物量分布形式尤为重要。

演变初期滩涂植被对滩面泥沙冲淤量的影响如图 5-8 所示。总体上看，无论滩涂植被是否存在，泥沙淤积量在向岸方向上逐渐减少，位于滩涂中下部区域的监测点 C、E 的泥沙淤积量要高于位于滩涂上部区域的监测点 F 的泥沙淤积量（图 5-8）。光滩区（C 点）的泥沙淤积量与滩涂有无植被存在的关系不大[图 5-8（a）]。盐沼边缘地带（E 点）在有植被存在时的泥沙淤积量比无植被存在时大，但生物量的分布形式对该点泥沙淤积量的影响不大[图 5-8（b）]。植被区（D 点）在有植被存在时泥沙淤积量增加，且当植被生物量呈线性分布时的泥沙淤积量略微高于生物量呈抛物线分布的情况[图 5-8（c）]。潮间带上部（F 点）情况与植被区（D 点）基本相同，区别在于生物量呈线性分布时对泥沙淤积量的影响更大。综上所述，当有植被存在时，盐沼区域的泥沙淤积量增加，且与无植被情况对比的淤积增加量沿程不断增大，即在向岸方向上植被对泥沙淤积的影响逐渐增大。此外，生物量呈线性分布对泥沙淤积的影响大于生物量呈抛物线分布的情况。

滩面冲淤的变化会导致滩涂地貌发生改变。从初始状态至模拟 16 年期间滩涂剖面床面高程和对应的生物量分布如图 5-9 所示，图中圆圈表示剖面沿程的生物量相对大小。与无植被情况下的滩涂剖面床面高程演变过程相比，植被的存在能够改变滩涂剖面的形态。初始时刻，植被从距海边界 5.7 km 左右的位置开始出现，此处的剖面高程演变和生物量演变过程中都有一个陡坎。陡坎的出现是由于涨潮流在盐沼边缘遇到植物阻碍，水体流速减小，携沙能力下降，导致泥沙在此大量沉积，且植被对底床的掩护又使滩面沉积物在落潮期不易再被掀起，减轻了滩面侵蚀，最终光滩与植被区边缘因为滩面沉积高度不同产生落差，形成陡坎。

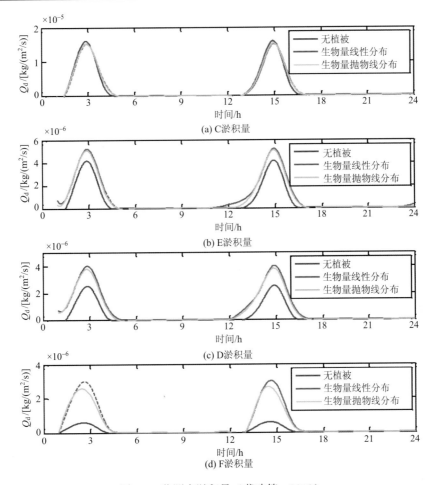

图 5-8　监测点淤积量（龚政等，2018）

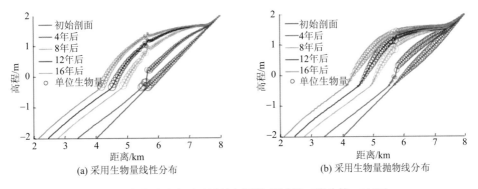

图 5-9　生物量分布以及滩涂剖面演变过程（龚政等，2018）

　　盐沼植被在地貌演变过程中发挥着"屏障"作用,因为潮流在滩涂盐沼区域被削弱,这里成为潮流到达的新终点,细颗粒泥沙被输运到此处后不再向岸输运,同时由于盐沼植被茎叶对泥沙颗粒的黏附作用,细颗粒泥沙大量沉积在盐沼植被带前缘,为植被生存提供了条件。随着滩涂演变的继续,滩面持续淤高,成为适宜植被生长的区域,因此植被区不断占有原先的光滩并向海扩张，盐沼与光滩的交界处一直向外海移动。总体而言，盐沼植被可以弱流促淤，大量淤积的泥沙又为植被生长提供了条件，体现了互反馈机制。

　　在采用两种生物量分布形式进行滩涂生物-动力-地貌模拟的过程中，地貌演变趋势都符合上述规律，但盐沼边缘出现的陡坎坡度有显著差异。当生物量为线性分布时，生物量最大值出现在盐沼边缘，植被对此处的水动力、地貌过程影响大，因此陡坎坡度较陡。当生物量为抛物线分布时，生物量最大值并不出现在盐沼边缘，因此陡坎坡度较缓。

　　综上所述，采用不同的植被生物量分布形式，将直接影响到滩涂演变过程。图 5-9（a）采用的生物量线性分布形式，即生物量与平均高潮位时滩面水深间呈线性关系，其参数设置基于 Morris 等（2002）收集的美国南卡罗来纳州北汉河口 18 年的植被密度、直径、高度等实测资料。Morris（2006）指出，不同区域的代表性植被的生物量空间分布类型不同，故选择线性分布对于模型研究有很大的局限性，因此提出了生物量的抛物线分布形式，其适用于不同类型植被同时存在以及种间竞争等作用的情况。如图 5-9（b）反映的是一种典型的盐沼植被——互花米草，其初始时刻的生物量呈抛物线分布。因此，要使模型具有广泛的适用性，就需要详细收集研究区域内植被的密度、直径等数据，分析植被的空间分布情况，选择适用于本区域植被类型的生物量分布形式。

5.1.3　水沙过程对盐沼植被生长过程影响模拟

　　为研究水沙过程对植被生长的影响，基于 van de Koppel 等（2005）的一维盐沼前缘形态空间自组织理论框架（用于研究前缘陡坎演化机制），进一步将其拓展为二维模型，其中自主研发了包含盐沼生长、消亡过程的生态动力地貌模型，可模拟盐沼弱流、消浪、捕沙作用与地貌演变的耦合过程。以下为模型的控制方程：

1. 沉积物高程变化方程

$$\frac{\partial S}{\partial t} = I_{max}\left(1 - \frac{S}{K_S}\right) - e_{max}\frac{a}{a+P}\tau(x)S \\ - d_S\frac{b}{b+P}\frac{\partial S}{\partial x}S + A_S\left(\frac{\partial^2 S}{\partial x^2} + \frac{\partial^2 S}{\partial y^2}\right) - R_{SLR} \tag{5-13}$$

式中，S 为沉积物厚度（m）；I_{max} 为最大沉积速率（m/a）；K_S 为最大沉积层深度（m）；e_{max} 为水平面最大侵蚀率（a^{-1}）；a 为水流侵蚀减少 50% 的植被量（kg/m^2）；P 为植被生物量（kg/m^2）；$\tau(x)$ 为标准化底部剪应力，是距离的函数，范围为 0（陆）到 1（海）；d_S 为泥沙的波浪侵蚀常数（a^{-1}）；b 为波浪侵蚀减少 50% 的植被量（kg/m^2）；A_S 为沉积物坡度扩散系数（m^2/a）；R_{SLR} 为海平面上升速率（m/a）。

　　该二维沉积物高程变化方程增加了沉积物坡度扩散和海平面上升项。其中，第一项为泥沙沉积量，第二项为水流侵蚀量，第三项为波浪侵蚀量，第四项为坡度扩散量，第五项为海平面上升侵蚀量。

2. 植被生物量变化方程

$$\frac{\partial P}{\partial t} = P_{\text{seed}} + r\left(1 - \frac{P}{K_P}\right)\frac{S}{c+S}P - d_P - d_P\frac{\partial S}{\partial x}P$$
$$+ A_P\left(\frac{\partial^2 P}{\partial x^2} + \frac{\partial^2 P}{\partial y^2}\right) - C_{\text{inund}}\left(h - h_{\text{cr}}\right)$$

(5-14)

式中，P 为植被生物量（kg/m²）；P_{seed} 为播种后的初始植被生物量（g/m²）；r 为植被先天增长率（a⁻¹）；K_P 为植被最大现存量（kg/m²）；S 为沉积物厚度（m）；c 为沉积物高度对植被生长的影响参数（m）；d_P 为植被的波浪侵蚀常数（a⁻¹）；A_P 为植被生物量扩散系数（m²/a）；C_{inund} 为淹没造成的植被侵蚀量（kg/（m²·a））；h 为波高（m）；h_{cr} 为临界淹没侵蚀高度（m）。

该二维植被生物量变化方程增加了植被存活率、季节性变化及植被扩散项。其中，第一项为初始植被量，第二项为植被生长量，第三项为植被死亡量，第四项为波浪侵蚀量，第五项为坡度扩散量，第六项为淹没侵蚀量。

模型参数设定如表 5-2 所示。

表 5-2　模型参数及取值

参数项		含义	取值	单位
变量	S	沉积物厚度	$0 \sim K_S$	m
	P	植被生物量	$0 \sim K_P$	kg/m²
	τ	标准化底部剪应力，作为距离的函数，范围从 1（向海边缘）到 0（向陆边缘）	$0 \sim 1$	—
	x, y	空间坐标	$x \leqslant L_x, y \leqslant L_y$	m
	t	时间		s
参数	Δt	时间步长	1	d
	t_interval	导出时间间隔	1	month
	t_{sim}	总模拟时间	15	month
	I_{max}	最大沉积速率	0.01	m/a
	K_S	最大沉积层深度	1	m
	e_{max}	水平面最大侵蚀率	0.05	a⁻¹
	a	水流侵蚀减少 50% 的植被量	0.05	kg/m²
	d_S	泥沙的波浪侵蚀常数	2	a⁻¹
	d_P	植被的波浪侵蚀常数	30	a⁻¹
	b	波浪侵蚀减少 50% 的植被量	0.02	kg/m²
	a_0	潮汐振幅	2	m
	r	植被先天增长率	20	a⁻¹
	K_P	植被最大现存量	2	kg/m²
	d	植物衰老损失率	0.6	a⁻¹
	c	沉积物高度对植物生长影响的参数	1	m

续表

参数项		含义	取值	单位
参数	t_{die}	植被死亡周期	365	d
	t_{updveg}	生物量方程的时间步长	1	d
	seedcr	在网格中播种的阈值机会	0.01	a^{-1}
	P_{seed}	播种后的初始植被生物量	400	g/m^2
	t_{seed}	一年内播种的天数	15	d
	plowerlimit	植被生物量最小值	400	g/m^2
	A_S	沉积物坡度扩散系数	0.01	m^2/a
	A_P	植被生物量扩散系数	0.4	m^2/a

　　尝试不同风浪、潮汐、泥沙供给、盐沼自然生长-凋亡速率、海平面上升等主控参数的组合对盐沼地貌形态的影响，模拟得到了盐沼演化的初步结果（图 5-10）。

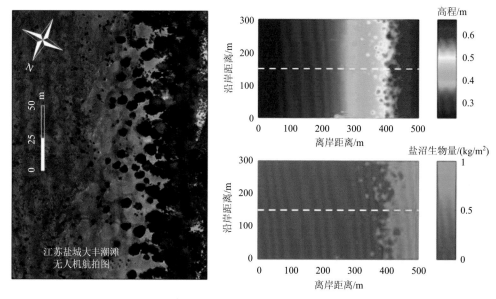

图 5-10　江苏盐城大丰滩涂盐沼前缘无人机航拍的盐沼簇团形态（左）及项目团队开发的盐沼前缘形态模型结果

　　对该模型进行进一步的拓展、率定和完善，可以较好地模拟盐沼前缘簇团生长扩张过程，并与实地观测进行了对比（图 5-11）。结果显示，盐沼前缘植被簇团以单簇近乎圆形的形态特征生长发育，并且不断由陆向海扩张，海岸线上的盐沼植被呈现出一种零星分布的特征。簇团之间也存在相互连接、相互扩张的规律，并逐渐形成一片片连片的植被。在图 5-11（a）和图 5-11（b）的植被生长扩张过程中，其靠岸侧均形成了一条后缘植被条带。通过分析后缘植被条带生长扩张的短时间尺度变化，发现相比于盐沼前缘植被簇团的快速生长扩张，其后缘植被条带的生长扩张过程较为缓慢。

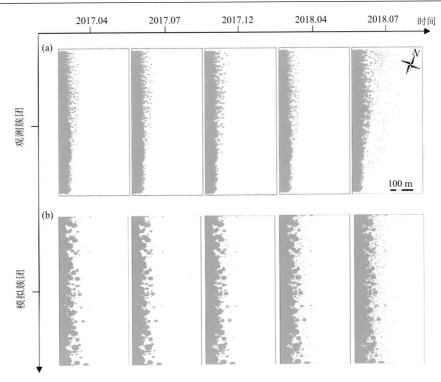

图 5-11　实地观测簇团生长扩张过程（a）和模型模拟簇团生长扩张过程（b）

当盐沼前缘植被簇团向海推进时，盐沼后缘植被条带变化较小。在盐沼植被生长时间范围内，对实地观测和模型模拟的单个簇团的生长扩张过程进行对比分析后发现滩涂前缘植被簇团的生长和扩张方式包括以下几种：①两个或多个相邻的簇团会逐渐生长扩张，进而合并成一个较大但形状不一定规则的簇团；②两个或者多个相邻的簇团正在发育生长，但并未出现合并的现象，依然保持相互独立的状态；③随着时间的推移和植被的不断生长，部分前缘植被簇团会与后缘植被条带相接合；④以上几种变化类型甚至可能发生在相邻位置。

对盐沼前缘植被簇团的数量和面积进行统计分析，并将实测数据和模拟数据对比后发现，盐沼前缘簇团的数量和面积具有一定的相关性（图 5-12）。在整个模拟期间，盐沼前缘植被簇团在数量和面积方面都有显著的增加，其中在 2018 年 4 月至 2018 年 7 月（夏季）期间增长速度最快。在 2017 年 12 月至 2018 年 7 月期间，实地观测的簇团面积随时间增加，而模型模拟的簇团面积却先减小后增加。通过分析模型中簇团的生长扩张过程，发现在 2017 年 12 月至 2018 年 4 月期间，有部分靠近后缘植被条带的簇团通过生长和扩张逐渐与植被条带相连，而图 5-12 统计的是盐沼前缘植被簇团的面积，故簇团面积呈现先减少后增加的趋势。簇团数量的分析结果显示，实地观测中 2018 年 7 月的簇团数量约为刚开始观测时的 9 倍，而其面积约为刚开始时的 2 倍；模型中 2018 年 7 月的簇团数量约为刚开始时的 15 倍，而其面积约为刚开始时的 1.5 倍。不难发现，植被簇团面积的增长速度小于数量的增长速度，主要是因为盐沼前缘植被向海向扩张新生了许多的小簇团，数量虽然庞大，但是面积却都不大。

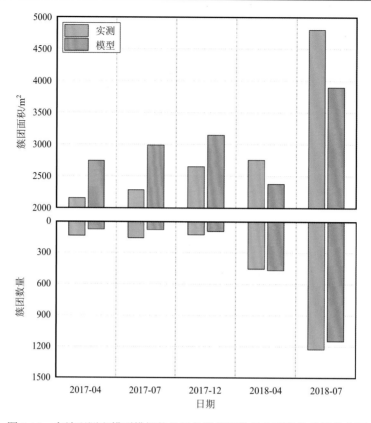

图 5-12 实地观测和模型模拟的盐沼前缘簇团数量和面积的柱状分布图

由于盐沼前缘植被的簇团形状近似圆形，故可以使用圆形面积公式来近似计算簇团的半径。计算得到实地单个盐沼植被簇团的半径变化范围为 0～8 m，模型模拟的单簇簇团生长半径范围为 0.14～13 m，在一个自然年内簇团数量中位数所对应的半径值随时间略有变大；第二年开始时向海方向会新长出簇团，这些簇团数量多、面积小，因此对应的半径中值会在第二年内先大幅减小，再变大。

对实地观测和模型模拟盐沼前缘植被簇团的扩张速率进行计算统计。结果显示，模型模拟的簇团扩张速率变化趋势与实测结果基本吻合，均呈现出先增大、再减小、再增大的趋势：2017 年 7 月至 2017 年 12 月以夏季、秋季为主，植被处于快速生长期间，故簇团扩张速率增大；2017 年 12 月至 2018 年 4 月以冬季为主，植被处于枯萎停滞期间，故簇团扩张速率减小；2018 年 4 月至 2018 年 7 月以春季、夏季为主，植被又开始进入迅速生长期间，故簇团扩张速率在此期间又迅速增大且涨幅最大。实地观测向海方向的簇团扩张速率为 5.88 m²/d，而模型模拟的簇团扩张速率为 4.25 m²/d。因此盐沼前缘植被簇团的生长趋势为春夏生长扩散、冬季枯萎停滞。

在结果分析中，以 75% 的后缘条带植被覆盖率为界定后缘植被条带前缘线的率定值，即当某条线的后缘植被条带在此处所占的比例大于等于 75% 时，认为这条线为后缘植被条带的前缘线，由此可得模型中后缘植被条带的向海延伸速率为 0～0.058 m/d，实际测得的后缘条带扩张速率为 0～0.082 m/d，两者相差较少。总体而言，模型结果与现场观测数据在盐沼簇团分布特征、扩张速率等方面吻合良好，能够较好地模拟盐沼簇团扩张情况，表明水沙动力过程与盐沼生长过程之间的互馈作用。

5.2　微生物与水沙地貌的互馈

潮滩具有浅水动力作用下以泥沙沉积为主的环境特点，沉积物中营养物质丰富，孕育有大量底栖微生物（包含底栖微藻、细菌、真菌类），它们或附着在泥沙表面，或活跃在泥沙表层 0～30 cm 深度内，与水沙、地貌等物理过程相互作用，形成独特而重要的生物地貌系统。

潮滩上天然生长的底栖微生物可通过分泌黏性的胞外聚合物（extracellular polymeric substances，EPS），增强泥沙颗粒间的聚合力，降低滩面表层粗糙度，从而增大泥沙临界起动切应力，影响潮滩淤积状况（Paterson and Daborn, 1991）。潮滩中的底栖微生物也是海岸带生态系统的食物基础，可通过食物网影响整个海岸带生态系统的能量流动和生物群落演替进程（Herman et al., 1999）。

探索生物、水沙与地貌相互作用中的关键反馈机制已成为国内外学术研究的热点。但现阶段，相关研究和前沿性成果多集中在盐沼湿地和红树林（汪亚平等，1998；高抒等, 2014；龚政等，2021；Morris et al., 2002；Marani et al., 2007；Fagherazzi et al., 2012；D'Alpaos and Marani，2016），针对微生物影响下的潮滩系统的研究仍相对较少，对微生物、水沙、地貌的交互作用机制认识不足，难以有效支撑海岸带保护修复工程的国家需求。本节关注潮滩微生物-水沙-地貌系统，依次探讨了微生物对潮滩底床形态的影响、微生物作用下的微地貌形成过程，微生物对潮沟异质性的响应特征。

5.2.1　微生物对底床形态的影响

第 3 章介绍了生物膜对泥沙的稳定效应，除了对冲刷率的有效抑制以外，菌藻共生生物膜的形成，还会改变冲刷过程中的床面形态，对微地貌的重塑具有重要影响。如图 5-13 所示，对比了"干净沙"和培养 22 天的菌藻共生生物泥沙在冲刷过程中床面形态的变化特征。首先，微生物群落以表面生物膜的形式紧密附着于底床面层，表现出更强的抗侵蚀能力。随着冲刷的进行（BSS=0.26 Pa，t=283 s），"干净沙"大规模悬浮，水体浑浊，床面逐渐产生明显的沙纹；而生物泥沙水体中仅有少量悬浮物，床面保持平整，未见床面变形。

如图 5-13（a）所示，"干净沙"在低剪切作用下发生床面变形，侵蚀过程伴随着沙纹的产生和发育，图中箭头反映沙纹的形成。砂质底床表面变形的过程是非常动态的，随着时间的推移，沙纹不断迁徙，其波高、波长等形状参数也不断发生改变。

如图 5-13（b）所示，菌藻共生生物泥沙底床表现出的侵蚀过程与"干净沙"差异显著。首先，冲刷过程中不再观察到沙纹，不再观察到单颗粒泥沙在床面的滚动、跳跃、继而悬浮的过程，表明泥沙在发生冲刷初期的推移质运动被完全抑制。这表明，生物膜生长后，泥沙不再展现非黏性泥沙的运动特征。当底部切应力增加至 0.14 Pa 或更高时，生物膜首先在固液交界面的索动作用下发生局部、小规模的破坏。部分生物膜局部卷起并沿边缘翻转，随着水流的持续冲刷，生物膜碎片从床层表面脱落。如图 5-13（b）所示，床面颜色由明显的黄褐色逐渐褪去。

(a) 干净沙
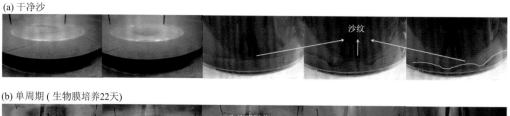

(b) 单周期（生物膜培养22天）
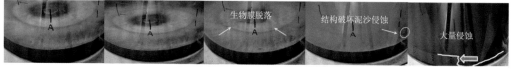

图 5-13　"干净沙"和培养 22 天后的菌藻共生生物泥沙的侵蚀过程对比

在更高的切应力作用下（>0.31 Pa），底床的侵蚀开始加剧，不再发生如图 5-13（b）中生物膜从边缘掀起到分块剥离的渐进过程，而是直接将上层呈片状生物膜整体"撕裂"，卷入上层水体。该过程中，同时被悬浮进入水体的还有大量包裹于 EPS 网状结构中的表层泥沙。如图 5-13（b），当冲刷持续发生，底部切应力（bed shear stress）增加到 BSS=0.31 Pa 和 BSS=0.33 Pa 时，图中箭头表示生物膜在脱落后整体结构稳定性发生的破坏。大规模侵蚀发生（mass erosion），而这种冲刷方式通常只在黏性泥沙中发生。

在微生物的作用下，非黏性泥沙的冲刷模式完全转变为黏性泥沙的冲刷模式，冲刷过程并非沿深度方向均匀向下。由于菌藻生物膜的表面分布有不均匀性，颜色上呈浅棕、金棕、深棕色等多种色度，在床面的某些区域较厚，或在某些区域强度较高，如图 5-13（b）（$t=0$ s）所示。这种不均匀的菌藻共生生物膜分布在野外观测中更为常见。

因此，与"干净沙"相比，生物泥沙底床的侵蚀过程也体现出沿床面的不均匀性。在高剪切力作用下（BSS=0.31 Pa），破坏从生物泥沙床面的"最薄弱点"开始，最表层被撕裂后，冲刷由该点开始，破坏范围迅速向四周扩张，而床面上的其他部分仍然保持稳定，未见破坏产生。这意味着，本实验中，生物泥沙的破坏决定于床面强度最弱的一点。该点发生破坏后，由于"冲刷坑"的形成，水流应力在该点集中，将进一步加剧冲刷，直至在整个底床范围内，以该破坏点为辐射中心，向四周横向冲刷，该过程类似岸壁的侵蚀后退。这种破坏模式直接导致了大量泥沙在短时间内被侵蚀，水体中 SSC 急剧增加（图 5-13）。

由本节实验结果可知，生物膜对床面变形的发生时间、形态变化、最终状态均有较大影响。虽然生物膜抑制了沙纹的形成，但在另一方面，其实加剧了冲刷过程中床面的非均匀变形。传统的关于如沙纹、沙丘或平层冲刷等冲刷过程中产生的床面变形的解读，并未考虑富含微生物的潮间带环境中生物膜的作用。由本节和 3.3 节的综合分析可得，生物膜作用对泥沙特性、冲刷过程、床面变形、微地貌塑造等均产生重要影响，甚至在冲刷发生方式、床面变形等方面，对传统意义下的非黏性泥沙的动力响应行为产生颠覆

性改变。相较于室内实验，潮滩环境中，春夏季节菌藻共生生物膜覆盖范围广、泥沙中
EPS 含量高，其影响更加不可忽视。

5.2.2　微生物与微地貌的互馈过程

5.2.2.1　微地貌关键要素空间分布特征

潮滩上广泛分布着椭圆形（或圆形）高丘与积水洼地交替出现的微地貌（图 5-14），
内部栖息有大量的底栖生物资源，其中高丘上覆盖有大量的棕色底栖微藻（多为硅藻）。
Weerman 等（2010）研究认为，这种微地貌是底栖微藻-泥沙-水动力相互作用的结果：
底栖微藻分泌胞外聚合物（EPS）减弱了泥沙侵蚀，增强了泥沙沉积，而泥沙沉积又
为底栖微藻生长提供了良好的基质条件，底栖微藻与泥沙的正向反馈下形成高丘；退
潮时高丘上的水流向低处，使得低处的胶态物质再悬浮，泥沙侵蚀相对严重，形成积
水洼地。

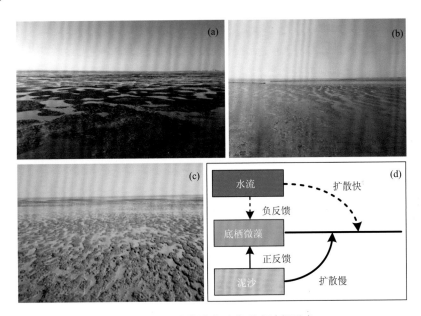

图 5-14　潮滩微地貌及其形成过程示意

对潮滩微地貌的野外采样结果发现，高丘上的底栖微藻含量、胶态碳水化合物含量、
淤泥质泥沙（$D_{50}<63\ \mu m$）占比均要高于相邻的积水洼地。高丘处底栖微藻平均含量为
$60\sim90\ mg/kg$，分泌的胶态碳水化合物平均含量为 $47\sim52\ mg/kg$；而积水洼地处的底栖
微藻平均含量仅有 $20\sim35\ mg/kg$，胶态碳水化合物含量为 $25\sim32\ mg/kg$。胶态化合物可
增强泥沙颗粒间的凝聚力并减弱滩面表层的粗糙度，因此可减少表层淤泥质泥沙的侵蚀，
采样结果显示高丘处淤泥质泥沙在沉积物中占比为 $25\%\sim38\%$，而对应的积水洼地处淤
泥质泥沙占比为 $15\%\sim23\%$。

5.2.2.2　底栖微藻-物理环境自组织微地貌模拟

越来越多的学者考虑在传统水沙地貌模型的基础上引入生物过程，以期模拟大尺度潮滩生物地貌演化（周曾等，2021）。以基于动力过程的数学模型为主流，通过较准确地还原潮流、波浪、泥沙分选、泥沙输运、生物生长、地貌演化的复杂相互作用过程，已在潮流、波浪以及风暴潮作用下的潮滩生物地貌模拟方面发挥了重要作用（Lumborg et al.，2006；Kirwan and Murray，2007；Le Hir et al.，2007）。然而，这些模型在详细刻画水沙过程时采用较为复杂的数学方程，且将不同时空尺度的动力过程耦合到同一模型的难度很大，在探究潮滩生物-物理互馈作用下的系统突变问题时适用性较低。

概化的动力学模型忽略大尺度上的水动力、泥沙输移和地貌过程，通过偏微分方程描述生物量、泥沙沉积高度随时间、空间的变化和扩散，以及生物与泥沙二者之间的相互作用，模型的数学方程简单，在定性分析生物-物理互馈时间累积驱动下系统稳态突变特性及空间自组织驱动下的地貌形态特点等方面具有巨大优势（Scheffer et al.，2001）。模型框架如下：

$$\frac{\partial \text{BIO}}{\partial t} = r\left(1 - \text{BIO}/K\right)\left[f\left(\text{SED}, \tau\right)\right]\text{BIO} - d\,\text{BIO} - L_{\max}\left(\text{SED}, \tau\right)\text{BIO} + A\nabla^2 \text{BIO} \qquad (5\text{-}15)$$

$$\frac{\partial \text{SED}}{\partial t} = I_{\max}\left[f\left(\text{SED}, \text{BIO}\right)\right]\text{SED} - e_{\max}\left(\text{SED}, \text{BIO}, \tau\right)\text{SED} + D\nabla^2 \text{SED} \qquad (5\text{-}16)$$

式中，BIO 为生物量；SED 为泥沙沉积高度。式（5-15）中的右侧第一项描述生物生长过程，通常由逻辑斯蒂生长方程表示，r 代表内在生长率、K 代表环境容纳量，生物的生长同时可能会受到沉积高度 SED、底部剪切应力 τ 的影响；第二项描述生物的自然凋落死亡过程，d 为死亡率；第三项描述潮流、波浪等动力扰动导致的生物量损失，死亡率通常受到最大死亡率 $L_{\max}$、泥沙沉积高度、底部剪切应力等因素的影响；第四项描述生物的扩散，例如盐沼植物的种子扩散，A 为扩散常数，$\nabla^2 \text{BIO}$ 为生物量在 x 和 y 方向上的扩散。式（5-16）中的右侧第一项描述泥沙的沉积速率，通常受到最大沉积率 $I_{\max}$、历史沉积高度、生物量等因素的影响，但有时也可将沉积速率简化为常数；右侧第二项描述潮流、波浪、生物量变化等过程导致的泥沙侵蚀，通常受到最大侵蚀率 $e_{\max}$、历史沉积高度、生物量、底部剪切应力等因素的影响；第三项描述泥沙的扩散，例如重力引起的泥沙由高处向低处的扩散，D 为扩散常数，当描述泥沙自海向陆的沉积坡度时，该项也可写为 ΔSED。

1. 模型结构

潮滩系统中，微地貌的自组织过程具体表现为底栖生物与周围环境在不同空间尺度上的不同反馈作用方式（Rietkerk and van de Kopple，2008）。基于对潮滩微地貌中的种群和关键环境要素空间分布特征野外调查结果可知，高丘上底栖微藻生物量和淤泥质泥沙存在相互促进作用，而水流向洼地的再分配抑制了泥沙沉积和底栖微藻生长，结合Weerman 等（2010）对底栖微藻-物理环境自组织微地貌形成机制的理论研究结果，猜测潮滩上的微地貌格局是由底栖微藻生长与泥沙沉积在小尺度上的正反馈，以及底栖微藻生长与水流分配在大尺度上的负反馈共同作用形成的。

潮滩微地貌具体的自组织过程和机制为：一方面底栖微藻生长并分泌胶态碳水化合物，由此在滩涂表面形成生物膜，这层生物膜通过增加泥沙间的黏性减小表层粗糙度从而抑制了泥沙的侵蚀，利于细颗粒泥沙的沉积，而细颗粒的泥沙又为底栖微藻提供了良好的生长环境，底栖微藻和细颗粒泥沙相互促进，不断聚集形成高丘；另一方面，退潮后潮水在高丘旁边的洼地里形成积水，使得洼地里的胶态碳水化合物无法形成生物膜，由此导致洼地里的底栖微藻和泥沙侵蚀状况严重。这种高丘上的底栖微藻和泥沙的不断聚集以及退潮后滩涂余水向洼地的再分配使得潮滩上出现高丘与洼地交替出现的微地貌。

在构建潮滩底栖微藻-物理环境自组织微地貌形成过程模型时，概化模型关注局部尺度上底栖微藻、泥沙、水动力间的相互作用和扩散过程，忽略大尺度上的水动力过程和泥沙悬浮、沉积、输移过程。

在 Weerman 等（2010）一维底栖微藻-物理环境自组织微地貌模型的基础上，考虑泥沙和水流在二维空间上的扩散，构建二维底栖微藻-物理环境自组织微地貌模型。采用非线性偏微分方程（PDE）的形式描述三个关键要素间的生态和物理过程，每个方程都包含反应项和扩散项，不同要素间的反馈过程通过反应项描述，各要素在不同空间尺度上的对流/扩散过程通过扩散项描述。主要过程如下。

底栖微藻的生长、死亡（主要表现为侵蚀造成的底栖微藻死亡）过程，控制方程如下：

$$\frac{\partial D}{\partial t} = r\left(1 - \frac{D}{k}\right)D - EC\frac{W}{W+q}D \tag{5-17}$$

式中，D 代表底栖微藻生物量（g/m^2）。方程式右边第一项描述底栖微藻的逻辑斯蒂生长过程，其中，r 代表底栖微藻生长率（$tide^{-1}$），k 代表底栖微藻的环境容纳量（g/m^2）；第二项描述底栖微藻的死亡过程，其中，E 代表当滩涂上底栖微藻生物量为零时，泥沙的最大侵蚀率（$cm/tide$），C 代表将泥沙侵蚀转化为底栖微藻死亡的常数（$tide^{-1}$），W 代表水位（cm），q 代表底栖微藻死亡量达到最大值一半时的水位高度（cm）。

泥沙的沉积、侵蚀（主要表现为底栖微藻死亡后的泥沙侵蚀）、扩散过程，控制方程如下：

$$\frac{\partial S}{\partial t} = S_{in} - S\left[E(1-D) + E_{min}\right] + A\nabla^2 S \tag{5-18}$$

式中，S 代表泥沙的沉积高度（cm）。方程式右边第一项 S_{in} 描述泥沙在滩涂上的沉积速率（$cm/tide$）；第二项描述泥沙的侵蚀过程，其中，E_{min} 代表泥沙的最小侵蚀率（$tide^{-1}$）；第三项描述由重力作用引起的泥沙从高丘向洼地的扩散过程，其中，A 代表泥沙扩散系数（$cm^2/tide$），$\nabla^2 S$ 描述泥沙的扩散。

退潮后的滩涂余水、渗透、流动，控制方程如下：

$$\frac{\partial W}{\partial t} = W_{in} - F(W - S) + \nabla\left[K(W)(W - S)\nabla W\right] \tag{5-19}$$

式中，W 代表水位高度（cm）。方程式右边第一项 W_{in} 代表退潮后滩涂上的余水（$cm/tide$）；第二项描述排水过程，F 代表排水率（$tide^{-1}$）；第三项描述水位坡降引起的水在滩涂上的流动过程，其中，∇W 描述水位梯度引起的水的流动，$K（W）$ 表水深较浅处由渗透引起的水位的减少，由式（5-20）描述：

$$K(W) = \frac{(K_W - K_S)T(W - S)^4}{T(W - S)^4 + 1} + K_S \tag{5-20}$$

式中，K_W 代表积水处的水渗透率（cm/tide）；K_S 代表无积水处的渗透率（cm/tide）；T 代表将水深转化为渗透率的常数。

2. 边界条件与初始条件

模型边界条件为周期性边界条件（图 5-15）：各变量在 x 和 y 方向均为周期性通量，即 $n_{x=1} = n_{x=m}$，$n_{y=1} = n_{y=m}$。

图 5-15　二维周期性边界条件示意图

周期性边界条件下，模型中变量在 x 方向上的对流可计算为

$$\frac{\partial n}{\partial x} = \frac{N_x - N_{x-1}}{\Delta x} = \frac{N[c(1:m), c(1:m)] - N[c(m, 1:m-1), c(1:m)]}{\mathrm{d}x} \tag{5-21}$$

式中，m 为模型模拟空间中 x 方向上的网格个数。

模型中变量在 y 方向上的对流可计算为

$$\frac{\partial n}{\partial y} = \frac{N_y - N_{y-1}}{\Delta y} = \frac{N[c(1:m), c(1:m)] - N[c(1:m), c(m, 1:m-1)]}{\mathrm{d}y} \tag{5-22}$$

式中，m 为模型模拟空间中 y 方向上的网格个数。

在周期性边界条件的基础上，模型中变量在 x 方向上的扩散通量可计算为

$$\frac{\partial n^2}{\partial x^2} = \frac{N_{x-1} - 2N_x + N_{x+1}}{\Delta x^2}$$

$$= \frac{\dfrac{N[c(m, 1:m-1), c(1:m)] - 2N[c(1:m), c(1:m)] + N[c(1, 2:m+1), c(1:m)]}{\mathrm{d}x}}{\mathrm{d}x} \tag{5-23}$$

模型中变量在 y 方向上的扩散通量可计算为

$$\frac{\partial n^2}{\partial y^2} = \frac{N_{y-1} - 2N_y + N_{y+1}}{\Delta y^2}$$

$$\frac{N[c(1:m),c(m,1:m-1)]-2N[c(1:m),c(1:m)]+N[c(1:m),c(1,2:m+1)]}{\mathrm{d}y}$$

$$=\frac{}{\mathrm{d}y} \qquad (5-24)$$

底栖微藻-物理环境自组织微地貌的形成机制认为，即使系统的初始状态下底栖微藻生物量极小且为均匀分布，生物与物理环境的自组织反馈过程会使得底栖微藻生物量快速增加，形成规则的微地貌。因此，模型设置底栖微藻的初始状态为均匀分布，其初始生物量为 $D_0 = 10^{-7}$ g/m^2，设置泥沙的初始状态为均匀分布，后给一个细微的空间扰动，使得整个模拟范围内泥沙高度最大值与最小值之间的差异小于 0.2 cm，设置水位初始分布与泥沙分布相同。为消除后续模拟过程中排水过程造成的数值不稳定性，模拟过程中 K_W 取相邻三个网格的调和平均值。

3. 关键参数

模型关键控制方程中各参数的释义、取值范围以及数据来源详见表 5-3。其中，泥沙侵蚀率 E 与泥沙沉积率 S_{in} 为界定不同潮间带滩涂环境状况差异的参数；参考实测资料中底栖微藻生长率 r 为 0.063122 mg/(m^2·h)（姚晓，2010），模型中设为 0.8 g/（m^2·tide）(0.063122 mg/(m^2·h))×12 h ≈ 0.76 g/（m^2·tide）；重力引起的泥沙由高处向低处的扩散系数 A、泥沙的渗水率 K_W、K_S 及水深转化为渗透率的常数 T 等参数主要由泥沙特性决定，

表 5-3　潮滩底栖微藻-物理环境自组织微地貌模型中关键参数

符号	释义	取值	单位	数据来源
底栖微藻生长死亡				
r	底栖微藻生长率	0.8	tide^{-1}	姚晓，2010
k	底栖微藻环境容纳量	1	g/m^2	Weerman et al., 2010
E	泥沙侵蚀率	[0.0012, 0.0032]	cm/tide	估测
C	泥沙侵蚀转为底栖微藻死亡的常数	500		估测
q	底栖微藻半饱和常数，即当底栖微藻死亡量达到最大值一半时的水深	1	cm	估测
泥沙悬浮沉积				
S_{in}	泥沙沉积率	[0.01, 0.02]	cm/tide	由二维水动力-泥沙动力过程数值模型计算得到
E_{min}	泥沙的最小侵蚀率	0.0005	tide^{-1}	估测
A	重力引起的泥沙扩散系数	5	cm^2/tide	Weerman et al., 2010
水流再分配				
W_{in}	每次退潮后的滩涂余水	0.02	cm/tide	估测
F	排水率	0.02	tide^{-1}	估测
K_W	水深较高处的渗透率	10	cm/tide	Weerman et al., 2010
K_S	水深为零处的渗透率	0.1	cm/tide	Weerman et al., 2010
T	水深转化为渗透率的常数	200		Weerman et al., 2010

模型中考虑的泥沙与 Weerman 模型中的泥沙特性相似，均为粒径较小的黏性泥沙，涉及的相关参数取值参考 Weerman 模型（2010）；对于无数据来源的参数包括将泥沙侵蚀转化为底栖微藻死亡的常数 C、底栖微藻半饱和常数 q、泥沙最小侵蚀率 E_{min}、退潮后的滩涂余水 W_{in} 及排水率 F，本书在合理取值范围内可以估测得出。

5.2.2.3　微地貌形成过程模拟

模型共模拟了 100×100 个网格，每个网格大小为 2 cm，因此实际模拟的滩涂范围为 2 m × 2 m。模拟范围虽仅为滩涂实际微地貌覆盖区域的很小一部分，但其余滩涂微地貌覆盖范围均具有与模拟范围相同的动力学过程，在模型中设置了周期性边界条件，后续探讨滩涂生态系统状态时模拟范围不影响系统状态表现。

模型模拟过程中相关模拟参数设置见表 5-4。

表 5-4　滩涂底栖微藻-物理环境自组织微地貌模型模拟参数

符号	释义	取值	单位
L	模拟区域的长度	2000	mm
m	单一方向上网格数	100	个
dx	x 方向单一网格大小	L/m	mm
dy	y 方向单一网格大小	L/m	mm
dT	模拟时间步长	0.025	tide
EndTime	模拟时间	4500	×0.025 tide
frac	泥沙高度细微差异比例	0.05	

图 5-16 展示了不同模拟时间 T 的泥沙淤积高度（S, cm）、水位（W, cm）和底栖微藻生物量（D, g/m^2）分布状态。结果显示潮滩底栖微藻生长、泥沙与水流在反馈调节作用下形成底栖微藻覆盖的沙丘与积水洼地交替分布的空间规则微地貌格局。当模拟时间 $T = 750$（对应实际模拟时间为 $750 \times 0.025 = 18.75$ tide），微地貌格局初步形成，底栖微藻所分泌的胶状物质 EPS 的反馈作用使得泥沙扩散减少，形成高丘，同时伴随水位差异增大。当模拟时间 $T = 1500$（对应实际模拟时间为 $1500 \times 0.025 = 37.5$ tide），底栖微藻产生的反馈作用持续增强，致使泥沙高度差不断增加，底栖微藻生物量增大。当模拟时间 $T = 4500$（对应实际模拟时间为 $4500 \times 0.025 = 112.5$ tide），微地貌达到稳定状态。分析泥沙高度、水位和底栖微藻生物量随时间的变化均值，结果表明稳定状态的泥沙高度差、水位差、底栖微藻生物量比初始状态明显增大。

5.2.2.4　微地貌的形成对潮滩初级生产力和泥沙沉积的影响

底栖微藻是潮滩上底栖动物的食物基础，其生物量的变化会对整个潮滩生态系统的能量流动产生重要影响。为探讨底栖微藻-物理环境自组织形成的微地貌对潮滩生态系统中底栖微藻生物量和泥沙淤积的影响，将具有完整自组织行为的微地貌系统和不具有自组织行为的均匀系统进行对比。

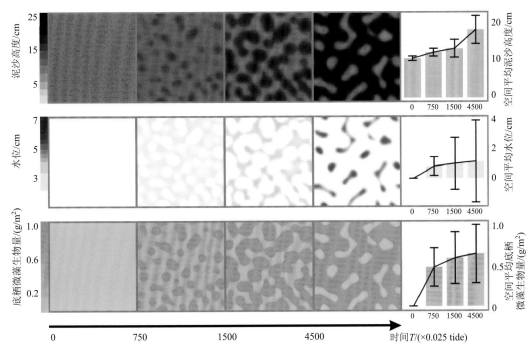

图 5-16 潮滩微地貌中泥沙淤积高度、水位、底栖微藻生物量随时间变化

改变底栖微藻-物理环境自组织微地貌模型中的泥沙扩散系数 A，控制模型中其他参数保持不变，可得到拥有不同动力学性质的系统：一是具有完整自组织行为的微地貌系统（A 取值为 5 cm²/tide），由于泥沙扩散能力有限，泥沙与底栖微藻正向反馈只发生在小尺度上，而水流的扩散能力更强，水流与底栖微藻负向反馈发生在大尺度上，系统具有形成微地貌的完整自组织行为；二是不具有完整自组织行为系统，泥沙扩散系数 A 取值为 50 cm²/tide。这种设定下，泥沙扩散能力较强，泥沙与底栖微藻的正向反馈和水流与底栖微藻的负向反馈发生在同一尺度上，系统不具有可形成微地貌的完整自组织行为。

模拟结果（图 5-17）显示，初期（$0 < T < 100$，$0\sim2.5$ tide）底栖微藻生物量迅速增长至 0.55 g/m²，后在侵蚀的作用下底栖微藻减少（$100 < T < 400$，$2.5\sim10$ tide）。此后，系统中生物-物理自组织行为不断增强，底栖微藻与泥沙的反馈调节使得生物量不断增加，同时，高丘处泥沙抗侵蚀性能增强，泥沙不断淤积。而对于不具有自组织行为的均质系统，泥沙与底栖微藻的正向反馈调节能力有限，侵蚀作用下，底栖微藻生长与泥沙淤积受阻。当两种系统达到稳定状态时，微地貌系统中底栖微藻生物量（0.62 g/m²）和泥沙淤积高度（17.9 cm）远大于均质系统中的底栖微藻生物量（0.38 g/m²）和泥沙淤积高度（11.5 cm）。由此证明，潮滩底栖微藻-物理环境自组织微地貌的形成有利于泥沙淤积，同时可增加潮滩的初级生产力。

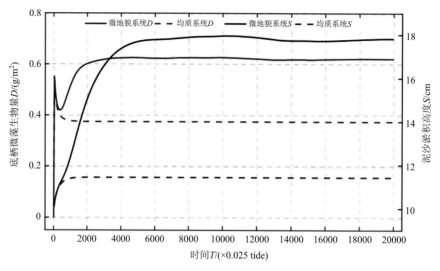

图 5-17　潮滩微地貌系统和均质系统中底栖微藻生物量、泥沙淤积高度
随模拟时间变化

5.2.3　微生物群落对潮沟异质性的响应

潮沟是在淤泥质潮滩上由于海洋动力而形成的潮汐通道，是潮滩上最为活跃的微地貌单元，并且由于其独特的水沙输运能力，在生态保护、航运交通、水产养殖等方面具有重要作用（Mallin and Lewitus, 2004）。潮沟的典型特征之一是蜿蜒曲折的平面形态。近期研究表明，潮沟曲流发育能够引起潮沟弯道两岸沉积环境的异质性，并由此影响潮滩地貌和生物生态过程（Wang et al., 2009；Ghinassi et al., 2018）。然而，这种沉积环境异质性能否影响潮滩微生物群落尚不清楚。

作为生物地球化学循环过程的关键参与者，潮滩微生物群落能够促进有机物的再矿化及污染物的去除，对于维持潮滩生态系统结构和功能意义重大（Yi et al., 2020；Natalie et al., 2018）。因此，调查微生物群落对潮沟异质性的响应特征并阐明其机制可以加深对于潮沟生态效应的认识，也有助于进一步揭示潮滩生物-地貌过程的互馈机制。下面以一项野外观测工作为例，介绍微生物群落对潮沟异质性的响应，并从沉积环境角度阐明其机制。

以位于中国江苏北部的潮滩为研究区域[图 5-18（a）]。该区域主要由泥质潮滩组成，具有坡度平缓（0.01%~0.03%）、宽度大（2~6 km）、水深小（<5 m）等特点，并且泥沙供应充足（Zhang et al., 2021）。潮汐为不规则的半日潮，平均潮差为 3.68 m。该区域发育着丰富的潮沟，并对地貌和生态过程产生了显著影响（Gong et al., 2018）。自 2012 年以来，沿着跨海岸剖面建立了 9 个观测站（S1~S9），以监测潮滩动力地貌演变过程（Gong et al., 2017）。选择位于 S5 和 S6 之间的潮沟作为研究对象，进行泥沙样品的采集。根据目视观测，采样潮沟宽度约 5 m，长度约 200 m，无植被覆盖。于 2020 年 11 月 16 日，在露滩期进行了泥沙采样。沿潮沟弯道每隔 10 m 设置 1 个采样点，共设置

了 12 个采样点[图 5-18（b）]，其中 6 个采样点在凸岸（VB），编号为 VB1～VB6；其余采样点位于凹岸（CB），编号为 CB1～CB6。

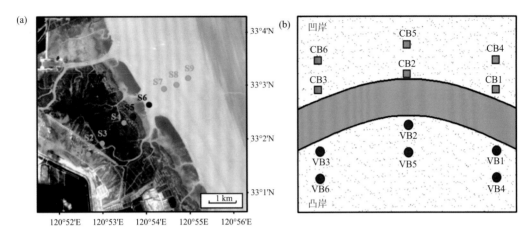

图 5-18　研究区域及采样点分布

在潮滩区域，与次表层泥沙中的微生物群落相比，表层泥沙由于富含营养和氧气，其中的微生物群落通常具有更高的多样性和生物量（Lavergne et al.，2017）。对潮间带生物地球化学循环更为重要（Decho，2000）。因此，在每个采样点，使用无菌铲子在 1 m² 内收集 2 cm 深度内的表层泥沙，然后将其储存在 4℃ 的无菌聚乙烯箱中。运输到实验室后，将其中一部分储存在 –80℃ 下用于微生物群落分析，其余泥沙样品储存在 –20℃ 下用于测量泥沙性质。

微生物（细菌）群落通过 DNA 提取、PCR 扩增和高通量测序进行表征（Long et al.，2021）。测序获得的原始微生物群落数据已上传至 NCBI 的 SRA 数据库（https://www.cbi.nlm.nih.gov/sra），项目编号为 PRJNA831292。在微生物测序基础上，基于测序结果，通过 FAPROTAX 数据库进一步对微生物群落功能特性进行分析，FAPROTAX 数据库的详细介绍见 Sansupa 等（2021）。

根据 Li 等（2019）描述的方法测量泥沙样品中有机碳（TOC）、总氮（TN）、总磷（TP）、pH、盐度和含水量等性质。使用激光衍射粒度分析仪（Mastersizer 3000，英国）测量泥沙颗粒粒径分布，并分析记录了 3 个主要泥沙颗粒尺寸参数，即中值粒径（D_{50}）、细颗粒泥沙占比（$d<63$ μm）和粗颗粒泥沙占比（$d>63$ μm）。

数据统计分析在 R 语言中进行，并使用 Origin 2021 软件进行作图。使用 t 检验比较潮沟弯道凹凸岸细菌 alpha 多样性指数、门水平上细菌丰度及细菌功能丰度的差异。此外，还使用 t 检验比较了凹凸岸之间泥沙性质的差异。皮尔逊（Pearson）分析揭示了 alpha 多样性指数与泥沙性质之间的相关性；借助冗余分析（RDA）揭示了细菌群落组成与泥沙性质之间的相关性，并进一步利用 Lai 等（2022）开发的 R 软件包 rdacca.hp 评估了不同泥沙性质对细菌群落组成的影响程度。最后，基于 Bray-Curtis 距离的主坐标分析（PCoA）揭示了凹凸岸细菌功能特性的整体性差异。

5.2.3.1 潮沟弯道两岸沉积环境异质性

潮沟弯道内部独特的水流结构（如二次流）会致使凹岸发生冲刷侵蚀而凸岸发生淤积，导致两岸沉积环境出现明显的差异（Lanzoni and Seminara, 2006；Du et al., 2018）。本次研究中同样发现了这一特征。从图 5-19 中可以看出，凹岸泥沙 D_{50} 平均值为 59 μm，几乎是凸岸泥沙（31 μm）的 2 倍；此外，凹岸粗颗粒泥沙占比比凸岸高 26%，相应地，凹岸细颗粒泥沙占比比凸岸低 26%。上述结果说明，潮沟弯道凸岸拥有比凹岸更细的泥沙颗粒。

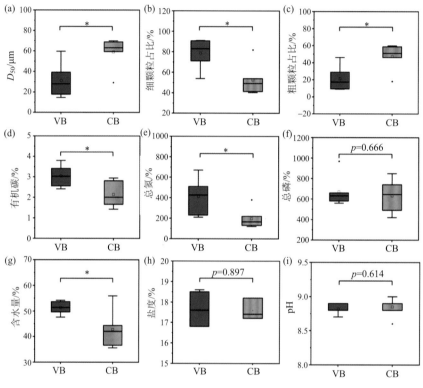

图 5-19 潮沟弯道两岸沉积环境的差异

*为在 0.05 水平显著相关

除了泥沙粒径的差异，潮沟弯道两岸有机碳含量、总氮含量及含水量也存在显著差异。凸岸的有机碳、总氮及含水量分别是凹岸的 1.4 倍、2.1 倍及 1.2 倍。对于细菌群落而言，意味着凸岸是更加富营养、更加湿润的栖息地。凸岸泥沙颗粒更细及营养物含量更高的结果与前人的研究一致，主要归因于凸岸淤积的环境特点更利于细颗粒泥沙及营养物质的沉积，而凹岸发生冲刷侵蚀致使细颗粒泥沙及营养物质被水流带走而流失（Steiger and Gurnell, 2003）。至于凸岸中较高的含水量，一种可能的解释是，细颗粒泥沙具有更高的吸附能力，有助于凸岸更好地抵御露滩期因蒸发和扩散而造成的水分损失，从而保持较高的含水量（Higashino, 2013）。

5.2.3.2　潮沟异质性对微生物群落组成的影响

潮滩区域栖息着丰富的微生物群落，包括细菌、真菌、藻类等。其中，细菌群落是介导潮滩物质循环和能量代谢的关键微生物，对潮滩生态系统的稳定具有重要作用（Yi et al., 2020）。因此，本书以细菌群落为代表，调查其对潮沟异质性的响应，对于进一步认识潮沟的生态效应具有重要意义。

细菌群落的分类学组成决定着群落性质及功能特性。首先计算了细菌群落的 alpha 多样性指数，用于对比潮沟弯道两岸细菌群落中物种数量的差异。从图 5-20 中可以看出，凸岸的 Shannon 指数明显高于凹岸，其平均值分别为 9.22 和 8.70；凸岸的 Chao 1 指数同样显著高于凹岸，其平均值分别为 1873.71 和 1219.12，说明凸岸具有更高的细菌多样性，即细菌物种数量更多，这意味着潮沟弯道凸岸能够为细菌群落提供更加适宜的生存环境，从而促进了细菌群落的繁荣生长。

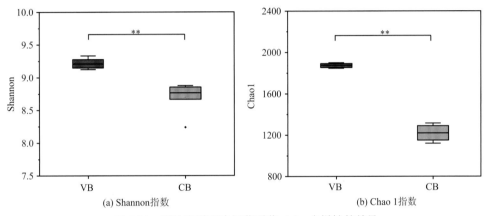

(a) Shannon指数　　　　　　　　(b) Chao 1指数

图 5-20　潮沟弯道两岸细菌群落 alpha 多样性的差异

**在 0.01 水平上显著相关

从细菌多样性指数与泥沙性质的相关性分析可以发现（表 5-5），细菌群落多样性指数与 D_{50} 呈现显著的负相关关系，说明泥沙粒径是导致两岸细菌群落多样性差异的一个重要原因，并且泥沙颗粒越细，细菌多样性越高。前人研究发现，泥沙颗粒粒径可通过多种方式影响细菌的生存，从而改变细菌多样性。例如，相比于粗颗粒泥沙，细泥沙颗粒可为细菌定殖提供更大的表面积，更利于细菌生存（Santmire and Leff, 2007）。此外，细颗粒泥沙具有相对较小的孔隙率，能够通过细小的孔径将捕食者排除在外，来保护细菌免受侵害（Postma and van Veen, 1990）。因此，具有更细的泥沙颗粒（图 5-19）可能是凸岸有利于细菌生存，从而促进其多样性的原因之一。

表 5-5　细菌 alpha 多样性指数与泥沙性质相关性分析

多样性指数	D_{50}	有机碳	总氮	总磷	含水量	盐度	pH
Shannon	−0.71**	0.45	0.67*	0.36	0.78*	−0.23	−0.30
Chao1	−0.67**	0.65*	0.60*	0.16	0.62*	0.03	−0.07

*在 0.05 水平显著相关，**在 0.01 水平显著相关。

有机物及氮磷等是细菌生长发育所必需的营养物质，较高的有机质及氮磷通常能够促进细菌多样性。在本书中，同样发现了有机碳及总氮与细菌多样性之间显著的正相关关系，意味着凸岸沉积环境中更高的有机碳及总氮含量是其拥有更高细菌多样性的另一潜在诱因。最后，含水量也与细菌多样性指数显著正相关，这可能与较高的水分可以提高细菌对于营养物的利用率有关，从而间接促进细菌的生长与活性（Barnard et al., 2015）。总的来说，受潮沟曲流发育的影响，潮沟弯道凹凸岸的沉积环境出现了明显的分化，凸岸泥沙颗粒更细，营养物更加丰富，也更加湿润，从而为细菌群落提供了更加适宜的栖息地，促进了细菌群落的繁荣生长。

不同的细菌物种通常具有不同的代谢途径及生态功能。因此，在细菌群落多样性分析的基础上，进一步对比凹凸岸不同细菌物种丰度的差异（图 5-21），从而为揭示细菌分类学组成对潮沟异质性的响应提供更为深入的信息。从图 5-21（a）中可以看出，大多数细菌门在弯道两岸表现出不均匀的分布特征，即在一侧富集的同时，而在另一侧明显减少，其中包括许多优势菌门，例如，Proteobacteria（47.69%与 28.93%）、Acidobacteria（9.45%与 3.52%）、Dadabacteria（2.18%与 0.00033%）及 Gemmatimonadetes（2.76%与0.41%）等菌门在凸岸的丰度显著高于凹岸，而 Actinobacteria（21.24%与 11.97%）、Chloroflexi（14.76%与7.83%）、Bacteroidetes（14.67%与7.37%）等菌门在凹岸的丰度显著高于凸岸。从图 5-21（b）中可以看出，一些菌门仅存在于凸岸，包括 Chlamydiae、Kiritimatiellaeota、Modulibacteria、Rokubacteria 及 Zixibacteria，说明凸岸生存着更多种类的细菌，这一发现与凸岸具有更高的细菌多样性相一致。

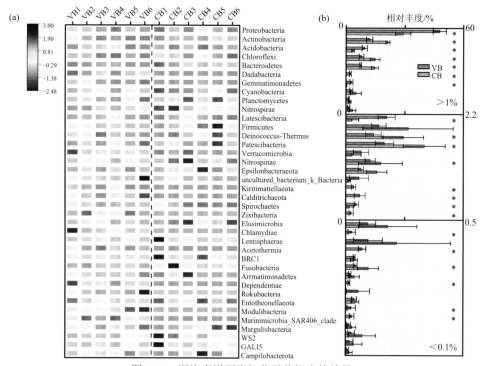

图 5-21　潮沟弯道两岸细菌群落组成的差异

（a）所有采样点中检测到的细菌门的分布热图；（b）凹凸岸细菌门丰度差异，*在 0.05 水平显著相关在此基础上，进一步通过 RDA 及 rdacca.hp 评估了潮沟弯道两岸沉积环境异质性对于门水平上细菌群落组成的塑造作用。从图 5-22（a）中可以看出，本书中所关注的泥沙性质共解释了 75.7 %细菌群落组成的变化，表明这些泥沙性质的变化是造成该潮沟弯道处细菌群落组成出现差异的主要原因。此外，在 RDA1 的影响下，代表凹凸岸细菌群落组成的数据点出现了明显的分离，意味着两岸泥沙性质的异质性塑造了两个物种组成存在明显差异的细菌群落。rdacca.hp 分析进一步揭示了不同泥沙性质对细菌群落组成差异的实际贡献[图 5-22（b）]，分别为有机碳（19.42%）、含水量（17.22%）、D_{50}（13.61%）、总氮（12.22%）、pH（9.98%）、盐度（5.28%）及总磷（3.35%），这对于进一步理解弯道两岸细菌物种分布特点具有重要参考价值。例如，上述分析表明有机碳是塑造潮沟弯道处细菌群落最为重要的因素，因此，凸岸更高的有机质含量可能是偏好富营养环境的 Proteobacteria 及 Acidobacteria 菌门在凸岸富集的主要原因，与之相反，偏好贫营养环境 Chloroflexi 则在凹岸富集。

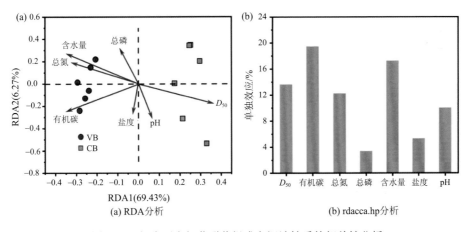

图 5-22　门水平上细菌群落组成和泥沙性质的相关性分析

5.2.3.3　潮沟异质性对微生物群落功能的影响

细菌群落的功能特性对于准确理解和预测细菌在生态过程中的作用意义重大，因此，本小节进一步分析了细菌群落功能对潮沟异质性的响应。本研究借助 FAPROTAX 数据库预测了细菌群落与碳、氮、硫循环相关的生态功能，并比较了凹凸岸间不同细菌生态功能的差异。通过主坐标分析（PCoA）探究了凹凸岸细菌群落功能特性的整体性差异。

从图 5-23（a）中可以看出，代表凹凸岸细菌群落功能特性的数据点被 PC1 明显区分开，并且 PC1 解释了 71.92%功能特性的变化，说明两岸细菌群落存在明显差异。这种差异首先体现在与碳循环有关的细菌功能在凹岸丰度更高[65.89%与 56.16%，图 5-23（b）]。这些细菌功能主要包括化能异养型细菌功能，如 chemoheterotrophy（22.97%与 21.14 %）和 aerobic chemoheterotrophy（20.19%与 17.92%），表明凹岸的细菌群落具有更强的降解、转化和利用有机物的能力（Hou et al.，2021）；也包括一些自养型细菌功能，如 phototrophy（2.64%与 1.73%）和 photoautotrophy（2.0%与 1.3%），这意味着凹岸中的细菌群落具有更高的初级生产潜力。但与氮循环和硫循环有关的细菌功能则在凸岸丰度更高，如 nitrification（3.47%与2.7%）、nitrate reduction（2.5%与 2.13%）、aerobic ammonia oxidation（1.89%与0.04%）、sulfate respiration （6.12%与0.002%）及 respiration of sulfur compounds（6.74%与1.06%）。

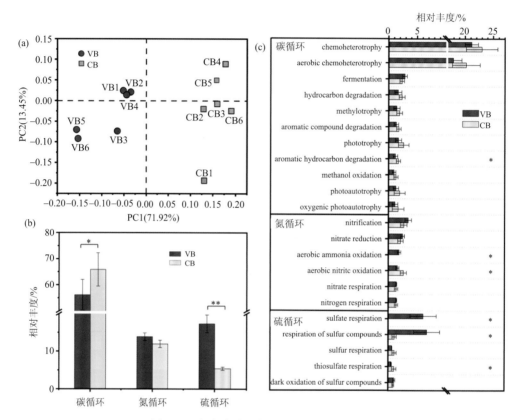

图 5-23　潮沟弯道两岸细菌群落功能的差异

（a）基于 Bray-Curtis 距离的主坐标分析（PCoA）；（b）凹凸岸细菌功能累积丰度的差异；（c）凹凸岸不同细菌功能丰度的差异，*在 0.05 水平显著差异，**在 0.01 水平显著差异

上述与氮循环相关的细菌功能均是细菌参与生物脱氮过程的关键步骤，因此，凸岸的细菌群落可能具有更高的能力将氮化合物转化为氮气，有助于减轻其沉积环境因氮污染而出现的富营养化（Russow et al., 2000）。值得注意的是，凸岸更高丰度的与硫化合物呼吸有关的细菌功能（即 sulfate respiration 及 respiration of sulfur compounds）意味着凸岸细菌能够更加轻易地将硫化合物转化为 H_2S，并进一步释放到凸岸的泥沙中。在潮滩沉积环境中，泥沙中高浓度 H_2S 的累积被发现是抑制盐沼植被生长的关键机制（Fagherazzi et al., 2006）。此外，H_2S 对水生生物也有毒性（Martin et al., 2021）。从这一方面而言，凸岸的沉积环境可能更加不利于潮滩底栖生物群落的生长发育。

5.3　底栖生物对水沙过程的影响

底栖动物是指全部或大部分时间生活于水体底部的水生动物群。一般将不能通过 500 μm 孔径筛网的动物称为大型底栖动物。在大部分水体中，大型底栖动物的生物量在底栖动物中超过 90%，因此在生物动力地貌学中，大型底栖动物的影响一直是研究重点。底栖动物通过生物扰动作用影响海岸带沉积物的物理化学进程，参与整个生态系统物质循环和能量流动（孟云飞等，2018），是海岸带生态系统的重要组成部分。本节以蟹类和牡蛎作为底栖生物典型类型进行介绍。

5.3.1　蟹类对滩涂地貌的生态作用

滩涂的底栖生物种类繁多，蟹类作为大型底栖动物的重要组成部分，其分布广泛，种类繁多，数量庞大，丰富了滩涂湿地的生物多样性。蟹类大多为营穴居生活，在挖掘和维护洞穴的过程中，破坏了沉积物的整体结构，降低了土壤的抗侵蚀性，直接地改变了土壤的物理性质。洞穴的存在增大了土壤的表面积，增强了土壤的通气性，增加了氧化反应，加强了硝化作用，间接地改变了土壤的化学性质。蟹类的生命活动对滩涂湿地的泥沙起动、地貌演变产生重要的影响。

本小节聚焦于滩涂关键生物动力过程的研究进展，及蟹类对滩涂沉积物各参数指标的响应。通过野外观测和采样分析，研究了江苏滩涂蟹类的分布特征，得到了季节性的分布特征，以及影响分布的主控因子。

5.3.1.1　蟹类的生态系统工程师效应

能够引起生物或非生物材料物理状态发生改变，从而直接或间接调节生态系统中其他物种资源有效性的生物被形象地称为"生态系统工程师"（Pennings et al., 1998）。在潮滩生态系统中，蟹类是重要的生态系统工程师，其掘穴过程对地貌的扰动是由两个基本过程引起的，蟹类的生命活动对土壤整体性、透水性、通气性等的影响和洞穴在涨落潮过程中保持开敞对有机物碎屑的捕获沉积的作用如图 5-24 所示（陈雪等，2021）。

为躲避捕食者的攻击和完成重要的生命活动，以及缓解恶劣的环境条件（如高温、失水），滩涂的绝大部分蟹类都挖掘洞穴（Kristensen, 2008）。掘穴这一生命活动剧烈地影响了土壤的物理化学性质。挖掘洞穴的行为直接改变了土壤的整体性，降低了土壤的硬度，改变了土壤的可侵蚀性，导致洞穴附近土壤常发生管涌冲蚀，也造成了地下水的快速排放（Onda and Itakura, 1997）。同时掘穴行为显著改变了土壤的微地形（图 5-25），使地表土壤的粗糙颗粒比例、土渗透性显著增加。洞穴保持开敞，在涨落潮时拦截水流，捕获大量有机碎屑，使得该区域的有机质含量和含水量高于无蟹分布的区域（Iribarne et al., 2003）。洞穴的存在改善了土壤的通气性和排水性，进而改变了土壤的化学性质。洞穴的存在增加了土壤的表面积，增加了土壤-水交界面积，相应提高了氧化还原反应和溶解物的传输。土壤透气性的提高增加了其氧化还原作用，加速了有机碎屑的分解率（Lee,

1998）。洞穴加速土壤内氧气的补充和二氧化碳的排放，同时消除了土壤内 H_2S 有毒气体（Wolfrath，1992）。充足的氧气供应能够显著地提高土壤的氧化水平，增加了土壤的硝化潜力，消除了土壤中过多的氮，降低深水无机氮的可利用性，从而削弱人为营养输入对滩涂的影响。

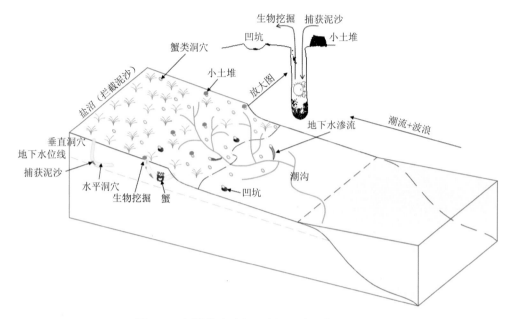

图 5-24　蟹类扰动过程示意图（陈雪等，2021）

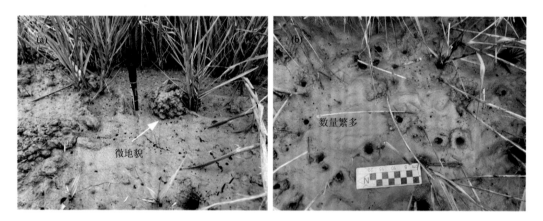

图 5-25　蟹类扰动对地貌的影响（摄于江苏潮滩）

（a）蟹类对微地貌的扰动；（b）蟹类洞穴的数量繁多（陈雪等，2021）

蟹类除了直接影响滩涂泥沙性质，还通过影响盐生植物间接地改变土壤性质。蟹类对植物新芽的啃食作用会影响植物的生长和产量。蟹类的洞穴深度达地下水位深度，蟹类在挖掘洞穴的过程中会切断植物的根系（图 5-26），导致植物的倒伏甚至死亡。而植物的存在能够有效地增强土壤的整体性，因此蟹类间接地降低了土壤的抗侵蚀性。

图 5-26　蟹类的植食性（Coverdale et al., 2012）

5.3.1.2　蟹类的时空分布特征

　　滩涂是一种环境高度异质的生态系统，潮汐呈规律性变化，与其密切相关的非生物因子如盐度、温度、流速、淹水频率、粒径分布等均沿高程呈梯度变化，进而影响生物因子的梯度变化。因此滩涂蟹类的分布受到多种非生物和生物因子影响（Salgado et al., 2007）。盐度是决定蟹类分布的主要因素，潮滩由于受到潮汐涨落的影响，会存在水分和盐度的波动，因此蟹类能适应一定范围的盐度，高于或低于该范围，则蟹类无法生存，此时其他因素则代替盐度成为主要因素（Jones and Simons, 1981）。温度和失水胁迫是影响蟹类分布和存活的重要因素（Nomann and Pennings, 1998）。潮滩土壤的温度和含水量受到潮汐和光照的双重影响。高温和失水胁迫随地面高程的增加和淹水时间的减少而增大。Bortolus 等发现随着高程的增加，淹水时间也逐渐减少，进而地表土壤的含水率、硬度都发生了改变，该环境下非常容易达到蟹类的耐受极限而引起蟹类的死亡（Bortolus et al., 2002）。

　　植被、捕食作用、种内种间竞争是影响蟹类分布的重要生物因子（Omori et al., 1998）。盐生植物与蟹类相互影响，盐生植物既能提供荫蔽改善蟹类生存条件，又能为蟹类提供食物，其根系还能为蟹洞提供结构支撑。随着盐生植物的生长（Bortolus et al., 2002），植物群落的密度不断增加，错落的叶片对土壤能够起到很好的遮蔽作用，能够有效地减少地面的水分蒸发（Callaway, 1995），降低空气流，吸收辐射，提供阴凉，地下的沉积物湿度提高，硬度降低，温度降低，这些均为蟹类挖掘洞穴提供了良好的条件，同时盐生植物错杂的枝叶结构能较好地保护蟹类防止受到捕食者的袭击，进而扩大了蟹类的分布范围（He and Cui, 2015）。

　　基于已有的结论，本节在江苏斗龙港垂直岸线设置两条研究剖面（图 5-27），每隔40 m 设置 1 个观测点，共设置 14 个观测点。该处潮滩为典型的粉砂淤泥质潮滩，滩面沉积物显示出明显的分带性，自岸向海可划分为盐沼和光滩。各观测点按以下的方式命名：以盐沼前缘为界，该点设置为 0，向陆为正，向海为负，数字为距离盐沼前缘的距离。如观测点"–120 m"为该点向海侧距离盐沼前缘 120 m。其中有 7 个观测点在盐沼中，1 个观测点位于盐沼与光滩交界位置，6 个观测点在光滩上。每个观测点进行土样采集，并进行蟹类密度的记录。2019 年 9 月至 2021 年 6 月开展 6 次野外观测，采回的土样带回实验室，测量该样品的中值粒径、含水量、有机质、盐度等参数（Chen et al., 2022）。

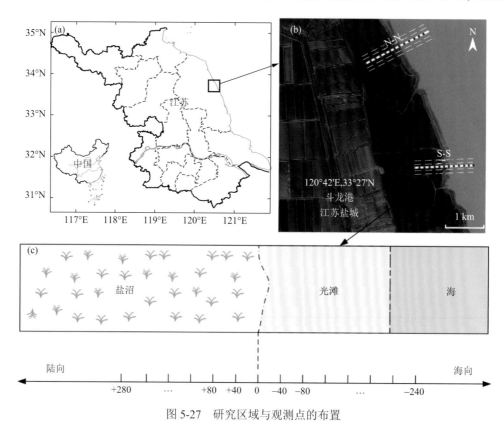

图 5-27　研究区域与观测点的布置

（a）研究区域；（b）研究断面的选择和观测点的布置；（c）观测点的命名方式（Chen et al., 2022）

　　现场观测时，可发现蟹类分布特征在夏季和冬季呈现一定的差异。如图 5-28 所示，夏季蟹类垂直岸线分布呈现双峰型，而冬季蟹类垂直岸线分布呈现单峰型。同时测量各点位的中值粒径、含水量、有机质含量、盐度等参数，可知影响夏季蟹类分布的主控因子为土壤含水量、土壤有机质含量和土壤盐度，而影响冬季蟹类分布的主控因子为土壤有机质含量和土壤盐度（Chen et al., 2022）。这一结论与盐度是决定蟹类分布的主要因素（Jones and Simons, 1981），失水胁迫是影响蟹类分布和存活的重要因素（Nomann and Pennings, 1998）相一致。同时，土壤有机质是蟹类的主要食物来源，因此土壤有机质含量的提高能够有效地改善蟹类的摄食条件。

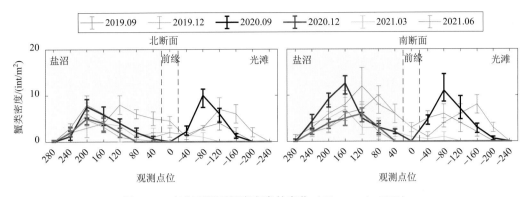

图 5-28　南北两断面蟹类密度的变化（Chen et al., 2022）

　　同时可以看出夏季和秋季蟹类的密度整体高于冬季和春季的蟹类的密度，夏季和秋季蟹类的分布范围大于冬季和春季（Chen et al., 2022），夏季和秋季蟹类的活跃度显著高于冬季和春季，对洞穴进行树脂浇灌得到洞穴形状，如图 5-29 所示，可见冬季洞穴深度显著大于夏季洞穴，但不同季节的洞穴开口直径相近。此现象与 Sinha 和 Pati（2008）的研究结果一致，这可能与蟹类的生理节律密切相关，根据样地区域野外观测情况推测，在冬季的低温胁迫下，蟹类活动频率降低，多数蟹洞的洞口受潮汐作用影响而暂时封闭以帮助其越冬；春季是蟹类性腺发育和营养积累阶段（王丽卿，2002），蟹类种群数量较小；夏季是蟹类掘穴活动的高峰期（王金庆，2008），蟹洞密度得到显著提升；秋季作为本区域蟹类的繁殖后期，许多发育为幼体的新个体加入到种群中开始活动，故此时各生境内蟹洞密度为全年最高。

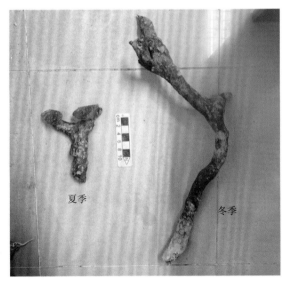

图 5-29　冬季与夏季蟹类洞穴的深度差异

5.3.1.3　蟹类对滩涂底床泥沙的扰动

本节在江苏斗龙港设置围网，进行蟹类移除和添加实验，该区域的优势物种为互花米草和天津厚蟹。在同样高程区域选择不同的植被覆盖类型，分为无植被覆盖、少植被覆盖和多植被覆盖区。在实验区进行围网实验，将细网埋入土壤 20 cm 处，以防止蟹类的进出。2020 年 9 月布设围网，并取土壤样本，期间每隔 2 周维护网内的螃蟹密度，2021年 9 月再次采集土壤样本。采回的土壤样本带回实验室测量该样品的含水量、氮、磷等参数。

蟹类通过进食与排泄、挖掘洞穴、洞穴沉积等方式对湿地沉积物产生一系列直接或间接的作用（Botto and Iribarne, 2000; Fanjul et al., 2007; Wang et al., 2010）。在野外布设围网进行控制实验发现，蟹类能够通过蟹洞及其他活动方式对沉积物的含水率以及营养成分造成显著的扰动影响。不少研究者认为蟹洞能显著提升沉积物含水率（Botto et al., 2006; 陈友媛等, 2009; 高丽, 2008）。图 5-30 结果显示，双倍蟹洞组沉积物含水率显著高于单倍蟹洞组高于无蟹洞组（$P<0.05$），但在少植被覆盖区双倍蟹洞组相较于单倍蟹洞组含水量的变化不明显。过高的蟹洞密度增加了表层沉积物与空气的接触面积，进而增强了蟹洞洞壁附近沉积物的水分蒸发作用；而一定数量的蟹洞则更多地通过潮汐作用，增加水分的截留，对表层沉积物进行水分输送。

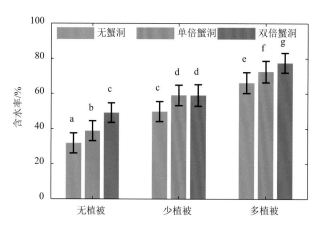

图 5-30　不同蟹类密度不同植被覆盖的沉积物含水量
图中字母代表差异性分类，同一组有相似特征，下同

氮和磷通常被认为是潮滩植物生长过程中最常见的限制性元素（Elser et al., 2007），曾从盛等（2009）对闽江河口湿地的芦苇和互花米草的氮磷养分动态研究结果表明，氮是互花米草四季生长的主要限制因子，而芦苇在春夏季节会受到氮的限制，磷是秋冬季节的主要限制因子。夏季频繁的蟹类掘穴可以将洞底高营养的成分做进一步的分解，释放出有利于植物吸收的铵态氮以缓解湿地生态系统中的养分限制的情况。如图 5-31 所示，蟹类扰动对于植物生长特征的消极影响主要体现在植株高度，无蟹类扰动组的植株高度显著低于单倍密度蟹类组的植株高度（$P<0.05$），但少植被覆盖区双倍蟹类密度组的植株

高度显著减小（$P<0.05$），推测其可能与高密度的蟹洞使得表层沉积物的强度降低（高丽，2008），使之对于植物的固定作用减弱，使得高植株更易发生倒伏有关。

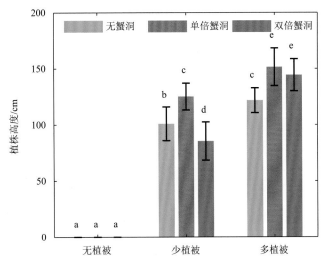

图 5-31　不同蟹类密度不同植被覆盖的植株高度

5.3.2　牡蛎礁的消浪作用

牡蛎礁通常分布于潮间带和潮下带，是由牡蛎固着生长于硬底物表面的生物礁。牡蛎礁既可作为天然生态潜堤，也可以作为粗糙底床来消波减浪。与传统硬防护相比，除了消浪作用，牡蛎礁还可以诱集多种海洋生物，对提高生物多样性具有重要意义。目前对其波浪衰减特性的研究只考虑高度、宽度这两个方面的礁体尺寸参数，且尚未取得易于使用的规范公式化的成果，限制了牡蛎礁在海岸防护方面的推广应用。

为探究牡蛎礁的消浪效果，首先在江苏南通海门蛎岈山牡蛎礁保护区内开展了牡蛎礁基本特性的现场观测，使用无人机测量了礁体尺寸（图 5-32），采用建模法测量了礁体孔隙度、粗糙程度。再根据测量数据，在实验室内使用真实的牡蛎壳进行了两组水槽

图 5-32　无人机测量

试验（图 5-33）。第一组为潜堤型牡蛎礁，组装了不同孔隙度的袋装牡蛎壳，并通过用其组合来模拟牡蛎礁；第二组为护底型牡蛎礁，将牡蛎壳铺设于水槽底部，通过不同的排列方式改变粗糙程度。

图 5-33　试验设置

对于牡蛎礁生态潜堤，礁体干舷高度（潜堤顶部至水面的高度）越大、礁顶宽度越大、孔隙度越小，消浪效果越好；影响牡蛎礁消浪效果最显著的参数为相对干舷高度 R/H，其次为孔隙度 n，相对堤顶宽度 B/H 影响较弱（图 5-34）。

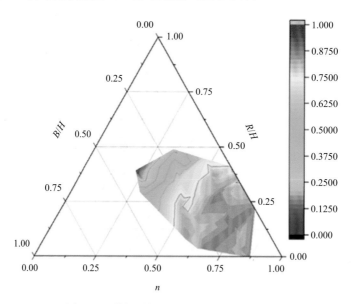

图 5-34　潜堤型牡蛎礁透射系数的变化规律

杨正己等（1981）曾对抛石潜堤上波浪传播的各种情况进行试验研究，认为影响波浪透射系数的因素包括相对干舷高度 R/H、相对堤顶宽度 B/H、波陡 H/L，并提出了经验公式。图 5-35 对比了本书结果与杨正己公式计算值，当 $R/H \leqslant 0$ 时，计算值与试验值相关系数为 0.79；当 $R/H>0$ 时，相关系数为 0.95。随着孔隙度增大，公式计算值小于试验值，这是由于孔隙度 n 越大，透射系数 K_t 越大，而公式中未考虑孔隙度的影响。对比研究还发现，当礁体露出水面时，牡蛎礁可达到相同尺寸抛石潜堤（人工块石护面）消浪效果的 78%；而当礁体处于淹没状态时，牡蛎礁的消浪效果可达到抛石潜堤（人工块石护面）的 1.1 倍。

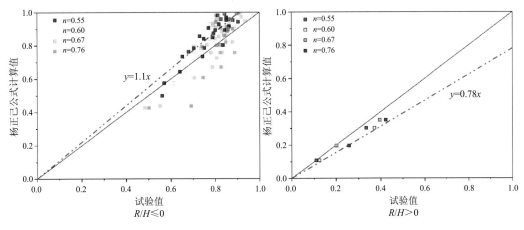

图 5-35　本书结果与经典公式的对比

基于本书研究，结合对牡蛎礁消浪效果的分析结果，考虑参数孔隙度 n，以杨正己公式为基础，提出牡蛎礁生态潜堤消浪公式如下：

当 $\dfrac{R}{H} \leqslant 0$ 时，

$$K_t = \tanh\left(-(0.08+0.24n)\frac{R}{H}+0.7n+0.08\frac{L}{H}1.5\mathrm{e}^{-1.38\frac{B}{H}}\right)$$

当 $\dfrac{R}{H}>0$ 时，

$$K_t = (K_t)_{\frac{R}{H}=0} - \tanh\left(0.5\frac{R}{H}\right) \tag{5-25}$$

根据现行防波堤与护岸设计规范，在实际抛石潜堤工程中，仅将相对干舷高度 R/H 作为抛石潜堤透射系数 K_t 的影响因子。牡蛎礁试验研究发现，同一个 R/H 对应了多个不同的 K_t 值，这是由孔隙度 n、相对堤顶宽度 B/H 等参数的差异所导致的。当 $R/H<0.5$ 时，同一 R/H 对应的最大 K_t 值均大于规范公式计算值，且最大的 K_t 值均对应孔隙度 $n=0.76$。

考虑到试验中所取孔隙度 n 的最大值为 0.76，取值较大，同时考虑到测量与施工的便捷性，建议工程中潜堤的透射系数取值如图 5-36 中绿线以及表 5-6 所示。

对于牡蛎生态护底，水深越小、表面越粗糙、宽度越大、入射波高越大，其消浪效果越好，其中水深的影响最明显。同时，较之于光滑状态，礁面粗糙时，波能衰减明显，但不同粗糙程度的礁面之间，波浪衰减效果差别不明显。

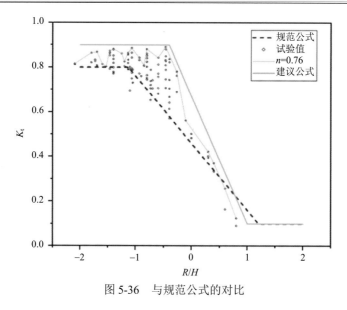

图 5-36　与规范公式的对比

表 5-6　潜堤的透射系数

R/H	K_t
$-2.0 < R/H \leqslant -0.4$	0.90
$-0.4 < R/H < 1.0$	0.67~0.57（R/H）
$1.0 \leqslant R/H < 2.0$	0.10

　　现行的潜堤消浪规范公式，为了便于使用，采用单因子与透射系数建立关系式。由于不同粗糙程度的护底消浪效果相差不大，因此仅考虑相对干舷高度 R/H 与护底宽度 B。图 5-37 展示的是相对干舷高度 R/H 与透射系数 K_t 的关系。可以看到各相对干舷高度 R/H

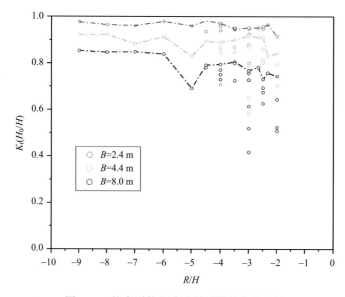

图 5-37　护底型牡蛎礁透射系数的变化规律

对应的最大 K_t 值与护底宽度对应，以相对干舷高度 R/H 作为因子，透射系数最大值区分度并不明显。图 5-38 展示的是护底宽度 B 与透射系数 K_t 的关系，可以看出透射系数最大值区分度较为明显。因此建议以护底宽度 B 为参考对牡蛎礁护底透射系数进行取值，如表 5-7。

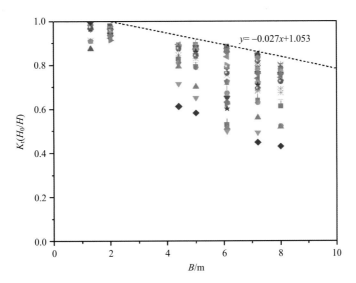

图 5-38　透射系数 K_t 随护底宽度 B 的变化

表 5-7　牡蛎礁护底的透射系数

B/m	K_t
≤1.96	1
>1.96	$1.053 \sim 0.027B$

研究还聚焦了波浪通过牡蛎礁的透射过程，考量了孔隙度、粗糙程度等因素对礁体消浪效果的影响。基于蛎岈山牡蛎礁保护区内测量的礁体尺寸、孔隙度等数据，分别得到了潜堤型与护底型牡蛎礁消浪公式（表 5-8）。

表 5-8　牡蛎礁消浪公式

类型	适用范围	K_t
潜堤型	$R/H \leqslant 0$	$\tanh\left(-(0.08+0.24n)\dfrac{R}{H}+0.7n+0.08\dfrac{L}{H}1.5\mathrm{e}^{-1.38\frac{B}{H}}\right)$
	$R/H>0$	$(K_t)_{\frac{R}{H}=0} - \tanh\left(0.5\dfrac{R}{H}\right)$
护底型	$B \leqslant 1.96$	1
	$B>1.96$	$1.053 \sim 0.027B$

注：K_t 为透射系数；R 为干舷高度（水位高于礁体顶部为负，低于礁体顶部为正）；B 为礁顶（护底）宽度；n 为孔隙度；H 为入射波高；L 为入射波长。

5.4 人工鱼礁对水沙过程的影响与生态效应

人工鱼礁是一种人为在水体环境中布置的一种结构物，人工鱼礁能够为水生生物的栖息、生长、繁殖等行为提供必要且安全的场所，营造一种适宜其生长的环境，从而达到保护增殖渔业资源的目的。海洋牧场作为一种开发海洋资源的新方式，在我国已经得到了国家的长期规划与建设的标准化。人工鱼礁是海洋牧场建设的重要组成部分，其具有增强渔获质量、改善和修复海洋环境、实现保护和改善资源、提高海洋渔业状况等重要作用。研究人工鱼礁对投放区域水沙过程的影响与其生态效应对人工鱼礁的设计、投放与海洋牧场建设以及海洋牧场与海洋相关的其他领域相结合具有重要意义。

5.4.1 人工鱼礁对水沙过程的影响

人工鱼礁通常布设在特定海域的海底，会受到泥沙运动以及海底地形变化的影响。人工鱼礁会改变布设区的流场，进而导致礁体附近泥沙运动，鱼礁前一部分水体向上运动，在近底层水体的向下运动造成礁前冲刷，同时水流绕过礁体两侧边界形成高流速区，携带泥沙向后输移，从而发生掏蚀，人工鱼礁发生沉陷或自掩埋，如图 5-39 所示，最终失去人工鱼礁的生态效应。

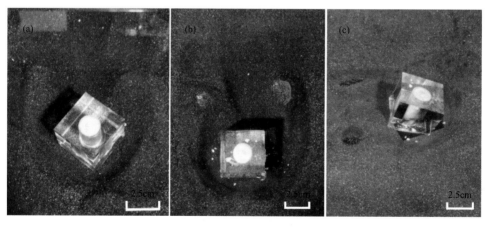

图 5-39 立方体实心礁单体的局部冲刷形态与沉陷

（a）45°迎流角冲刷形态；（b）90°迎流角冲刷形态；（c）掏蚀沉陷

对人工鱼礁的局部冲刷的研究，主要还是通过物理模型实验、现场观测、数值模拟等方法进行。赖明贤（2000）通过物理模型实验的方法，研究了台湾林园外海人工鱼礁群中框形水泥人工鱼礁的冲刷机理以及淤积情况，结果表明冲刷现象与海床基质粒径以及水流速度有关，人工鱼礁的局部冲刷是造成礁体沉陷乃至自掩埋的主要原因；欧荣昌（2002）通过现场观测，对人工鱼礁区的网箱在波浪作用下的破损与失效现象进行观察，结果表明海底基质的差异性是礁体局部冲刷的主要影响因素；丁玲等（2019）采用物理模型试验的方法，对放置在粉砂底质上的人工鱼礁在不同水流条件下的局部冲刷问题进行了研究，并通过对原型流场进行数值模拟，讨论分析了水流及礁体结构特征对局部冲刷形态的影响机制；李欣雨（2016）利用 Flow-3D 软件，建立泥沙局部冲刷模型，通过对人工鱼礁在恒定来流下的流场和恒定来流下圆柱的局部冲刷现象进行数值模拟。Yun和 Kim（2018）通过室内模型实验，采用不同配筋面积的土工格栅及竹制格栅，研究这两种加固方式对人工鱼礁防沉降保护的效果。

对于人工鱼礁群的局部冲刷，刘针等（2021）基于南黄海海洋牧场人工鱼礁投放后的实测地形和数值模拟等手段，分析了人工鱼礁投放后对海域水动力的影响以及冲刷稳定之后对局部海域水动力的响应。舒安平等（2020）以渤海湾辽东湾区觉华岛近海人工鱼礁区域为研究对象，通过九组室内水槽模拟试验，采用 PIV 技术，重点研究了不同流速及鱼礁间距条件下人工鱼礁区域上升流、背涡流及海床泥沙临界起动切应力的变化特点。人工鱼礁群的冲淤形态会受到鱼礁种类、布置方法（图 5-40）、鱼礁高度、来流条件等多种因素的影响，总体来说，关于人工鱼礁群冲淤形态的研究目前相对较少。

图 5-40　错位布置立方体实心礁群冲淤形态

5.4.2　人工鱼礁的流场效应

人工鱼礁在水流的作用下，在礁体的迎流面处会出现上升流（陈勇等，2002），同时在礁体的后方会产生背涡区。上升流会将海洋底层的沉积物、营养物质等带起到水面附近，从而提高鱼礁群投放海域的基础饵料水平，达到集鱼的效果。背涡区由于礁体本身对水流的阻挡作用，流速缓慢，能够为一些鱼类起到庇护所的作用，供其生长、繁殖以及栖息。人工鱼礁的这些水动力特性被称为流场效应。上升流和背涡流规模是人工鱼礁能够发挥生态效应的重要指标，人工鱼礁增殖渔业资源的生态效应主要是通过其流场效应来实现的。因此上升流和背涡流是人工鱼礁领域研究的重要组成部分。

目前人工鱼礁流场效应的研究主要还是通过物理模型实验与数值模拟，并取得了一定成果（Ferziger and Leslie, 1979; Chen and Gao, 2007）。根据国外学者的研究（Seaman, 2000），鱼礁作用下的二维紊流场如图 5-41 所示。在鱼礁的阻流作用下，鱼礁后方的流场根据紊动的程度自下而上可以分为紊流区、过渡区以及未受扰动区。通透型礁体和非通透型的礁体产生的紊流区高度比（y/h）和长度比（x/h）都不同。佐藤修和影山方郎（1984）通过室内水槽实验，对圆筒形、对角型以及四角型人工鱼礁模型周围的流场变化以及影响范围做出了一些定量研究。刘同渝（2003）通过室内水槽实验，研究了梯形、三角锥体、堆叠式等礁体模型的流场效应；刘洪生等（2009）通过风洞实验，模拟了在不同工况下，正方体、金字塔型和三棱柱鱼礁模型，单体和不同组合体下的流场效应；黄远东等（2013）通过数值模拟，研究了不同鱼礁上升流速度最大值和背涡区长度在不同流速和布设间距下的变化规律；李珺等（2010）定义了鱼礁的通透系数，通过数值模拟，研究了礁体的通透系数与周围流场的变化规律；邵万骏等（2014）通过数值模拟，研究了不同的来流速度、通透方式、迎流角以及礁高比等对正方体方孔鱼礁流场的影响。蒋为等（2017）通过数值模拟，研究了在波流联合作用下，镂空型鱼礁的流场变化情况、背涡流情况等。

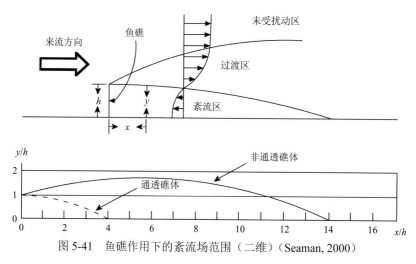

图 5-41　鱼礁作用下的紊流场范围（二维）（Seaman, 2000）

除了不同类型的人工鱼礁单体，以及少量人工鱼礁的流场效应，近年来人工鱼礁群的流场效应也越来越受到重视。郭禹等（2020）以流场仿真试验方法研究了人工鱼礁群流场的规模效应（图 5-42），并基于城市风道规划标准，综合数值实验过程中单位鱼礁布置模式条件，首次提出了单位鱼礁规模的二级指标与代表流场效应的特征指标。白一冰等（2018）建立了吕四渔场组合型人工鱼礁群二维潮流数学模型，模拟鱼礁群实施后的周边海域的水动力变化。江涛等（2019）采用 CFD 软件并进行了二次开发，模拟往复潮流，对鱼礁区的流场进行了分析，验证了人工鱼礁群、网箱及养殖筏架综合布局新模式的可行性，人工鱼礁群对内部放置的网箱具有一定的阻流作用，在鱼礁群落的后侧，适合贝类及藻类的筏架养殖。相比鱼礁单体，人工鱼礁群的流场效应目前的研究较少。

(a) 上升流体积　　　　　　　　(b) 背涡流体积

图 5-42　上升流与背涡流体积（郭禹等，2020）

　　海上风电与海洋牧场融合发展是节约用海、集约用海的新型产业模式，也是未来研究与发展的重要方向。海上风电与海洋牧场相结合，其中的相互作用过程和机制是其融合发展的核心科学问题。本节目前的工作是通过物理模型试验探究人工鱼礁群在不同条件下的局部冲刷特性，以及人工鱼礁用于近海风电桩基础冲刷防护的可行性，为海上风电与海洋牧场融合发展以及海岸防护方法提供一些新的思路。

参 考 文 献

白一冰, 张成刚, 罗小峰. 2018. 吕泗渔场人工鱼礁群流场效应及稳定性研究[J]. 人民长江, 49(8): 25-30.

陈雪, 贺强, 辛沛, 等. 2021. 河口海岸潮滩蟹类生物扰动行为过程研究进展[J]. 海洋科学, 45(10): 113-122.

陈勇, 于长清, 张国胜, 等. 2002. 人工鱼礁的环境功能与集鱼效果[J]. 大连水产学院学报, 17(1): 64-69.

陈友媛, 高丽, 刘红军, 等. 2009. 生物洞穴对黄河口土样扰动试验研究[J]. 中国海洋大学学报(自然科学版), 39(6): 1295-1300.

丁玲, 王佳美, 唐振朝, 等. 2019. 水流作用下粉砂海床上人工鱼礁局部冲刷的模型试验与分析[J]. 水产学报, 43(9): 2015-2024.

高丽. 2008. 生物扰动对黄河口潮滩沉积物侵蚀性的试验研究[D]. 青岛: 中国海洋大学.

高抒, 杜永芬, 谢文静, 等. 2014. 苏沪浙闽海岸互花米草盐沼的环境-生态动力过程研究进展[J]. 中国科学: 地球科学, 44(11): 2339-2357.

龚政, 白雪冰, 靳闯, 等. 2018. 基于植被和潮动力作用的潮滩剖面演变数值模拟[J]. 水科学进展, 29(6): 877-886.

龚政, 陈欣迪, 周曾, 等. 2021. 生物作用对海岸带泥沙运动的影响[J]. 科学通报, 66(1): 53-62.

郭禹, 章守宇, 林军. 2020. 基于单位鱼礁规模的米字型人工鱼礁流场效应定量研究[J]. 中国水产科学, 27(5): 559-569.

黄远东, 龙催, 邓济通. 2013. 三棱柱型人工鱼礁绕流流场的 CFD 分析[J]. 水资源与水工程学报, 24(1): 1-4.

江涛, 朱烨, 崔铭超, 等. 2019. 海上养殖设施与人工鱼礁融合布局流场分析[J]. 渔业现代化, 46(1): 27-34.

蒋为, 赵云鹏, 毕春伟, 等. 2017. 圆柱镂空型人工鱼礁波流水动力特性数值模拟[J]. 渔业现代化, 44(2): 30-37.

赖明贤. 2000. 台湾西南海域人工鱼礁礁体工程行为分析[D]. 高雄: 台湾中山大学.

李加林, 王艳红, 张忍顺, 等. 2006. 海平面上升的灾害效应研究——以江苏沿海低地为例[J]. 地理科学, 26(1): 87-93.

李珺, 林军, 章守宇. 2010. 方形人工鱼礁通透性及其对礁体周围流场影响的数值实验[J]. 上海海洋大学学报, 19(6): 836-840.

李欣雨. 2016. 人工鱼礁在波浪作用下的流场效应及其局部冲刷数值模拟[D]. 天津: 天津大学.

刘洪生, 马翔, 章守宇, 等. 2009. 人工鱼礁流场效应的模型实验[J]. 水产学报, 33(2): 229-236.

刘同渝. 2003. 人工鱼礁的流态效应[J]. 水产科技, (6): 43-44.

刘针, 程永舟, 路川藤, 等. 2021. 南黄海人工鱼礁群局部冲刷对海域水动力的响应研究[J]. 水道港口, 42(5): 588-595.

孟云飞, 李晨, 张吉, 等. 2018. 浑太河春季不同水生态功能区大型底栖动物群落结构及其与环境因子的关系[J]. 大连海洋大学学报, 33(1): 77-85.

欧荣昌. 2002. 人工鱼礁工程行为与箱网锚碇装置之研究[D]. 高雄: 台湾中山大学.

邵万骏, 刘长根, 聂红涛, 等. 2014. 人工鱼礁的水动力学特性及流场效应分析[J]. 水动力学研究与进展, A辑, 29(5): 580-585.

时钟, 杨世伦, 缪莘. 1998. 海岸盐沼泥沙过程现场实验研究[J]. 泥沙研究, (4): 28-35.

史本伟, 杨世伦, 罗向欣, 等. 2010. 淤泥质光滩-盐沼过渡带波浪衰减的观测研究——以长江口崇明东滩为例[J]. 海洋学报(中文版), 32(2): 174-178.

舒安平, 王梦瑶, 秦际平, 等. 2020. 渤海湾典型人工鱼礁区域流场分布与海床泥沙起动特征[J]. 水利学报, 51(10): 1223-1233.

汪亚平, 高抒, 张忍顺. 1998. 论盐沼-潮沟系统的地貌动力响应[J]. 科学通报, 43(21): 2315-2320.

王金庆. 2008. 长江口盐沼优势蟹类的生境选择与生态系统工程师效应[D]. 上海: 复旦大学.

王丽卿. 2002. 天津厚蟹的幼体发育[J]. 海洋科学集刊, 44: 139-150.

姚晓. 2010. 黄河三角洲南部潮间带底栖生产力研究[D]. 青岛: 中国海洋大学.

杨正己, 贺辉华, 潘少华. 1981. 波浪作用下抛石堤的稳定性及消浪特性[J]. 水利水运科学研究, (3): 34-45.

曾从盛, 张林海, 仝川. 2009. 闽江河口湿地芦苇和互花米草氮、磷养分季节动态[J]. 湿地科学, 7(1): 16-24.

佐藤修, 影山方郎. 1984. 人工鱼礁[M]. 东京: 疚星社厚生阁, 17-26, 38-42.

周曾, 陈雷, 林伟波, 等. 2021. 盐沼潮滩生物动力地貌演变研究进展[J]. 水科学进展, 32(3): 470-484.

Allen J R L. 1989. Evolution of salt-marsh cliffs in muddy and sandy systems: A qualitative comparison of British West-Coast Estuaries[J]. Earth Surface Processes and Landforms, 14(1): 85-92.

Allen J R L. 2000. Morphodynamics of Holocene salt marshes: A review sketch from the Atlantic and Southern North Sea coasts of Europe[J]. Quaternary Science Reviews, 19(12): 1155-1231.

Barnard R L, Osborne C A, Firestone M K. 2015. Changing precipitation pattern alters soil microbial community response to wet-up under a Mediterranean-type climate[J]. The ISME Journal, 9(4): 946-957.

Bendoni M, Francalanci S, Cappietti L, et al. 2014. On salt marshes retreat: Experiments and modeling toppling failures induced by wind waves[J]. Journal of Geophysical Research: Earth Surface, 119(3): 603-620.

Bortolus A, Schwindt E, Iribarne O. 2002. Positive plant-animal interactions in the high marsh of an Argentinean coastal lagoon[J]. Ecology, 83(3): 733-742.

Botto F, Iribarne O, Gutierrez J, et al. 2006. Ecological importance of passive deposition of organic matter into burrows of the SW Atlantic crab *Chasmagnathus granulatus*[J]. Marine Ecology Progress Series, 312: 201-210.

Botto F, Iribarne O. 2000. Contrasting effects of two burrowing crabs (*Chasmagnathus granulata* and *Uca uruguayensis*) on sediment composition and transport in estuarine environments[J]. Estuarine, Coastal and Shelf Science, 51(2): 141-151.

Callaway R M. 1995. Positive interactions among plants[J]. The Botanical Review, 61(4): 306-349.

Carling P A, Williams J J, Croudace I W, et al. 2009. Formation of mud ridge and runnels in the intertidal zone of the Severn Estuary, UK[J]. Continental Shelf Research, 29(16): 1913-1926.

Chen H X, Guo J H. 2007. Numerical simulation of 3-D turbulent flow in the multi-intakes sump of the pump station[J]. Journal of Hydrodynamics, Ser B, 19(1): 42-47.

Chen L, Zhou Z, Xu F, et al. 2020. Field observation of saltmarsh-edge morphology and associated vegetation characteristics in an open-coast tidal flat[J]. Journal of Coastal Research, 95(sp1): 412-416.

Chen X, Zhou Z, He Q, et al. 2022. Role of abiotic drivers on crab burrow distribution in a saltmarsh wetland[J]. Frontiers in Marine Science, 9: 1040308.

Colmer T D, Flowers T J. 2008. Flooding tolerance in halophytes[J]. New Phytologist, 179(4): 964-974.

Coverdale T C, Altieri A H, Bertness M D. 2012. Belowground herbivory increases vulnerability of New England salt marshes to die-off[J]. Ecology, 93(9): 2085-2094.

D'Alpaos A, Marani M. 2016. Reading the signatures of biologic–geomorphic feedbacks in salt-marsh landscapes[J]. Advances in Water Resources, 93: 265-275.

Decho A W. 2000. Microbial biofilms in intertidal systems: an overview[J]. Continental Shelf Research, 20(10/11): 1257-1273.

Du Y F, Gao S, Liu X S, et al. 2018. Meiofauna and nematode community characteristics indicate ecological changes induced by geomorphic evolution: A case study on tidal creek systems[J]. Ecological Indicators, 87: 97-106.

Elser J J, Bracken M E S, Cleland E E, et al. 2007. Global analysis of nitrogen and phosphorus limitation of primary producers in freshwater, marine and terrestrial ecosystems[J]. Ecology Letters, 10(12): 1135-1142.

Evans B R, Möller I, Spencer T, et al. 2019. Dynamics of salt marsh margins are related to their three-dimensional functional form[J]. Earth Surface Processes and Landforms, 44(9): 1816-1827.

Fagherazzi S, Carniello L, D'Alpaos L, et al. 2006. Critical bifurcation of shallow microtidal landforms in tidal flats and salt marshes[J]. Proceedings of the National Academy of Sciences of the United States of America, 103(22): 8337-8341.

Fagherazzi S, Kirwan M L, Mudd S M, et al. 2012. Numerical models of salt marsh evolution: Ecological, geomorphic, and climatic factors[J]. Reviews of Geophysics, 50(1).

Fagherazzi S, Mariotti G, Wiberg P L, et al. 2013. Marsh collapse does not require sea level rise[J]. Oceanography, 26(3): 70-77.

Fanjul E, Grela M A, Iribarne O. 2007. Effects of the dominant SW Atlantic intertidal burrowing crab Chasmagnathus granulatus on sediment chemistry and nutrient distribution[J]. Marine Ecology Progress Series, 341: 177-190.

Ferziger J H, Leslie D C. 1979. Large Eddy Simulation[C]//A collection of technical papers. New York: AIAA computational fluid dynamics conference: 234-246.

Fraaije R G A, ter Braak C J F, Verduyn B, et al. 2015. Early plant recruitment stages set the template for the development of vegetation patterns along a hydrological gradient[J]. Functional Ecology, 29(7): 971-980.

Gao S, Collins M. 1997. Formation of salt-marsh cliffs in an accretional environment, Christchurch harbour, southern England[C]//Wang P X, Berggren W A. In Proceedings of the 30th International Geological Congress, Beijing, China, 4-14 August 1996 Volume 13: Marine Geology and Palaeoceanography. VSP: 95-110.

Ghinassi M, Brivio L, D'Alpaos A, et al. 2018. Morphodynamic evolution and sedimentology of a microtidal meander bend of the Venice Lagoon (Italy)[J]. Marine and Petroleum Geology, 96: 391-404.

Gong Z, Jin C, Zhang C K, et al. 2017. Temporal and spatial morphological variations along a cross-shore intertidal profile, Jiangsu, China[J]. Continental Shelf Research, 144: 1-9.

Gong Z, Zhao K, Zhang C K, et al. 2018. The role of bank collapse on tidal creek ontogeny: A novel process-based model for bank retreat[J]. Geomorphology, 311: 13-26.

He Q, Cui B S. 2015. Multiple mechanisms sustain a plant-animal facilitation on a coastal ecotone[J]. Scientific Reports, 5(1): 8612.

Herman P M J, Middelburg J J, Van De Koppel J, et al. 1999. Ecology of estuarine macrobenthos[M]// Advances in Ecological Research. Amsterdam: Elsevier: 195-240.

Higashino M. 2013. Quantifying a significance of sediment particle size to hyporheic sedimentary oxygen demand with a permeable stream bed[J]. Environmental Fluid Mechanics, 13(3): 227-241.

Hou Y R, Li B, Feng G C, et al. 2021. Responses of bacterial communities and organic matter degradation in surface sediment to *Macrobrachium nipponense* bioturbation[J]. Science of the Total Environment, 759: 143534.

Iribarne O, Martinetto P, Schwindt E, et al. 2003. Evidences of habitat displacement between two common soft-bottom SW Atlantic intertidal crabs[J]. Journal of Experimental Marine Biology and Ecology, 296(2): 167-182.

Jones M B, Simons M J. 1981. Habitat preferences of two estuarine burrowing crabs *Helice crassa Dana* (Grapsidae) and *Macrophthalmus hirtipes* (Jacquinot) (Ocypodidae)[J]. Journal of Experimental Marine Biology and Ecology, 56(1): 49-62.

Kirwan M L, Guntenspergen G R, D'Alpaos A, et al. 2010. Limits on the adaptability of coastal marshes to rising sea level[J]. Geophysical Research Letters, 37(23).

Kirwan M L, Murray A B. 2007. A coupled geomorphic and ecological model of tidal marsh evolution[J]. Proceedings of the National Academy of Sciences of the United States of America, 104(15): 6118-6122.

Kristensen E. 2008. Mangrove crabs as ecosystem engineers; with emphasis on sediment processes[J]. Journal of Sea Research, 59(1/2): 30-43.

Lai J S, Zou Y, Zhang J L, et al. 2022. Generalizing hierarchical and variation partitioning in multiple regression and canonical analyses using the rdacca.hp Rpackage[J]. Methods in Ecology and Evolution, 13(4): 782-788.

Lanzoni S, Seminara G. 2006. On the nature of meander instability[J]. Journal of Geophysical Research: Earth Surface, 111(F4): F04006.

Lavergne C, Agogué H, Leynaert A, et al. 2017. Factors influencing prokaryotes in an intertidal mudflat and the resulting depth gradients[J]. Estuarine, Coastal and Shelf Science, 189: 74-83.

Le Hir P, Monbet Y, Orvain F. 2007. Sediment erodability in sediment transport modelling: Can we account for biota effects?[J]. Continental Shelf Research, 27(8): 1116-1142.

Lee S Y. 1998. Ecological role of grapsid crabs in mangrove ecosystems: A review[J]. Marine and Freshwater Research, 49(4): 335-343.

Leonard L A, Luther M E. 1995. Flow hydrodynamics in tidal marsh canopies[J]. Limnology and Oceanography, 40(8): 1474-1484.

Li H, Chi Z F, Li J L, et al. 2019. Bacterial community structure and function in soils from tidal freshwater wetlands in a Chinese delta: Potential impacts of salinity and nutrient[J]. Science of the Total Environment, 696: 134029.

Long Y C, Jiang J, Hu X J, et al. 2021. The response of microbial community structure and sediment properties to anthropogenic activities in Caohai wetland sediments[J]. Ecotoxicology and Environmental Safety, 211: 111936.

Lumborg U, Andersen T J, Pejrup M. 2006. The effect of *Hydrobia ulvae* and microphytobenthos on cohesive sediment dynamics on an intertidal mudflat described by means of numerical modelling[J]. Estuarine, Coastal and Shelf Science, 68(1/2): 208-220.

Mallin M A, Lewitus A J. 2004. The importance of tidal creek ecosystems[J]. Journal of Experimental Marine Biology and Ecology, 298(2): 145-149.

Marani M, D'Alpaos A, Lanzoni S, et al. 2007. Biologically-controlled multiple equilibria of tidal landforms and the fate of the Venice lagoon[J]. Geophysical Research Letters, 34(11): L11402.

Mariotti G, Fagherazzi S. 2010. A numerical model for the coupled long-term evolution of salt marshes and tidal flats[J]. Journal of Geophysical Research: Earth Surface, 115(F1): F01004.

Martin K E, Currie S, Pichaud N. 2021. Mitochondrial physiology and responses to elevated hydrogen sulphide in two isogenic lineages of an amphibious mangrove fish[J]. Journal of Experimental Biology, 224(8): jeb241216.

McKee K L, Patrick W H. 1988. The relationship of smooth cordgrass (*Spartina alterniflora*) to tidal datums: A review[J]. Estuaries, 11(3): 143-151.

Morris J T, Sundareshwar P V, Nietch C T, et al. 2002. Responses of coastal wetlands to rising sea level[J]. Ecology, 83(10): 2869-2877.

Morris J T. 2006. Competition among marsh macrophytes by means of geomorphological displacement in the intertidal zone[J]. Estuarine, Coastal and Shelf Science, 69(3/4): 395-402.

Mudd S M, D'Alpaos A, Morris J T. 2010. How does vegetation affect sedimentation on tidal marshes? Investigating particle capture and hydrodynamic controls on biologically mediated sedimentation[J]. Journal of Geophysical Research: Earth Surface, 115(F3): F03029.

Mudd S M, Fagherazzi S, Morris J T, et al. 2004. Flow, Sedimentation, and Biomass Production on a Vegetated Salt Marsh in South Carolina: Toward a Predictive Model of Marsh Morphologic and Ecologic Evolution[M]//Coastal and Estuarine Studies. Washington D C: American Geophysical Union: 165-188.

Natalie H, Xuan L, Richard G, et al. 2018. Temperature driven changes in benthic bacterial diversity influences biogeochemical cycling in coastal sediments[J]. Frontiers in Microbiology, 9: 1730.

Nomann B E, Pennings S C. 1998. Fiddler crab–vegetation interactions in hypersaline habitats[J]. Journal of Experimental Marine Biology and Ecology, 225(1): 53-68.

Omori K, Irawan B, Kikutani Y. 1998. Studies on the salinity and desiccation tolerances of *Helice tridens* and *Helice japonica* (Decapoda: Grapsidae)[J]. Hydrobiologia, 386(1): 27-36.

Onda Y, Itakura N. 1997. An experimental study on the burrowing activity of river crabs on subsurface water movement and piping erosion[J]. Geomorphology, 20(3/4): 279-288.

Palmer M R, Nepf H M, Pettersson T J R, et al. 2004. Observations of particle capture on a cylindrical collector: Implications for particle accumulation and removal in aquatic systems[J]. Limnology and Oceanography, 49(1): 76-85.

Paterson D M, Daborn G R. 1991. Sediment stabilisation by biological action: Significance for coastal engineering[M]. Bristol, UK: University of Bristol Press.

Pennings S C, Carefoot T H, Siska E L, et al. 1998. Feeding preferences of a generalist salt-marsh crab: Relative importance of multiple plant traits[J]. Ecology, 79(6): 1968-1979.

Postma J, van Veen J A. 1990. Habitable pore space and survival of Rhizobium leguminosarum biovar trifolii introduced into soil[J]. Microbial Ecology, 19(2): 149-161.

Randerson P F. 1979. A simulation model of salt-marsh development and plant ecology[M]//Knights B, Phillips A J. Estuarine and coastal land reclamation and water storage. Farnborough: Saxon House, Teakfield Ltd.

Rietkerk M, van de Koppel J. 2008. Regular pattern formation in real ecosystems[J]. Trends in Ecology & Evolution, 23(3): 169-175.

Russow R, Sich I, Neue H U. 2000. The formation of the trace gases NO and N_2O in soils by the coupled processes of nitrification and denitrification: Results of kinetic ^{15}N tracer investigations[J]. Chemosphere-Global Change Science, 2(3/4): 359-366.

Salgado J P, Cabral H N, Costa M J. 2007. Spatial and temporal distribution patterns of the macrozoobenthos assemblage in the salt marshes of Tejo Estuary (Portugal)[J]. Hydrobiologia, 587(1): 225-239.

Sansupa C, Wahdan S F M, Hossen S, et al. 2021. Can we use functional annotation of prokaryotic taxa (FAPROTAX) to assign the ecological functions of soil bacteria?[J]. Applied Sciences, 11(2): 688.

Santmire J A, Leff L G. 2007. The influence of stream sediment particle size on bacterial abundance and community composition[J]. Aquatic Ecology, 41(2): 153-160.

Scheffer M, Carpenter S, Foley J A, et al. 2001. Catastrophic shifts in ecosystems[J]. Nature, 413: 591-596.

Seaman W. 2000. Artificial reef evaluation: with application to natural marine habitats[M]. Boca Raton, Fla.: CRC Press.

Singh Chauhan P P. 2009. Autocyclic erosion in tidal marshes[J]. Geomorphology, 110(3/4): 45-57.

Sinha S, Pati A K. 2008. Circannual rhythm in spatial distribution of burrows of freshwater crab, *Barytelphusa cunicularis* (Westwood, 1836)[J]. Biological Rhythm Research, 39(4): 359-368.

Steiger J, Gurnell A M. 2003. Spatial hydrogeomorphological influences on sediment and nutrient deposition in riparian zones: observations from the Garonne River, France[J]. Geomorphology, 49(1/2): 1-23.

Tonelli M, Fagherazzi S, Petti M. 2010. Modeling wave impact on salt marsh boundaries[J]. Journal of Geophysical Research: Oceans, 115(C9): C09028.

van de Koppel J, van der Wal D, Bakker J P, et al. 2005. Self-organization and vegetation collapse in salt marsh ecosystems[J]. The American Naturalist, 165(1): E1-E12.

Wang J Q, Tang L, Zhang X D, et al. 2009. Fine-scale environmental heterogeneities of tidal creeks affect distribution of crab burrows in a Chinese salt marsh[J]. Ecological Engineering, 35(12): 1685-1692.

Wang J Q, Zhang X D, Jiang L F, et al. 2010. Bioturbation of burrowing crabs promotes sediment turnover and carbon and nitrogen movements in an estuarine salt marsh[J]. Ecosystems, 13(4): 586-599.

Weerman E J, van de Koppel J, Eppinga M B, et al. 2010. Spatial self-organization on intertidal mudflats through biophysical stress divergence[J]. The American Naturalist, 176(1): E15-E32.

Wolfrath B. 1992. Burrowing of the fiddler crab *Uca tangeri* in the Ria Formosa in Portugal and its influence on sediment structure[J]. Marine Ecology Progress Series, 85: 237-243.

Yi J, Lo L S H, Cheng J P. 2020. Dynamics of microbial community structure and ecological functions in estuarine intertidal sediments[J]. Frontiers in Marine Science, 7: 585970.

Yun D H, Kim Y T. 2018. Experimental study on settlement and scour characteristics of artificial reef with different reinforcement type and soil type[J]. Geotextiles and Geomembranes, 46(4): 448-454.

Zhang Q, Gong Z, Zhang C K, et al. 2021. The role of surges during periods of very shallow water on sediment transport over tidal flats[J]. Frontiers in Marine Science, 8: 599799.

Zhao Y Y, Yu Q, Wang D D, et al. 2017. Rapid formation of marsh-edge cliffs, Jiangsu coast, China[J]. Marine Geology, 385: 260-273.

第6章 滩涂资源多目标综合利用技术与应用

长三角海域接纳长江、钱塘江等多条世界级大江大河，泥沙来源丰富，发育约 1.32 万 km² 的滩涂，在提高海岸防御能力、增加潜在土地资源和保护生物多样性等方面发挥着重要作用。利用滩涂拓展发展空间是长三角突破土地资源"瓶颈"、推动经济社会发展的重要途径；不合理滩涂开发也造成沿海生态、资源环境、洪潮灾害及经济社会等诸多问题。滩涂资源保护与高效利用已成为事关长三角沿海经济持续发展全局的重大需求。本章在全国河口海岸滩涂保护利用管理规划（南京水利科学研究院等，2015）基础上，归纳滩涂资源的量化与功能区优化方法，揭示滩涂利用影响机制，探究滩涂承载力评价与高效利用模式，提出综合高效集约保护利用滩涂资源的技术。

6.1 滩涂资源的量化与功能区优化方法

针对长三角滩涂资源保护与利用中承载力评价及保护红线划定等，识别河口海岸滩涂功能，提出滩涂功能区划原则、方法，开展滩涂功能区划，建立滩涂资源利用承载力指标体系，构建承载力评价模型，评价典型区域滩涂资源承载力变化趋势，并预测未来滩涂可利用率，提出滩涂资源的量化与功能区优化方法。

6.1.1 长三角滩涂资源保有量与分布特征调查

长三角地区滩涂资源较为丰富，5 m 等深线以浅的滩涂面积约为 13216 km²（南京水利科学研究院等，2015），主要分布在江苏沿海、长江口和浙江沿海等区域。从长远历史过程来看，由于河流供沙是海岸滩涂形成的主要物质基础，几乎所有海岸滩涂的形成均与河口密切相关。江苏沿海中小型河口群发育，滩涂近连续分布，为典型的平原淤泥质海岸滩涂；长江口和钱塘江口附近为三角洲海岸滩涂；浙江中南部沿海为不连续分布的港湾河口海岸滩涂。

6.1.1.1 江苏沿海

江苏海岸位于鲁南基岩海岸与长江口之间，以淤泥质海岸为主，滩涂资源丰富。其历史时期的海岸变迁受黄河和长江两个大型河口尾闾变迁和泥沙供给条件变化影响。全新世最大海侵时期（约 7 ka B.P.）至公元 12 世纪，江苏海岸岸线变化相对较小，长期基本稳定在赣榆—响水—阜宁—海安一带，海岸类型为砂质堡岛海岸；公元 1194~1855 年，黄河夺淮在苏北海岸入海，由于大量泥沙入海，江苏海岸迅速向海淤进。其中苏北黄河三角洲的顶端岸段淤进量达 90 km 左右；公元 1855 年黄河北归，使江苏海岸进入了一个新的调整阶段，主要表现为北部靠近废黄河三角洲地区的海岸侵蚀和南部海岸的进一步淤长。大量外来泥沙断绝后，在辐聚辐散的潮汐流场格局控制下的泥沙大范围调整，形成了目前规模宏大的辐射沙洲。当前江苏海岸整体的冲淤趋势也是这一调整过程的延续，主要表现为废黄河三角洲的进一步侵蚀，辐射沙洲区的水道-沙洲组合进一步向适应辐聚辐散的潮流格局调整。

根据 2010 年完成的江苏近海海洋综合调查与评价专项成果，江苏海域包括内水、领海和毗连区，总面积 3.75 万 km^2，海岸线全长约 888.945 km，其中海岸线北起绣针河口苏鲁交界海陆分界点（大王坊村东侧），南至启东市连兴港口，大陆岸线全长约 734.837 km，长江河口岸线自连兴港口经苏通大桥至长江口南岸苏沪交界 35 号界碑外侧全长 154.108 km。根据 2010 年遥感影像图与海图，量算重要入海河口及其两侧–5 m 以浅海岸滩涂资源总面积为 7553 km^2，其中理论 0 m 以上、0～–2 m、–2～–5 m 的滩涂面积分别为 4227 km^2、1266 km^2、2060 km^2。

6.1.1.2 长江口

长江口目前有三级分汊、四口入海，其入海水道分别为北支、北港、北槽和南槽。两千多年以来，长江口总体河道演变表现为主流南偏、沙岛并岸、河宽缩窄、河口向东南方向延伸。河口由从镇江、扬州一带入海，并逐渐下移数百公里，至今从启东嘴—南汇嘴入海，口门宽度由 180 km 缩窄至目前的约 90 km。同时在 17 世纪中叶，白茆河口附近江中的长沙淤长壮大，兼并周围的若干小沙逐渐演变为崇明岛，长江口形成南、北支一级分汊二口入海的格局。19 世纪 60 年代北港被冲开，20 世纪 50 年代中期北槽被冲开。至此，长江口演变成三级分汊、四口入海的喇叭形河口。

长江口几千年来的演变过程表明，长江口南岸以滩涂淤长的形式向外伸展并南偏，北岸以沙洲并岸的形式逐级向外推进，河口以分汊的形式向东南外海方向延伸。在河口外伸过程中，由于上游河势的变化以及涨落潮流路的分离，河道中不断形成水下暗沙。涨潮槽内，因涨潮流带进的泥沙，落潮时不能全部带出而使河槽逐步萎缩，暗沙随之北靠并岸，河槽束窄；南侧偏东南向的落潮流携带大量泥沙输向外海，导致河口逐渐向外、向东南方向延伸。

长江口滩涂资源主要分布在崇明北沿边滩、崇明东滩、北港北沙、横沙东滩、南汇东滩、长江口江心洲等地区。根据 2010 年实测地形图，长江口自徐六泾以下理论基面 –5 m 以上滩涂面积为 2634 km^2，其中 0 m 以上滩涂面积 800 km^2，0～–2 m 的滩涂面积 727 km^2，–2～–5 m 的滩涂面积 1107 km^2。

6.1.1.3 浙江沿海

浙江沿海河口众多，多属强潮河口且口外发育海湾，主要入海河流有钱塘江、甬江、椒江、瓯江、飞云江和鳌江等，每年携带大量泥沙入海，巨大的潮差使得潮滩广阔分布，滩涂资源十分丰富。

钱塘江河口杭州湾是一个典型的喇叭状河口湾，在喇叭雏形形成之初，河口形态尚较顺直，受湾内潮流冲刷影响，岸线及边滩一度变化频繁。4 世纪以后，随长江口南岸沙嘴的延伸，杭州湾南岸淤积，因之改变了水动力条件，导致杭州湾北岸坍塌。目前，受自然条件和人类活动的双重影响，杭州湾滩涂呈淤积趋势。

椒江口南侧岸段是浙江滩涂资源分布的重要区域，唐宋以来浙江人民在此频繁开展围涂活动。通过历史地形比对分析，椒江口水域及浅水地区普遍淤积，从海门至东矶列岛 10 m 等深线范围内近 40 年来淤积 11 亿 t，而且受人工促淤影响，近年来速度有增大趋势。

瓯江、飞云江、鳌江河口及温州湾海区的古海岸是不断向东海推进的，河口逐渐下移。中华人民共和国成立以来，特别在 1970 年以来，随着围涂促淤技术提高，该水域滩涂不断淤长，向海推进的速度有较大提高。

根据 2004～2010 年实测水下地形资料，浙江沿海主要河口理论基面–5 m 以上滩涂总面积为 3030 km²，其中 0 m 以上滩涂总面积为 860 km²，0～–2 m 的滩涂总面积 710 km²，–2～–5 m 的滩涂面积 1460 km²。

6.1.2　分区保护利用原则与方法

对滩涂资源开展水利区划的目的是根据滩涂资源的自然条件、功能要求、利用与保护状况和经济社会发展需要，从河口防洪（潮）安全、河势稳定、供水安全、水生态环境保护等管理的角度将滩涂划分为不同类型的功能区，科学合理地确定各功能区的主要功能，明确其保护目标和利用条件，以满足海岸防护及滩涂资源可持续利用保护的需求，充分发挥滩涂资源的综合效益。

6.1.2.1　分区保护利用原则

具体的滩涂分区保护利用原则如下：

（1）结合各河口海岸河势滩势特点、滩涂资源状况，在服从防洪（潮）安全、河势稳定、供水安全和维护水生态健康的前提下，充分考虑滩涂资源利用与保护的水行政管理要求，按照合理利用与有效保护相结合的原则划定滩涂水利功能区。

（2）滩涂水利区划应注重近期重点与远期规划相结合，促进滩涂资源的可持续利用。

（3）滩涂水利区划应统筹考虑和协调处理流域与河口区的关系，充分考虑河口上下游的地形地质条件、河势演变趋势及滩涂开发对邻近区域的相互影响。

（4）滩涂水利区划应符合河口治理规划要求，与现行的防洪分区相协调，并兼顾自然生态分区、海洋功能分区等区划，与区域规划、行业规划、城市规划等相协调。

6.1.2.2　分区类型与方法

根据各海岸河口地区滩涂资源现状调查分析及滩涂演变趋势，遵循滩涂保护利用不能超出河口治导线的原则，并考虑滩涂保护利用对行洪、供水、航运、排涝、纳潮、生态环境和灌溉等影响后，将滩涂资源划分为保护区、保留区和控制利用区 3 个分类区。

保护区：是指对河口防洪（潮）安全、河势稳定、供水安全、水生态环境保护等至关重要而不能开发利用的河口海岸滩涂，也包括各类自然保护区和其他需要特殊保护的区域。本分区以保持河口河势稳定、维护河口行洪纳潮能力、确保防洪（潮）安全为基本目标，不进行其他目的的开发，使其基本保持自然状态。

保护区的具体划分方法如下：

（1）在已有河口治导线规划的区域，左右两条治导线之间的滩涂以及虽不在两条治导线之间但其开发对河口行洪有较大影响的滩涂，列为滩涂保护区；对于尚未划定治导线的河口区域，根据河口行洪要求和河势具体情况，按照研究确定的滩涂开发控制线划分滩涂保护区。

（2）国家和省（自治区、直辖市）级人民政府批准划定的各类自然保护区（海岸生态自然保护区、生物物种自然保护区、自然遗迹和非生物资源保护区），以及其他需要特殊保护的区域，一般列为滩涂保护区。

保留区：是指对河口防洪（潮）安全、河势稳定、供水安全、水生态环境保护影响不明确或者目前尚不具备开发利用条件的河口海岸滩涂。滩涂保留区规划期内禁止进行开发利用，在其开发限制条件变化后，可以在进行充分论证的基础上进行功能分区调整。

保留区的具体划分方法为：河口现状河势不稳定、滩涂演变剧烈或河势控制方案尚未确定的区域，或已规划为蓄滞洪纳潮区，或开发保护控制条件存在不确定性因素的划为保留区。

控制利用区：是指开发利用活动对防洪（潮）安全、供水安全、河势稳定和水生态环境等方面可能会产生影响，需要控制利用的河口海岸滩涂。控制利用区要加强对滩涂开发治理活动的指导和管理，在充分论证的基础上有控制、有条件地进行适度开发。

控制利用区的具体划分方法为：在评价河口海岸滩涂资源开发利用潜力，及对防洪（潮）要求、河势稳定、供水安全、水生态环境保护影响的基础上，需要限定其开发模式、开发规模、开发速率以及补偿措施等，即开发利用需要科学论证、严格控制的区域可划为控制利用区。

6.1.2.3　滩涂利用与保护原则

1. 顺应河势，因地制宜

长三角滩涂资源有较多位于河口区或口外海滨区域，对于位于河口边滩、江岛边滩以及江心沙洲的滩涂资源的开发利用与保护活动，与河口河势滩势变化息息相关，顺应河势滩势的演变规律，有利于滩涂资源的开发利用；反之，不仅不利于开发利用滩涂资源，不适当的开发利用还可能对长江河口及杭州湾河势滩槽的稳定造成严重的后果。为此，需对河口海岸河势滩势进行分析，在此基础上，对滩涂资源因地制宜地提出开发利用与保护规划。

2. 增加湿地，保护生态

湿地是重要的国土资源，具有巨大的经济、生态和社会效益，河口海岸滩涂湿地作为湿地的一个种类，是陆域生态系统、湿地生态系统和水下生态系统三大生态系统之一，应该科学合理地进行开发利用。通过加强促淤力度，可以使滩涂加快淤长，有利于滩涂湿地资源的恢复，也利于建立滩涂区域良性的生态环境。

3. 功能多元，适度开发

随着社会经济的不断发展，对土地利用提出越来越高的要求，这种要求不仅体现在量上，而且体现在质上。以往采取的利用滩涂资源圈围造地满足农地占补平衡的模式已经逐渐难以适应新形势的要求。在增加湿地资源、保护滩涂生态环境已成为普遍要求的形势下，也要对新增滩涂资源进行适当的综合开发利用，结合经济社会发展对水土资源、港口岸线资源、生态系统资源的需求，采取科学合理的手段进行适度的开发利用，使滩涂资源的开发利用呈现多元化格局，是新形势的要求。

6.1.3　保护保留与控制利用功能区划

6.1.3.1　长三角滩涂资源保护区

长三角滩涂资源保护区共计 45 个，面积为 2395.59 km^2，具体如下。

（1）江苏沿海（图 6-1）主要滩涂保护区 30 个，包括：

①临洪河口保护区 5 个：绣针河口、柘汪河口、兴庄河口、青口河口、临洪河口保护区，总面积 52.7 km^2。

②埒子口保护区 2 个：烧香河口、埒子口保护区，总面积 42 km^2。

③灌河口保护区 3 个：灌河口、中山河口、废黄河口保护区，总面积 44 km^2。

④扁担河口保护区 3 个：二曾河口、入海水道（及灌溉总渠）、夸套河口保护区，总面积 19.3 km^2。

⑤射阳河口保护区 3 个：双洋河口、运粮河口、射阳河口保护区，总面积 43.3 km^2。

⑥新洋港入海河口保护区 2 个：新洋港口保护区、盐城湿地珍禽自然保护区，总面积 136.7 km^2。

⑦斗龙港口保护区 2 个：斗龙港口、四卯酉河口保护区，总面积 88.7 km^2。

⑧川东港口保护区 3 个：王港口、竹港口、川东港口保护区，总面积 77.3 km^2。

⑨梁垛河口保护区 7 个：东台河口、梁垛河口、方塘河口、新川港口、小洋口、掘苴口、东凌河口保护区，总面积 306 km^2。

（2）上海沿海（图 6-2）滩涂保护区 6 个，主要包括：

①崇明岛西侧滩涂：包括北支上口的舌状堆积体水下浅滩以及已出水的崇头—新跃沙边滩。

②东风西沙：水库周围一定范围的滩涂。

③浏河口下边滩：水下浅滩，其上为浏河应急水源地、其下为陈行、宝山水库，为保障水库的安全运行，其周围一定范围滩涂严禁开发利用。

④中央沙、青草沙外围滩涂：青草沙水库库堤北缘及中央沙围堤南缘外的滩涂。

⑤崇明东滩：崇明东滩鸟类自然保护区与长江口中华鲟幼苗自然保护区主体近乎重叠。该保护区位于崇明岛东端，南起奚家港，北至八滧港，西以 1968 年建成的围堤为界，东至吴淞标高 0 m 线以上的滩涂远至 3000 m 水线为界，保护区面积达 326 km^2，占上海市湿地面积的 10.2%。

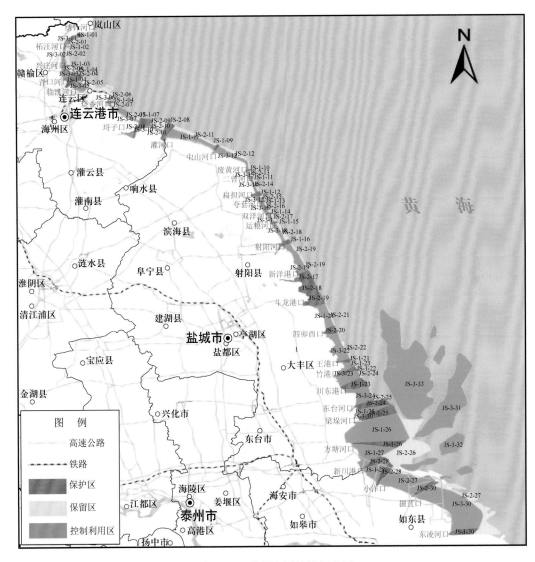

图 6-1　江苏沿海滩涂资源分区

⑥九段沙（含江亚南沙）：九段沙湿地为国家级自然保护区。该保护区主要由上沙、中沙和下沙 3 部分组成，东西长约 50 km，南北宽约 15 km，总面积超过 500 km²，吴淞 0 m 以上面积 145 km²。

（3）浙江沿海（图 6-3）河口滩涂保护区 9 个，包括：

①钱塘江河口海盐—澉浦岸段：该岸段滩涂理论深度基准面–2～–5 m 之间，滩涂面积为 164.4 km²。

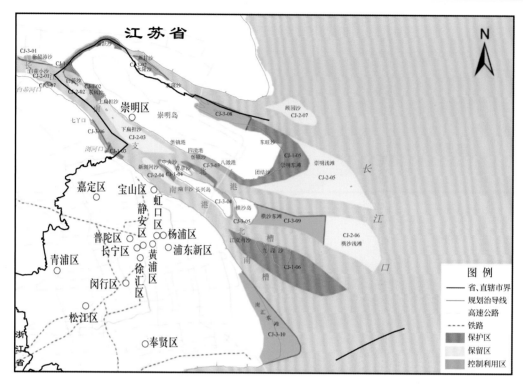

图 6-2　上海沿海滩涂资源分区图

　　②钱塘江河口西三—甬江口：本岸段为钱塘江河口南岸规划治导线以外区域，滩涂资源丰富，理论深度基准面–5 m 以上的滩涂面积 455.9 km²。

　　③椒江河口及其外延段：本岸段理论深度基准面–5 m 以上的滩涂面积约 224.2 km²。

　　④瓯江河口群保护区 6 个：温州电厂边滩、瓯江北口外侧总面积分别为 1.2 km² 和 11.9 km²；灵霓北堤边滩总面积 43.1 km²；飞云江口外延段总面积 62.6 km²；鳌江口外延段面积 38.5 km²；巴艚港南面积 37.2 km²。

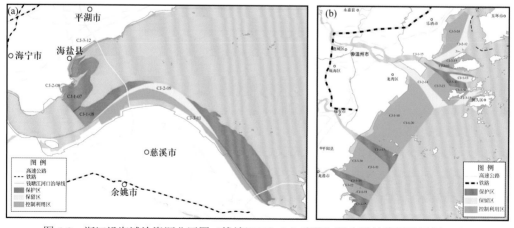

图 6-3　浙江沿海滩涂资源分区图（钱塘江口）（a）和浙江沿海滩涂资源分区图（b）

6.1.3.2　长三角滩涂资源保留区

长三角滩涂资源保留区共计 42 个，面积总计为 2601.45 km²，具体如下。

（1）江苏沿海规划区滩涂保留区 27 个，其中临洪河口保留区 5 个，总面积 85.3 km²；埒子口保留区 4 个，总面积 56.7 km²；灌河口保留区 3 个，总面积 98 km²；扁担口保留区 3 个，总面积 19.3 km²；射阳河口保留区 4 个，总面积 33.3 km²；新洋港入海河口保留区 1 个，总面积 8.7 km²；斗龙港口保留区 1 个，总面积 1.3 km²；川东港口保留区 4 个，总面积 29.3 km²；梁垛河口保留区 2 个，总面积 806.7 km²。

（2）长江口滩涂保留区 7 个，包括白茆小沙，白茆沙，上、下扁担沙，新浏河沙，崇明浅滩，横沙浅滩，顾园沙。

（3）浙江沿海河口滩涂保留区 8 个，包括：

①钱塘江河口青山—杨柳山岸段，位于秦山核电群西侧，滩涂面积约 3.1 km²，称"草鞋滩"。

②钱塘江河口余姚西三—慈溪东风闸，该段滩涂在钱塘江河口南岸近期规划治导线外侧，滩涂面积约 118.2 km²。

③椒江口三门沿赤—头门岛，地处三门湾南部，台州东矶列岛北侧，滩涂高程在理论深度基准面 0～-5 m，面积达 169.3 km²。

④椒江口南—九洞门岛，自椒江口南岸至大港湾，滩涂高程在理论深度基准面-2～-5 m，面积约 171.2 km²。

⑤瓯江河口群保留区 4 个，沙头水道面积 54 km²、瓯江南口面积 74.1 km²；青山岛西侧和洞头峡水道面积分别为 16.2 km² 和 27.4 km²。

6.1.3.3　长三角滩涂资源控制利用区

长三角滩涂资源控制利用区共计 66 个，面积总计为 5588.17 km²。具体如下。

（1）江苏沿海规划区滩涂控制利用区 33 个，其中，临洪河口控制利用区 4 个，总面积 148.01 km²；埒子口控制利用区 5 个，总面积 77.34 km²；灌河口控制利用区 3 个，总面积 173.32 km²；扁担河口控制利用区 3 个，总面积 41.4 km²；射阳河口控制利用区 4 个，总面积 82.0 km²；新洋港入海河口控制利用区 1 个，总面积 44.67 km²；斗龙港口控制利用区 1 个，总面积 56 km²；川东港口控制利用区 3 个，总面积 245.33 km²；梁垛河口控制利用区 9 个，总面积 2676.67 km²。

（2）长江口杭州湾北岸（上海岸）滩涂控制利用区 10 个，包括新通海沙、新村沙、灵甸港—十八匡河边滩、崇明北缘边滩、长兴岛东北侧滩涂、横沙岛西南角滩涂、太仓边滩、横沙东滩、南汇东滩、龙泉港东西两侧边滩。

（3）浙江沿海河口滩涂控制利用区 23 个，包括：

①钱塘江河口规划控制利用区 2 个，包括余姚西三闸—镇海甬江口北侧岸段治导线南侧；秦山—金丝娘桥。

②椒江口北岸滩涂控制利用区 7 个，包括三门下洋山—浦坝港、金洋涂、浦坝港—柱头山、白沙至椒江口北、头门岛—椒江口北、浦坝港—头门岛、柱头山—头门岛。

③椒江口南岸滩涂控制利用区 4 个，即椒江南—黄琅、剑门港—白果山、大港湾、九洞门岛—铜门岛。涂面高程基本上在理论深度基准面 0～–2 m。

④瓯江河口群控制利用区 10 个，包括乐清湾西片、大小门岛边滩、温州浅滩二期、洞头边滩、飞鳌滩一期、鳌巴滩一期、瓯飞滩一期、瓯飞滩二期、飞鳌滩二期、鳌巴滩二期。

6.2　滩涂资源利用生态环境评价

健康的滩涂生态系统需要满足两个条件：一是滩涂自身的生态承载能力强，可以健康、持续地生存演化；二是滩涂可以利用自身的生态服务功能，为人类生产生活提供必要的支持，比如调节气候、保护岸线等。自然条件改变和人类活动均是影响滩涂健康的重要因素。

人类活动对滩涂健康的影响主要表现在围垦活动和工业、养殖活动等方面。围垦活动对滩涂影响主要包括潮波特性改变、泥沙冲淤过程变化、生物多样性等方面。大规模围垦活动必定会减少湿地面积，影响潮间带生物群落，使得生物多样性和生态系统稳定受到威胁（张长宽和陈君，2011）。工业、养殖活动对滩涂健康的威胁，主要是由人类活动产生的陆源污染物随意向海域排放引起的，如：中国的渤海湾、黄海和南海氮磷输入量严重超标，富营养化风险高；江苏海岸带土壤中 Cd、Hg 等重金属离子超标严重，是污染土壤最主要的两类元素。这些人类活动对滩涂环境的破坏，均会使得海岸带生境承载力和生态服务功能下降，从而引起一系列环境问题。

为满足滩涂绿色、可持续开发要求，以腰沙—冷家沙海域为例，根据海域生态环境本底状况，分析了相关生态规划的符合性及港口建设与海洋生态环境的适宜性；同时针对不同空间功能进行生态环境敏感性分区，根据工程对不同敏感分区的影响探讨不同生态敏感区生态结构构建及生态修复工程措施可行性。

6.2.1　生态环境基本特征

近十年来，依托小庙洪水道的深水航道资源和腰沙沙脊的滩涂空间资源利用，腰沙—冷家沙海域已建包括通州湾一港池围填海项目（2013 年 3 月～2016 年 8 月）、三夹沙围填工程（2013 年 10 月～2016 年 5 月）、海门市滨海新区（2009～2011 年）、吕四港区区域建设用海项目（2009～2018 年）等工程项目。本书收集到腰沙—冷家沙海域的生态环境本底调查资料，监测范围大体在以通州湾港区已建工程为中心外扩 20 km 的范围内，涵盖腰沙、冷家沙、小庙洪、三沙洪等海域（图 6-4）。不同调查时间的测量范围并不完全重合，腰沙、小庙洪水道、小庙洪西侧岸滩的测点重复率相对较高。监测内容主要包括 6 个方面，分别是水质、沉积物质量、生物体质量、海洋生态、海洋渔业资源、潮间带生物。利用收集到的资料进行腰沙—冷家沙海域生态环境基本特征分析和通州湾港区工程建设前后的生态环境对比分析。

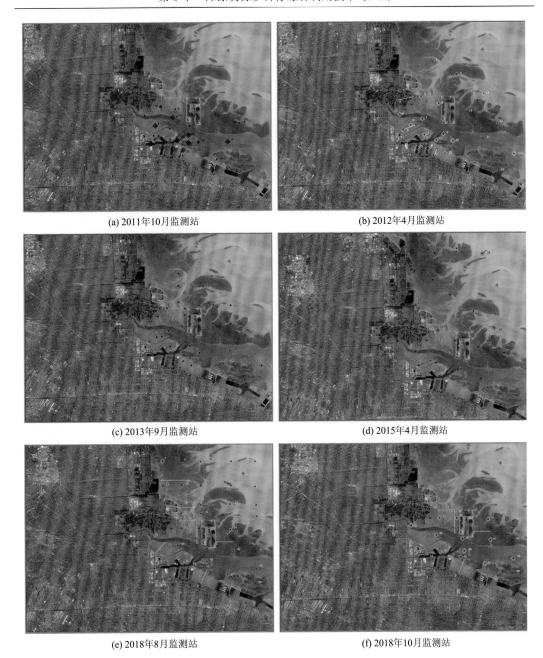

(a) 2011年10月监测站　　　　　　　　　　(b) 2012年4月监测站

(c) 2013年9月监测站　　　　　　　　　　(d) 2015年4月监测站

(e) 2018年8月监测站　　　　　　　　　　(f) 2018年10月监测站

图 6-4　腰沙—冷家沙海域生态环境本底资料监测站

• 为水质采样点；○为生态采样点；◇为沉积物采样点；——为采样断面；底图为 2018 年

1. 海洋生态基本特征

调查结果显示，腰沙海域水质评价指标中无机氮和活性磷酸盐超标明显，沉积物质量符合一类标准，生物体质量基本符合二类标准。腰沙海域空间异质性程度不高，生物多样性指数通常小于 3，属于一般和差的级别。腰沙海域海洋生态具有较明显的季节性特征。

2. 通州湾港区现状工程建设前后海洋生态环境对比

1）工程建设前后海洋环境质量对比分析

海洋环境质量包括了海水水质、沉积物质量及生物体质量。

根据三次监测的结果，工程实施前海水水质质量优于工程实施后。2011年，监测海域海水中大部分监测因子能符合二类海水水质标准以上，活性磷酸盐符合三类海水水质标准以上；2011年以后，监测海域海水中大部分监测因子仍能符合二类海水水质标准以上，但是活性磷酸盐和无机氮超标现象突出。该区域水质超标要素主要为无机氮和活性磷酸盐，这可能是由人类工业、农业生产和日常生活等陆源污染排放引起的。这一趋势与我国、江苏近年来近岸海域水质分布特征相一致。

沉积物质量方面，三次监测所测各项指标均符合《海洋沉积物质量》（GB 18668—2002）中一类标准的要求，沉积物质量总体状况良好。

生物体质量方面，通过三期海洋生物质量监测结果对比，2011年的潮间带海洋生物部分指标超标现象比较明显，主要受沿岸地区生产生活、海水养殖、船舶交通等影响。2013年和2018年相比，海洋生物质量状况明显好转。

2）海洋生态对比分析

海洋生态包括了叶绿素、浮游植物、浮游动物、底栖生物、潮间带生物等方面。

调查结果显示，近8年来，叶绿素a含量变化范围的区间和含量的平均值略有增加。浮游植物生态密度变化范围和平均值波动均较大；中肋骨条藻作为优势种相对较稳定；对比多样性指数、均匀度指数和丰富度指数可知，群落特征变化不显著，生态群落结构较稳定。浮游动物种类明显增加，平均生物密度增加较明显，群落特征变化不显著，生态群落结构较稳定。底栖生物大类组成较稳定，软体动物在种类组成上是最主要成分，底栖动物平均生物密度明显增加，但是平均生物量却明显降低。潮间带生物大类组成较稳定，软体动物在种类组成上是最主要成分。通常情况下，低潮位生物密度最高，高潮位生物密度最低。

3）渔业资源对比分析

经过对比分析，围填海项目实施后调查海域游泳生物种类数、密度均值、资源量均值、资源密度均值明显增加，生物量均值略微减小。

总之，工程建设前后海水水质除无机氮和活性磷酸盐超标严重外，其余均符合二类标准及以上；沉积物质量均符合一类标准；海洋生物体质量超标指标明显减少。

海洋生态调查指标包括叶绿素a、浮游植物、浮游动物、底栖生物、潮间带生物等，变化较为明显的是底栖生物，种类和平均生物量降低明显。

海洋渔业资源调查结果对比显示，种类组成增加、平均生物密度保持稳定、平均资源量明显增加。

6.2.2　滩涂资源承载力及生态环境评价

基于工程实施区域现场调查、历史资料、现状资料，包括海域水文、气象、生物及工程建设等资料，利用"压力-状态-响应"（PSR）模型构建港区工程评价体系，评价用海工程对生态环境的影响。

延伸生态敏感性分析范围，不局限于港口工程建设区域，结合已有评价体系，运用层次分析法，确定各个要素权重，利用 ArcGIS 软件空间分析功能，叠加工程实施区域、生态红线区和海洋红线区等重要且敏感区域，得到工程实施影响下，周边生态环境敏感性分区状况图。根据不同敏感分区，参考《江苏省海洋功能区划（2011—2020 年）》，结合不同区域主要生态功能进一步确定分区敏感性类别与重点保护对象，如河口湿地敏感保护区、生态文化敏感保护区、种质资源敏感保护区、特殊物种敏感保护区、施工区域敏感保护区等。

针对不同生态敏感保护区，基于已建成的评价指标体系，通过相关分析法，研究每个工程对生态敏感区的影响机制及程度，确定不同敏感保护区威胁生态安全与稳定的主要因素。

6.2.2.1　区域标准网格法生态安全分析

1. 生态敏感分区

生态敏感分区见图 6-5，根据实际情况及入海河流和潮流的关系，划分为Ⅰ区：河口湿地敏感保护区；Ⅱ区：施工区域敏感保护区；Ⅲ区：潜在灾害敏感保护区；Ⅳ区：种质资源保护区；Ⅴ区：特殊物种敏感保护区（蛎蚜山牡蛎礁国家级海洋特别保护区）；Ⅵ区：水污染防治敏感区。

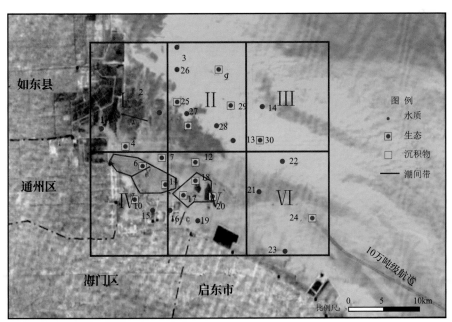

图 6-5　腰沙—冷家沙海域生态敏感区划分（区域标准网格法）

2. 生态安全指标体系的构建

生态安全指标体系的构建指标如表 6-1 所示。

表 6-1　腰沙—冷家沙海域生态安全指标体系及层次结构

目标层	准则层	指标层
腰沙—冷家沙海域生态安全指数	压力层（B_1）	年热带气旋次数（C_1）
		赤潮发生次数（C_2）
		区域开发强度（C_3）
		受威胁状况（C_4）
	状态层（B_2）	叶绿素 a（C_5）
		浮游植物（C_6）
		浮游动物（C_7）
		沉积物质量（C_8）
		珍稀濒危物种（C_9）
	响应层（B_3）	公众参与（C_{10}）
		环境保护意识（C_{11}）
		规划、法规与政策（C_{12}）
		污水处理率（C_{13}）

3. 评价指标权重的计算

根据确定的指标体系及它们之间的相互关系，分别构造两两比较判断矩阵，确定指标权重，见表 6-2。

表 6-2　腰沙—冷家沙海域生态安全评价指标体系及其权重

目标层	准则层	指标层	权重
腰沙—冷家沙海域生态安全指数	压力层	年热带气旋次数（C_1）	0.1013
		赤潮发生次数（C_2）	0.1438
		区域开发强度（C_3）	0.1634
		受威胁状况（C_4）	0.1629
	状态层	叶绿素 a（C_5）	0.0381
		浮游植物（C_6）	0.0762
		浮游动物（C_7）	0.0571
		沉积物质量（C_8）	0.0571
		珍稀濒危物种（C_9）	0.0571
	响应层	公众参与（C_{10}）	0.0238
		环境保护意识（C_{11}）	0.0476
		规划、法规与政策（C_{12}）	0.0357
		污水处理率（C_{13}）	0.0357

6.2.2.2　区域生态敏感小区法生态安全分析

1. 生态敏感分区

本研究方法选用矢量面状单元中的不同功能分区为评价单元（图 6-6），即把整个腰沙—冷家沙海域港区依功能区划分为 I 区：特殊物种敏感保护区（蛎蚜山牡蛎礁国家级海洋特别保护区）；II 区：种质资源敏感保护区；III 区：水污染敏感保护区；IV 区：生态文化敏感保护区；V 区：生物多样性敏感保护区；VI 区：湿地变化敏感保护区；VII 区：河口湿地敏感保护区；VIII 区：施工区域敏感保护区。

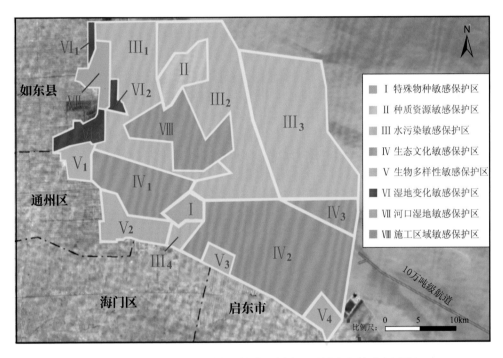

图 6-6　腰沙—冷家沙海域生态敏感区划分（区域生态敏感小区法）

2. 生态安全指标体系的构建

生态安全指标体系的构建见表 6-3。

3. 评价指标权重的计算

根据确定的指标体系及它们之间的相互关系，分别构造两两比较判断矩阵，确定指标权重，见表 6-4。

表 6-3　腰沙—冷家沙海域生态安全指标体系及层次结构

目标层	准则层	因素层	指标层
腰沙—冷家沙海域生态安全指数	压力子系统（B_1）	自然压力（C_1）	年极端温度天数（D_1）
			年风暴潮次数（D_2）
			赤潮发生次数（D_3）
		人类压力（C_2）	人口密度（D_4）
			人均 GDP（D_5）
			海水养殖面积占海湾面积比例（D_6）
			围填海面积占海湾面积比例（D_7）
			海洋产业产值（D_8）
			区域开发强度（D_9）
	状态子系统（B_2）	环境质量（C_3）	水环境质量（D_{10}）
			沉积物质量（D_{11}）
			生物质量（D_{12}）
		生物与生态（C_4）	浮游植物（D_{13}）
			浮游动物（D_{14}）
			潮间带底栖动物（D_{15}）
			浅海底栖动物（D_{16}）
			游泳动物（D_{17}）
			珍稀濒危物种（D_{18}）
		生物生产力（C_5）	叶绿素 a 浓度（D_{19}）
	响应子系统（B_3）	社会响应（C_6）	第三产业所占比重（D_{20}）
			人口受教育水平（D_{21}）
			污水治理率（D_{22}）
			保护区建设与管理（D_{23}）
			规划、法规与政策（D_{24}）
			公众参与（D_{25}）

表 6-4　腰沙—冷家沙海域生态安全评价指标体系及其权重

目标层	准则层	指标层	权重
腰沙—冷家沙海域生态安全指数	压力层（A_1）	年极端温度天数（B_1）	0.0199
		年风暴潮次数（B_2）	0.0658
		赤潮发生次数（B_3）	0.0724
		人口密度（B_4）	0.0526
		人均 GDP（B_5）	0.1167
		海水养殖面积占海湾面积比例（B_6）	0.0324
		围填海面积占海湾面积比例（B_7）	0.0274
		海洋产业产值（B_8）	0.0465
		区域开发强度（B_9）	0.0405

续表

目标层	准则层	指标层	权重
腰沙—冷家沙海域生态安全指数	状态层（A_2）	水环境质量（B_{10}）	0.1016
		沉积物质量（B_{11}）	0.0508
		生物质量（B_{12}）	0.0508
		浮游植物（B_{13}）	0.0092
		浮游动物（B_{14}）	0.0096
		潮间带底栖动物（B_{15}）	0.0259
		浅海底栖动物（B_{16}）	0.0158
		游泳动物（B_{17}）	0.0095
		珍稀濒危物种（B_{18}）	0.0418
		叶绿素 a 浓度（B_{19}）	0.0615
	响应层（A_3）	第三产业所占比重（B_{20}）	0.0574
		人口受教育水平（B_{21}）	0.0255
		污水治理率（B_{22}）	0.0244
		保护区建设与管理（B_{23}）	0.0109
		规划、法规与政策（B_{24}）	0.0196
		公众参与（B_{25}）	0.0116

6.2.2.3　滩涂承载力评价

1. 区域标准网格法生态安全评价结果

运用 6.2.2.1 节的方法，首先对不同生态敏感分区生态安全指标进行两两互判，通过一致性检验后作为各指标权重，计算各敏感分区生态安全指数，确定其生态安全状况，结果见表 6-5。腰沙—冷家沙海域 6 个生态敏感分区，4 个处于预警状态。仅特殊物种敏感保护区（蛎岈山牡蛎礁国家级海洋特别保护区）和水污染防治敏感区处于比较安全状态。6 个敏感保护区生态安全指数由大到小依次为：特殊物种敏感保护区（蛎岈山牡蛎礁国家级海洋特别保护区）、水污染防治敏感区、潜在灾害敏感保护区、种质资源保护区、河口湿地敏感保护区、施工区域敏感保护区。

表 6-5　腰沙—冷家沙海域各敏感分区生态安全指数

不同阶段	不同分区	C_1	C_2	C_3	C_4	C_5	C_6	C_7	C_8	C_9	C_{10}	C_{11}	C_{12}	C_{13}	生态安全指数	安全等级
施工前	I	5	6	4	7	6	5	6	7	5	6	7	6	8	5.8124	预警
	II	5	6	4	5	5	5	6	7	6	7	8	6	8	5.6608	预警
	III	5	6	4	5	5	7	6	7	6	8	8	6	8	5.8815	预警
	IV	5	6	4	5	6	7	8	7	3	7	8	6	8	5.8051	预警
	V	5	6	4	5	7	7	8	7	6	7	8	6	8	6.2452	安全
	VI	5	6	4	5	7	7	8	7	6	7	8	8	8	6.1584	安全

续表

不同阶段	不同分区	C_1	C_2	C_3	C_4	C_5	C_6	C_7	C_8	C_9	C_{10}	C_{11}	C_{12}	C_{13}	生态安全指数	安全等级
施工后	I	5	5	4	7	6	6	6	7	4	6	7	6	8	5.7103	预警
	II	5	6	4	8	4	4	6	5	5	7	7	6	8	5.6328	预警
	III	5	6	5	5	4	7	5	6	6	7	8	6	8	5.7949	预警
	IV	5	6	7	5	6	6	6	6	3	7	8	6	8	5.8775	预警
	V	5	6	4	4	7	8	7	7	8	7	8	6	8	6.1309	安全
	VI	5	6	4	6	7	6	8	7	6	7	8	6	8	6.1211	安全

施工后生态安全指数与施工前相比稍有降低（图 6-7～图 6-9），说明工程实施对腰沙—冷家沙海域的生态安全产生了一定负面影响,但影响不大可以逐渐恢复到初始状态。

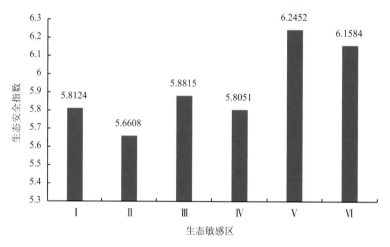

图 6-7 施工前各生态敏感区的生态安全指数

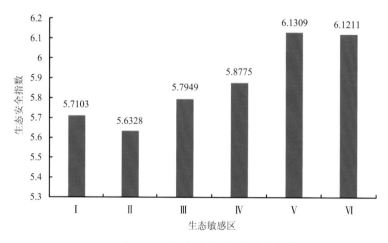

图 6-8 施工后各生态敏感区的生态安全指数

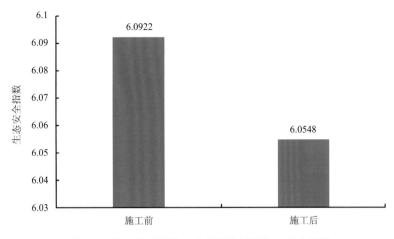

图 6-9　施工前后腰沙—冷家沙海域的生态安全指数

2. 区域生态敏感小区法生态安全评价结果

运用 6.2.2.2 节的方法，首先对不同生态敏感分区生态安全指标进行两两互判，通过一致性检验后作为各指标权重，计算施工前后各敏感分区生态安全指数（表 6-6），确定其生态安全状况。

腰沙—冷家沙海域生态安全状况正面临着严峻考验，施工前后参加评价的 18 个生态敏感分区有 5 个处于比较安全的状态，10 个处于预警状态，3 个处于中度预警状态。其中特殊物种敏感保护区的生态安全指数最高，施工前后分别为 7.10 和 7.05；湿地变化敏感区的生态安全指数最低，分别为 3.81 和 3.77。参评的 8 个大类生态敏感分区的生态安全指数由大到小依次为：特殊物种敏感保护区、种质资源敏感保护区、生态文化敏感保护区、河口湿地敏感保护区、水污染敏感保护区、施工区域敏感保护区、生物多样性敏感保护区、湿地变化敏感保护区。施工前后各生态敏感区生态安全指数见图 6-10～图 6-12，施工后，区域整体生态安全指数由 5.25 降到 5.12（图 6-12），说明施工对腰沙—冷家沙海域生态安全产生了一定负面影响，尽管沿海滩涂开发利用较多，受人类活动影响较大，但是腰沙—冷家沙海域整体生态安全状况依然处于原预警区间，须通过工程及管理措施的加强，实现湿地自然生态的恢复保护和管理。

6.3　滩涂资源高效利用模式

滩涂的利用模式关乎滩涂如何发挥其最大效用的问题。我国滩涂利用模式经历了从"围垦-养殖-开垦"到"养殖-围垦-开垦"、从单一农业开发到综合开发的转变过程。目前我国沿海滩涂资源利用方式多样，有：①"农基鱼塘"生产为主的农业综合开发模式；②保护性农业综合模式；③滨海盐碱土改良综合配套模式；④海水入侵综合整治模式；⑤滨海农田林网与防护林建设模式；⑥滨海草地综合改良模式；⑦滩涂立体种植高效用地模式；⑧滩涂养殖模式；⑨城镇园区开发模式；⑩滩涂资源非农产业（含旅游业、

表6-6　腰沙—冷家沙海域各敏感分区生态安全指数

不同阶段	不同分区	D_1	D_2	D_3	D_4	D_5	D_6	D_7	D_8	D_9	D_{10}	D_{11}	D_{12}	D_{13}	D_{14}	D_{15}	D_{16}	D_{17}	D_{18}	D_{19}	D_{20}	D_{21}	D_{22}	D_{23}	D_{24}	D_{25}	生态安全指数	生态安全等级
施工前	I	6	6	6	7	5	8	8	8	8	8	7	8	8	8	8	8	8	8	8	8	5	7	8	8	5	7.10	B
	II	5	6	6	7	5	8	8	8	8	8	6	8	8	8	8	8	8	6	8	8	5	7	6	7	5	6.90	B
	III_1	6	6	5	6	4	4	4	4	5	5	4	5	5	5	5	5	5	5	5	5	5	4	5	5	4	4.80	C
	III_2	5	5	7	6	4	6	6	4	5	5	6	5	5	5	5	5	5	5	5	5	4	4	5	5	4	5.01	C
	III_3	4	4	7	8	4	6	6	5	5	5	7	5	5	5	5	5	5	5	5	5	4	4	5	5	4	5.15	C
	III_4	7	6	5	7	4	8	8	4	5	5	3	5	5	5	5	5	5	5	5	5	4	4	5	5	4	5.06	C
	IV_1	6	6	5	7	6	8	8	8	7	7	4	7	7	7	7	7	7	7	7	7	6	6	7	7	6	6.55	B
	IV_2	5	5	6	8	8	8	8	8	7	7	5	7	7	7	7	7	7	7	7	7	8	6	7	7	8	6.89	B
	IV_3	4	4	7	8	8	8	8	8	7	7	7	7	7	7	7	7	7	7	7	7	8	6	7	7	8	7.03	B
	V_1	7	6	5	3	3	8	8	4	4	4	3	4	4	4	4	4	4	4	4	4	3	6	4	4	3	4.29	C
	V_2	7	6	5	3	3	8	8	4	4	4	3	4	4	4	4	4	4	4	4	4	3	6	4	4	3	4.29	C
	V_3	7	6	5	3	3	8	8	3	4	4	3	4	4	4	4	4	4	4	4	4	3	6	4	4	3	4.25	C
	V_4	7	6	5	4	3	8	8	4	4	4	3	4	4	4	4	4	4	4	4	4	3	6	4	4	3	4.29	C
	VI_1	6	6	5	4	4	6	6	4	3	3	3	3	3	3	3	3	3	3	3	3	4	3	3	3	4	3.85	D
	VI_2	7	6	5	4	4	7	7	4	3	3	3	3	3	3	3	3	3	3	3	3	4	3	3	3	4	3.89	D
	VI_3	7	6	5	4	4	3	3	4	3	3	3	3	3	3	3	3	3	3	3	3	4	3	3	3	4	3.68	D
	VII	7	6	6	6	5	8	8	8	6	6	5	6	6	6	6	6	6	6	6	6	5	5	6	6	5	5.93	C
	VIII	6	6	6	7	4	8	8	8	5	5	6	5	5	5	5	5	5	5	5	5	4	4	5	5	4	5.46	C

续表

不同阶段	不同分区	D_1	D_2	D_3	D_4	D_5	D_6	D_7	D_8	D_9	D_{10}	D_{11}	D_{12}	D_{13}	D_{14}	D_{15}	D_{16}	D_{17}	D_{18}	D_{19}	D_{20}	D_{21}	D_{22}	D_{23}	D_{24}	D_{25}	生态安全指数	安全等级
施工后	I	6	6	6	7	5	8	8	8	8	8	7	8	8	8	8	8	8	7	8	8	5	7	8	8	5	7.05	B
	II	5	5	6	7	5	8	8	8	8	8	5	8	8	8	8	8	8	8	8	8	5	7	5	7	5	6.86	B
	III_1	6	5	5	6	4	4	4	4	5	4	3	4	4	4	4	4	4	4	4	5	4	4	5	5	4	4.36	C
	III_2	4	5	4	6	4	6	6	4	5	4	5	4	4	4	4	4	4	4	5	5	4	4	5	5	4	4.47	C
	III_3	4	4	7	8	4	6	6	4	5	5	7	5	5	5	5	5	5	5	5	5	4	4	5	5	4	5.15	C
	III_4	7	6	5	7	4	8	8	5	5	5	3	5	5	5	5	5	5	5	5	5	4	4	5	5	4	5.06	C
	IV_1	6	6	5	7	6	8	8	8	7	7	4	7	7	7	7	7	7	7	7	7	6	6	7	7	6	6.55	B
	IV_2	5	5	6	7	8	8	8	8	7	7	5	7	7	7	7	7	7	7	7	7	8	6	7	7	6	6.89	B
	IV_3	4	4	7	8	8	8	8	8	7	7	7	7	7	7	7	7	7	7	7	7	8	6	7	7	8	7.03	B
	V_1	7	6	5	3	3	8	8	4	4	4	3	4	4	4	4	4	4	4	4	4	3	6	4	4	3	4.29	C
	V_2	7	6	5	3	3	8	8	3	4	4	3	4	4	4	4	4	4	4	4	4	3	6	4	4	3	4.29	C
	V_3	7	6	5	3	3	8	8	4	4	4	3	4	4	4	4	4	4	4	4	4	3	6	4	4	3	4.25	C
	V_4	7	6	5	4	4	8	6	4	3	3	3	4	4	4	4	4	4	4	4	4	3	6	4	4	3	4.29	C
	VI_1	7	6	4	4	4	6	7	4	3	3	3	3	3	3	3	3	3	3	3	3	4	3	3	3	4	3.85	D
	VI_2	6	6	5	4	4	7	7	4	3	3	3	3	3	3	3	2	3	3	3	3	4	3	3	3	4	3.82	D
	VI_3	7	6	5	4	4	3	8	4	3	3	3	3	3	3	2	2	3	3	3	3	4	3	3	3	4	3.63	D
	VII	7	6	5	6	5	8	8	8	6	6	5	6	6	6	6	6	6	6	6	6	5	5	6	6	5	5.93	C
	VIII	6	6	6	6	3	8	8	5	2	4	5	3	4	4	2	2	3	4	4	3	6	4	5	6	6	4.44	C

A: 安全；B: 比较安全；C: 预警；D: 中度预警；E: 极度预警。

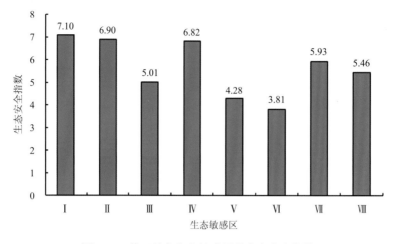

图 6-10　施工前各生态敏感区的生态安全指数

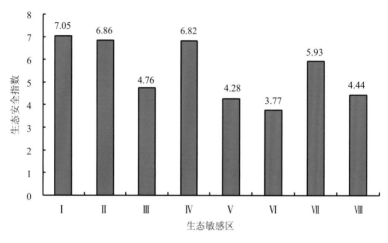

图 6-11　施工后各生态敏感区的生态安全指数

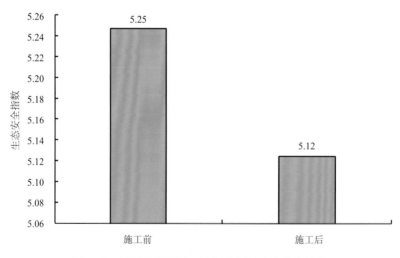

图 6-12　施工前后腰沙—冷家沙海域生态安全指数

盐业及海洋化工业、港口与工业等）开发模式等。例如，环渤海湾因地制宜地采用保护性农业综合开发、鱼塘-台田立体生态利用、农田生态林网建设、滨海草地综合改良、绿色环保产业与海水养殖、海侵防治保高产技术和生态旅游开发利用等模式进行滩涂资源的持续开发利用。

国外滩涂资源开发和利用模式概括起来主要有两大类，一类是工农业发展利用模式，另一类是环保产业利用模式。工农业发展利用模式主要以沿海经济发展为目标，具体包括：①开辟盐田，发展盐化工业。美国、墨西哥、澳大利亚和法国等国家不仅开辟滩涂盐田，同时还对许多盐场都开展了深入细致的盐田生态学研究，加强盐田生物管理，并取得了一定的成效。②围海造地，综合开发农业。荷兰从 13 世纪就开始不断在海岸修筑堤坝，排海水，开垦农地，增加土地面积近 60.0 万 hm^2，并经过数百年的农田改造，农产品出口额居世界前列，仅次于美国、法国成为世界第 3 大农产品出口国。③发展滩涂水产养殖业。以日本为例，日本海洋渔业年获量达 1100 万 t，几乎占世界总捕捞量的 1/6。但日本列岛近海渔业资源逐渐劣化，海洋渔业生产的形势严峻，自给率仅为 58%。因此，日本政府大力发展近海水产养殖业。④填筑滩涂，开展港城一体建设。荷兰鹿特丹港为欧洲最大的海港，位列 2019 年全球百大集装箱港口榜单第 11 位，其依靠优越的地理位置、发达的集疏运网络、高效的港口物流体系，以及通过高科技来提升管理效率，以造船业和港口建设为依托，发展外向型经济，成为国外港城一体化建设的典范。环保产业利用模式则以滩涂环境保护为重点，同时发展旅游业，具体包括：①观光旅游休闲场所及产业。韩国新万金围填海工程近期不断扩大海边公园及绿地建设，并加强环境保护，创造与海边地形、海流及水质相协调的生活空间，供居民休闲、观光旅游。②保护湿地动植物种群，建立滨海自然保护区。20 世纪 90 年代以来，随着全球范围的生物多样性保护和湿地保护意识的增强，国际上针对受损湿地的调查、恢复与重建大量涌现。如英国部分地区实行了废坝、退田还海，以恢复天然滩涂和自然生态环境。各个滨海国家和地区均根据自己的实际情况和发展特点，选择各自的开发利用模式。但现有的滩涂开发与利用，大部分都着眼于滩涂的围垦、养殖的经济效益，而未能将可持续发展思想和循环经济理念应用于其中。

6.3.1　长江口滩涂资源利用模式

上海沿海滩涂资源主要集中于长江河口地区，长江口地区边滩、江心浅滩等滩涂资源丰富，其资源利用模式也呈现多样化的特点，这在长三角地区中具有很好的代表性，图 6-13 为 1999 年以来长江口滩涂资源各类利用模式下的项目分布示意图。本书以长江口滩涂资源利用模式为例，阐述该区域滩涂资源利用的特点。长江口滩涂资源的利用始终与河口的综合开发利用紧密结合在一起。从以往经验和未来需求分析，长江口滩涂资源的利用存在 5 大类需求：①河势控制的需求；②水源地储备的需求；③城市发展空间储备的需求；④生态建设和环境保护的需求；⑤深水港口建设的需求。与需求相适应，长江口滩涂资源利用存在 5 大类利用模式。

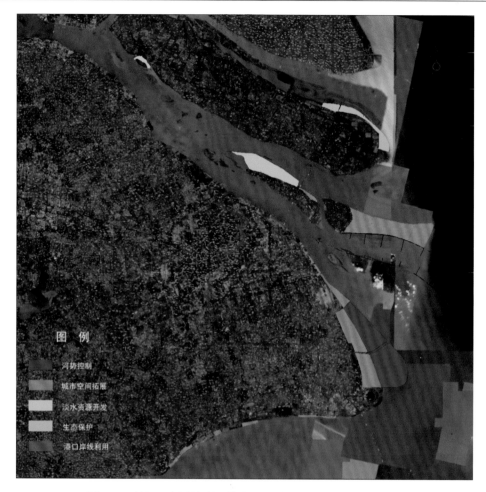

图 6-13　长江口各滩涂利用模式主要项目分布（1999 年以来）

1. 河势控制利用模式

　　长江口"三级分汊、四口入海"的基本格局是经过长江口几千年自然演变形成的，在较长的时期内，具有稳定性。上海、江苏两地人民在与自然灾害如洪水、风暴潮等进行的长期斗争过程中，逐步形成了将滩涂资源开发与河口河势控制相结合的利用模式，并成功实践在长江河口治理当中。以控制崇明岛、长兴岛、九段沙三级分汊口河势，稳定北支、北港、北槽和南槽四条入海通道的分流为总体思路，上海人民通过将滩涂利用和河道治理相结合，逐渐建立起北自宝山区南至金山区的保护上海大陆的弧形主海塘，和分别保护崇明岛、长兴岛和横沙岛的三个封闭环形主海塘，形成目前上海市岸线"一弧、三环、多塘"的基本格局，这一岸线基本格局与河口河势基本格局相辅相成，保持二者长期健康稳定是长江口滩涂资源开发利用与保护的基本前提。

2. 淡水资源开发利用模式

将长江口滩涂资源用于淡水资源开发利用也是江心滩涂资源利用模式的一项创举。为完善上海"两江并举，多源互补"供水格局，保障供水安全，上海市利用滩涂资源建设了陈行水库、青草沙水源地、东风西沙水库等多个城市供水源地。未来，上海将进一步挖潜扩能青草沙水源地，预留控制陈行陆域水库，争取宝钢水库纳入全市原水供给网络，加强长江青草沙-陈行、沿长江水库链、长江-黄浦江水源地连通工程建设，实现长江、黄浦江多水源互补互备。同时，根据河口淡水资源分布的时空特点，研究在长江口南北港分流口以上河段寻找合适的水源地的可能性，开展扁担沙功能定位及整治方案研究，结合下扁担沙治理探索建立新储备水源地的可行性。

3. 城市发展空间储备利用模式

土地资源紧缺一直是长三角地区城市发展所需要面对和克服的问题，尤其以上海市最为严重。长期以来，上海人民在与土地资源不足的斗争中，充分发挥聪明才智，最大程度利用上海的滩涂资源，通过促淤圈围滩涂进而造地，并在新造成陆土地上开展生活休闲、工业园区、交通基础设施等利用（如奉贤碧海金沙工程、金山化学工业园区、浦东机场工程等），一度缓解了上海市土地资源不足的压力。自中华人民共和国成立以来，上海利用滩涂资源圈围成陆土地面积接近 $1250\ km^2$，有效解决了城市发展空间不足的严峻问题。现阶段是上海建设成为"国际经济中心、贸易中心、金融中心和航运中心之一"以及"具有全球影响力的科创中心"的关键时期，土地资源紧缺依然是摆在上海经济社会发展面前的一个阻碍，未来上海市的发展仍然需要更多的空间支撑，滩涂资源对于城市发展空间储备的作用仍巨大。

4. 生态保护区利用模式

"在保护中利用，在利用中保护""滩涂开发与保护并重"等是长江口滩涂资源开发利用的一贯原则。目前，上海已在河口和边滩滩涂上设立崇明东滩鸟类国家级自然保护区、中华鲟自然保护区、九段沙湿地国家级自然保护区、金山三岛海洋生态自然保护区共 4 个自然保护区，江苏、浙江也都划定了滩涂保护区域。未来，上海还将按照"3+4"布局，在青草沙水源地、东风西沙水源地、陈行水源地 3 个水源地周边滩涂逐步建立保护区。

5. 港口岸线利用模式

长三角地区位于我国"黄金水道"和"黄金海岸带"交汇处，区位优势明显，水运交通发达。而上海是世界著名的港口城市，经过多年的发展，已经具备较为完善的港口航运体系。上海通过改造边滩，将浅滩段岸线向水推进，造陆成港也已有多个案例，如上海航道局横沙基地工程、长兴重装基地工程等。与此同时，上海也在探索利用滩涂资源开发建设深水大港的可能性（包起帆和郑伟安，2016），这也是上海滩涂资源利用的一种创新模式。

6.3.2　长江口滩涂资源典型利用模式案例

6.3.2.1　中央沙圈围工程和青草沙水源地工程

1. 区域概况

中央沙圈围工程（图6-14）和青草沙水源地工程（图6-15）实施以前，两沙体处于自然演变状态。中央沙上承南支下段，下接南、北港河道，是长江口第二级分汊南北港的分流沙洲。南北港分流口河势复杂，沙洲演变频繁，是长江河口最不稳定的河段。中央沙上游北侧为扁担沙，上游偏南侧为浏河沙和新浏河沙包，下游为青草沙。中央沙和青草沙所在河段南岸为宝钢码头、陈行水库，下游长兴岛南岸为世界最大的造船基地，再往下游即为长江口深水航道。因此，南北港分流口的河势稳定不仅关乎长江河口自身河势情况，也与相关重大基础设施的安全密切相关，一直以来都是长江河口治理控制的重点部位。

图6-14　中央沙圈围工程（航拍）

2. 工程概况

中央沙圈围工程位于长江口南北港分流口长兴岛西北侧水域，中央沙圈围工程于2006年11月开工，2007年5月完工，工程圈围造地15.13 km^2，同步完成青草沙北堤上段护底潜堤工程，为实施青草沙水库建设奠定基础。

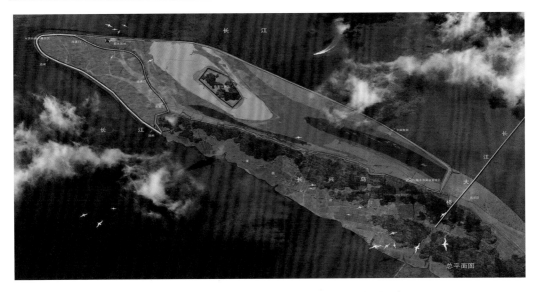

图 6-15 青草沙水库及取输水泵闸工程平面布置示意

青草沙水源地工程位于长兴岛北侧和西侧的中央沙、青草沙以及北小泓等水域范围，工程于 2007 年 6 月开工，于 2009 年底竣工，为目前世界最大的江心边滩避咸蓄淡水库，总库容 5.24 亿 m³，有效库容 4.38 亿 m³，水库面积 66.26 km²，供水规模 731 万 m³/d，供水人口约 1000 万人。工程主体包括 43 km 环库大堤、取输水泵闸等。

3. 平面布置

青草沙水库库址选在长兴岛西北部和北部外侧的中央沙、青草沙以及北小泓、东北小泓等水域，由中央沙库区、青草沙库区、水库弃泥区组成。为蓄淡避咸型水库，在非咸潮期自流引水入库供水，在咸潮期通过水库预蓄的调蓄水量和抢补水来满足受水区域的原水供应需求。工程级别为Ⅰ等。

青草沙水库总面积 66.26 km²，其中中央沙库区面积 14.28 km²，青草沙库区面积 51.98 km²（含青草沙垦区 2.18 km²），紧邻水库东堤下游设弃泥区 4.60 km²。青草沙水库环库大堤由南堤、西堤、北堤、东堤及长兴岛海塘组成，总长 48.41 km，其中青草沙库区新建北堤、东堤 22.99 km，加高加固中央沙南堤、西堤 10.47 km，加高加固长兴岛海塘 15.96 km。另外，按水库隔堤标准改造中央沙北围堤 7.13 km。平面布置见图 6-15。

4. 工程综合效益

中央沙圈围工程和青草沙水源地工程与长江口综合整治规划的总体目标是一致的，青草沙水源地工程与中央沙圈围工程一起固定了南北港分流口沙洲洲头，稳定了南北港分流口河势，自此，长江河口河势变化最为复杂频繁的河段基本得以控制。

青草沙水源地工程建设以后，供水规模约 731 万 m³/d，有效解决了上海作为水质型缺水城市的燃眉之急。本工程总投资 148 亿元，单位造价 2397 元/m³，运行成本 0.65 元/m³，受益人口超过 1000 万，社会效益显著。

通过青草沙水库规划设计建设,该工程带动了系列技术革新,如水库堤坝采用充泥管袋工艺填筑,设计攻克了长江口复杂河势下筑堤建库、特大围区整体合龙、水力充填堤坝渗流控制、江心欠固结软基上建设大型泵闸等一系列技术难题,在堤坝结构与保滩防冲、潮汐河口特大龙口截流工艺等关键技术上取得了重大创新突破。

6.3.2.2　南汇东滩促淤圈围工程

1. 区域概况

南汇潮滩是位于长江河口三甲港至杭州湾北岸芦潮港之间的陆沿浅滩,以石皮勒断面为界,位于长江河口内一侧称为南汇东滩,位于杭州湾内一侧称为南汇南滩。长江河口南槽中下段属于长江口拦门沙高含沙量区域,在长江口与杭州湾交界带的二股涨潮分流落潮合流形成的平面输沙系统作用下,南汇东滩成为上海市陆沿淤长速度最快、滩涂资源最为丰富的河口边滩之一,同时,也是长江口滩涂资源研究和开发利用的重点区域,浦东国际机场、海港新城等都是在这片滩涂上开发兴建而成的。

2. 工程概况

南汇东滩促淤圈围工程位于上海市长江口南岸下段南槽南岸边滩的–2～–3 m 高程以上的滩地,促淤面积 22.3 万亩。其中,大治河以北 9.1 万亩,北起浦东机场 3#圈围工程南侧堤,南至大治河,占用岸线 13.5 km,采用丁顺坝相结合的布置方式,顺坝沿–1～–2 m 线布置,在促淤区内设置两条隔坝,将促淤区分为 3 个区,N1 区面积 2.5 万亩,纳潮口宽 2300 m;N2 区面积 2.7 万亩,纳潮口宽 2300 m;N3 区面积 3.9 万亩,纳潮口宽3000 m;促淤堤堤顶高程为 3.7 m。

南汇东滩大治河以南 13.2 万亩促淤工程,分两期实施,一期 6.6 万亩,内部分隔为三仓,由北向南依次为 S1 区、S2 区、S3 区,其促淤面积分别为:2.22 万亩、2.33 万亩、2.05 万亩;促淤区内平行于南侧堤布置的两条隔堤,由北向南依次为 3#隔堤和 4#隔堤,其中 3#隔堤长 4.16 km,4#隔堤长 4.84 km;南侧堤长 4.10 km;S1、S2、S3 促淤区的纳潮口均布置在东侧,其纳潮口宽度分别为 3100 m、2920 m、2780 m;各促淤区纳潮口两侧分别为长 500 m 的东顺堤。二期促淤也为 6.6 万亩,内部分为三仓,隔堤为一期3#隔堤和 4#隔堤自然延伸,将二期促淤区内部分为 S4、S5、S6 三仓,平面布置见图 6-16。

3. 工程综合效益

首先,南汇东滩促淤圈围工程的建设顺应河势滩势演变趋势,符合长江口综合整治的要求,符合"圈围与整治相结合、寓圈围于整治"的综合开发利用与保护的主导思想。长江口南槽河宽过宽,是长江口拦门沙所在区域,河道水深不足是限制南槽作为航道资源发挥效益的主要因素,南汇东滩促淤圈围工程作为南槽航道的南边界,工程的建设缩窄南槽下段口门宽度,有利于南槽航道的整治。

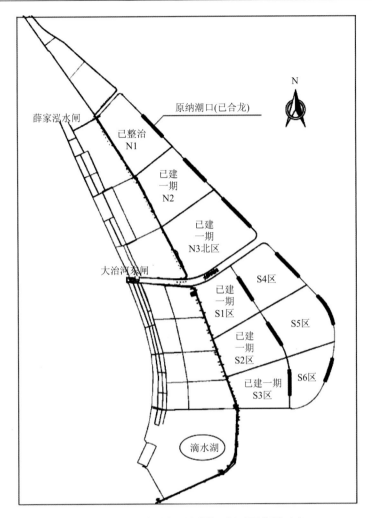

图 6-16　南汇东滩促淤圈围工程平面布置示意

其次，南汇东滩促淤圈围工程的实施为上海市创造了 22.3 万亩的城市发展新空间。上海现有土地面积 64.5% 是多年来不断圈围形成的，通过滩涂资源开发利用形成土地资源是支撑上海城市经济社会发展的重要方式，为城市发展做出了不可磨灭的贡献。

再次，南汇东滩促淤工程实施时是南汇东滩滩涂湿地动态平衡过程中生态功能发挥的低谷期。从临港新城开发的力度和强度来看，迫切需要有一个生态良好的环境与之匹配。南汇东滩大治河以北的促淤圈围工程，是一个较长的逐步淤长过程，可以弥补东滩生态功能发挥低谷期的不足，其作用是江中九段沙和陆上滴水湖所无法比拟的。到工程全面结束时，该区域可培育优质湿地 7.4 万亩。

最后，南汇东滩促淤圈围工程提出利用南槽航道疏浚土方作为围内部分吹填的建筑材料，实现了疏浚土的综合利用。目前在南汇东滩促淤工程范围内已实施大治河以北 N1 库区应急圈围工程，该工程解决了上海市工程渣土堆放的燃眉之急，同时促淤二期工程也达到了南槽航道疏浚土综合利用的目的。

6.3.2.3　崇明东滩鸟类自然保护区

为治理互花米草，修复盐沼湿地，为鸟类提供优良的栖息地，上海市发改委、市财政局、市绿化局、崇明区政府等相关委办局及单位通力合作，2013 年 9 月，投资 11.6亿元实施崇明东滩生态修复项目（图 6-17）。

图 6-17　崇明东滩盐沼生态修复项目（航拍）

该项目从互花米草生态控制、鸟类栖息地优化和科研监测基础设施建设 3 大部分入手，经过 5 年多的努力，项目建成 27 km 围堤，44 km 随塘河，4 座涵闸和 1 座水闸，清除互花米草 25367 亩，种植海三棱藨草 2000 亩、海水稻 427 亩，营造具有栖息地效应的生境岛屿 56 个，修复营造河漫滩优质生境近 45 万 m²。截至项目完工，互花米草控制率达 95%以上，修复区内主要土著植物的生长面积达到 1.4 万亩，鱼类种类恢复至 21 种，大型底栖动物恢复至 25 种，生态修复区内外鸟类种群数量均明显增加。

项目治理规模为 24.2 km²，主要目的为互花米草生态控制和鸟类栖息地优化，采用的技术方法为刈割+淹水、地形修整、水位调控和植被修复，实施效果良好，互花米草控制率达 95%以上，鸟类种群数量显著增加。上海后续的互花米草生态防治工程可借鉴该项目的治理措施，同时充分发挥盐沼湿地对鸟类、底栖类种群的支撑作用。

6.4 高效集约滩涂资源保护利用技术

6.4.1 综合效益最大化评价模型

　　优化模型以国家及行业政策相关规定为约束条件,综合考虑各地经济社会发展导向,采用单目标线性规划法,以土地开发利用综合效益最大化为目标,利用层次分析法、德尔菲法确立相关指标及评价标准,实现围垦区现状用地方案的评价及优化,为围垦区开发利用决策提供方法和工具(浙江省水利发展规划研究中心,2016)。其框架如图 6-18。

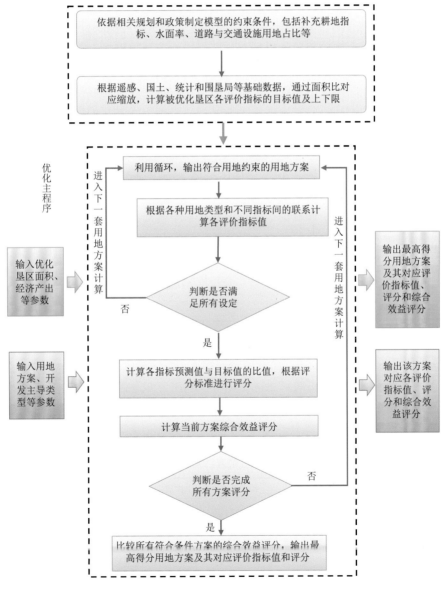

图 6-18　模型框架图

6.4.1.1 约束条件

国家有关滩涂围垦及围垦区开发利用的相关法规主要有《中华人民共和国海域使用管理法》和《中华人民共和国海洋环境保护法》，基于海洋资源科学开发利用和海洋环境保护的目的，提出禁止在沿海陆域内新建不具备有效治理措施的化学制浆造纸、化工、印染、制革、电镀、酿造、炼油、岸边冲滩拆船以及其他严重污染海洋环境的工业生产项目。国家海洋局《关于加强区域农业围垦用海管理的若干意见》等文件提出：农业围垦用海规划应当严格依据全国和省级海洋功能区划，并与土地利用总体规划相衔接。

浙江省历来重视对海域使用和滩涂资源开发利用的管理，先后出台多部地方性法规和政策文件，利用法律、行政、经济等手段规范涉海行为，引导和推动围垦区开发利用方式的变化。1996 年 11 月颁布《浙江省滩涂围垦管理条例》，提出"在围垦区内进行耕地开发的，可按围垦区开发形成的耕地面积适当增加用地指标"，这一政策有利于耕地保护。2013 年颁布的《浙江省海域使用管理条例》，确定了"沿海土地利用总体规划、城市规划、港口规划、滩涂围垦规划、海洋环境保护规划涉及海域使用的，应当与海洋功能区划相衔接"的原则，并提出海洋功能区划应当确定生态保护海域最低保有面积和填海、围海规模。2014 年出台《关于进一步加强耕地占补平衡管理的通知》，提出省统筹补充耕地任务调整为按滩涂围垦（填海）项目围成面积的 20%落实。2006 年批复实施的《浙江省滩涂围垦总体规划（2005—2020 年）》明确要求围垦区保留 12%以上的水面率，以确保围垦区有足够的承泄洪涝空间。

综合国家和省级有关法规政策与规划标准，基于耕地占补平衡、区域防洪（潮）排涝保障和生态环境改善等方面的要求，围垦区在开发利用时，要保留至少 20%的耕地和12%的水域。为贯通围垦区与内陆腹地以及海上航线，真正实现陆海联运，构建围垦区畅通便捷的交通条件，参照《城市用地分类与规划建设用地标准》（GB 50137—2011）"道路与交通设施用地占城市建设用地比例 10%～25%"的标准来落实围垦区内道路等交通设施用地。

基于科学规划、优化开发、高效利用的原则，综合考虑围垦区安全、资源、生态环境、特殊功能要求等方面的因素，设置模型的约束条件（浙江省水利发展规划研究中心，2016）。虽无法定量计算，但可将对垦区土地开发利用方式有影响的约束条件作为前置条件，不满足的用地方案一票否决；可量化的约束条件参与模型计算，具体见表 6-7 和表 6-8。

表 6-7 前置约束条件

序号	模型外进行判定的约束条件
1	产业准入：禁止在沿海陆域内新建不具备有效治理措施的化学制浆造纸、化工、印染、制革、电镀、酿造、炼油、岸边冲滩拆船以及其他严重污染海洋环境的工业生产项目
2	生态保护：明确红树林、滨海湿地、海湾、入海河口、重要渔业水域等具有典型性、代表性的海洋生态系统的保护措施
3	开发区功能：保留区应加强管理，暂缓开发，严禁随意开发

表 6-8　参与计算的可量化约束条件

序号	模型外进行判定的约束条件
1	按实际围成面积的 20%统筹用于补充耕地指标
2	围垦区保留 12%以上的水面率
3	道路与交通设施用地占城市建设用地面积的 10%~25%
4	现有的水工建筑和交通基础设施用地不得减少

6.4.1.2　评价指标

为了使决策变量尽可能客观地反映出围垦区土地开发利用情况，遵循科学有效性、全面性和区域主导性、独立性与可行性原则，确定优化模型的预测或评价指标，初步筛选出多个评价指标，经专家咨询论证，最终选定第一产业增加值、第二产业增加值、第三产业增加值、人均 GDP、土地综合产出率和生态服务价值 6 个指标。其中，人均 GDP 以常住人口作为计算基数；土地综合产出率指单位土地上的平均年产值，用于评价土地利用效率；生态服务价值指人类直接或间接从生态系统得到的利益，围垦区开发利用的各种方式中，除建设用地（主要为城镇工矿、居住用地和基础设施用地）主要产生经济效益和社会效益外，其他用地方式都具有一定的生态贡献，其生态贡献可通过生态服务价值测算进行量化。本书中生态服务价值测算采用中科院地理科学与资源研究所谢高地等（2015）提出的基于单位面积价值当量因子的生态系统服务价值化方法。

为保证实际用地方案满足政策法规的刚性约束，并便于模型的优化，将用地方案分为第一产业用地、第二产业用地、第三产业用地、基础设施用地（以交通和水利基础设施为主）和水域 5 类具有一定独立性的用地类型。

通过对围垦区土地开发利用方式约束条件的分析，确定评价指标体系，采用层次分析法确定评价指标的权重，采用德尔菲法确定评价指标的评分标准。通过对评价指标目标值、预测值计算，并对每个指标进行评分，得出综合效益评分最高的土地开发利用方式，即滩涂围垦区开发利用指导方案。

6.4.1.3　目标函数

1. 评价指标目标值

鉴于围垦区并非独立的行政单元，其 GDP、第一产业增加值、第二产业增加值、第三产业增加值和人口没有单独统计，围垦区相关产业增加值和人均 GDP 等数据从围垦区所在县（市、区）统计年鉴和围垦区年度分类统计数据提取，以经对比修正的近三年平均值作为参考值，结合《浙江省国土资源集约节约利用办法》《浙江省国土资源发展"十三五"规划》《浙江省产业集聚区发展"十三五"规划》和专家意见选取适宜的目标值。第一、二、三产业增加值目标值、人均 GDP 目标值、土地综合产出率目标值、生态服务价值目标值的参考值分别用 B_1、B_2、B_3、B_4、B_5、B_6 表示。

2. 评价指标预测值

预测值的科学计算与否直接影响模型优化结果是否合理可靠。在量化各类评价指标预测值时，第一、二、三产业增加值的预测值，以围垦区当年单位面积产业增加值为基准，与对应产业用地面积的乘积计算得出；人均 GDP 以及土地综合产出率预测值，则是利用上述第一、二、三产业增加值的预测值，分别除以被优化垦区的面积以及预测人口计算得出。计算式中，第一、二、三产业增加值预测值、人均 GDP 预测值、土地综合产出率预测值、生态服务价值预测值分别用 J_1、J_2、J_3、J_4、J_5、J_6 表示。

3. 评价指标的评分

参考近三年各评价指标的年增长率，采用德尔菲法设定各评价指标的评分标准，即完美比率值。若预测值大于目标值，当评价指标预测值相对于目标值的增长率大于等于完美比率时，该项指标评分为 100 分；当评价指标预测值等于目标值时，该项评分指标为 60 分；若预测值与目标值的比例 a 在区间[0，1]内，则利用线性插值函数 $f(a,d)$ 计算评分，算式 $f(a,d)=60a$；若预测值与目标值比例 a 在区间(1，1+d)时，算式 $f(a,d)=40(a-1)/d+60$。

基于上述评价标准，对各评价指标进行评分。如：

$$a_i = J_i / B_i \qquad (i = 1，2，3，4，5，6)$$

$$A_i = \begin{cases} 60a_i, & (0 \leqslant a_i \leqslant 1) \\ 40(a_i - 1)/d + 60, & (1 < a_i < 1 + d_i) \\ 100, & (a_i \geqslant 1 + d_i) \end{cases} \quad (i = 1，2，3，4，5，6) \qquad (6\text{-}1)$$

式中，J_i、B_i、d_i（$i=1$，2，3，4，5，6）分别为各评价指标对应的预测值、目标值和完美比率。

4. 综合效益评分

基于各类评价指标评分对综合效益评分的贡献度不同，因此要确定各个评价指标的权重，经济效益综合评分为各评价指标与对应权重的乘积之和。本模型采用层次分析法来确定各经济指标评分的权重，计算综合效益评分。计算公式为

$$Z = \sum_{i=1}^{6} A_i \times R_i \qquad (6\text{-}2)$$

式中，A_i、R_i 分别为各评价指标对应的评分与权重。

模型最终输出综合效益评分最高的土地开发利用方案即最优开发利用方式。

6.4.1.4 钱塘江围垦区案例应用

1. 输入参数

根据钱塘江河口某典型围垦区遥感数据和《浙江省产业集聚区发展"十三五"规

划》，目前围垦区的主导产业是第一产业；未来重点发展生物医药产业、通用航空和智能制造装备等特色产业，配套现代商贸、科技研发、医疗康体等城市服务功能，推动产城人融合。在征询相关专家意见后，拟定两套权重方案，方案 1 用于现状评价，方案 2 用于优化。围垦区现状用地和模型参数见表 6-9 和表 6-10。

表 6-9 典型围垦区现状用地 （单位：亩）

年份	一产	二产	三产	水域	基础设施	总面积
2014	187632.15	23668.15	7100.45	58999.65	29938.95	307339.35

表 6-10 典型围垦区计算数据

评价指标	目标值	完美比率 d	权重方案 1	权重方案 2
一产增加值/万元	82187.40	0.07	0.35	0.15
二产增加值/万元	1899643.36	0.2	0.15	0.25
三产增加值/万元	349245.26	0.15	0.15	0.25
人均 GDP/（元/人）	93082.00	0.1	0.1	0.1
生态服务价值/万元	103078.14	0.07	0.15	0.15
土地综合产出率/（万元/亩）	7.59	0.1	0.1	0.1

2. 现状评价结果

典型围垦区现状用地方案评价结果见表 6-11，该区域现状用地综合得分仅 61.67 分，反映出现状围垦区开发利用综合效益较低。

表 6-11 各评价指标预测值、得分和综合评分

评价指标	一产增加值/万元	二产增加值/万元	三产增加值/万元	人均 GDP/（元/人）	生态服务价值/万元	土地综合产出率/（万元/亩）
测算产值	81057.09	831746.27	709348.76	81107.61	127811.11	5.28
指标评分	59.17	26.27	100	52.28	100	41.75
综合评分			61.67			

3. 方案优化结果

方案优化结果分别见表 6-12 和表 6-13。优化后的用地方案综合得分较现状提高了30.59 分，说明优化后的围垦区开发利用综合效益得到大幅度的提高。一产用地、三产用地和水域分别减少了 3.42 万亩、0.11 万亩和 0.71 万亩，减少的用地转向二产用地；基础用地没有变化，说明在调整后基础设施用地仍达到《城市用地分类与规划建设用地标准》（GB 50137—2011）提出的占建设用地约 25%的要求；目前典型围垦区的水域有很大一部分是已圈围尚未回填造地的围区，水域面积的减少主要由围区回填造成，基本不影响区域的防洪排涝能力；生态服务价值略有下降，主要原因是一产用地和水域面积的减少。

表 6-12　典型围垦区现状用地和优化用地对比表　　　　　（单位：亩）

用地类型	一产	二产	三产	水域	基础设施
优化用地方案	153467.87	66000	6000	51932.53	29938.95
现状用地方案	187632.15	23668.15	7100.45	58999.65	29938.95
优化后的增加值	−34164.28	42331.85	−1100.45	−7067.12	0

表 6-13　各评价指标的预测值及评分

评价指标	一产增加值/万元	二产增加值/万元	三产增加值/万元	人均 GDP/（元/人）	生态服务价值/万元	土地综合产出率/（万元/亩）
预测值	66298.12	2319372	299412	149254.11	111787.69	9.71
评分	48.4	100	100	100	100	100
综合评分			92.26			

6.4.2　高效集约综合利用滩涂工程应用案例

6.4.2.1　长江口横沙东滩治理工程

1. 工程概况

横沙东滩系列促淤圈围工程是《长江口综合整治开发规划》的既定内容，上海自 2003 年以来陆续实施了横沙一期至八期滩涂整治工程，累计形成滩涂整治面积约 100 km²。横沙东滩区域滩涂整治项目一次规划分步实施，前后历时 20 年，整治面积达 15.74 万亩。项目由促淤、圈围、水系等工程组成，是一项重大而复杂的水利工程，项目在控制河势、稳定航道、防洪及城市可持续发展等方面产生重大社会、生态和经济效益。

2. 总体思路及实施顺序

横沙东滩滩涂利用是国务院批准同意的《长江口综合整治开发规划》中河势控制内容的一部分，河势总体控制规划提及"防冲促淤，固定沙洲，适当缩窄河宽，稳定主流流向""通过适当围垦滩涂，逐步合理缩窄河宽"。规划以"多促淤、少圈围、先促淤、后圈围"作为促淤圈围的总体原则。

横沙东滩东西向约 23 km，南北平均宽约 4.6 km。在建设初期，基于当时施工工艺、船机设备能力和保持滩涂动态平衡，提出了先促后围、促二围一、自西向东推进的整体筹划思路。横沙东滩一、二期为促淤工程，最初均在东侧促淤堤设置纳潮口门，实施过程中，纳潮口堤头周边出现了强冲刷，最深达 15 m，且在北促淤堤上形成了多个宽窄不一的深坑，促淤区内促淤效果未能达到预期。三期为圈围工程，龙口设在东堤上，但东堤出现多处险情，形成 8 个缺口，后经努力实现东堤合龙。前三期工程建设过程教训深刻，为了保证后续工程的顺利实施，通过多次专家论证和组织调研，取得最为有益经验的是"大规模滩涂成片整治开发首先要有科学的整体筹划，并按整体筹划分期分批推进"。为此，联合专业单位对横沙东滩区域后续促淤圈围进行了专题研究和优化。

先后开展了现场水文测验、二维潮流和泥沙数学模型以及定床和动床整体物理模型试验研究，对整体围区不同分隔面积的方案进行了比选，分析了由西向东和先南后北两种总体实施方案的实施顺序和促淤效果，得到先南后北方案下横沙东滩南侧淤积效果明显优于北侧、纳潮口布置在北侧有利于滩槽泥沙交换、有利于促淤区淤积等主要结论。同时考虑充分利用长江口深水航道疏浚土资源、为后续工程提供重要的陆上交通依托，最终提出"横沙大道先行、先南后北"的整体筹划优化方案。后续按整体筹划顺利实施了横沙五期至八期工程，为疏浚土资源综合利用提供了保障，带来显著的经济和社会效益。

3. 平面布置

横沙一期、二期和四期为促淤工程，依托横沙岛自西向东实施；三期和六期为圈围吹填工程，在促淤区滩面抬高后实施；五期为横沙大道工程，是六期工程的依托工程，七期和八期为圈围工程，最终横沙东滩形成了约 100 km^2 的陆域面积。总体平面布置见图 6-19 和图 6-20，工程规模见表 6-14。

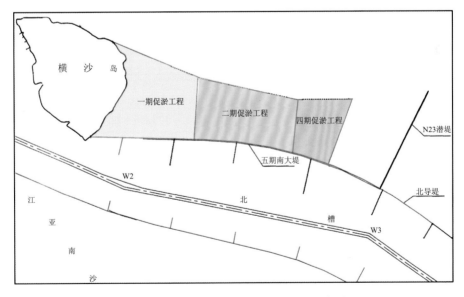

图 6-19　横沙东滩历次促淤工程布置示意图

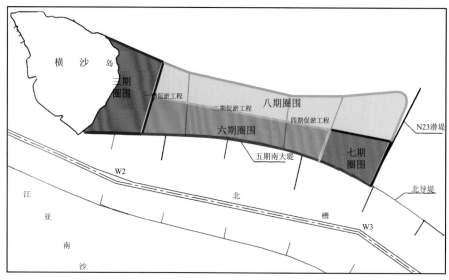

图 6-20 横沙东滩历次圈围工程布置示意图

表 6-14 横沙东滩历次促淤圈围工程概况

项目	工程内容及规模	面积/万亩	设计标准	坝顶高程
N23 潜堤工程	长度 8 km	/	25 年一遇	+2.0~1.0 m
横沙东滩 一期促淤工程	东堤 3.75 km	5.4	最不利潮位 +10 级风下限	+2.0 m
	北堤 7 km			+4.0 m
	纳潮口 1 km			+0.5 m
横沙东滩 二期促淤工程	一期北堤加高 7.2 km	4.7	最不利潮位 +10 级风下限	+3.5 m
	二期北堤新建 7.7 km			+3.5 m
	东堤 3.9 km			+1.5 m
	南堤 7.5 km			+3.5 m
横沙东滩 三期圈围工程	东堤 5.8 km	2.6	50 年一遇	+9.4 m
	南堤 4 km		20 年一遇	+9.0 m
	北堤 3.7 km		50 年一遇	+9.0 m
横沙东滩 四期促淤工程	东堤 4.8 km	2.26	50 年一遇	+3.5 m
	南侧加高北导堤 3 km			
横沙五期大道	长度 19 km	/	50 年一遇	+8.4 m
横沙东滩 六期圈围工程	北堤、东堤总长 18 km	4.76	20 年一遇	+8.0 m
横沙东滩 七期圈围工程	东堤 3.6 m	2.02	东堤 100 年一遇	+8.8 m
	北堤 4.8 m		北堤 20 年一遇	+8.0 m
横沙东滩 八期圈围工程	北堤 18.8 km	6.36	100 年一遇	+8.8~8.9 m
	东堤 3.7 km		100 年一遇	
	隔堤 8.9 km		10 年一遇	

4. 综合利用效果

1）城市空间拓展效果

横沙东滩通过一期至八期促淤圈围工程，共计为上海市圈围造陆 15.74 万亩。一期、二期、四期为促淤工程，依托横沙岛自西向东实施。三期、六期、七期和八期为圈围吹填工程，在促淤区滩面抬高后吹填实施。五期为横沙大道工程，是六期工程的依托工程。

2）疏浚土利用效果

长江口北槽 12.5 m 深水航道建成通航以来，每年都需要开展疏浚以维护航道水深。自 2011 年进入维护期以来，长江深水航道年维护数据量峰值期达到 9300 万 m³，"十三五"期间平均每年疏浚量约 6400 万 m³。长江口深水航道的疏浚土采用的是大型耙吸船挖泥抛泥的工艺，平均抛泥运输距离约 35 km，且会一定程度造成海洋污染。横沙东滩促淤圈围工程实施以来，利用航道疏浚土吹填上滩成陆，已综合利用疏浚土超过 1 亿 m³，不仅节约抛泥运输成本，减少海洋污染，而且将疏浚土变废为宝，资源化利用形成土地，节省了促淤圈围工程费用，取得显著的经济、社会和生态效益。

3）河势控制效果

横沙东滩滩涂治理工程建设后，在自然和人工共同作用下，横沙东滩窜沟封堵，长江口河宽缩窄，东滩滩涂淤长抬高，低滩滩涂转变为低中高滩滩涂，增大植被面积，有助于改善局部区域自然环境。工程的建设初步形成了北港下段的南边界，且很大程度上减弱了北港和北槽的水沙交换，控制了河段河势，见图 6-21。

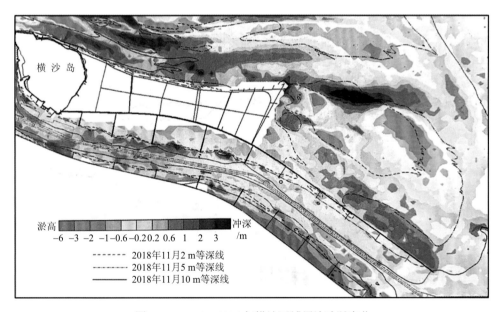

图 6-21　2013～2016 年横沙区域周边冲淤变化

6.4.2.2　江苏条子泥滩涂

1. 项目概况

2009 年 6 月，国务院批准了《江苏沿海地区发展规划》，使之上升为国家规划，成为具有全局意义的国家战略，为江苏省沿海地区发展提供了千载难逢的机遇。河海大学受托完成了江苏沿海滩涂围垦开发规划研究，拟规划匡围滩涂 270 万亩，其中辐射沙脊群核心区的条子泥、高泥、东沙三者总匡围面积为 100 万亩，占全部匡围面积的 37%（图 6-22）。

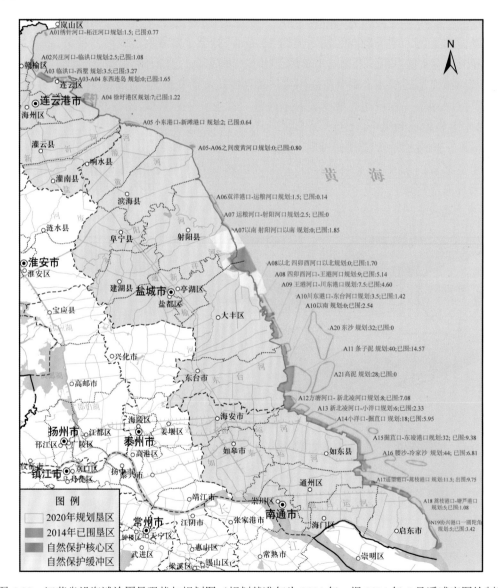

图 6-22　江苏省沿海滩涂围垦现状与规划图（规划基准年为 2014 年，据 2014 年 5 月遥感底图绘制）

条子泥是辐射沙脊群中最靠近陆岸的大型沙洲。据 20 世纪 80 年代江苏省海岸带和海涂资源综合调查报告，条子泥沙洲面积约为 504.9 km²；据 2008 年完成的江苏近海海洋综合调查与评价专项（江苏 908 专项）调查成果，条子泥面积约为 528.82 km²。可见，由于条子泥正位于辐射沙洲的中心，长期以来处于淤积环境中，邻近岸滩不断淤高成陆，仅梁垛河闸—方塘河闸岸段自 1977 年以来共匡围高涂 27 万亩，一线海堤平均向海推进近 10 km。

条子泥沙洲虽然不断地在淤高、淤大，但是滩面的水流、泥沙交换活动仍然十分活跃，水下地形调整仍然十分明显，尤其表现在沙洲中部的西大港与东大港潮沟系统，对比 2008 年 3 月与 2009 年 6 月地形图，西大港北段向西北迁移摆动约 2 km，东大港向东南迁移摆动约 2 km，在两个潮沟系统中部又有 1～2 条小型潮沟系统新生或消失。可见，潮沟系统的动态变化较为复杂，会极大地影响沙洲的稳定性。

另外，辐射沙脊群海域由于海岸的特殊形态，该区域本身就是潮能和波能较为集中的区域。江苏历史上大多数的匡围均是属于边滩匡围，施工难度相对较小，而远离岸线的沙洲匡围区堤外水深较大，水下地形更加复杂，潮汐、波浪等水动力条件更加恶劣。对离岸沙洲匡围工程中的堤线布置、海堤设计、施工材料、施工工艺等提出了严峻的挑战。

条子泥垦区围垦面积约 34.61 万亩，按 7 个作业区（不含 2 个已围垦区）进行匡围；匡围海堤 44.33 km，促淤导堤 12.98 km，建筑堤防总长 131.30 km；新建水闸 4 座。

2. 布局原则

针对沿海滩涂地貌与动力特征及其冲淤特性，在考虑滩涂围垦与湿地保护尤其是自然保护区与河口湿地保护基础上，注重保护现有沿海港口、深水航道资源，满足未来深水港口以及产业、城镇发展需求，确定围区布局和规模。

以高滩围垦为主。尊重滩涂演变自然规律，边滩围垦起围高程原则上控制在理论最低潮面以上 2 m，沙洲围垦和港区围填海起围高程可根据实际情况适当降低。

保护和形成港口资源。既要稳定现有深水航道，保护沿海现有港口资源，又要通过匡围积极增加深水岸线资源，创造建设深水海港的新条件。

维持潮流通道畅通。近岸面积较大滩涂和辐射沙洲的匡围，总体上不应改变海洋动力系统格局，预留足够的汇潮通道，保障两大潮波交汇畅通，努力使沙洲变得更高、港槽变得更深。

注重生态保护。结合国家和省级自然保护区及河口治导线的要求，在珍禽自然保护区的核心区和缓冲区及麋鹿保护区向海一侧不进行围垦，原则上不在河口治导线范围内布局围区；边滩匡围采用齿轮状布局，增加海岸线长度，有效地保护海洋生态。

3. 滩涂围垦方案

沿海滩涂围垦主要分为三个阶段，分别是第一阶段（2010～2012 年）、第二阶段（2013～2015 年）、第三阶段（2016～2020 年）。

第一阶段（2010～2012 年），选择条件比较成熟的区域，实施边滩围垦，重点开发临洪口—西墅、徐圩港区、小东港口—新滩港口、运粮河口—射阳河口、四卯西河口—王港河口、王港河口—川东港口、条子泥、方塘河口—新北凌河口、小洋口—掘苴口、掘苴口—东凌港口、遥望港口—蒿枝港口 11 个围区。加强导堤建设，推进促淤增滩。在沿海经济发展的重要节点设立滩涂综合开发试验区，探索滩涂围垦开发新机制，为后期大规模开发积累经验。

第二阶段（2013～2015 年），在总结第一阶段围垦开发经验的基础上，结合当期滩涂围垦实际，不断完善滩涂围垦开发新机制；实施沙洲围垦和大型垦区的低滩部分围垦，完成条子泥匡围工程，启动腰沙—冷家沙匡围工程。

第三阶段（2016～2020 年），加强海洋观察和科学研究，进一步制定具体方案，实施东沙、高泥和腰沙—冷家沙开发。发挥沿海大规模土地后备资源优势，构建大都市发展区，作为驱动江苏沿海区域乃至全国中西部腹地发展的强力引擎；依托远洋大港优势，发展以重化工业为主的临港产业，推动区域经济和城市化进程，带动沿海地区全面发展。

4. 滩涂开发功能定位

根据国家和省有关滩涂开发的战略定位和总体要求，综合考虑新围滩涂后方陆域的开发条件、现有开发基础以及海洋功能区划等因素，结合农业、生态、建设 3 类空间的比例要求，确定滩涂开发的总体功能定位和各围区功能定位。

1）总体功能定位

依托连云港、盐城、南通市现有产业基础和比较优势，围绕港口建设、特色产业发展和海涂资源利用，建立区域产业分工体系，把围区建成新型港口工业区、现代农业基地、新能源基地、生态休闲旅游区和宜居的滨海新城镇，形成以现代农业为基础、先进制造业为主体、生产性服务业为支撑的产业协调发展新格局。

2）围区功能定位

充分发挥围区资源、区位等比较优势，合理布局产业，实施错位发展，促进产业、城镇、生态融合发展，形成分工明确、各具特色的发展格局。按主要功能定位，将沿海滩涂围垦区域分为现代农业综合开发区、生态旅游综合开发区、临港产业综合开发区和绿色城镇综合开发区 4 大类，见表 6-15。

表 6-15　沿海滩涂开发围区功能分类

功能分类	编号	岸段（沙洲）
现代农业综合开发区	A05	小东港口—新滩港口
	A06	双洋港口—运粮河口
	A09	王港河口—川东港口
	A10	川东港口—东台河口
	A12	方塘河口—新北凌河口
	A13	新北凌河口—小洋口
生态旅游综合开发区	A14	小洋口—掘苴口
	A19	协兴港口—圆陀角

续表

功能分类	编号	岸段（沙洲）
临港产业 综合开发区	A04	徐圩港区
	A07	运粮河口—射阳河口
	A08	四卯酉河口—王港河口
	A15	掘苴口—东凌港口
	A16	腰沙—冷家沙
	A17	遥望港口—蒿枝港口
绿色城镇 综合开发区	A01	绣针河口—柘汪河口
	A02	兴庄河口—临洪口
	A03	临洪口—西墅
	A11	条子泥
	A18	蒿枝港口—塘芦港口

现代农业综合开发区。大力发展设施农业、生态农业、观光农业、特色农业等，实施成片开发，推进规模化生产、产业化经营、公司化管理，建设商品粮、盐土农作物、生物质能作物和海淡水养殖基地，延伸农业产业链，发展农（水）产品加工业，把沿海滩涂建成我国重要的绿色食品基地和观光生态农业产业基地。主要包括 6 个围区：小东港口—新滩港口（A05）围区、双洋港口—运粮河口（A06）围区、王港河口—川东港口（A09）围区、川东港口—东台河口（A10）围区、方塘河口—新北凌河口（A12）围区、新北凌河口—小洋口（A13）围区。

生态旅游综合开发区。加强沿海防护林、护岸林草、平原水库、湿地等建设，充分利用沿海特有的海洋、湿地、文化等旅游资源，大力发展滨海旅游业，择优布局旅游度假区，建设生态旅游示范区。主要包括两个围区：小洋口—掘苴口（A14）围区、协兴港口—圆陀角（A19）围区。

临港产业综合开发区。依托港口发展大型临港产业，提高投资强度和产出效率。充分利用新增岸线资源，挖掘建设深水港口的条件，加强港区建设，有效拓展港口作业空间。充分利用滩涂资源优势，大力发展石化、冶金、装备制造、粮油加工、物流等临港产业，鼓励发展高新技术产业和环保产业，积极发展风能、太阳能、洋流能、潮汐能、生物质能等新能源产业。主要包括 6 个围区：徐圩港区（A04）围区、运粮河口—射阳河口（A07）围区、四卯酉河口—王港河口（A08）围区、掘苴口—东凌港口（A15）围区、腰沙—冷家沙围区（A16）、遥望港口—蒿枝港口（A17）围区。

绿色城镇综合开发区。推进临海城镇建设，促进人口集聚，提升支撑服务功能，建设低碳、绿色新城镇，提高人居适宜性。发展临港配套产业，建设循环经济产业园，提高滩涂开发的层次和水平。主要包括 5 个围区：绣针河口—柘汪河口（A01）围区、兴庄河口—临洪口（A02）围区、临洪口—西墅（A03）围区、条子泥（A11）围区、蒿枝港口—塘芦港口（A18）围区。

5. 实施成效

江苏人多地少，人均耕地只有 0.99 亩。随着经济建设的迅速发展和城市化进程的加快，江苏省每年还需要占用耕地 30 万亩左右。根据 2003 年江苏省农村统计年鉴资料，1996～2002 年，江苏省耕地面积减少 254 万亩，平均年减少耕地 36 万亩，人地矛盾空前严峻。因此，迫切需要增加耕地，保证"占补平衡"。条子泥匡围工程的实施，对增加江苏的土地面积，缓解人地矛盾，加快经济发展，具有重大的战略意义。

条子泥垦区建成后，营运期主要用于海、淡水无公害生态养殖，属于渔业产品的无公害技术的应用，以良种繁育、优质水产品养殖示范和水产品保鲜加工为重点，利用滩涂资源进行斑点叉尾鮰鱼、贝类、白虾等优质水产品无公害生态养殖示范，符合国家产业政策，有利于带动区域水产养殖的结构调整，推动产业升级。条子泥垦区将严格按现代企业制度运营，有利于促进周边区域农业产业化发展。条子泥垦区（一期）围垦近岸滩涂，淡水水源方便引入垦区，主要进行淡水养殖，规划实施后，采取各种方式直接或间接带动农民就业，促进农民增收，有利于人民富裕安康，社会和谐稳定。

另外，滩涂围垦养殖可以综合发展生态养殖、观光旅游等，促进沿海地区生态环境的改善。通过滩涂围垦，不仅新增养殖面积，而且在原有的海堤外面新筑了高标准海堤，又增加了一道安全屏障，提高了抵御台风、风暴潮等灾害的能力，可有效保障沿海人民的生命财产安全。

6.4.2.3　浙江瓯飞工程

浙江瓯飞滩涂位于温州东部沿海瓯江河口和飞云江河口外的海域，行政上跨越温州市的龙湾区和瑞安市，南以飞云江入海口外延至瑞安市的凤凰山为界，北以瓯江入海口外延至洞头县的霓屿岛为界，东以霓屿岛和凤凰山岛连接线为界，距温州市中心约 40 km。

2011 年 3 月，《浙江海洋经济发展示范区规划》正式获批，浙江沿海地区迎来了新一轮的发展契机。浙江瓯飞滩涂作为温州市重要的后备土地资源，其开发利用可以进一步拓展温州的发展空间。为推动温州社会经济的持续发展，加快温州产业的转型升级，提升中心城市的城市能级，温州市决定启动瓯飞工程，科学规划、合理利用该区域的滩涂资源。

1. 项目概况

瓯飞工程是一项集防洪、农业、渔业、生态、港口等为一体的多功能综合性工程，承载了温州"再造一个温州城""开创东海之滨新区"的梦想，具体平面布置见图 6-23。2012 年 9 月 14 日，作为国内规模最大的单体围垦项目，瓯飞一期工程正式获批。该工程开发滩涂面积 13.28 万亩，堤线总长约 36.6 km，概算总投资 272.9 亿元，建设期 9.5 年，工程分两阶段实施，均为 6.64 万亩。瓯飞一期工程（北片）一线海堤长度 23.3 km，概算总投资 138.24 亿元，2013 年 7 月正式开工。该工程曾创下"全国单体面积最大""审批周期最短""前期工作最规范"等多项"全国之最"，并于 2021 年荣获建设工程鲁班奖（国家优质工程），成为温州有史以来首个获此殊荣的水利工程。

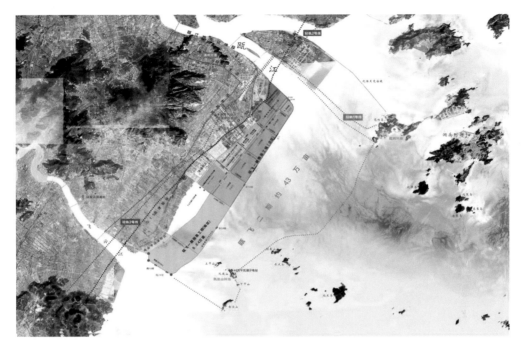

图 6-23　瓯飞工程总平面图

2. 开发利用原则

1）集约高效原则

集约高效要求在开发利用各个阶段不能盲目滥用滩涂资源，而是要对各项资源进行集约利用，实施集中布局、产业集聚发展，坚持高起点、高标准、高品位，在策划、规划及建设中保持战略高度，具有国际化和现代化的视角。依靠高新技术和自主创新能力占领产业发展先机、创新产业园区、优化产业结构、加快经济方式转变（张超颖，2014）。

2）生态优先原则

生态优先要求充分考虑资源与环境的承载力，在维护生态健康的前提下，确定开发利用的规模和时限，不断提升资源的利用效率。按照推进生态文明建设的要求，健全瓯飞滩涂湿地保护管理机制，科学开展滩涂资源的开发利用，注重近岸滩涂及浅海生态环境改善，实现经济效益、社会效益和生态效益相统一。

3）综合开发原则

综合开发要求形成综合化、体系化的高效运转，近期的高涂围垦养殖要构筑产供销，渔、工、贸、科研、旅游休闲于一体的多功能渔业产业体系；中期的农业开发要加强农业基础设施和生态建设，提高农业综合生产能力和综合效益，推进结构战略性调整；远景城市建设要促进产业结构优化，形成合理的布局，最终实现城市与产业协调发展的综合产业聚集区。

4）循序渐进原则

循序渐进要求依照一定的时序进行开发建设，遵循围垦养殖、农业开发、城市建设三个阶段，坚持以点带线、以线促面、分期建设、滚动发展。前期注重道路和水系的内外联通，引导温州的各项发展为瓯飞区提供良好的环境条件。近期开发过程中同时兼顾远期发展，远期发展注重体现当代社会特征，为未来发展创造巨大空间。

3. 开发利用布局

根据瓯飞滩涂自然条件、资源条件、岸线演变以及周边区域开发的具体情况，借鉴国内外滩涂开发利用的具体实践及开发利用发展趋势，瓯飞区域滩涂资源开发利用秉着集约高效、生态优先、综合开发、循序渐进等原则，近、中、远期分阶段实施高涂围垦养殖、农业开发和城市开发建设（张超颖，2014）。规划用海区总平面设计图见图 6-24。

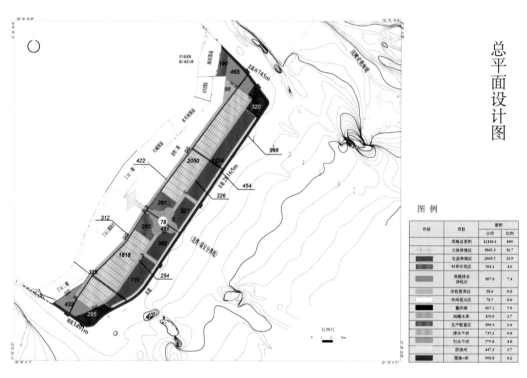

图 6-24　规划用海区总平面设计图

1）高涂围垦养殖阶段

高涂围垦养殖阶段是瓯飞滩涂开发利用的第一阶段，按照《浙江海洋经济发展示范区规划》，充分发挥资源优势，以发展生态、高效、品牌渔业为目标，整合各方力量，着力打造集特优水产品养殖、加工、销售和观光休闲于一体的现代生态渔业示范区，带动温州市现代渔业又好又快发展。

该阶段在布局上可划分为泄洪区、高效养殖区、生态增养殖区、生产配套区、湿地区、科学示范区、净化暂养区等（图 6-24）。根据不同水产品的生活习性和生长环境，堤塘内采用多品种、多层次的立体混养模式。该养殖模式，使得贝类在底层起到滤食其他鱼虾类产生的污染物的作用，有效改善养殖水质和池塘生态环境，避免对海堤外侧海域水质环境造成影响；养殖区内虾、蟹、鱼在一定范围内保持品种数量和质量，使养殖收效得到有效提高，同时有利于资源密集、劳动密集的传统渔业向资本密集、技术密集的现代渔业转变。

2）农业开发阶段

农业开发阶段是瓯飞滩涂开发利用的第二阶段，该阶段是在高涂围垦养殖的基础上，将前期的海水养殖逐渐转化为淡水养殖，并逐步在保留部分淡水养殖的同时，大部分养殖转化为农业综合开发。在开发过程中，逐步完善基础设施、合理布局功能、优化产品结构，应用先进科技提升经济效益，使其成为具有较强市场竞争力的国家级现代农业综合开发区。

农业开发不仅能扩大温州农业用地面积，为温州市社会经济的可持续发展提供土地资源储备，确保耕地占补平衡，保障粮食生产安全，而且全面提升区域防灾减灾的能力，确保人民生命和财产的安全。该区域的农业功能定位为集高效生态农业示范基地、现代农业科技应用-推广-展示平台、新型农（渔）民教育培训基地、农业经营主体创业平台、农业休闲观光基地于一体的农业综合开发区。

3）城市开发阶段

城市开发阶段是瓯飞滩涂开发利用的第三阶段。其目标是为温州再建一个都市核心，即瓯飞新城。瓯飞新城将建成以先进制造业、海洋新兴产业、现代服务业、现代生态农业、特色人居及生态休闲等功能为主的综合性城市，产业、城镇、生态统筹发展，经济、社会、环境协调发展。温州现有城市整体布局的发展思路是"由'沿江城市'向'滨海城市'拓展"，未来的温州将形成"多个中心组团"。瓯飞新城将以独特的地理优势成为未来温州大都市区发展的核心地带，是集商业、生产、生活、生态为一体的可持续发展区域。

根据区域内外交通条件、功能定位、空间布局原则等多项要求，将瓯飞新城按"一轴、三片、多心"进行空间布局。"一轴"是临江滨海发展轴，沿瓯江、东海、飞云江呈弧形延伸。这条轴既是规划区域的布局主轴线，也是温州城市未来发展的主轴。"三片"是对区域及周边进行对接后，将瓯飞新城划分为北部、中部、南部三大片区，其中北部和南部片区以城市开发功能为主，中部片区以工业开发为主。"多心"则是行政核心、居住中心、商务中心、生态核心、文化核心、农业核心、工业核心等多个核心散布于北部、中部、南部三大片区中，使三大片区的功能更为充实。

4. 工程综合效益

瓯飞工程是温州市加速推进海洋经济大投入、大建设、大发展的一项重要举措，对温州乃至浙江经济社会新一轮转型发展具有重要的战略意义和现实意义。

一是浙江海洋经济综合开发利用的标志性工程。浙江作为我国海洋经济示范区，其海洋经济发展战略已经上升为国家战略。瓯飞区域作为浙江省和温州市大力发展海洋经济的一部分，在发展风能、潮汐能、潮流能、生物质能等与海洋经济密切相关的能源，以及港口设施建设，陆海联动发展，临港产业发展和低碳、生态型宜居城市发展等方面潜力无限。实施瓯飞工程，对温州乃至浙江加快海洋经济发展，推动海洋产业转型升级，实现海洋经济跨越式发展意义重大。

二是拓展温州城市发展空间的主平台。温州人多地少，人均耕地面积居于全国后列，人地关系严峻，经济发展受到极大的限制。瓯飞区域作为具有极高利用价值的后备土地资源，如果能合理利用好这一范围的滩涂资源，将有效拓展生存空间。实施瓯飞工程将有效缓解温州土地供需矛盾，为浙南沿海产业集聚发展提供重要的资源要素保障。

三是有利于提高抵御风暴潮灾害能力。温州地处沿海，受副热带高气压带影响，台风引起的风暴潮与大浪危害性极大。瓯飞工程的实施，使瓯江和飞云江两大水系河口之间海岸带的防洪（潮）标准提高至 100 年一遇，远期达到 500 年一遇以上，大大增强了区域防台防灾和减灾能力，对保障全市社会经济可持续健康发展具有积极的推动作用。

四是有利于推进现代农业发展。当前温州正处于转型升级的战略机遇期，如何破解土地等要素资源的制约，已成为温州能否实现转型升级的历史目标的关键所在。瓯飞工程建成后，围区可形成大面积的高产渔业养殖区，将来还可视围区淤长情况适当发展农田种植，并融合"生态、生活、生产"，对推进温州市乃至浙江省现代渔业（农业）发展具有重大的战略意义。

参 考 文 献

包起帆, 郑伟安. 2016. 上海新横沙开发和建港前瞻研究[M]. 上海: 上海科学技术出版社.

南京水利科学研究院, 水利部水利水电规划设计总院. 2015. 全国河口海岸滩涂利用管理规划[R]. 南京: 南京水利科学研究院和水利部水利水电规划设计总院.

谢高地, 张彩霞, 张雷明, 等. 2015. 基于单位面积价值当量因子的生态系统服务价值化方法改进[J]. 自然资源学报, (8): 911-917.

张长宽, 陈君. 2011. 江苏沿海滩涂资源开发与保护[C]//第十五届中国海洋(岸)工程学术讨论会论文集(中), 太原: 443-446.

张超颖. 2014. 温州市瓯飞区域滩涂资源开发利用研究[D]. 福州: 福建农林大学.

浙江省水利发展规划研究中心. 2016. 浙江滩涂资源利用与保护关键技术研究专题之五——滩涂围垦区开发利用方式研究[R]. 杭州: 浙江省水利发展规划研究中心.

第 7 章　滩涂生态修复技术与示范应用

长三角滩涂区由于其良好的地理位置、丰富的资源、独特的海陆特性，以及优越的自然条件，成为人类活动最活跃和最集中的区域。随着工业化和城市化的进程，在自然因素、人类活动的双重驱动下，滩涂湿地不断受到侵袭和破坏，生态系统不断损失和退化，区域生态安全受到威胁，这已成为该地区生态环境的突出问题。为了减少滩涂资源破坏、避免生态进一步恶化，利用工程和生物技术措施对已受到破坏和退化的滩涂湿地进行生态修复成为必然。近十几年来，长三角地区开展了大量的滩涂生态修复工程，在技术进步、业务化实践、成效显现等方面取得了良好的效果，但不乏失败的教训。本章针对长三角滩涂生态系统的环境问题，分析了滩涂生态系统的类型、功能和滩涂生态修复的原理及基本流程，展现了滩涂潮上带、潮间带及潮下带的生态修复技术的最新研究成果，并给出了大量的实际工程案例。

7.1　滩涂生态功能与修复理论

7.1.1　滩涂生态系统类型

生态系统由生物成分与非生物成分两部分组成，根据不同的标准，生态系统可以划分为不同的类型。生态系统按生态类型可分为淡水生态系统、海洋生态系统和陆地生态系统；按照人类对生态系统的影响程度可分为自然生态系统和人工生态系统（或者半人工生态系统）；按照区域划分，则又分为农场、流域、城市等生态系统。

滨海滩涂是地域概念，是指处于浅海与内陆之间的过渡带，涨潮时淹没，落潮时露出，一般指大潮高潮面至理论最低低潮面之间的潮间带（国家海洋局科技司等，1998），广义的滩涂资源还应该包括潮上带、潮下带中可供开发利用的部分。因此，滩涂生态系统是一种以滩涂为载体、以潮间带生态系统为核心的区域生态类型（陈洪全，2006）。在美国斯坦福大学 Costanza 等（1997）的分类系统中属于湿地生态系统中的潮水沼泽生态系统，在千年生态系统评估（MA）分类系统中属于海滨生态系统，在《拉姆萨尔公约》中属于海岸湿地生态系统。长三角滩涂生态系统由光滩与植被构成。其中，光滩包括砂质光滩、粉砂淤泥质光滩和海蚀阶地；植被包括盐沼、砂生植被、红树林等（陈洪全，2006）。

1. 淤泥质光滩生态系统

淤泥质光滩特指淤泥质海岸潮间带浅滩，且光滩地区无植被生长。我国淤泥质光滩主要可分为平原型和港湾型两类。前者分布在辽东湾、渤海湾、江苏沿海、杭州湾等大河入海平原沿岸；后者分布在浙、闽、粤沿岸的一些港湾内。淤泥质光滩一般有黏性，滩很软，承载力小，滩面宽度大。

长三角地区淤泥质光滩 70% 以上为平原型淤泥质海岸，多位于盐沼湿地的向海一侧，细颗粒物（粒径<63 μm）含量通常高于 50%（Dyer, 1998；Vos and van Kesteren, 2000）。由于大量的细颗粒泥沙淤积，潮滩面积宽广，坡度平缓。潮间带宽度为 3～6 km，最宽达 10～30 km，平均坡度为 0.18‰～0.19‰，水下岸坡平缓，波浪消能显著。较之红树林和盐沼湿地，淤泥质光滩更易受潮流和波浪的影响，其不稳定的沉积环境抑制了大型植物的永久定植（陆健健等，2006）。然而，光滩表面生长着丰富的可进行光合作用的真核藻类和蓝藻，同时，光滩上丰富的底栖动物吸引了大量水鸟前来栖息和觅食，让水鸟补充能量（孙赛赛，2022）。丰富的有机质含量和广阔的面积使光滩成为全球重要的碳库（Lovelock and Duarte, 2019；Brown et al., 2021）。

2. 盐沼生态系统

盐沼是指扎根在土壤中，并在潮汐作用下交替地被海水淹没或露出的挺水植物群落。它们通常只占据最浅的潮间带区，而且多半与河口相连，周边被潮汐或非潮汐水位变化的盐水所包围。芦苇（*Phragmites australis*）、米草、盐地碱蓬（*Suaeda salsa*）和蔍草（*Scirpus triqueter*）是长三角盐沼生态系统的主要类型。长三角的盐沼面积广阔，根据植物种类组成、外貌结构和生境，主要有莎草科（Cyperaceae）植被、禾本科（Poaceae）植被和藜科（Chenopodiaceae）植被（陆健健，2003）。

莎草科植被包括以下几种群落类型：①海三棱蔍草群落，滩涂上的先锋群落，原生裸地上的植被，具有耐盐、耐淹的特点。此群落基本上由单一种组成，高度为 60～80 cm，盖度 70% 以上，是生活在长江口、杭州湾的特有种。②蔍草群落，分布于滩涂低潮位、经常被潮水淹没的地段，地表多淤泥，群落盖度不一，稀疏的地方 35% 以下，而中心部位高达 90%，高度为 50～70 cm，也是先锋植物，但蔍草分布在盐度比较小的地区。③糙叶薹草（*Carex scabrifolia*）群落，分布于近堤岸的滩涂上，种类组成较简单，盖度不等。伴生种有芦苇、野燕麦（*Avena fatua*）等，此群落也是滩涂上微洼、浅薄积水地方最早出现的，当芦苇侵入后，即逐渐被其替代。

禾本科植被通常包括以下群落类型：①芦苇群落，属淡咸水类型，分布于潮间带的中上层，在大潮潮满时才被水淹没，是生物量最大的自然群落，优势种芦苇高 1.5～2.5 m，盖度 80% 以上，常形成单种植丛，在向草甸过渡的一侧，伴生有马兰（*Kalimeris indica*）、茭笋（*Zizania latifola*）、喜旱莲子草（*Alternanthera philoxeroides*）等，在向水的一侧，伴生种有海三棱蔍草、蔍草等。②茭笋群落，通常在芦苇群落的外围，含有机质的土壤上。常见的伴生种有芦苇、泽泻、野燕麦等。③米草群落，主要为人工引种的互花米草，种植于潮间带，生长迅速，常常形成单种群落，是我国目前最耐盐的植物群落类型之一。由于米草繁殖能力强，且耐盐耐淹，米草引种于我国滩涂后具有入侵后迅速扩展的特性。目前，米草已广泛分布于辽宁锦西至广东电白的潮间带滩涂（陈思明，2021）。

此外，长三角滩涂湿地还分布有藜科的盐地碱蓬群落。盐地碱蓬是一种典型的盐碱指示物种，生长于盐碱土，株高 20～80 cm，常形成单种群落，具有耐碱、耐旱、耐涝等特性。

　　长三角地区盐沼植被主要集中分布在江苏射阳段到东台段，上海崇明东滩、横沙和九段沙，浙江杭州湾南岸、温台沿海、乐清湾等区域。长三角地区气温适宜，海岸多泥，潮间带宽，潮滩平缓，有利于互花米草的迅速入侵和扩张。互花米草显著影响长三角地区盐沼植被的时空格局。从 1985 年至 2019 年长时间序列来看（Chen et al., 2022），江苏互花米草从 29 hm^2 增加到 16919 hm^2，芦苇从 6163 hm^2 增加到 7593 hm^2，碱蓬从 37214 hm^2 下降至 461 hm^2；上海互花米草从 2000 年的 77 hm^2 增加到 2019 年的 16228 hm^2，芦苇从 1985 年的 9104 hm^2 增加到 11372 hm^2，海三棱藨草从 8415 hm^2 下降到 6486 hm^2；浙江互花米草从 36 hm^2 增加到 14877 hm^2，芦苇从 413 hm^2 增加到 1063 hm^2，海三棱藨草从 3131 hm^2 增加到 3869 hm^2。

3. 红树林生态系统

　　红树林是生长在热带及亚热带沿海潮间带滩涂上的植物，主要是由红树科植物及一些适应此类环境的植物所组成（陆健健，2003）。红树林又可分为广义红树林及狭义红树林。广义红树林是指生长在热带海岸潮间带滩涂上所有植物的总称，而狭义的红树林则限于生长在热带海岸最高潮线以下及平均高潮线以上间的乔木或灌木。全世界红树植物种类有 24 科，30 属，83 种（或变种），中国有红树植物 16 科、20 属、31 种。

　　我国红树林分布区属热带季风海洋气候，年均气温为 21～25.5℃，最冷月均温为 12～21℃，极端低温为 0～6℃。随着纬度的升高，综合生境条件尤其是温度条件的递减，红树林群落结构和植物种类由复杂多样向简单方向变化。根据红树植物对气温的适应范围把它们划分为 3 个生态类群：嗜热窄布种、嗜热广布种、抗低温广布种。抗低温广布种有秋茄、白骨壤、桐花树等，为福建厦门以北海岸区的优势种。能引种到浙江的仅秋茄一种，它能适应最低月均温小于 11℃。

　　目前，长三角滩涂适宜红树林生长的仅限于浙江温州、台州等地区。浙江红树林的发展，最早见于 1957 年从福建引种于乐清西门岛，当时种植的目的是抵御台风。种植成功后，很快形成了一波人工栽培红树林的小高潮。近年来，红树林种植与保护有了更大进展。2013 年，温州市开展了第一个红树林生态补偿项目。其后五六年间，温州和台州地区应用海洋生态补偿资金、蓝色海湾整治等资金发展红树林，2016～2018 年红树林面积增长到 300 hm^2，造林保存率达 80% 以上。

4. 砂质海岸生态系统

　　砂质海岸生态系统是指砂质岸滩及其生物群落与周围环境相互作用构成的自然系统，其基质由疏松的中、粗砂组成。我国砂质海岸的分布范围较广，但又相对集中，主要分布在辽东半岛、山东半岛和华南海岸 3 个区域。长三角地区仅有零星的砂质海岸分布，许多砂质海岸带极具滨海旅游开发价值，已发展成为驰名中外的滨海旅游胜地，如浙江南麂岛大沙岙海滩、普陀山沙滩。在砂质海岸的沙滩上，分布着特殊意义的沙生植被，其种类组成贫乏，群落中主要优势植物有：砂钻薹草、矮生薹草、砂引草等。动物主要有居住在潮上带的沙蟹和沙跳虫。潮间带生物很多，以居住在地面以下、食底泥生物为多。低潮带和潮下带边缘主要以蛤类为主，如心形蛤等。

7.1.2 滩涂生态功能

Costanza 等（1997）将全球生态系统服务功能划分为 17 类，包括气体调节、气候调节、干扰调节、水分调节、水分供给、侵蚀控制和沉积物保持、土壤形成、养分循环、废弃物处理、传粉、生物控制、避难所、食物生产、原材料、基因资源、休闲、文化。这 17 项功能已成为人们进行生态服务评价的基本标准和参照。长三角滩涂面积广阔，湿地类型多样，动植物种类丰富，生态功能多样（任璘婧，2014）。其生态系统的服务功能既取决于系统本身的结构和功能，同时与区域经济发展水平密切相关。总的来说，长三角滨海滩涂提供的生态服务功能主要包括以下几方面。

1. 生物多样性功能

滩涂湿地是动植物生存繁衍的天堂，是十分重要的生物栖息地。据《中国海岸带湿地保护行动计划》统计，我国滨海湿地生物种类共有 8252 种（其中有浮游生物 481 种、浮游动物 462 种、游泳动物 593 种、底栖动物 2200 种）（吕彩霞，2003），物种种类丰富。同时，滩涂湿地是重要的鸟类栖息地，如长江口滩涂湿地为迁徙鸟类提供了重要的越冬生境和中途停歇点，是中国滨海湿地生物多样性的关键地区。利用遥感景观分析的方法对崇明东滩水鸟鸻鹬类、雁鸭类、鹭类以及鹤类栖息地的适宜性进行了评价，发现光滩以及海三棱藨草群落分布区是生境条件最好的区域（田波等，2008；Tian et al.，2008）。滩涂湿地兼具陆地和海洋两种自然属性；既可以满足部分陆上生物的生存繁衍需求，同时满足部分海洋生物的生存繁衍需求（江文斌，2020）。此外，滩涂湿地相较于其他一般的生物栖息地含有更多、更丰富的有机盐等营养物质，可以为更多更大的生物种群提供生存繁衍的营养物质。

2. 环境净化功能

湿地素有"地球之肾"之美称，一方面，滩涂湿地土壤能吸附一部分有毒有害物质；另一方面，滩涂湿地生态系统中旺盛的生物活动，能截留大量的营养物质，降解相当数量的有机污染物，并能过滤和消灭大部分有害微生物和寄生虫。滩涂湿地内水体流动缓慢，具有较强的缓冲能力，对 N、P 等营养物质有一定的储存和滞留作用。湿地对污染物的去除机理主要是湿地土壤、植被以及微生物对水体中污染物质的沉降、过滤、吸附、沉积、生物吸收、生化转变等过程的综合。如芦苇，由于其具有较强的吸收营养盐及污染物质的能力，而被许多污水处理生态工程作为工程种，并用于污水的深度处理，取得了很好的成效。典型的盐沼和红树林生态系统，其环境净化价值可高达 6700 美元/（$hm^2 \cdot a$）（Costanza et al.，1997）。

3. 成陆造地功能

长三角地区，由于长江、黄河等多沙河流径流携带大量泥沙在河口、海岸沉积，沿海滩涂大部分呈不断向海淤长的趋势。随着滩涂的淤长，相应区域的水环境条件以及生物类群的组成会逐渐发生变化,最终会丧失湿地环境特征而成为陆地。因此,对发育成陆地或处于演替后期的滩涂进行适当的圈围,可为周边城市提供了有效的发展空间(陆健健,2003)。从上海、浙江地区的成陆历史看,滩涂圈围一直是长江三角洲历史发展的重要组成部分。

4. 消浪减灾功能

滩涂湿地对海浪侵袭的缓冲作用对保岸护堤起到了重要作用。波浪通过盐沼植被群落的损耗速率大于光滩。盐沼植被使得潮流流速降低一个数量级,同时可以阻挡一部分波浪,对潮滩起到保护作用,保护沿岸工程设施(李华和杨世伦,2007)。盐沼植被高度越高、密度越大,其消浪功能越强。在长江口,由于藨草和海三棱藨草的生长,近岸水流流速减缓了 16%~84%,潮波的波高降低(杨世伦等,2001)。2002 年长江口风暴潮对许多岸段造成的严重的冲刷,但是具有大面积芦苇及海三棱藨草生长的区域,所受的影响则相对较小。van Loon-Steensma 和 Vellinga(2013)研究了美国的 34 个飓风,得出了相同的结论,60%的破坏力都由于滩涂湿地得以消除,并且将人工岸线有效结合自然岸线可以节省建造和维护费用。

5. 物质生产功能

物质生产是指生态系统生产的可以进入市场交换的物质产品,包括全部的植物产品和动物产品。长江三角洲物产丰富,滩涂湿地生产力主要表现为渔业生产力,广阔的浅海和滩涂为发展水产养殖提供了条件,主要水产品有贝类、蟹类、虾类、鱼类、海藻等。芦苇面积广阔,产量很大,是优良的造纸工业原料,也是农业、养殖业、编织业的重要生产资料。另外,还有珍贵的植物药材。这些产品能够直接进入市场,创造价值。

6. 其他功能

滩涂植物进行光合作用,吸收二氧化碳,释放氧气,调整大气的成分组成,对于减缓全球变化气候变暖具有重要意义。滩涂湿地具有新生性、脆弱性、自然性和典型性的特点,其复杂的湿地生态系统、丰富的动植物群落、珍贵的濒危物种等,是现代生态学、环境科学、自然地理学等学科的重要研究对象。滩涂湿地独特的地形地貌和自然条件造就了丰富而又独具特色的旅游景观,吸引了大量的海内外游客。

7.1.3　滩涂湿地胁迫因子

滩涂湿地位于海陆交错的区域,受水沙-地貌-生物-气候等多种动力因子相互作用明显。滩涂湿地的形成主要取决于入海径流量和输沙量,而洪水径流、外海潮波及风暴潮灾害带来的滩涂冲淤,直接影响滩涂湿地的稳定性。气候变化、降雨与蒸发变化等自然条件对滩涂湿地的演变及兴衰产生重要影响,盐度是影响盐沼植被分布格局的关键因素之一。此外,湿地的生长与发育过程往往又与人类活动紧密相关,主要体现在近海海洋工程与养殖池塘建设、近海环境污染等方面。总体而言，滩涂湿地的发育主控因素较多，演化过程复杂。

目前，滩涂湿地面临的生态问题主要表现在生物种群数量的减少、植被的退化或演替中断、湿地的退化或消失、生态系统功能的损伤及价值的消失等方面，主要的胁迫因子（苏令侃，2022）包括全球气候变化、流域来沙减少、外来物种入侵、人工围滩造地加剧、滨海湿地资源过度开发、工业活动发展等。

1. 全球气候变化

全球气候变化主要影响土壤和水体的地球化学过程，但因为滩涂湿地生态系统对全球气候变化比其他生态系统更加敏感、脆弱，滩涂湿地逐渐变成生态安全威胁系数最大的区域。近百年来，海洋气温和海表水温都呈现了明显增加的态势。根据联合国政府间气候变化专门委员会（IPCC）发布的《气候变化2021：自然科学基础》，2011~2020年全球表面温度相比于1850~1990年上升了1.09℃，加剧了对滩涂湿地的压力。此外，全球气候变化还会导致海平面上升、风暴潮等自然灾害增多。根据联合国政府间气候变化专门委员会（IPCC）第五次评估报告，预测2030年长三角沿海海平面还将上升10~16cm。海平面上升将延长滩涂湿地生境的潮水浸淹时间并增加其淹水频率，直接影响植物的存活和生长，导致生境退化甚至丧失。同时，海平面上升还会导致海水向湿地入侵，进而加剧了湿地土壤盐碱化、滩涂侵蚀等问题。

2. 流域来沙减少

长三角滩涂泥沙来源主要有长江、黄河等入海河流的输沙、内陆架供沙等，其中长江口入海泥沙是滩涂资源泥沙供给最主要来源。随着长江三峡水库等大型水库的蓄水拦沙及其上游水土保持凸显成效，长江入海泥沙发生了变异。1959~1969年长江大通站年平均输沙量约4.98亿t；1970~1985年略有减少，平均输沙量为4.45亿t，1986~2002年，进一步减少到3.40亿t，2003年以后，大通站输沙量急剧下降，年均输沙量降至1.40亿t，较20世纪90年代平均输沙量减少约60%。长三角地区的钱塘江、瓯江等入海河流年输沙量整体同样呈现减少态势。入海泥沙的锐减显著改变滩涂湿地的冲淤格局与演变过程。2010年后长江河口的侵蚀态势逐渐显现，河槽冲刷、滩地萎缩，区域内的滩涂面积呈现减小态势（艾金泉，2018）。2010~2018年，长江口5 m以浅的滩涂面积从1595 km²降到了1403 km²，减少了192 km²（张达，2018）。滩涂侵蚀以横沙浅滩（横沙东滩东侧滩涂）和九段沙（含江亚南沙）最为典型。

3. 外来物种入侵

长三角滩涂湿地遭到了外来物种互花米草的大幅度入侵，其扩散速度是芦苇、海三棱藨草等本土植物的4~6倍。据2021年统计，中国沿海互花米草面积达101.09 km²，占中国沿海滨海湿地总面积的16.4%（陈思明，2021）。自1997年引入上海九段沙，截至2021年，互花米草已扩散至崇明岛的东北部、九段沙和南汇东滩，互花米草强势入侵导致上海滨海湿地原来的土著物种慢慢死亡直至部分消失，植物结构发生改变，近来导致鸟类的食物来源也减少（苏令侃，2022）。其中，海三棱藨草是长江口、杭州湾滨海湿地的重要本土植物，既可以作为雁鸭类的食源，也可以作为鹬类的栖息地。然而近几年海三棱藨草大面积消失，鸟类数量急剧下降的问题也随之产生。

4. 人工围滩造地加剧

围滩造田活动是中国沿海地区为解决土地资源紧张、促进人民经济健康增长的最有效措施。但由于大量的围垦活动，也直接导致了滩涂湿地大规模的萎缩。长江口圈围造地近 800 km^2，3.0 m 高程线以上的高滩大都已经被圈围（张达，2018）。圈围的高程也逐渐降低，从高潮位降至中潮位，继而降至低潮位（陈吉余，2000）。圈围以后，随着区域水环境条件以及景观格局的改变，栖息地及觅食地功能逐渐丧失，进而影响区域生态系统生物群落的组成。最典型的如鸟类，在围堤内水域面积小于 20%或植被面积大于 60%时，鸥鹬类的觅食就会受到影响（胡伟，2000）。而随着围堤内土地的进一步陆化，碱蓬等耐盐碱陆生植物将取代芦苇和藨草等水生和湿生植物而成为优势种，土壤水分大量蒸发导致地表板结，使原有的大多数底栖动物无法生存，鸟类也丧失了觅食生境。

5. 滨海湿地资源过度开发

水产养殖和农业种植是长三角滩涂湿地的主要利用方式。在潮间带，沿海藻类、贝类以及生态旅游得到促进，而农业主要在潮下带。长三角地区养育着许多重要的鱼类和水产经济动物，如中华鲟、中华绒螯蟹、鲥鱼、鳗鱼等。因为生态变化存在着周期性，所以合理捕鱼就可以推动生物资源的更新生长，但如果捕鱼不当就可能破坏生态的更新与生长循环，从而造成了湿地生态失去平衡（杨永兴等，2004）。20 世纪 90 年代初，崇明东滩湿地的鳗苗遭到了肆意捕捞，成百上千条渔船堵塞在长江口区域，导致机油污染上海的水面，同时严重干扰了雁鸭类越冬。

6. 工业活动发展

工业活动，特别是陆上第二产业，已成为长三角滩涂湿地的主要威胁。大量案例研究表明，湿地附近有集聚的工业活动会导致生化需氧量、磷和氨氮等污染物显著增加，土壤因重金属污染而恶化，石油烃类污染严重。这些具有高度持久性和难以生物降解的污染物通过食物链中的生物积累对生物体的生长和行为产生负面影响。根据工业活动对长三角沿海区域滨海湿地影响的相关研究（Zhao et al.，2021），发现产业集聚对滨海湿地产生了严重的环境污染。在上海市长兴岛有一些船舶制造工业和港口的存在，这可能是导致长兴岛湿地、横沙岛周边受到石油烃和重金属污染的原因。此外，船舶生活垃圾、溢油事故等也会导致周边湿地石油类污染物含量较高。

7.1.4　滩涂保护修复理论

长三角滩涂生态保护恢复应用了许多学科的理论，但最主要以基础生态学原理为基础，以恢复生态学与景观生态学理论为指导。这些原理主要有：限制因子原理、生态系统结构原理、生态适宜性原理、生态位原理、生物群落演替原理等。

1. 基础生态学原理

1）限制因子原理

耐受性定律和最小因子定律合称为限制因子原理。耐受性定律，指任何一个生态因子在数量或质量上不足或过多，当这种不足或过多接近或达到某种生物的耐受上下限时，就会使该生物衰退或不能生存下去。最小因子定律，指当植物所需的营养物质降低到该植物的最小需要量以下时，该营养物就会影响该植物的生长。当生态因子（一个或者相关的几个）接近或超过某种生物的耐受性极限而阻止其生存、生长、繁殖、扩散或分布时，这些因子就成为限制因子。一个生物或一群生物的生存和繁荣取决于综合的环境条件状况，任何接近或超过耐受性限制的状况都可被认为是限制状况或限制因子。因此，滩涂生态恢复虽要从多方面进行设计与改造生态环境和生物种群，但是必须找出该系统的关键因子，找准切入点，才能进行恢复工作（李洪远和鞠美庭，2005）。明确生态系统的限制因子，有利于生态恢复的设计，有利于技术手段的确定，并可缩短生态恢复所必需的时间。

2）生态系统结构原理

生态系统是由生物组分与环境组分组合而成的结构有序的系统。所谓生态系统的结构系指生态系统中的组成成分及其在时间、空间上的分布和各组分间能量、物质、信息流的方式与特点，建立合理的生态系统结构有利于提高系统的功能。生态结构的合理性体现在生物群体与环境资源组合之间的相互适应，充分发挥资源的优势，并保护资源的可持续利用。从时空结构的角度，应充分利用光、热、水、土资源，提高光能的利用率。从营养结构的角度，应实现生物物质和能量的多级利用与转化，形成一个高效的、无废物的系统。从物种结构上，提倡物种多样性，以利于系统的稳定和持续发展（李洪远和鞠美庭，2005）。因此，在进行滩涂生态修复的时候，要将滩涂湿地的所有生物及其所处的自然环境看作一个整体，从湿地的水文条件、基底条件、生物资源等方面进行滩涂湿地的生态恢复，以尽可能全面地恢复受损的湿地生态系统。

3）生态适宜性原理

生物由于经过长期与环境的协同进化，对生态环境产生了生态上的依赖，其生长发育对环境产生了要求，如果生态环境发生变化，生物就不能较好地生长，因此生物产生了对光、热、温、水、土等的依赖性，这就是生态适宜性原理。种植植物必须考虑其生态适宜性，让最适应的植物或动物生长在最适宜的环境中。根据生态适宜性原理，在滩涂生态恢复设计时要先调查恢复区的自然生态条件，如土壤性状、光照特性、温度等，根据生态环境因子来选择适当的生物种类，使得生物种类与环境生态条件相适宜。

4）生态位原理

生态位是生态学中的一个重要概念，主要指在自然生态系统中一个种群在时间、空间上的位置及其与相关种群之间的功能关系，可表述为生物完成其正常生命周期所表现的对特定生态因子的综合位置。根据生态位原理，滩涂生态修复要避免引进生态位相同的物种，尽可能使各物种的生态位错开，使各种群在群落中具有各自的生态位，避免种群之间的直接竞争，保证群落的稳定，要组建由多个种群组成的生物群落，充分利用时间、空间和资源，更有效地利用环境资源，维持生态系统长期的生产力和稳定性。

5）生物群落演替原理

在自然条件下，生物群落的恢复，首先是被称为先锋植物的种类侵入遭到破坏的地方并定居和繁殖。先锋植物改善了被破坏地的生态环境，使得更适宜的其他物种生存并被其取代。如此渐进直到群落恢复到它原来的外貌和物种成分为止。遭到破坏的群落地点所发生的上述一系列变化就是演替（李洪远和鞠美庭，2005）。生态恢复是在生态建设服从于自然规律和社会需求的前提下，在群落演替理论指导下，通过物理、化学、生物的技术手段，控制待恢复生态系统的演替过程和发展方向，恢复或重建生态系统的结构和功能，并使系统达到自维持状态。

2. 恢复生态学理论

恢复生态学是研究生态系统退化的原因、退化生态系统恢复与重建的技术和方法及其生态学过程和机理的学科，主要致力于在自然灾变和人类活动压力下受到破坏的自然生态系统的恢复与重建。全球变化、生物多样性丧失、资源枯竭和生态环境退化使人类陷入生态困境之中，并严重威胁到人类社会的可持续发展（王晓安，2019）。因此，如何保护现有的自然生态系统，综合整治与恢复已退化生态系统，以及重建可持续的人工生态系统，已成为摆在人类面前亟待解决的重要课题。在这种背景之下，恢复生态学应运而生，于 20 世纪 80 年代得以迅猛发展，现已成为世界各国的研究热点。

恢复生态学根据生态系统退化程度和类型，采取不同的修复方式：一是自我设计，在滩涂湿地生态修复的过程中应首先考虑自我设计的原理，即利用湿地的自我恢复能力进行生态系统的恢复，自我设计的修复内容局限为环境因素所决定的群落（董世魁等，2009）；二是人为设计，当自我设计无法满足当前滩涂湿地的修复需求时，应考虑人为设计原理，即利用工程技术等人为干预手段进行生态系统的恢复，其原理核心是为生态系统恢复各个构成因子，如群落恢复中物种生活习性的构成因子。

根据恢复生态学，在进行相关的滩涂湿地生态修复工作时，首先，应根据现场调研及历史文献资料查阅分析滩涂湿地生态系统的退化原因；然后，根据分析得到的退化原因等进行湿地的生态修复（恢复与重建）工作；最终达到恢复滩涂湿地的目标（江文斌，2020）。

3. 景观生态学理论

景观生态学是由德国地理学家 C.Troll 于 1939 年提出，主要研究景观结构和功能、景观动态变化以及相互作用机理、景观的美化优化、利用和保护的学科（肖笃宁等，2003）。滩涂湿地是海陆交错的过渡带且大部分的区域都位于潮间带，潮汐作用明显，故滩涂具有景观结构与功能的多样化、景观动态变化等特点。因此，景观生态学可作为滩涂湿地生态修复的重要理论基础指导相关的生态修复工作。在进行滩涂湿地生态修复的工作时，首先应充分研究该滨海湿地的景观结构与功能、景观动态变化以及相互作用机理，然后在生态修复规划设计过程中考虑对景观格局进行美化、考虑对景观的结构进行优化，促进滩涂湿地的合理利用及保护。景观生态学理论主要包含景观格局原理、异质性原理、尺度原理等。

1）景观格局原理

景观格局主要是指景观要素在平面及空间上的排布，在滩涂湿地中常见的景观格局有平行分布、特定组合分布格局。平行分布是最常见的滩涂盐沼湿地景观分布格局，特别是在河口滩涂湿地内，其景观斑块沿着河道方向平行分布，从水生向陆生过渡；特定组合分布格局也是滩涂湿地的一种景观分布形式，不同的景观斑块之间交叉组合分布，形成"你中有我，我中有你"的景观。

2）异质性原理

异质性是指某种生态学变量（如斑块、廊道、基质、生物等）在空间分布上的不均匀性及复杂程度（张红梅，2007）。在滩涂湿地中，景观的结构越复杂、景观的异质性就越丰富，越能提高湿地的抗干扰能力，滩涂湿地的稳定性就越强，其自我恢复的能力也越强。因此，在滩涂湿地的生态修复中增加景观结构的复杂程度可以有效提高滩涂湿地的异质性，促进生态修复效果。

3）尺度原理

尺度是指研究某种事物的空间及时间上的度量，是景观生态学中的重要概念（孙娇，2011）。在滩涂湿地的生态修复过程中，我们可以将较大尺度（空间面积大、历时时间长）的生态修复细化成几个不同的小尺度（空间面积小、历时时间短）的生态修复过程，实现化整为零、分步分阶段地精准生态化修复。

7.1.5　滩涂生态修复原则与流程

1. 滩涂生态修复原则

1）尊重自然，恢复为主

遵循自然规律，充分发挥滩涂湿地自我修复能力，以自然恢复为主、人为干预为辅（江文斌，2020）。在进行滩涂生态修复之前，应通过充分了解拟要修复区域的气象、水文、土壤、原始景观格局等自然条件，掌握湿地内主要生物（目标恢复生物）对不同环境要素的适应性，初步预测滩涂的自然演替方向及自我修复能力等，找到拟修复滩涂的自然规律；在遵循这些自然规律的情况下充分了解并发挥滩涂的自我修复能力，尽量少用或不用人为干预的手法对湿地进行生态修复。同时在滩涂湿地植被景观恢复时应优先选取本地生物种进行，避免外来物种的入侵。

2）问题导向，因地制宜

由于不同滩涂湿地其自然环境及生态环境问题各有不同，同时，不同的滩涂湿地具有较强的地域差异性及区域特殊性。因此，在进行滩涂湿地生态修复时应科学准确识别生态问题，分析生态系统退化原因，以生态本底和自然禀赋为基础，统筹考虑技术、时间、资金、生态影响等因素，因地制宜、分类施策，合理布局生态修复工程，做到"一地一方案"；同一个区域内的不同段自然环境及生态环境问题也会有所不同，故可以对滩涂湿地进行有效分区，针对不同分区的具体情况采取相应的修复措施。

3）陆海统筹，整体实施

遵循基于生态系统考虑的原则，从陆海统筹角度考虑海洋生态系统的功能，从其完整性出发开展系统修复，将滩涂湿地生态修复与污染治理、垃圾清除、围填海管控有机结合，切实提升修复成效，避免修复工作导致海洋生态系统的割裂和损害。充分考虑生态修复活动空间上的系统性和时间上的连续性，分步骤、分阶段进行修复工作，并开展全过程的监督、生态环境跟踪监测和适应性管理，促进修复项目持续发挥生态效益。

2. 滩涂生态修复技术流程

滩涂湿地生态修复工作的技术流程包括生态本底调查、生态问题诊断、修复目标确定、修复方案制定、修复项目实施、生态监测与评估等技术环节，具体如图 7-1 所示。

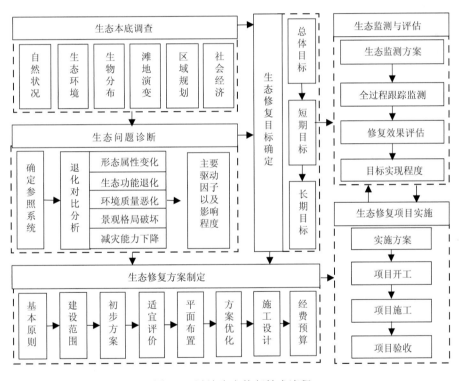

图 7-1　滩涂生态修复技术流程

1）生态本底调查

在尽可能详细地收集工程区域的自然条件资料（如水文、气象、地形等）、滩涂湿地不同历史时期（即退化前后的）的基础遥感影像与地理信息数据、相关区域规划、社会经济概况等资料的基础上，还应对拟修复的滩涂湿地及其附近区域进行现状本底调查，为后续的生态修复过程提供数据支撑。

本底调查的主要内容包括生物群落、生境条件、威胁因素及保护、管理与利用现状等，也包括历史参照生态系统的生态本底调查等。条件允许时，生态修复的生态本底调查应对拟修复的区域开展综合的生态本底调查，以了解生态修复前生态系统的本底状况以及重要的生态过程。

2）生态问题诊断

在生态本底调查结果的基础上，综合分析滩涂湿地生态功能、生物群落、生境条件等方面的状况，诊断待修复区域存在的主要生态问题。对于滩涂湿地退化区域，在滩涂湿地退化分析前还需选取相应的参照系统进行对比，得出退化的滩涂湿地的主要生态问题及退化程度。目前，在滩涂湿地修复实际应用中，可以作为参照系统的有：①生态修复区内历史自然残留或自然恢复区域（Lewis，2005）；②生态修复区域内及相邻附近区域未受破坏的或破坏程度较轻的区域（杜晓军等，2003）；③当现实情况下没有合适的参照系统时，可通过生态修复目标等假设一个参照系统（任海等，2008）。

根据参照系统，可以从滩涂湿地形态与属性改变、生态功能退化、环境质量恶化、景观破坏、防灾减灾能力减弱等问题分点展开退化分析，识别退化因子和退化程度，分析引起生态问题的主要威胁因素，评估导致滩涂退化的原因，研判退化因子自我恢复的可能性以及人工修复的必要性，判断滩涂湿地的可修复性（江文斌，2020）。特别是，在诊断生态问题和成因时，应着重判断其生境条件是否适宜，如不适宜，应进一步明确是否可修复至适宜的条件。

3）修复目标确定

滩涂湿地修复目标是修复内容、技术措施制定和选择的依据，同时，也是评价生态修复效果的标准。修复目标应在全面分析和诊断修复区域生态系统退化的主要生态问题的基础上，结合区域特征和经济条件等综合因素，并充分考虑生态系统及其参数的恢复轨迹，设定阶段性目标。生态修复目标包括短期目标和中长期目标，反映了经过修复达到的不同预期状态和水平。

中长期目标反映了经过一定时期修复后的滩涂湿地生态系统预期达到的状态及水平，总体上应考虑生物群落、自然环境、重要生态过程等生态服务功能的恢复等方面。短期目标反映在修复工程实施的期限内或者修复后的初期阶段，被修复的具体对象和生态系统要素预期达到的水平。在实际的滩涂湿地生态修复应用时，应根据不同湿地的具体情况，明确修复滩涂湿地基底条件、水文条件、土壤条件、植被及其他生物资源等方面的目标，并量化其恢复的水平，如修复的湿地面积数、修复的自然岸线公里数、水深的控制区间、流速的控制区间、增加植被的面积、植被覆盖率、其他生物资源的种类及数量、种群密度等。

4）修复方案制定

当滩涂湿地的受损程度超过滩涂湿地的自我恢复能力时，需要制定一些人为工程措施方案辅助进行滩涂湿地的生态修复。生态修复方案设计是整个滩涂湿地生态修复的重中之重，基本上，当前需要修复的滩涂湿地都需要一定程度的人为辅助措施辅助进行滩涂湿地的生态修复工作，加快滩涂湿地生态修复速率。以滩涂湿地生态修复目标为导向，以前期生态本底调查的数据资料为基础，根据生态修复规划设计的基本原则，针对滩涂湿地的退化机理及特征，制定科学合理的滩涂湿地修复方案与工程措施。

根据滩涂湿地生态修复的对象内容，滩涂湿地生态修复的工程措施主要有生境恢复技术和生物恢复技术。在生境条件不能维持滩涂生物生长的区域，可通过湿地水文条件修复、湿地微地貌修复和沉积物修复等方式，改善修复区域的生境条件，以满足滩涂生物的生长要求。具体应根据修复区域的生境和修复物种的生境条件要求，对一种或者多种生境条件进行修复。滩涂生物修复主要采取自然恢复、人工种植等方式，可根据滩涂湿地退化现状具体实施。自然恢复主要采取去除外界压力或干扰、封滩保育等方式，促进自然恢复。如果修复的区域无法通过自然再生能力实现自然恢复，可采用人工种植的方式进行修复。

5）生态修复项目实施

项目实施是滩涂湿地修复成败的关键（江文斌，2020）。因此，在生态修复项目实施的过程中应明确生态修复项目的施工工艺、技术要求及主要工程量，制定滩涂湿地生态修复项目实施计划进度表和时间控制节点表，提出针对滩涂湿地生态修复的合理监管措施，依据实施方案有序推进滩涂湿地生态修复项目的实施。

6）生态监测与评估

生态修复跟踪监测的目的在于了解生态系统的状态及其变化趋势，为分析生态修复目标的实现和产生的综合效益提供数据。生态修复跟踪监测应包括修复工程实施前修复区域的本底调查和实施后的连续监测。条件允许时，应设定固定监测站位开展长期持续的跟踪监测。生态修复方案制定阶段应同步制定生态修复监测方案，明确详细的监测计划，提出监测的内容、监测区域和站位、监测的期限和频次、生态监测方法等。

生态修复的成效评估目的是了解生态修复的效果，评价修复目标的实现情况，以便更好地提出改进方法和建议。成效评估的内容通常包括盐沼植被、生物群落、环境要素等的恢复，威胁因素的消除，重要生态功能的恢复等。成效评估主要采用对比法，应对照评估内容与监测参数设定合理的评价指标。在生态修复工程完成后 5 年内，重点评估生物群落、大型底栖动物和鸟类群落恢复情况、沉积物环境恢复情况等。如修复项目涉及生境修复和威胁因素消除的，也宜开展生境修复效果和威胁因素消除效果的评估。在生态修复工程完成 5 年后，宜增加开展重要生态学过程恢复和生态功能恢复效果的评估，其中生态功能包括生态系统固碳增汇和生物多样性维持等。

7.2　潮上带绿色赋能技术

7.2.1　潮上带绿色赋能的内涵

滩涂圈围在我国沿海省份有悠久的历史，它为沿海地区发展提供了土地后备资源，缓解了人地矛盾。特别是长三角地区，滨海平原的形成多是修筑海堤圈围滩涂、回填泥土抬高地面的结果。近几十年，随着经济建设的加速发展，长三角地区的土地需求持续增加，滩涂圈围也从早期的潮上带为主向潮间带延伸。在此背景下，长三角滩涂潮上带的发育、发展与海堤建设密不可分。

海堤是沿海地区抗御台风、风暴潮灾害的重要基础设施。但是传统海堤在保障沿海经济社会发展和人民群众生命财产安全的同时也带来了许多生态和环境问题。砌石或钢筋水泥结构虽然具备较强的护岸抗侵蚀能力，但现有海堤工程对生态功能考虑不足，破坏了海岸原有的动植物群落和自然景观，中断了陆海过渡带生物廊道和生态缓冲带，降低了生物多样性。

潮上带绿色赋能主要考虑如何对传统海堤工程进行生态化改造修复，打造符合现代化要求的生态海堤。生态海堤是对人与海洋关系的不断思考，对海堤和海岸带生态系统功能不断认识的结果，既借鉴了生态护坡的理念与方法，又面向沿海防灾减灾和生态系统保护与恢复的目标。目前，生态海堤还没有统一的概念与定义，但是国内外学者已有广泛的研究（Temmerman et al., 2013；张华等，2015；Morris et al., 2018）。范航清等（2017）提出生态海堤至少要满足物理、生态和文化三大功能：一是物理抵御、减灾防灾是海堤最主要的功能；二是应尽量保留或人工营造接近于自然的植被与景观要素，尽可能维持所在海域原有的海洋生命基本过程；三是应满足当地休闲、娱乐及科普教育的需求。赵鹏等（2019）认为生态海堤是满足海洋灾害防护要求、模拟滨海生态系统结构和生态过程，具有生态功能和美学价值的复合生态系统，具备抵御风暴潮涨水、抵御海浪侵蚀、防止水土流失、维护生物多样性和改善水质等功能。田鹏等（2020）认为生态海堤应在优先考虑海堤防潮挡浪功能的基础上，采用人工修复和自然恢复相结合的方法，形成抵御海洋自然灾害的海岸带生态防护体系，实现岸线自然化、生态化、景观化的目标。高抒等（2022）提出生态海堤首先是利用生态系统消耗掉一部分风暴浪能量，辅助硬质海堤挡水抗浪，其次是减轻波浪损毁，对硬质结构本身提供保护，最后是促进生态修复，提升海岸带生态系统服务功能。此外，还有一些学者从滨海植物保护、提升海岸带景观、增强海堤防护功能的角度审视海堤与生态系统的关系。

综合生态海堤的国内外研究进展，结合长三角地区自然环境与海堤特点，生态海堤的内涵，应坚持尊重自然、顺应自然、保护自然的原则；统筹防灾减灾、生态保护的需求，确保防洪御潮安全的底线；采取工程与生物措施相结合、人工治理与自然恢复相结合的手段；提升海堤防潮御灾能力、恢复海堤生态功能，形成抵御风暴潮灾害的海岸带综合防护体系，实现生态保护和防灾减灾协同增效的目标。

1. 坚持一个原则：尊重自然、顺应自然、保护自然

生态海堤建设应注重恢复原有滨海生态系统的结构和功能，提高陆海连通性，再现海岸带荒野之美，避免片面理解为景观建设或是植树种草。另一方面应注重对原生滨海生态系统的保护，用于生态海堤建设的动植物应尽量选择本地种，需要引种时应考虑不同地区间物种的遗传多样性和环境适应性，严格禁止引入外来种、入侵种。

2. 确保一个底线：防洪御潮安全

海堤是为防御风暴潮（洪）水和波浪对防护区的危害而修筑的堤防工程，防潮御灾功能是海堤的首要功能，进行生态海堤建设应首先满足安全达标的要求，其防潮标准、结构稳定性应符合有关标准规范要求。比如堤顶高程需满足相应标准下风浪爬高要求、堤顶宽度需满足防汛管理等要求、护面需满足波浪作用下的稳定和强度要求等，总之，生态海堤需确保抵御风浪能力达标的前提下进行建设。

3. 采取一个手段：工程与生物措施、人工治理与自然恢复相结合

要遵循生态系统自然演替规律，充分利用生态系统自我维持、自我复制的特点，以生态系统的自我设计、减少人为干扰为主，通过优化堤身结构型式，使用生态建筑材料，营造和改善岸滩、堤身及堤后生态环境等近自然修复措施手段，恢复海岸带生态系统的自然特征，丰富生物多样性，实现生态海堤的可持续健康发展。

4. 实现一个目标：生态保护和防灾减灾协同增效

充分发挥生态系统防潮御浪、固堤护岸等减灾功能，通过生态海堤建设，促进海岸带生态功能的修复和恢复，形成海岸带综合防护体系，实现生态和减灾协同增效，提升沿海抵御风暴潮等海洋灾害的能力。

7.2.2　潮上带绿色赋能技术体系

生态海堤具有安全可靠的防护结构和近自然岸坡的物能交换能力，是防潮御灾的主要安全屏障和生态保护的关键过渡空间。其建设技术体系包含型式布局、生态措施、建筑材料等相关内容。

1. 堤线布置和堤型优化

生态海堤建设应在符合规划岸线保护和利用要求的基础上，尽可能遵循海岸自然形态，保留和修复原有海岸植被，增加岸线曲折度，合理优化堤线。根据区域生态环境建设需求，综合考虑堤段所处位置的重要程度、水动力特性、地形地质、施工条件、工程投资等因素进行堤型优化。生态海堤优先选择斜坡式或多级斜坡混合式结构堤型，实现缓坡入海，改善堤身生境状况，增加迎水坡生物栖息地空间，促进海陆生态系统的有效连通。

2. 生态海堤岸滩防护

在满足海堤安全稳定的前提下，优先推荐采用植被种植、牡蛎礁构建和海滩修复等生态措施进行堤脚防护。必要时，经充分论证可辅助采用丁坝、顺坝、丁顺坝组合等保滩工程措施，如表 7-1。

1）植被种植防护

首先通过水文条件修复、微地貌修复、沉积物环境修复完成生境改造，并开展植被人工补植等措施，促进植被带形成。根据种植区域的气候条件、地质类型、滩涂高程、盐度和水动力条件确定植被物种及搭配方式，不得擅自引进和种植外来物种。在保证存活率的前提下，尽可能丰富植物物种多样性，结合植物物种的繁殖体类型、项目需求和工程成本等因素确定种植方式和种植密度。植被种植后宜开展保育管理，加强污染防控和外来入侵物种治理，有必要的开展封滩管护。

表 7-1　岸滩防护主要生态措施类型

主要类型	措施介绍	典型示意图
植被种植 — 红树林种植	通过水动力条件修复、滩涂地形地貌修复和底质类型改造等营造稳定的红树林生境,并人工种植红树林植被,扩大红树林规模,发挥减灾效益	
植被种植 — 盐沼植被种植	通过微地貌修复、水系连通、消波护岸等措施营造生境,并结合盐沼植被人工种植的方式开展盐沼生态修复,构建植被防护带	
牡蛎礁构建 — 补充量受限	对于牡蛎苗种补充受限环境,需人工投放牡蛎至牡蛎礁区,加快牡蛎的附着生长	
牡蛎礁构建 — 固着基受限	存在牡蛎等贝类天然苗种的地区,可直接投放礁体,促进牡蛎幼虫自然固着	
牡蛎礁构建 — 固着基和补充量双受限	固着基和补充量双受限环境,需先构建人工牡蛎礁体再移植牡蛎幼贝,或者将人工繁育的牡蛎幼虫附着于硬质礁体上整体移至建设区域	
海滩修复 — 沙滩修复	通过人工补沙和人工构筑物施工等方式养护、修复或建设沙滩,有条件的区域开展营造后滨植被群落	

续表

主要类型		措施介绍	典型示意图
海滩修复	砾石滩修复	通过丁坝、离岸堤等工程措施防止岸滩侵蚀并采取砾石回填等方式修复砾石海滩	

　　2）牡蛎礁防护

　　牡蛎礁构建选址宜充分考虑海域自然环境，选择历史上或现有牡蛎礁或牡蛎分布的海域。现状存在牡蛎礁地区，可采用人工辅助措施实现生态系统自然恢复，固着基受限的可构建人工牡蛎礁体，补充量受限的可补充牡蛎等贝类；现状无牡蛎礁的区域，可通过先构建人工礁体再补充牡蛎或者对人工礁体育苗后转移的方法进行重建性修复。作为堤脚防护的礁体在确保适宜牡蛎附着生长的同时，还应满足沉降和稳定等安全要求。牡蛎物种的选择优先采用当地优势种，并根据不同繁殖体采取适宜的培殖方式和培殖密度。

　　3）海滩修复防护

　　结合现场观测和数值模型分析，依据海滩发育和维持的地形地貌和水动力状况等基本条件，确定海滩平面布置和剖面结构。对于海岸构筑物建设导致海滩受损的情况，可通过自然恢复或海滩养护的方式进行修复；对无法自我恢复的岸段实施海滩养护工程，可采用人工沙源、旁通输沙、拦沙堤、人工岬头、管沟归并等技术手段优化海滩修复布局，提升海滩整体效果，实现可持续性修复。有条件的区域可同步开展海滩后滨植被修复，构建多层级复合型后滨植被结构，形成海岸风沙防护体。海滩修复后应加强监测和管护，根据填沙流失和海洋灾害情况适时开展补砂和养护措施。

3. 生态海堤堤身建设

　　1）临海侧护面

　　对于受海流、波浪影响较小的堤段，临海侧护面可种植防风抗浪、耐盐碱的乡土植被。临海侧护面存在多级平台的，可构建灌草结合、多种群交错的梯度布局，逐级布置植被种带。受海流、波浪影响较大，不具备植物护面条件的堤段，在确保护面结构强度的前提下，临海侧宜采用格栅型、蜂巢型等空隙率和粗糙度较大的护面结构，营造生物栖息空间，如表 7-2。

　　2）堤顶护面

　　在不影响防汛抢险的前提下，堤顶可采取植被种植措施进行生态化建设，同时考虑休憩、亲水、娱乐、观景等需求，增加生态、文化、景观等服务设施。

表 7-2　临海侧主要生态护面类型

分类	护面类型	护面结构	典型示意图
天然材料护面	植物护面	利用植物根系的固土作用,通过在海堤临海侧护面种植植物,提高临海侧护面抗侵蚀性、抗冲刷性,起到消浪护坡和维护岸坡生态功能的作用	
	天然块石护面	不使用胶结材料的天然块石依靠石块自身重量及石块接触面之间的摩擦力在外力作用下保持稳定,对海堤坡面进行防护。块石护面的方式主要包括散抛、理抛和干砌三种类型	
	石笼护面	利用镀锌钢丝等防锈防腐材料制作方形或圆柱形金属笼,笼内填满块石铺设在护坡上对海堤坡面进行防护	
土工合成材料护面	生态袋护面	由聚丙烯或者其他材料制成的双面熨烫针刺无纺布加工而成的袋子,内置种植土铺设在护坡上对海堤坡面进行防护	
	三维土工网垫护面	利用强度较高、柔韧性较好的聚丙烯或聚乙烯等高分子材料,制成三维结构的网垫,网垫内填充泡松状膨松网包,网包内填沃土和草籽供植物生长,铺设在护坡上对海堤坡面进行防护	

续表

分类	护面类型	护面结构	典型示意图
人工材料护面	预制混凝土块护面	由一系列规格尺寸、外形形状、质量均相同的预制空心混凝土件通过铰接或拼接的方式进行连接形成的海堤护面	
	生态砌块护面	由一组尺寸一致的预制空心混凝土块相互连接而形成的矩阵护面。空心孔洞设计高水位以下不填土，高水位以上可填土植草	

3）背水坡护面

背水坡护面优先采用植被种植措施。越浪量较大的区域，背水坡护面可采用植被种植与干砌块石、螺母块及连锁块等措施进行综合防护，并注重多草种搭配增强植草护坡的抗冲效果。海堤堤身建设植被选取：扁穗牛鞭草、金丝雀虉草、雀稗、两耳草、海桐、大叶瞿麦、普陀狗娃花等草本植物；银叶树、草海桐、露兜、榄仁、黄槿、莲叶桐、玉蕊等半红树或红树林伴生植物；厚藤、白茅、仙人掌、沟叶结缕草、铺地黍、单叶蔓荆、龙爪茅、狗牙根等沙生植物，如表 7-3。

表 7-3　背水坡主要生态护面类型

分类	护面类型	护面结构	典型示意图
天然材料护面	植物护面	—	
人工材料护面	生态混凝土种植基护面	在保证混凝土牢固性的同时，加入相应的轻质多孔岩石或炉渣或陶粒等、长效缓释肥料、保水材料、表层土等，对海堤坡面进行防护	

续表

分类	护面类型	护面结构	典型示意图
人工材料护面	生态砌块护面	由一组尺寸一致的预制空心混凝土块相互连接而形成的矩阵护面。空心孔洞内可填土植草	
	生态袋护面	由聚丙烯或者其他材料制成的双面熨烫针刺无纺布加工而成的袋子，内置种植土铺设在护坡上对海堤坡面进行防护	
土工合成材料护面	三维土工网垫护面	利用强度较高、柔韧性较好的聚丙烯或聚乙烯等高分子材料，制成三维结构的网垫，网垫内填充泡状膨松网包，网包内填沃土和草籽供植物生长，铺设在护坡上对海堤坡面进行防护	
	土工格栅（格室）护面	将土工格栅（格室）埋设在海堤背水坡一侧，并在格栅（格室）内回填土方、碎石等松散物料，以利于植被的生长	

4. 堤后生态空间建设

海堤堤后可结合堤后陆（水）域空间，因地制宜建设防护林、湿地湖泊、农田等生态空间。宜林地段应结合海堤防护营造防护林带。城中区、村庄、田野等不同区域宜营造不同的植物风貌，应注意群落结构配置和四季色彩变化。

5. 生态海堤建筑材料选用

生态海堤建筑材料需体现生态和景观需求，优先采用生物类、天然石料类等绿色环保、生态友好的建筑材料，以利于植物生长和藻类、贝类附着，促进生物多样性恢复。混凝土材料鼓励进行多孔隙、透水性改造使用。

7.2.3　临海侧护面生态建设技术

生态海堤临海侧建设方案总体思路是根据外海潮位风浪情况，在保证海堤安全的前提下，采用坡面加糙、营造动植物适宜生长的环境等措施，维持迎潮面防潮防浪功能的同时进行生态建设。针对不同类型的传统海堤迎潮面结构，采取不同的生态化技术进行修复。

1. 栅栏板结构生态袋建设

对于传统栅栏板结构的生态建设方案为：在栅栏板肋条空隙中间隔摆放生态袋，为保证栅栏板原有消浪功能不降低，生态袋宜间隔布置，即上下坡两块栅栏板不同时设置生态袋、水平方向相邻两块栅栏板不同时设置生态袋；肋条内每块生态袋高度宜与栅栏板高度相同或略低，宽度上与栅栏板间距相同，长度上可与肋条长度相同或单个生态袋在肋条间分散布置（图 7-2～图 7-4）。对于风浪较小的区域，可适当增加栅栏板肋条间的生态袋填充量，并通过物模试验验证修复后的消浪效果。

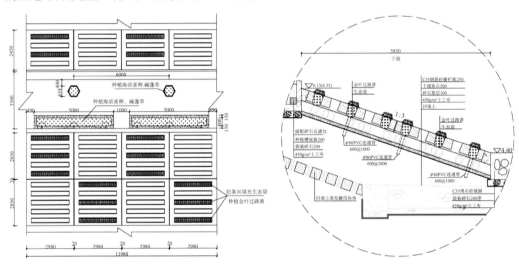

图 7-2　栅栏板护坡生态建设方案平面与断面图（长度单位：mm）

图 7-3　生态袋间隔布置图

图 7-4　生态袋实物图

生态袋的材料宜选用涤纶短纤针刺无纺布或聚丙烯长丝无纺布等材料。生态袋填料为种植土、细沙、泥炭土、蘑菇肥的混合物（比例按 3∶5.5∶0.5∶1），并添加适量保水剂及草种混合。由于生态袋需直面风浪冲击，袋内的植物建议选择草本类或藤蔓类植物，后期可攀附于栅栏板表面，使生态植物与消浪结构协同增效，更好地发挥海堤防潮防浪功能。

对于栅栏板下部筑堤材料为填土的堤段，为使植物根系可以从土壤中吸收水分养分，可考虑在生态袋内插入 φ80PVC 连通管，插入下部土壤中，使植物根系可以穿过栅栏板下部干砌石及碎石垫层，到达下部填土层。

2. 螺母块体结构生态建设

对于传统螺母块体结构的生态建设方案为：对螺母块体腔体清理后，填充种植土、细沙、泥炭土、蘑菇肥的混合物（比例按 3∶5.5∶0.5∶1），并添加适量保水剂及草种混合，表面覆盖三维土工网防止植物未完全长成前土体被淘刷，填土的螺母块体间隔布置，减少对消浪能力的影响。由于螺母块体腔体积较小，不利于植物生长发育及水分养分与外界的交换，建议对于下部筑堤材料为土体的海堤，在覆土的螺母块体底部开孔，插设 φ80PVC 连通管，穿越原堤身碎石垫层及土工布，插入下部土壤中。为弥补局部螺母块体填充后造成的消浪能力下降，海堤外坡螺母块体采用不同高度的两种块体交错布置，增加护坡消浪能力，植物可在不同高度的块体中种植，间隔布置（图 7-5 和图 7-6）。

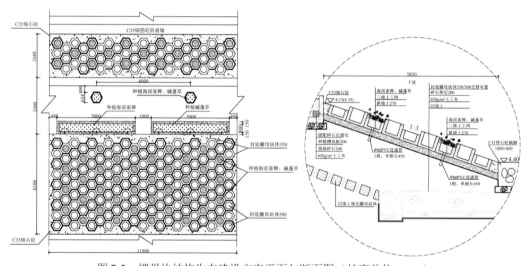

图 7-5　螺母块结构生态建设方案平面与断面图（长度单位：mm）

3. 灌砌石结构生态建设

由于灌砌块石坡面糙率较低，消浪能力较小，目前采用灌砌块石外坡的海堤一般位于小风浪地区，而灌砌块石为硬质护面，不利于堤内外生态系统的连通和交换，可考虑对灌砌石结构开孔作为栅栏板或螺母块体的垫层结构，采用前文的方案进行生态建设。在有条件的情况下，可考虑以下抛石（人工块体）方案（图 7-7 和图 7-8）。

图 7-6　螺母块表面覆盖三维土工网实物图

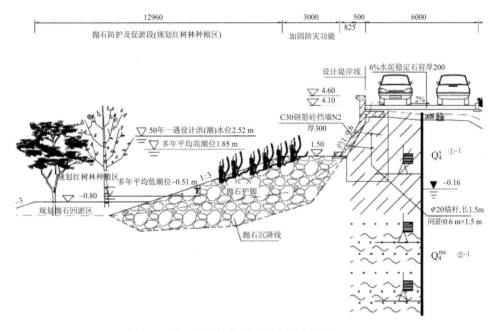

图 7-7　抛石外坡结构断面图（长度单位：mm）

图 7-8　新南威尔士州抛石护面结构海堤实景

考虑到灌砌石外坡的海堤一般位于风浪较小的区域，护面结构的强度要求较低，为生态建设方案的选择创造了有利条件。因此，可考虑将原灌砌石结构改造为多级斜坡、坡度较缓的堤型方案。在外侧滩面空间较为宽裕的情况下，斜坡坡度建议采用 $1:5\sim1:10$，斜坡间设置多级平台，利用多级缓坡较好的消浪效果保障海堤防潮防浪安全，外侧护坡结构可采用天然石块、带有缝隙和孔洞的混凝土预制块、填充有碎石的格宾网箱等，利用以上材料的多孔结构，为动植物提供有利的附着或生长环境，同时块石和人工材料可较为方便地营造曲折的自然岸线效果。

4. 消浪块体生态建设

对于现状外坡结构为消浪块体的海堤，可考虑在适宜高程人为营造利于牡蛎、海藻等动植物附着的环境，以原本硬质化的混凝土结构为基底，逐渐形成牡蛎礁体（图7-9）。牡蛎礁表面的波纹状结构可以有效地分散波浪能量，根据国外研究显示，健康的牡蛎礁

图7-9 牡蛎及海藻附着照片

体可以削减波浪能量 50%～90%以上，具有很好的消浪效果。因此，可根据海堤所处区域的潮位特点，选取适宜牡蛎生长的高程区域，通过人工迁移、幼苗投放等方式增加扭王块体、扭工块体等消浪块体附近的牡蛎补充量。基于牡蛎苗的繁衍，逐渐扩大生长范围，附着于消浪块体表面，有效削减堤前的波浪能量，为海堤提供安全富余，另外，牡蛎经多年繁殖，生长范围扩大，可作为鱼类食物，发挥吸引鱼类栖息繁殖的功能。

5. 消浪平台生态建设

多级斜坡海堤通常设有几个消浪平台，一般为灌砌石或埋石混凝土结构，且具有一定宽度，因此可以考虑在风浪较小区域的平台进行生态建设，通过种植芦苇或其他植物，为海堤抵御波浪袭击提供一定的安全富余。生态建设方案应采用具有一定防浪抗冲强度，又可以为植物生长提供必要条件的结构，可选结构有种植池和螺母块体内填耕植土等方案。

种植池方案是将原平台外侧素砼格梗改造为种植池（图 7-10），高度高出平台约20 cm，种植池底板厚度 20 cm，种植池内部填土尺寸不宜过小，每个种植池外侧壁每隔 2 m 设置一个排水口，将种植池积水通过 φ50PVC 连通管排入外坡垫层中，排水管内侧设置 20 cm×30 cm 的碎石+土工布反滤结构。单个种植池长度为 5 m，两个种植池间距 1 m。

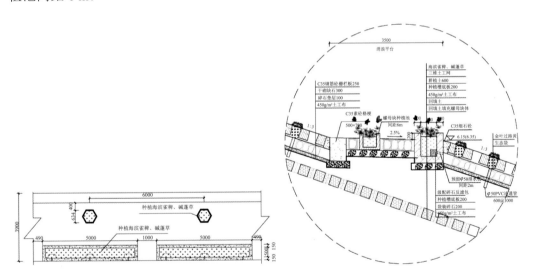

图 7-10　消浪平台生态建设方案平面与断面图（长度单位：mm）

螺母块体内填耕植土方案是在消浪平台中间隔设置螺母块体种植池，螺母块种植池宜高出平台约 20 cm，底板落于碎石垫层上，表面铺设三维土工网保土，如图 7-11所示。

图 7-11　消浪平台改造实景

7.2.4　堤顶及背水坡生态建设技术

生态海堤堤顶及背水坡生态建设总体思路是根据外海越浪的情况，在保证海堤安全的前提下，采用种植草皮、灌木等措施改善海堤的生态性。对于不允许越浪海堤，堤顶及背水坡可考虑采用撒草种、穴播或沟播、铺草皮、片石骨架植草等方法。对于允许部分越浪海堤，根据海堤设计规范，其允许越浪量在 $0.02\sim0.05\ \mathrm{m^3/\ (s\cdot m)}$，而天然植被护坡一般难以抑御越浪水流的冲刷作用，堤顶及背水坡应加强结构保护，进一步提高抗水力侵蚀能力。

1. 堤顶结构生态建设

常规堤顶道路内侧埂通常与堤顶道路高度相同，生态建设方案可考虑将该处格埂设置生态种植池，池中的种植土可蓄滞部分路面积水，该部分积水渗入种植土后可作为种植池植物生长需水，起到"海绵"的效果。种植池沿堤轴线方向上下错落布置，可起到护轮坎作用，保证行车安全。在内坡侧设置下凹绿地，将道路上的初期雨水径流汇集入种植池中进行蓄渗，净化后溢流排出，减少初期雨水对于内坡、内青坎的污染。堤顶地面可采用彩色透水混凝土材料，形成适合人们休闲漫步、骑行的绿色生态廊道（图 7-12 和图 7-13）。此外，为改变混凝土防浪墙生硬的视觉效果，可考虑在堤顶道路靠近防浪墙位置设置种植池，种植池净宽可根据堤顶宽度调整，采用路缘石与路面结构分隔。种植池落于防浪墙底板上，底部间隔 4 m 设置 PVC 管穿过防浪墙向外海侧排水，排水管位置设级配碎石反滤。

2. 背水坡人工草皮生态建设

传统的海堤背水坡，常采用干砌块石（或条石）、浆砌块石、混凝土护面等工程措施护面。针对堤顶允许越浪量较小的海堤工程，背水坡生态建设方案可考虑人工草皮护

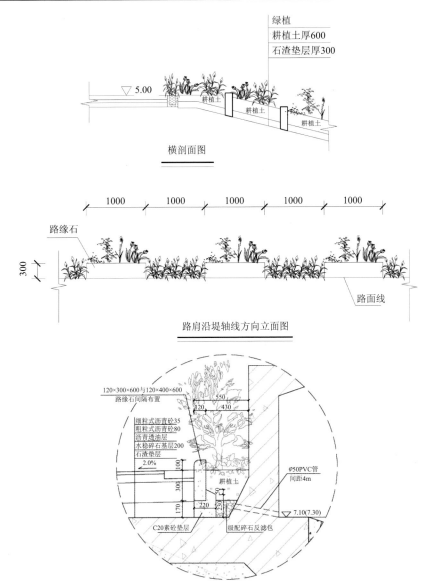

图 7-12　堤顶路面及防浪墙生态建设方案（长度单位：mm）

图 7-13　堤顶路面生态建设实景

坡（图 7-14）。人工草皮护坡的结构包含 20～30 cm 厚种植土、细砂垫层 3～5 cm，上部采用草皮铺设。如果草皮护坡结构下部为抛石、碎石填筑，还应设置一层反滤层（图 7-15 和图 7-16），避免种植土流失。可选的草皮种类有马尼拉草皮、狗牙根草皮、高羊茅草皮等，其中沿海环境马尼拉草皮的适应性较好。此外，为提升背水坡的整体生态性，可考虑设置排水沟或生态草沟、种植小型灌木、重塑内坡地形等措施（图 7-17 和图 7-18）。为了保障草皮护坡的美观性及生长环境，还需定期进行维护修剪，修剪高度不可超过草坪高的 1/3。草皮护坡的浇灌间隔为 3～7 d，视草皮种类、季节、环境进行调整。

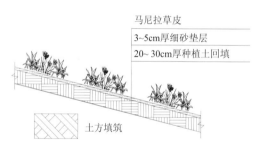

图 7-14　草皮护坡典型结构图——土质堤身

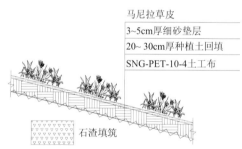

图 7-15　草皮护坡典型结构图——石渣堤身

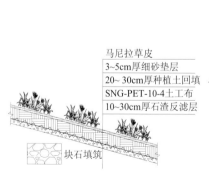

图 7-16　草皮护坡典型结构图——块石堤身

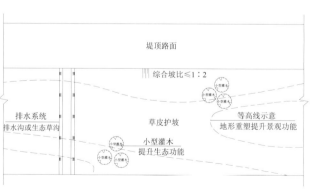

图 7-17　草皮护坡典型平面图

图 7-18　草皮护坡实施效果

3. 背水坡生态螺母块建设

在人工草皮护坡不能满足越浪量冲蚀要求时，可考虑采用生态螺母块护坡方案（图 7-19～图 7-21），一般情况下，生态螺母块护坡的允许越浪量可达 0.05 m³/（s·m）。螺母块可采用空心结构，按紧密排放的方式布置在 10～20 cm 厚度石渣上，通过种植土回

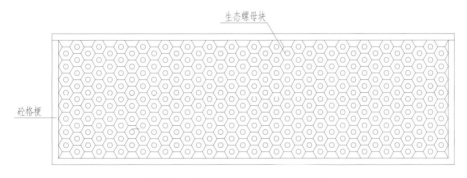

图 7-19　生态螺母块护坡典型平面图

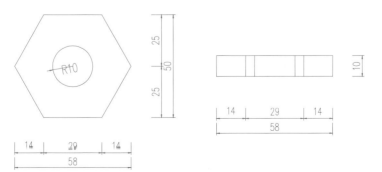

图 7-20　生态螺母块典型结构图（长度单位：mm）

图 7-21　螺母块体及背水坡生态建设实景图

填并撒播草种，优选高羊茅、狗牙根等草籽混播，以达到提升生态功能的需要。在长三角地区，由于软基海堤普遍存在沉降，生态螺母块施工可采取分段实施，并设置格梗以适应不均匀沉降，一般格梗间距为 20～30 m。

4. 背水坡加筋草皮生态建设

加筋草皮是利用活性植物并结合土工合成材料等，在坡面构建一个具有自身生长能力的防护系统，通过植物的生长对边坡进行加固（徐一斐等，2011）。加筋草皮护坡的结构断面型式可考虑同草皮护坡一致，其区别是在种植土中会铺设一层加筋材料(图7-22)。可选的土工织物有三维植被网、土工格栅、土工格室等（图 7-23），土工织物在种植草皮之前应被预置于土壤中，在植被生长过程中草的根茎可穿过土工织物生长，使土壤、植被、土工织物三者紧密结合在一起（图 7-24）。加筋材料可以大大提高人工草皮的抗坡面侵蚀性能（胡玉植等，2016）。

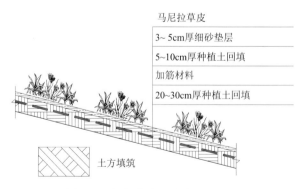

图 7-22　加筋草皮护坡典型断面图

图 7-23　三维土工网和土工格栅实物图

图 7-24　加筋草皮护坡（三维土工网）实景图

7.2.5　堤后生态空间营造技术

堤后生态空间营造方案总体思路是在堤后陆域种植适合海边环境生长的草本植物，有条件的区域，采用"乔、灌、草"的多层次配置，分隔竖向空间，打造层次分明、错落有致的效果，结合彩色叶植物的应用，使整个生态建设形成合理的生态群落系统。对于堤后分布有护堤河、湖泊等水系的海堤，可考虑进行水域的生态建设。

1. 堤后防护林建设

堤后陆域由护堤河向堤脚内边线分为 4 个区域（图 7-25 和图 7-26）：①沿河岸布置生长良好的水杉，水杉后间隔布置池杉等本土乔木，形成骨架林；②靠近堤脚侧区域以布置灌木为主，采用当地常见的夹竹桃、垂丝海棠等树种，构建中层植物群落；③下层种植耐盐碱且具备一定观赏性的本土地被植物，包括碱菀、滨海雀稗等；④内坡坡面拱圈内铺就草皮，并间隔种植灌木。

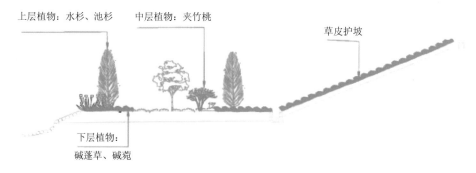

图 7-25　堤后陆域防护林建设方案图

图 7-26　堤后陆域防护林树种及实景图

2. 堤后微型湿地生态建设

长三角地区，海堤的堤后一般设置有用于越浪收集和排涝的水系。因此，可以考虑以海堤堤后的水系为基底，打破水系与海堤的平行格局，通过降低驳岸高度、扩大水系边界等措施，在保障围区排涝功能、海堤防潮功能的前提下形成微型湿地，打造丰富多样的水系空间（图 7-27 和图 7-28）。依据不同的水深区域布置不同类型的植物种植策略，建立由沉水植物、浮水植物、挺水植物、湿生草本、滨水林地和高地林地组成的完整水生-陆生的植物群落，与区域内的浮游生物、底栖生物、鱼类、两栖类、哺乳类以及鸟类共同组成完整的生态系统。

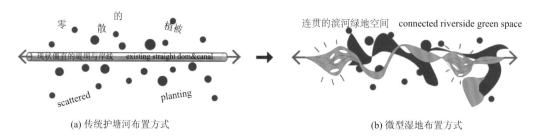

(a) 传统护塘河布置方式　　　　　　　　　　　　(b) 微型湿地布置方式

图 7-27　传统护塘河与微型湿地模式的对比

图 7-28　微型湿地实施效果图

3. 堤后水域生态浮岛建设

海堤内侧一般设置有护塘河用于排水，个别堤段内侧可能为水域，可考虑布设生态浮岛。浮岛框架尺寸为 4 m×4 m，采用直径为 10 cm 的轻型不锈钢钢管，内部填充发泡塑料提升浮力。浮岛床体固定于框架内部，采用性能稳定无毒无污染的高密度聚乙烯板，板上按生态植物种植密度需求开具孔洞。孔洞内部填充植物生长所需基质（如海绵、椰子纤维等）或生态填料对植物进行养料供给。

每个浮岛单元下部采用 4 根钢管桩基础，桩径 40 cm，长度 7 m，为保证低水位时桩基没于水下不出露，桩基打入泥面以下 5.6 m，露出泥面高度 1.4 m。钢管桩再外套一根直径为 45 cm 的钢管，作为水位伸缩段，长度为 1.40 m，钢管外侧均刷防腐涂层。两截钢管的连接处设卡口。钢管上部与浮岛框架的单元体采用卡扣连接。两截钢管可自由伸缩，卡口处设置防腐橡胶垫片减小碰撞。平面布置上，为了防止桩基距离过近导致打桩困难，两个单元间留有 50 cm 的水域空当；平面上每 3 个浮岛单元采用 2 根直径为 20 cm 的钢管桩连成整体，钢管长度 13.2 m，钢管端部绑扎尺寸为 1.5 m×0.3 m×1 m 的配重水箱，水箱上设开孔，正常运行时开孔封死，当台风来临时，打开开孔将水箱内封满水作为临时压重。浮岛结构、平面如图 7-29 所示。

4. 堤后水域生态悬床建设

生态悬床采用可以升降的沉水植物种植基床，人为调节植物在水下的深度，克服水深、透明度等因素对植物生长的制约，确保沉水植物健康生长，可以起到净化水质、景观营造的作用（图 7-30）。

悬床由外框架、人工种植界面和锚固结构 3 部分构成，外框架与人工种植界面组合构成整体式的种植基床。每个生态悬床单元为 2.4 m×3.2 m，框架采用 DN75UPVC 的给水管；人工种植界面由 3 层构成，界面上种植沉水植物，界面位置位于水面以下 90 cm，自上而下分别为双层尼龙网、中间层人工界面生态种植基和高分子基床。

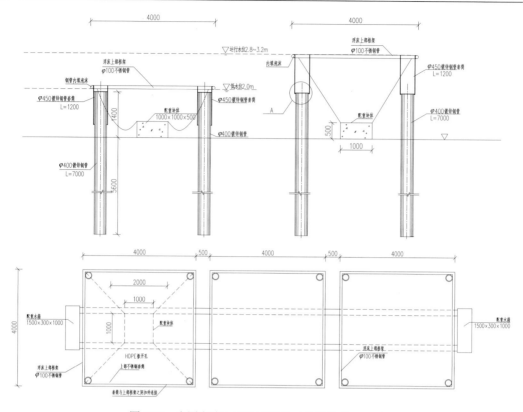

图 7-29　半固定式人工生态浮岛（长度单位：mm）

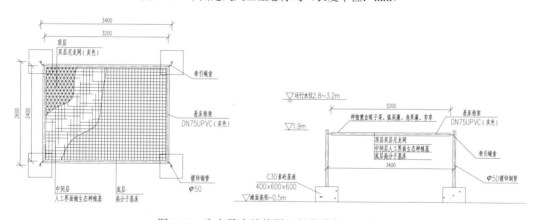

图 7-30　生态悬床结构图（长度单位：mm）

悬床基础由镀锌钢管固定桩和基座组成，悬床框架通过扣件、挂钩和牵引绳索固定于镀锌钢管上，钢管埋置于混凝土基础内，单个基础尺寸为 0.6 m×0.6 m×0.4 m（长×宽×高）。镀锌钢管长度可根据现场水深调整。

7.3　潮间带盐沼群落生态修复技术

7.3.1　盐沼植被群落带状分布现象

长三角滩涂潮间带盐沼主要的植物类群是芦苇、互花米草和海三棱藨草等。在长江口，滩涂的典型分布格局是光滩—海三棱藨草—芦苇或互花米草（图 7-31），而且植被群落沿高程梯度由海向陆呈带状分布，由低到高依次为海三棱藨草（*Scirpus mariqueter*）、互花米草和芦苇（*Phragmites australis*）群落，也有零星的藨草（*Scirpus triqueter*）、菰（*Zizania latifolia*）、糙叶薹草（*Carex scabrifolia*）、碱蓬（*Suaeda glauca*）和白茅（*Imperata cylindrica*）等。观察世界上不同地区的潮间带，可发现，随着环境因素有规律地变化，植物分布有着相似的空间格局和呈带状的分布现象。这种成带现象正是不同的植物适应并改变潮间带的环境梯度的结果。

图 7-31　长江口典型盐沼植被分布格局

成带现象有几种空间格局（陆健健，2003）：大尺度的是纬度带格局，气候在影响其分布格局上起着重要的作用；中尺度的是海岸流域盆地的成带格局，其中水的盐度和海岸带的地貌在决定成带格局上起着重要作用；小尺度的是局地成带格局，主要是由潮间带高度的变化以及潮水交换的变化造成的。因此，成带现象与滩涂植物生长环境密不可分，在小尺度上主要影响因素可细化为滩涂高程、盐度、潮差、风浪、泥沙沉积速率等。此外，不同物种间的竞争，尤其是外来物种对本地物种所处生境的占领，也会很大程度改变潮滩植被的分布格局。

滩涂高程与潮滩水文动力条件密切相关，是影响盐沼植被分布格局的主要因素。海三棱藨草可以承受的淹水时长高于芦苇。例如，当淹水时长为 6 h/d 时，海三棱藨草存活率为 50%，而芦苇的存活率仅为 20%左右（李伟，2017）。因此，海三棱藨草所处的滩涂高程要低于芦苇（李伟等，2019）。在长江口，不同区域的平均潮位为 1.79～2.35 m，相应的植物适宜高程亦有区别。例如，南汇东滩的观测结果显示海三棱藨草的适宜高程区间为 2.5～3.4 m（陶燕东等，2017），而崇明东滩则显示为 2.0～2.9 m（严格等，2014）。芦苇分布的下限高程一般认为在平均潮位以上 0.6 m 左右（卢干利，2019），在南汇东滩观测到的最低高程为 2.79 m（李伟，2018），而崇明东滩则显示为 2.3 m。

盐度是影响盐沼植被分布格局的另一关键因素。海三棱藨草适宜生长的盐度为 0～10‰，耐盐上限为 15‰～20‰（陈中义等，2005）。另外，海三棱藨草的种子和球茎的发芽率对盐度变化十分敏感，研究显示，适宜发芽的盐度为 0～4‰；盐度达到 10‰时，种子和球茎发芽率分别降低至 12.65% 和 6.52%（陶燕东等，2017）；盐度高于 12‰时，发芽受到抑制（章俊等，2020）；盐度达到 16‰即趋于死亡（严格等，2014）。芦苇的耐盐能力较弱，在盐度超过 10‰后生长明显受到抑制（钟胜财，2019）。

互花米草是长江口潮滩的主要入侵物种，其耐淹和耐盐性均强于本地物种。互花米草在 1.5～2.3 m 高程范围内的滩涂均可以生长，其生境与海三棱藨草存在重叠（严格等，2014）。互花米草在持续淹水时长为 6 h 条件下的存活率接近 70%，远高于芦苇和海三棱藨草。甚至在日均总淹水时长达到 12 h 时，互花米草仍能成活。互花米草在 20‰盐度条件下生长不受影响（李伟，2018），而该盐度是海三棱藨草成活的盐度阈值。因此，海三棱藨草在与互花米草的种群竞争中极易被取代。

7.3.2 盐沼植被宜林临界线划定技术

基于盐沼植被的成带现象与适宜生境的认识，我们开展了植物生长控制和现场资料分析，进一步量化基于淹水频率和波能密度的植被存活极限临界点，利用无人机和潮汐波浪模型，精准标识不同剖面植被生存极限临界点，连点成线确定植被生长宜林临界线，从而指导潮间带盐沼生态修复工程的植被分区配置。

1. 植物生长控制试验

我们选取了滩涂盐沼典型植物物种海三棱藨草、芦苇、白茅草，利用波浪水槽进行植物生长控制试验（图 7-32），研究各物种对淹水频率和波能密度的耦合响应结果。试验设置了 5 个淹水频率水平，5 个波能密度水平，每个试验设置 3 个重复，其中，淹水频率包括：一天一淹、两天一淹、五天一淹、十天一淹和不淹水，分别对应 100%、50%、20%、10% 和 0% 的淹水频率；波能密度包括 100 J/m²、200 J/m²、300 J/m²、400 J/m² 和 500 J/m²。于 4 月在盐沼植物生长季初期，选取了 3 个分别长有海三棱藨草、芦苇、白茅草的单一植物群落。每个群落内随机采集健康长势相似的植物幼苗或包含植物幼苗的土块用于受控试验。具体采集方法为：采集包含幼苗的长宽高为 10 cm×10 cm×20 cm（海三棱藨草）、20 cm×20 cm×18 cm（芦苇）、18 cm×18 cm×15 cm（白茅草）的土块，并移植到相应尺寸的花盆中。对于芦苇和白茅草，为增加其幼苗存活率，本试验割除了芦苇和白茅草幼苗的地上部分并放置阴凉处以减少蒸腾作用，两周后新的幼苗/芽冒出。

在进行植物生长控制试验前，每天先对盆栽植物浇以适量的淡水并持续两周。之后，于 5 月上旬开始进行淹水频率和波能密度耦合作用的受控试验，共持续 4 个月。试验期间每月统计一次株高，并于试验结束时采集各盆栽中植物的地上和地下部分，烘干称重生物量。

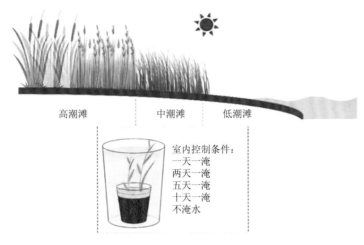

图 7-32　不同淹水条件下植被群落生长控制试验

2. 植被存活极限临界点

基于控制试验得到的各盐沼植物对淹水频率和波能密度胁迫的响应结果，选取标准化的生物量数据，拟合高斯曲面并绘制高斯曲面的等高线图，得到不同植物适宜生长的淹水频率和波能密度临界点。

在植被生长控制试验的基础上，我们通过盐沼区域实测滩面高程和植被遥感数据，结合天文潮分析模型与基于波能守恒公式建立波浪模型，深化了实际环境中的植被极限存活临界点研究。其中，天文潮分析模型利用潮汐静力理论中潮汐变化的周期性，用实际观测资料的潮差和周期来纠正理论缺陷。该模型基于最小二乘法原理，对一年左右的潮汐资料作分析，使得每个实测潮位值与其对应的计算潮位值残差平方之和最小，并采用高斯法求解矩阵方程，求得各分潮的调和常数，生成调和分析结果。根据优化后求得的调和常数文件，潮位计算的准确性提高 20%以上，满足极限淹没频率求解的精度要求。

潮滩某处淹没概率是指每月计算潮位高于该处滩面高程的次数与每月潮位的总次数的比值。根据天文潮分析模型得出潮滩潮位过程，结合盐沼区域实测滩面高程和遥感对比分析，可计算盐沼区域某一剖面极限淹没频率。以川东港南侧潮滩剖面植被生存淹没极限计算为例，根据实测的米草前缘附近站点（S4～S6）高程，结合遥感影像获取多年米草生长前缘位置，若沿站点方向的米草前缘位置基本稳定，不再向海扩张，认为前缘位置对应的淹没频率为生长极限（图 7-33 和图 7-34）。利用样条插值加密剖面高程，获取米草前缘高程信息，结合控制实验结果，用于植被存活临界点确定。

图 7-35 给出了一个植被存活临界点的计算示例，图中橙色曲线为该地点的岸滩地形，可以看到存在一处明显的近岸沙坝。基于波能守恒公式建立波浪模型，考虑波浪在近岸的浅化、破碎、摩擦、增水等过程，并通过该模型对近岸波浪过程进行推算，计算沿程的波能密度，通过前期研究中确定的临界波能密度值，考虑淹水频率（>0.3），解析出植被存活极限临界点。

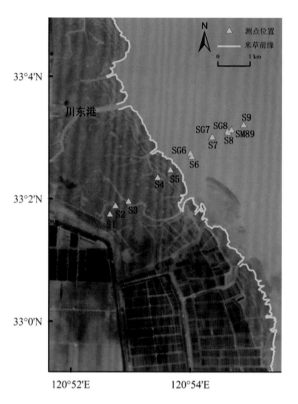

图 7-33 川东港南侧潮滩观测站点及米草前缘位置图

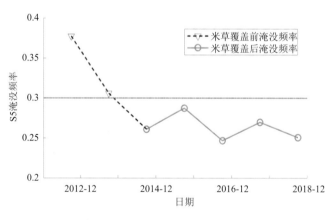

图 7-34 淹没频率对植被生长影响

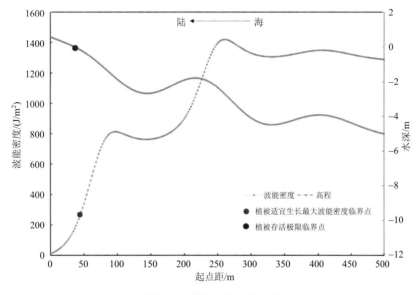

图 7-35　波能密度模拟和植被存活临界点确定

3. 植被宜林临界线划定

植被极限存活临界点在实际潮滩修复中的应用，需要准确的潮位、波浪信息和滩面高程。潮位和波浪信息可以通过天文潮分析模型与基于波能守恒公式建立波浪模型来获得。而滩面高程可以通过现场实测、遥感影像等方法确定。现场观测方法费时费力，而遥感反演滩面高程精度约为 0.5 m，难以满足淹没频率求解要求。基于此，探究某一区域潮滩滩面高程采用高精度、省时省力的无人机技术是首选方案。

无人机反演高程是利用无人机倾斜摄影测量技术重复监测研究区域，结合运动恢复结构（structure from motion，SfM）算法，重建潮滩三维点云，生成数字高程模型（digital elevation model，DEM），用于分析滩涂的变化规律。我们选用了大疆 M600 六旋翼无人机，直径 1.5 m，质量小于 10 kg，最大起飞质量为 15 kg，抗风能力高达 8 m/s。针对淤泥质滩涂区地面泥泞不堪，控制点布控困难的问题，我们提出了"定点桩-控制点"结合的布控方式，即以定点桩为基座，其上放置控制点。控制点选用高空清晰可见，直径约 50 cm 的彩色圆盘标志物，圆盘底部有套筒可放置于定点桩桩顶。定点桩由小段钢管连接而成，每段长 0.8 m，两端有丝口，便于首尾旋接，现场用重力锤依次将小段钢管垂直打入土体，直至钢管受力不再沉降，余半截为桩。桩顶经纬度和高程用 RTK 静态测定，水平精度达 5 mm，垂向精度为 10 mm。

数字高程模型（DEM）利用了运动恢复结构 SfM 算法。无人机三维重建生成的数字高程模型为滩涂研究提供了高程信息。基于无人机技术，在淤泥质滩涂飞行 80 m 高度进行监测，可以实现高程测量精度优于 9 cm，水平精度优于 2 cm 的监测精度。

基于无人机监测的滩面高程上，利用天文潮分析和波浪模型计算的剖面潮位和波能密度，即可算出剖面上每个点位的淹水频率和波能密度值，结合控制试验结果确立的植被生长特性，选择淹水频率低于 0.3、波能密度低于 250 J/m^2 的高程位置，可精准标识出植被生存极限临界点，然后将不同剖面的极限生存临界点同样标识出来，连点成线确定植被生长宜林临界线，以此为界即可划分盐沼生态修复工程中植被适宜生存的生态区间（图 7-36）。

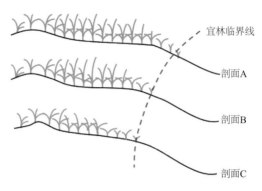

图 7-36　某区域潮滩宜林临界线划定

7.3.3　盐沼植被生境修复技术

湿地生境是滩涂盐沼植被或物种群体赖以生存的生态环境，滩涂湿地生境由于其兼具海陆两种自然属性而有别于周围其他生态环境，因此滩涂湿地具有不可替代性。当滩涂湿地的生境受到干扰而产生破坏时，湿地内的盐沼植被往往也会因为不能适应新的环境而大量减少，最终引起整个滩涂湿地生态系统的退化（江文斌，2020）。因此，对于滩涂盐沼植被生境修复就显得尤为重要。

1. 水系连通技术

水系连通主要以潮沟为媒介，连通两个或多个地理单元上的众多物质流，对调节湿地水流分配、提升湿地持水时间、加速滩涂湿地的物质交换等起到重要作用。针对潮沟淤积阻塞的区域，应充分考虑湿地的潮汐、潮流、波浪等水动力条件，可考虑在现有潮汐汊道、沟渠、小支流的基础上，因地制宜构建一级、二级等不同级数的沟渠（T/CAOE 21.3-2020），必要时可结合水文模型，确定潮沟的平面形态、级数、密度、截面等性质，通过疏通小支流和沟渠等方法，改善水系连通性，使滨海盐沼湿地的潮汐水系得以有效地修复。

在实际滩涂盐沼植被修复中，可参考修复区域内以及附近区域的现状或历史潮沟，根据修复区域的潮通量、潮差等环境现状，综合确定拟要修复潮沟的平面形态和潮沟密度。潮沟的横剖面断面可考虑"V"形（楔形）和"U"形相结合的梯形截面形态（图 7-37），该形态兼顾稳定的边坡和一定的纳潮量。潮沟的深度、宽度、宽深比等参数可根据参考潮沟系统内各级潮沟进行确定，在实际修复时，可对潮沟的关键参数进行相应的统计取平均值（自然资源部海洋减灾中心，2023）。

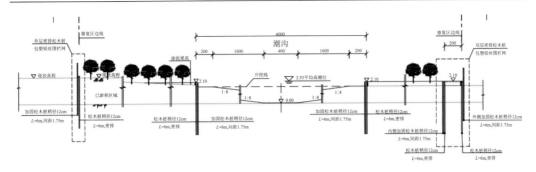

图 7-37　某区域生态修复潮沟开挖断面图

2. 消波护岸技术

在水动力大于盐沼植物生长所需的水动力条件或岸滩侵蚀破坏滩涂湿地水文条件的修复区域内，可以考虑在滩涂盐沼湿地的向海侧修建必要的消波护岸工程来降低盐沼湿地内的水动力，改善湿地水文生境，如图 7-38 所示。可通过沿岸抛石、修建消波栅栏、潜堤、消波带、生态缓冲岛等方式进行有效消波和减少泥沙流失（自然资源部海洋减灾中心，2023）。

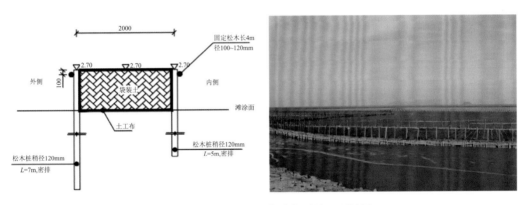

图 7-38　某区域松木桩防护设计及现场图

消波护岸工程优先采用环保型、透水型材料或生态型结构，尽量减少对自然生态系统的影响。在结构方面，可考虑采用附加生物栖息空间（如人工藻场、人工潮池等）、附加透水滤水机能（如堤身开孔设计等）、附加绿植种植等措施，扩大滨海湿地生物栖息空间，提高结构物的水质交换能力，增加结构物的绿色生态性。在材料方面，可考虑采用天然块石、木桩、促生物生长剂等，促进生物定着，增强消波护岸工程的生态性。

3. 微地形改造技术

滩涂盐沼湿地的微地形条件决定了盐沼湿地内的淹水深度、淹水频率及淹水时间，对湿地植被及其他生物的生长具有重要影响。针对局部区域的地形地貌变化导致盐沼湿地植被群落发生退化的，可考虑实施微地形的改造与控制，使湿地内的淹水深度、频率及时间满足盐沼植被及其他生物的正常生长需求。

修复区域的地形高程与潮位之间的相对关系是影响盐沼湿地植物生长的重要因子。实际修复中，应将盐沼植物生长所需的最适宜地形高程阈值与湿地滩面现状高程进行对比，选择地形抬升或降低滩面高程的措施。对于现状地形高程小于适宜地形高程阈值的，可以考虑利用回填土抬升滩面高程，如图 7-39 所示。对于现状地形高程大于适宜地形高程阈值的，可以考虑采用疏浚等技术降低滩面高程。

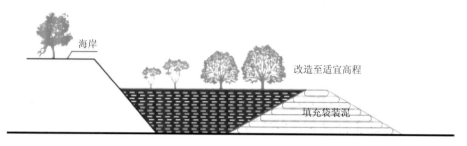

图 7-39　滩涂地形改造示意图

地形坡度是滩涂盐沼湿地微地形改造需要考虑的另一个重要因子，通过地形坡度的设置与改造重塑天然潮滩坡度，同时可以满足多种不同湿地植物生长的高程需求。修复区域的地形坡度可参考周围湿地的地形坡度，结合修复区域的水动力条件、高程、植被类型等因素综合确定。在实际修复中，在自然动力较强的修复区域一般可以考虑把地形坡度设计为零度，通过自然力量形成坡度，而对于动力较弱的修复区域，可以根据需要设计成一定坡度的形式（自然资源部海洋减灾中心，2023）。

7.3.4　盐沼植被空间配置技术

盐沼植被空间配置是在保证盐沼植物原位生态功能前提下，其群落具有适当分化的生态位，降低物种间的生态位重叠，使构建群落具有较强的自我更新能力。在盐沼植物群落空间配置时还需考虑盐沼植物的区系特征、当地气候地理条件和目标生态功能等，同时考虑盐沼植物群落的演替进程。构建不同物种组合的接近自然、稳定性强的盐沼植物群落。

1. 盐沼植被物种选择

根据植物的适宜性、乡土性、抗逆性、生态性原则，尽量选择乡土盐沼植物。首先结合各植物的生长特点，充分考虑植物间的相互作用。其次，考虑建群种、优势种和伴生种的选择，其可能决定着群落的组成结构与动态发展。优势种和伴生种的选择搭配要以自然群落为参考，一方面基于优势种在群落中的角色和作用进行选择。另一方面基于生态位理念搭配伴生种，保障优势种和伴生种之间可以共生，且优势种占据其重叠生态位。再者，盐沼植被群落构建初期应注重先锋物种的选择，通常选用易于传播的植物。

我国滨海盐沼植被高度通常在 0.3～3 m，直径为 0.2～3 cm，密度从每平方几十株到数千株。依据盐沼植物的功能特性和生长适宜条件，长三角地区适宜选择耐低温性强的芦苇、能适应高盐度的真盐先锋植物碱蓬（图 7-40）。在江苏高盐度区域选择碱蓬形成单优群落，在江苏海滨低盐度区域，选择碱蓬与狗尾草、柽柳、茅草等混合生长。在江苏、上海、长江口地区等区域，选择先锋盐沼植物海三棱藨草。目前，由于生长环境适宜和缺少天敌，互花米草在长三角区域广泛扩张，在盐沼植被配置时要适当清除。

图 7-40　典型盐沼植物种类

2. 盐沼植被空间配置

盐沼植被群落空间配置核心原理在于从海向陆沿高程方向，地形、土壤养分、盐碱度、水淹时间、人类活动等存在差异，其群落表现出带状、斑块状、圆圈状、镶嵌状等结构特征。同时，环境因子也随高程呈现明显的规律，因此，盐沼植被的空间布局与高程表现出很强的相关性。如在长江口，沿高程从低到高盐沼植物依次为：光滩—海三棱藨草群落—芦苇群落。随着互花米草的入侵，盐沼植被分布格局表现为光滩—互花米草群落—芦苇群落；但在盐度较低的滩涂，也出现光滩裸地—海三棱藨草群落—互花米草群落—芦苇群落。不同盐沼植物对水盐环境的适应与反馈是其分布格局的重要原因。芦苇适宜生长在平均高潮位以上的高潮滩，互花米草会广泛分布在平均高潮位以下中低潮滩，而海三棱藨草带的分布下限则视盐度在浮动。研究表明莎草科类群适宜分布于高程区间 2.93～4.07 m 的低潮滩，禾本科适宜分布在高程 3.13～4.31 m 的中、高潮滩。海三棱藨草分布高程介于 2.53～3.97 m，而互花米草能适应海三棱藨草 80%的高程区间（丁文慧等，2015）。

在高程相近的中低潮滩，土壤盐度和土壤氧化还原电位较高，水淹频率较低的生境，适宜配置海三棱藨草，而在土壤盐度和土壤氧化还原电位较低，水淹频率较高的生境，由于互花米草具有较强的竞争能力，最终会不断侵占海三棱藨草生境（何彦龙，2013）。在长江口土壤电导率较小的区域，适宜配置海三棱藨草、糙叶薹草和芦苇，而在土壤电导率较大的区域，互花米草会逐步侵占本地盐沼植物（高云芳，2009）。在崇明东滩由于冲淤动态和水文动力条件，配置互花米草—光滩和互花米草—海三棱藨草—光滩两种典型的盐沼植被空间格局（曹浩冰等，2014）。此外，盐沼植物密度和数量配置需要参考自然植物群落，如藨草/海三棱藨草作为沿海潮滩的前锋植被，耐盐、矮小，密度由海向陆不断增大。芦苇是大型禾本科植被，耐盐度较弱，植株高大，密度较藨草/海三棱藨草、互花米草要小。总体上，盐沼植被的空间配置需要筛选搭配适宜的物种，确定各类选取植物的种植密度和数量。通过植物种类的差异合理进行空间配置，确定最优的群落组合模式，最终体现空间比例上协调和植物种类多样。

遵循上述植被配置原则，在长三角滩涂盐沼湿地修复中，可选芦苇、碱蓬、海三棱藨草等本土盐碱类植被作为种植和修复的主体。依据修复滩涂的水深条件、波浪动力、潮汐能力、平均潮位线等条件，优选水深条件在某一高程线范围内布置盐沼湿地生态修复区域，高程不够的区域采取滩面培土等微地形改造措施垫高滩面，在修复区外侧使用松木桩、竹篱笆、泥管袋、袋装土等措施防护。在靠近海堤堤脚岸滩的高潮滩区域种植芦苇、白茅草等挺水植物，平均植被带宽度可考虑 100 m；在芦苇群落外侧高中滩区种植碱蓬，植被带宽度可考虑是 50 m；在往外侧中滩区可种植海三棱藨草群落，植被带宽度可考虑是 150 m，海三棱藨草群落分布格局可以划分成两个地带，即碱蓬群落与海三棱藨草混生交错区，宽度 30～50 m；海三棱藨草生长最适宜的中潮位地带宽度为 100 m左右，植被配置剖面图如图 7-41 所示。

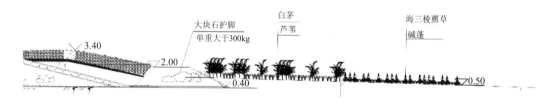

图 7-41　盐沼植物空间配置图

7.4　潮下带工法自然的保护修复技术

7.4.1　牡蛎礁生态修复技术

牡蛎礁是由牡蛎物种不断附着在蛎壳上，聚集和堆积而形成的礁体或礁床，其具有良好生态系统服务功能，被誉为"生态系统工程师"。牡蛎礁在长三角滩涂区的潮间带和浅水潮下带都有着广泛分布。其主要的生态服务功能一方面能为众多的海洋生物提供栖身之所，另一方面还能保护滩涂免受侵蚀，减轻海洋灾害损失。

牡蛎礁生态修复应在生态本底调查的基础上，充分论证退化状态及其因子，采取针对性的保护修复措施（T/CAOE 21.6-2020）。对于过度捕捞、污染、捕食者和竞争者等原因导致牡蛎生态系统退化的修复区域，可考虑强化捕捞管理、控制陆源污染、加大牡蛎捕食者和竞争者的捕捞力度等管理措施，消除引起牡蛎礁退化的干扰因素，通过自然再生实现自我修复。在牡蛎补充量受限的情况下，可通过人工辅助的措施，在现有礁体结构上补充成体牡蛎或稚贝，提高牡蛎种群数量；在固着基受限的情况下，通过补充硬相底质材料，为牡蛎提供可固着基质，促进牡蛎礁生态系统的自然恢复。当牡蛎礁退化严重时，可考虑重建性修复，在消除引起退化的干扰因素后还需要重新引入牡蛎种群（自然资源部第二海洋研究所，2023）。对于拟修复区内及附近海域历史上和当前时期无牡蛎分布的区域，原则上不建议开展重建性修复工作。

　　用人工辅助方式进行牡蛎礁生态修复通常需要构建人工牡蛎礁体，为牡蛎幼虫提供可固着的硬质结构。适合于牡蛎的固着基种类很多，目前国内外使用的固着基主要有块石或石条、牡蛎壳、扇贝壳、水泥构件和废旧的渔船、汽车外轮胎等，如图 7-42。具体材料与结构的选择需要结合修复区的底质、海况等条件，既要考虑材料环保、来源方便、经济耐用，又要考虑使用的固着基有一定的粗糙度，可固着面积大。

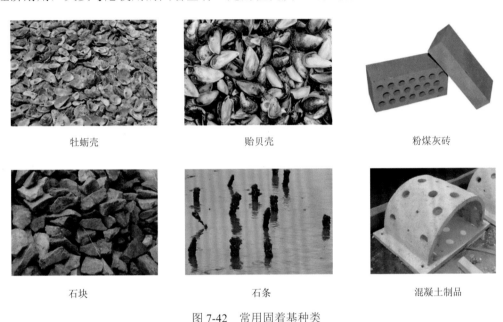

| 牡蛎壳 | 贻贝壳 | 粉煤灰砖 |
| 石块 | 石条 | 混凝土制品 |

图 7-42　常用固着基种类

7.4.2　人工鱼礁保护修复技术

　　人工鱼礁是人为放置在海床上的一种或多种天然或人工构造物，可以改变与海洋生物资源相关的物理、生物和社会经济过程，常用于潮下带生态系统修复。人工鱼礁具有改善海域的生态环境、营造海洋生物的良好栖息环境、为鱼类贝类等海洋生物等提供生长、繁殖、索饵和庇敌的场所等生态功能，同时兼具消浪、缓流等防灾减灾功能。人工鱼礁的构建原则，一是充分考虑布置区域的生态环境承载力；二是充分考虑鱼礁布置对周边航道、涉水构筑物的影响；三是充分考虑鱼礁自身结构的安全稳定。

　　人工鱼礁的建造材料以及构型设计对礁体能够充分发挥作用至关重要，因此礁体的材料、重量、尺寸、结构复杂性、表面粗糙度、布局等应根据规划要求与生物因素和水动力学特征相适应。人工鱼礁礁体材料以安全、绿色环保、易造性、经济性、适应性为主要考量。目前我国常用于建造人工鱼礁的礁体材料主要有废旧渔船、橡胶材料、石料、混凝土、贝类等。其中，钢筋混凝土作为构筑材料，拥有材料易获得、形状可塑性强、结构稳定、对环境影响小等优点，如表 7-4。

表 7-4 人工鱼礁礁体材料比选

材料类型	材料是否易获得	材料可塑性	材料是否需要前期处理	投放后是否稳定	对海洋环境是否有潜在影响
自然材料	是	弱	否	是	否
车体	是	弱	是	否	是
轮胎	是	弱	是	否	是
船体	否	弱	是	是	是
钢筋混凝土	是	强	是	是	否

　　人工鱼礁礁体结构目前已经存在方型鱼礁、三角型鱼礁、圆柱型鱼礁、梯型鱼礁、多面体鱼礁、半球型鱼礁、平板礁、十字型鱼礁和异体型鱼礁等形式（图 7-43）。从结构稳定性和生态需求角度考虑，立方体型等箱体型礁体应用较为广泛。

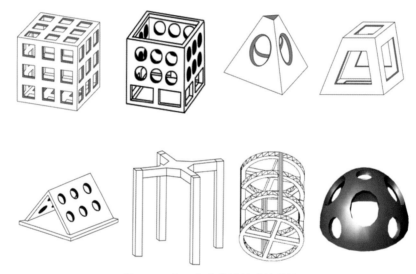

图 7-43　人工鱼礁常见的礁体结构

　　人工鱼礁的投放方式与礁体材料选择和投放水域深浅有关。钢制礁、水泥礁、轮胎礁及贝壳礁等，在浅水区，通常采用从船台直接投放，或用吊机把礁体吊至海面脱钩投放；在深水区，通常使用吊机从海面吊至海底再脱钩投放（SC/T 9416—2014）。旧船改造的鱼礁，通常把船礁拖运至预定位置，块石压舱，开阀门放水沉放（DB37/T2090—2012）。

7.4.3　纯生态离岸平台构造技术

　　工法自然保护修复技术是因势利导巧用自然之力，引潮导流、御浪固沙，打造优质自然生境，平衡生态系统内部物质流动，提高物种生存潜力，进而保护海岸生物多样性。纯生态离岸平台就是通过构建生态潜坝（图 7-44），其上密排毛竹竿，以编织袋装土护面，起到扰流促淤、御水固沙效用，为红树林营造稳固的海向立足点，拓展其生存空间。纯生态离岸平台构建，不仅提高了红树林的覆盖面积，还同步实现了保滩抗侵的功效，凸显了海岸防护与生态修复于一体的综合效益（浙江省水利河口研究院，2020）。

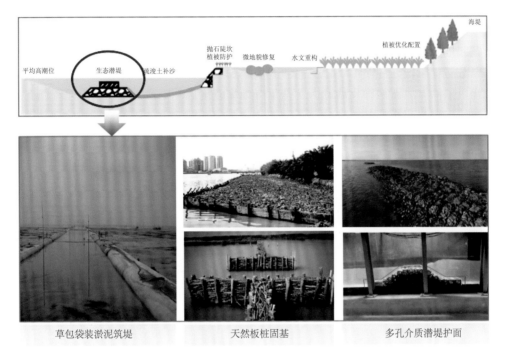

图 7-44　生态潜坝示意图

纯生态离岸平台需要在迎水侧抛石护脚外侧修筑生态潜坝，潜坝顶高程 1.80 m，顶宽 2.0 m，潜坝迎水侧以 1∶5 坡比放坡至现状滩涂面。潜坝采用当地草包袋装淤泥作为筑堤材料，考虑到草包袋耐久性稍差，在潜坝上覆 30 cm 厚编织袋装土护面，并插打一排密排毛竹竿。潜坝后侧回填淤泥土（含水量≤60%），淤泥土回填厚度≥1 m，坡比 1∶15～1∶40，淤泥土上覆 30 cm 厚种植土，其上种植秋茄（株距 0.6 m）及芦苇。

修复岸线滩涂面存在大量沿岸流冲沟，沟槽深 0.3～0.5 m，每 100 m 设一座生态潜坝以防止岸线纵向淘刷。坝顶高程以低于淤泥土回填高程 0.5 m 控制，横向坡比与淤泥土回填坡比一致。

7.5　典型工程应用

7.5.1　综合整治及修复技术集成应用案例

1. 上海市金山城市沙滩西侧综合整治及修复工程

上海市金山城市沙滩西侧综合整治及修复工程分为"生态修复、水工结构、景观"三个部分（中水珠江规划勘测设计有限公司，2015），其中"生态修复设计"主要采取以"工程保滩、基底修复、本地植物引种、潮汐水动力调控"为核心的潮滩湿地生态恢复技术，重构与恢复海岸带潮滩盐沼湿地景观；同时采取以"生态沉淀、强化净化、清水涵养"为核心水质生态修复技术,修复与改善工程区水质;并结合景观设计将恢复湿地与人工湿地融合形成总面积约为 23.2 万 m²,兼具生态功能、水质修复功能与景观功能的城市滨海湿地——鹦鹉洲生态湿地。

鹦鹉洲生态湿地于 2016 年初开工建设,2017 年 9 月竣工,目前该湿地公园已进入对外开放运行阶段(图 7-45 和图 7-46)。鹦鹉洲湿地公园共有 4 个核心生态功能区,从北到南,依次分为湿地净化展示区、盐沼湿地恢复区、生态廊道缓流区及自然湿地引鸟区。湿地水源来自鹦鹉洲湿地公园旁侧的金山城市沙滩水上休闲区,通过水泵提升后至湿地前端,逐级自流经过湿地内部各个生态功能区,返回水上休闲区。

图 7-45 鹦鹉洲湿地平面布置示意图

图 7-46 鹦鹉洲湿地俯瞰

在"湿地净化展示区"内采取以"生态沉淀—强化净化—生态恢复—清水涵养"为核心的多级生态净化设计理念，构建以"生态前置库—苇草型表面流人工湿地—清水涵养区"为核心的复合生态净化技术体系，对水上休闲区来水进行生态净化，削减水中的悬浮物、无机氮、活性磷酸盐等污染物，并将清水水源引入后续的盐沼湿地恢复区，以利于盐沼植物生长。

在"盐沼湿地恢复区"内通过潮汐流调控、基底修复、营养阻留、潮沟引导等方法，恢复湿地生境条件，在此基础上引种本地湿地植物，形成盐沼湿地景观，在湿地植物生长期，通过调控水位处于稳定低水位，为种苗提供适宜的非淹水生境，使其快速生长；待湿地植被成熟后，引入人工潮汐，利用潮汐水位变化促进湿地生态系统结构和功能的发育，形成真正的盐沼湿地。

"盐沼湿地恢复区"下泄清水通过"生态廊道缓流区"经过多级跌水之后进入"自然湿地引鸟区"，在该区域内，构建深水坑、浅塘、浅滩、植物岛丘、卵石滩等，形成多样化的湿地水文与生境条件，形成多样化的河口湿地景观，为不同营养级的湿地动物提供栖息生境；进一步地，通过对"湿地构型、植物群落、景观布局"等进行整体优化设计，将"湿地净化展示区"与"盐沼湿地恢复区""生态廊道缓流区""自然湿地引鸟区"等生态功能区与周边绿地相融合，最终形成城市滨海湿地景观，为鸟类、鱼类等湿地生物提供栖息地，为当地市民提供生态环境教育的场所，为水上休闲区涵养优质海水水源。

2. 浙江镇海区海岸带生态修复及海塘安澜（一期）工程

镇海区海岸带生态修复及海塘安澜（一期）工程位于浙江省宁波市镇海区。工程通过对现有岸线、围区内生态空间、围区堤外潮间带等区域进行生态修复，增加自然岸线资源保有量、改善海岸线生态载体条件、优化生态结构、提升生态功能及岸线景观效果。本工程共整治修复海岸线 12.6 km，具体内容包括围区内生态提升 241.2 hm²，围区外潮滩生态提升 440.0 hm²，海堤提标及生态化改造 12.6 km，新建围区内水系工程 11.15 km（图 7-47）。

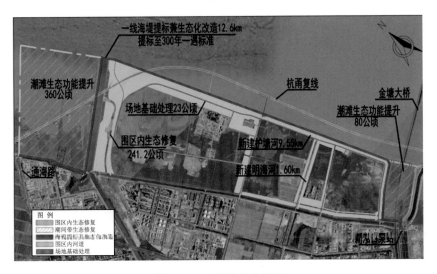

图 7-47　工程总体布置图

限于篇幅，重点介绍堤外潮滩生态提升子工程，主要通过滩面整治、植物种植、海堤护面生态改造等措施对滩涂生态进行整体建设，以改善滩涂生态性并促进完整生态结构的形成（南京市水利规划设计院股份有限公司，2020）。

滩涂滩面整治：清理拟修复滩涂范围内的杂草、散落碎石块、养殖网具设施以及大量的互花米草，并按盐沼植被的生境要求进行微地形改造。其中，互花米草清除采用MSR 互花米草生态除控技术，通过定向刈割、靶向调控剂喷洒、本土物种生态位替代等方式，成功清除互花米草约 147 hm^2，并补植碱蓬、芦苇、蒌草，抑制互花米草的复生（图 7-48 和图 7-49）。

(a) 种丸无人机撒播　　　　　　　　　　(b) 围栏截留种丸

图 7-48　互花米草生态除控技术

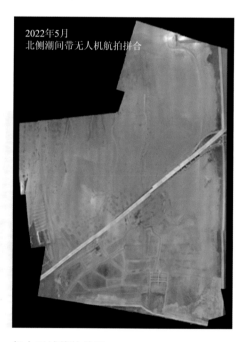

图 7-49　互花米草清除一年内区域整体效果

　　滩涂植被空间配置：为保证滩涂植物的良好生长，结合本土已有盐沼植物，选配潮滩植物种植，在高潮滩上种植芦苇和柽柳，必要时回填种植土；潮上带区域种植碱蓬；潮间带区域种植蔗草，形成高潮滩–潮上带–潮间带层次分明、结构稳定的生物群落，利用植物减缓流速，保持海堤附近底质的稳定。

　　海堤护面生态改造：将植被种植与传统四脚空心块护面材料相结合，开展了四脚空心块生态化改造的技术尝试与应用型研究（图 7-50），并被列入宁波市、浙江省水利科技项目。

图 7-50　四脚空心块生态化改造

　　通过该项目的实施，有效提升了区域潮滩带的生态系统功能，形成了不同高程、不同区块、不同生境多元化的生态环境（图 7-51 和图 7-52），对区域植物、底栖生物、鱼类、鸟类的栖息、留存起到了积极的效果。

图 7-51　海堤生态化改造实施效果

图 7-52　潮滩带生态修复实施效果

3. 浙江白沙湾海岸带生态修复项目

白沙湾海岸带生态修复项目位于浙江省临海市,建设内容包括人工沙滩修复 24.72 hm²、滨海湿地修复 200 hm²、白沙湾岸线植被修复 28 hm²(图 7-53)。项目以提升台州海域海岛生态环境为导向,坚持陆海统筹与修复管控,通过蓝色海湾整治行动,修复受损和问题突出的海洋生态系统,恢复近岸滩涂湿地资源和海岛生态系统完整性,提升岸线生态功能和稳定性,完善自然生态系统保育保全,逐步实现"水清、岸绿、滩净、湾美、岛丽"的海洋生态文明和可持续发展目标(浙江广川工程咨询有限公司,2019)。

图 7-53　工程总体布置图

人工沙滩修复：沿岸线布置人工沙滩全长 2472 m，沙滩宽度 100 m。选用海沙回填，面沙采用干净、色质好、抗风且舒适的沙子，中值粒径约为 0.3～0.4 mm，厚 1.0 m，底沙则可采用质量差一些的沙子，中值粒径为 0.2～0.3 mm。典型沙滩剖面宽度 100 m，其中滩肩宽度 70 m，以 1:70 坡度放坡至 1.5 m 高程，滩面 25 m，滩脚 5 m，采用 1:15 坡度放坡至–0.5 m 高程，滩肩厚度为 2 m，滩面厚度从 2 m 渐变为 0.5 m，滩肩面层铺设 1 m 厚面沙，底部铺设 1～0.5 m 厚底沙，滩面面层铺设 1～0.5 m 厚面沙，底部铺设 0～0.5 m 厚底沙，滩脚采用双层 80 cm 厚充沙管袋，管袋采用 240 g/m² 白色编织布，待吹沙施工完成后，割除表面沙袋。

滨海湿地修复：根据生物净化和食物链原理，通过合理配置动植物、增设增氧曝气设备和水交换泵站设施、清除污染底泥等措施，去除污染物，降低浊度和水体富营养化风险；采用生物净化方法净化水质，利用特定的生物（牡蛎、菲律宾蛤仔、斑鳠等）直接以藻类为食物，控制藻类数量的疯长，改善湖区水质；通过科学放养、科学捕捞、轮捕轮放，形成生态良性循环，在白沙湾内营造完整的生态修复系统。

岸线植被恢复：选择木麻黄、墨西哥落羽杉等防风固林的优良树种，种植宽度 40～50 m，使后方保护区处于有效防风距离范围内；以木麻黄、白榆、苦楝等乔木构筑中间层；采用碱蓬草、马鞭草、紫花鼠尾草等构筑低矮植被；形成高低错落的防海风、抗盐碱的绿化层次，并兼顾景观效果。

红树林试种：为了提升区域生物多样性，项目开展了高纬度地区红树林试种研究。通过对多种红树植物的调查分析，筛选了数十种耐盐性植物，最终确定了红树植物种类秋茄作为试种物种。并于 2016 年 5 月上旬开始种植秋茄，约 2800 株。在种植红树林后，开展了秋、冬及春三个季节的生长监测，目前，长势良好。

经过多年的持续修复，临海市白沙湾滨海湿地的生态修复入选 2023 年海洋生态保护修复典型案例。目前，白沙湾已是江浙沪地区的新晋网红打卡地，被誉为"台州的小三亚"（图 7-54）。白沙湾的生态效益转化成巨大的社会经济效益。

图 7-54　项目实施前后对比图

4. 江苏盐城市海洋生态保护修复项目

盐城市位于江苏沿海中部,东临黄海,南与南通市、泰州市接壤,西与淮安市、扬州市毗邻,北隔灌河与连云港市相望。项目围绕提升海岸带湿地生态功能和减灾功能的相关要求,通过实施海堤生态化、退渔还湿、海岸线整治等工程措施开展海岸带生态修复,将保护自然湿地与人工湿地营造相融合,形成兼具海岸带生态功能和减灾功能的滨海湿地。项目在盐城射阳县和东台市两个区域开展海岸带生态保护修复项目。

射阳县海洋生态保护修复项目区位于射阳县射阳河口北南两侧的双洋港南至运粮河岸段和港南垦区,面积 890 hm²,具体工程平面布置见图 7-55。其中,双洋港南至运粮

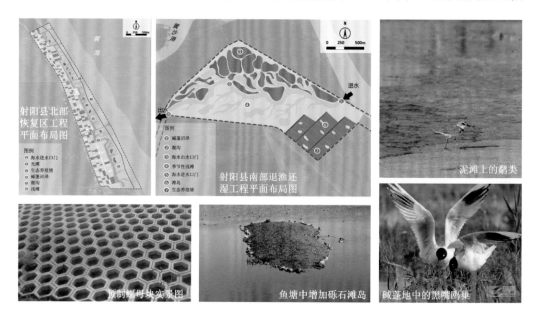

图 7-55　射阳县海洋生态保护修复项目

河岸段（面积 390 hm²，岸线长度 5.5 km）位于江苏盐城湿地珍禽国家级自然保护区北实验区；港南垦区（面积 500 hm²，岸线长度 11.4 km）位于江苏盐城湿地珍禽国家级自然保护区北三实验区，也是中国黄（渤）海候鸟栖息地（第一期）YS-2 遗产地及其缓冲区。东台川水湾海岸带生态保护修复项目位于东台市境内东台河入海河南北侧，面积 1250 hm²，涉及岸线长度约 6 km，是中国黄（渤）海候鸟栖息地（第一期）YS-1 遗产地及其缓冲区和江苏盐城湿地珍禽国家级自然保护区南二实验区范围内。项目区及其周边是鸻鹬类[勺嘴鹬（*Calidris pygmeus*）、小青脚鹬（*Tringa guttifer*）等]在迁徙过程中利用的重要栖息地。

离岸潜堤建设。根据生态海岸防护理论，采用海洋工程与海岸湿地生态系统相结合，以"绿色海堤"应对海岸侵蚀灾害风险。在离岸 100～200 m 处开展潜堤建设，并在潜堤外侧铺设 3～10 m 的牡蛎礁护底，用于消减波浪能量，结合潜堤内侧生态浮岛建设，提高潜堤生态性。

退渔还湿。通过退渔还湿，增加潮滩宽度，营造盐沼植被生态位，利用盐沼生态系统进行消浪。以"微地貌整饰、本地植物引种、潮汐水动力调控"为核心，重构与恢复海岸带潮滩盐沼湿地。主要通过湿地水文条件修复，湿地微地貌修复，盐沼湿地植被修复等技术开展滨海湿地修复。其中射阳河北部退渔还湿还考虑盐沼植被减灾种植优化设计。

海岸线整治。在目前侵蚀高滩陡坎进行抛石护坎工程，防止高滩进一步蚀退。通过必要且适当工程技术措施恢复海岸线及其邻近区域自然属性或自然生态功能。通过岸线清理、生态护坡以及生态廊道建设等措施，恢复受损岸线生态功能。

7.5.2　潮上带绿色赋能技术应用案例

1. 上海市崇明北沿三期生态海塘工程

崇明北沿三期海塘达标工程位于上海崇明北沿北六滧和北八滧之间，海塘堤线总长 4661 m，并选取适当位置设置长约 108 m 的生态海堤示范段（上海市水利工程设计研究院有限公司，2019）。该工程于 2020 年 3 月开工建设，2022 年 12 月竣工。

本次生态海塘设计选取直接受风浪作用的海塘外坡范围，具体为外坡至海塘大方脚，另外，在堤顶防浪墙内侧加设了灌草种植池，进一步实施生态改造（图 7-56）。为全面提高海塘工程生态效益及景观效果，设计对海塘达标的常规断面进行堤顶道路、外坡平台、外侧护坡的多方位生态改造。共设置 3 种生态改造断面，分别适用于不同的筑堤材料（抛石或填土）、护坡结构（栅栏板或螺母块体），每种断面设置 36 m，总长 108 m。设计阶段同步进行生态海塘示范段物理模型试验、开展本土植被调查，施工阶段部署外坡绿化生长情况观测，为设计方案优化及实施效果提升提供理论依据和实践经验。

上海地区的生态海塘建设尚处在探索、试验阶段。该工程进行多方案的生态示范段建设探索，以期为类似工程提供尽可能多的选择和参考。同步进行了生态海塘示范段物理模型试验，采集生态改造方案前后栅栏板、螺母块、防浪墙的波浪荷载等数据，提出外坡改造方案的优化建议，为生态改造的定量分析夯实理论基础。设计人员在崇明岛、

(a) 典型螺母块体护坡生态改造现场照片

(b) 典型栅栏板护坡生态改造现场照片

(c) 典型消浪平台生态改造现场照片

图 7-56　上海崇明北沿三期生态海塘工程现场照片

横沙岛等周边区域进行广泛的植被调查，优选外观效果好、生命力强的本土物种用于种植，在施工及运行过程中对外坡绿化进行密切的生长情况观测，为上海地区生态海塘的植物选种及提高外海条件下植被的成活率积累经验。

2. 玉环市海洋生态保护修复项目

台州玉环市海洋生态保护修复项目位于浙江省台州市玉环市。项目以提升台州市玉环市海洋生态环境为导向，坚持陆海统筹与修复管控，通过海洋生态保护修复，修复受损和问题突出的海洋生态系统，恢复近岸滩涂盐沼资源和生态系统完整性，提升岸线生态功能和稳定性，完善自然生态系统保育保全，逐步实现"水清、岸绿、滩净、湾美、岛丽"的海洋生态文明和可持续发展目标。项目包括乐清湾红树林种植及防护、玉环东部砂砾质岸线修复、玉环海堤生态化修复三大子项目（图 7-57）。限于篇幅，重点介绍玉环海堤生态化修复，涉及鲜叠塘、沙门五门塘、太平塘三段海堤，生态修复人工岸线4344 m，修复与保护滨海盐沼 28.49 hm² （浙江省水利河口研究院，2020）。

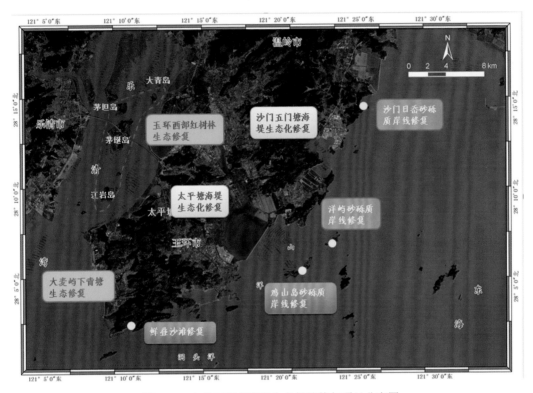

图 7-57　台州玉环市海洋生态保护修复项目分布图

为了促进海堤的生态保护与防灾减灾协同增效，采取的修复措施主要包括清理堤外互花米草及垃圾杂物，在堤塘外侧 50～150 m 范围内抛筑生态消浪潜坝，对生态消浪潜坝与海塘之间的滩地进行平整及种植红树林、碱蓬或芦苇等植被；从"安全生态、因地制宜"理念出发，采用堤脚贝类附着试验区、生态多孔隙仿巨石等技术对迎潮面结构进行生态化提标改造；按照《生态海岸带建设导则》的要求，对塘顶及内坡进行生态化提标改造（图 7-58），其中堤顶宽度由现状的 4.5 m 增宽到 20 m 以上，在堤顶增绿道和海湾平台，增建游憩、亲海步道、驿站等设施。

生态消浪潜坝：布置于堤外 50～150 m，自然弧线形布置，潜坝顶高程 1.80 m、顶宽 2.0 m，坝身抛填当地石料、下铺草席，潜坝受风浪打击的一侧采用 1：5 坡比，内陆侧 1：3 坡比。潜坝后侧自然回淤后上覆 30 cm 厚植土，依据不同滩面高程，滩涂种植秋茄（株距 0.5 m）、芦苇或者碱蓬，具体平面布置见图 7-59 所示。项目海域大潮平均高潮位为 2.77 m，秋茄设计种植高程为 1.8～3.0 m，能够满足秋茄的 1.7 m 以上的种植高程要求；芦苇设计种植高程为 2.9～3.3 m，能够满足芦苇的 2.9 m 以上的种植高程要求。

图 7-58　海堤现状图

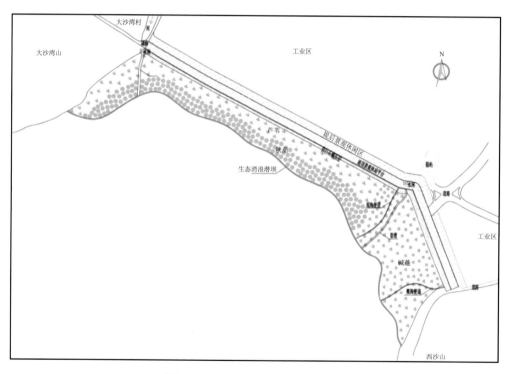

图 7-59　生态潜堤工程平面布置图

堤脚贝类附着试验区：根据工程区的生态调查，记录有牡蛎、贻贝等贝类附着（图 7-60）。因此，工程区具备适宜的水文生境条件。贝类附着试验区采用两种方式增加牡蛎、厚壳贻贝等贝类固着于海堤向海侧堤脚的补充量，一是贝类人工迁移，将贝类附着物放置在来源海域收集贝类苗，或在附着物上人工增殖和富集贝类生物，然后，将贝类附着物转移和固定在海堤向海侧堤脚附近；二是贝类直接投放，结合玉环海域海洋生物的特点，在海堤堤脚附近直接投放牡蛎、厚壳贻贝等贝类，促进形成丰富的底栖生物群落，增加生物多样性。

　　海堤迎潮侧护面结构改造：坡脚处设置具有嵌卡结构的高空隙率的"四脚空心消浪块"，四脚块下垫层采用生态多空隙可降解袋装砼灌块石（图 7-61），外侧采用"生态多空隙仿巨石"，每一块体单边尺寸 1～1.5 m、空隙率约 35%，混凝土灌注量为块体体积的 15%、表面 25 cm 厚度内无混凝土。

图 7-60　贝类附着的海堤示意图

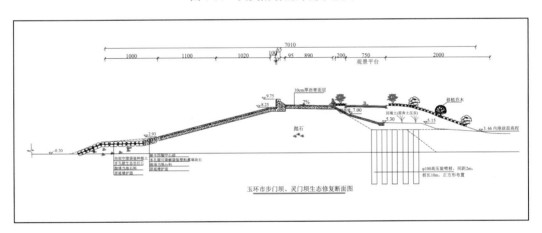

图 7-61　步门坝、灵门坝生态修复断面图

7.5.3　潮间带盐沼群落生态修复技术应用案例

1. 上海市潮间带系列典型修复项目

　　近年来，上海市在长江口和杭州湾进行了大量的人工盐沼湿地修复工程探索（才多等，2023），以南汇东滩附近规模最大、横沙东滩次之（图 7-62）。修复的手段以人工种青为主，即在新生成的、盐沼植被尚未定居的光滩上，以人工手段种植本地盐沼植被，一是可以有效塑造新淤长光滩的湿地生境功能，二是有效抑制互花米草的入侵（上海市水利工程设计研究院有限公司，2022）。

1）南汇东滩盐沼湿地修复

南汇东滩人工促淤区内在 2017 年、2020 年和 2021 年分别开展了 3 次人工种青，如表 7-5。图 7-63 显示了 2017～2020 年库区内植被覆盖的变化。2017 年 4 月人工种青实

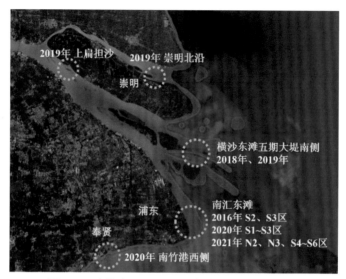

图 7-62　上海市 2016～2021 年生物种青位置情况

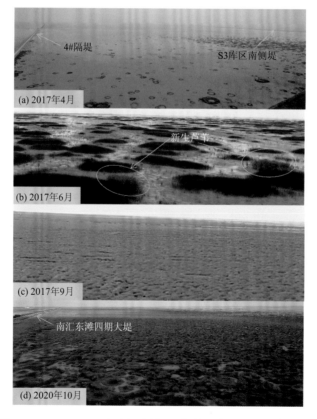

图 7-63　2017～2020 年南汇东滩 S3 促淤区内盐沼湿地发育过程

表 7-5　南汇东滩促淤区内人工种青概况

年份	种植促淤区	种青物种	种植滩涂高程	规模/亩
2017	S2、S3 区	芦苇	3.5 m 以上	3500
2020	S1~S3 区	芦苇	2.5 m 以上	11250
		海三棱藨草	1.9~2.3 m	8750
	N2、N3 区	芦苇	2.5 m 以上	8500
2021	S4~S6 区	芦苇	2.5 m 以上	1750
		海三棱藨草	2.0~2.5 m	4700

施前，S1~S3 区内潮滩经人工促淤坝的淤积，平均滩面高程为 2.36 m，近岸区超过 3 m，但滩涂缺乏植被发育，以裸露光滩为主。植被种植完成 1 个月后滩涂上可见新生芦苇斑块；到 2017 年 9 月人工种青实施后 5 个月，光滩上基本全部被芦苇覆盖，斑块抽查成活率平均达到 84%；截至 2020 年 10 月，人工种青实施区域已经从光滩转换为盐沼湿地。

　　2）横沙东滩盐沼湿地修复

　　横沙东滩五期大堤南侧的潮滩位于长江口深水航道的丁坝坝田内，是淤长良好的滩涂，在 2018 年和 2019 年分别开展了两次种青，见表 7-6。图 7-64 显示了大堤外侧潮滩

表 7-6　横沙东滩五期大堤南侧潮滩内人工种青概况

年份	种青物种	种植滩涂高程	规模/亩
2018	芦苇与海三棱藨草混种	2.5~3.0 m	2695
	海三棱藨草	2.0~2.5 m	
2019	芦苇	1.3~1.8 m	6800

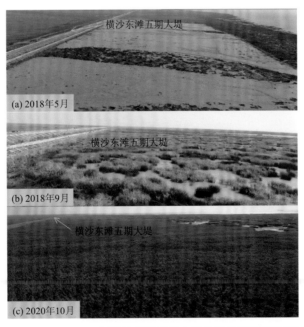

图 7-64　2018~2020 年横沙东滩五期大堤外侧盐沼湿地发育过程

植被覆盖情况的变化。2018 年 5 月人工种青实施前，2.2 m 等深线以上的滩涂发育最宽达 1 km 左右，但是植被覆盖率较低；到 2018 年 9 月种青实施后 5 个月，新生的植被斑块覆盖率明显提高；截至 2020 年 10 月，促淤库区人工种青范围内已经从光滩转换为盐沼湿地。

3）南汇嘴外侧及杭州湾盐沼湿地修复

南汇嘴外侧及杭州湾南竹港出海闸外侧等区域滩涂的种青效果并不理想。来自高校和科研院所的多个研究团队自 2015 年开始在南汇嘴外侧的光滩开展盐沼植被的人工恢复探索，盐沼植被的发育情况一直不理想，仅有零星的植被斑块发育；2020 年南竹港滩涂试种了 5×10^4 m^2 的盐沼植物，但以幼苗全部死亡告终。

从选址区域的高程看，南汇嘴外侧区域滩涂高程在 1.0～3.0 m，南竹港水闸外侧试种滩涂高程约 2.0 m，均处于满足植物存活的区间。但是，两个区域均直面西南侧的开敞海域，水文动力较强，植被幼苗直接承受波浪作用。并且，杭州湾水体盐度在 10‰～25‰，南汇嘴盐度在每年春季植被成活的关键时期也大于 10‰，超过了芦苇及海三棱藨草的成活阈值。南汇嘴地区还在 2000 年前后曾人工引种互花米草进行保滩促淤，长期占据了大片适宜的生境，也可能对种青植物的生存造成压迫。值得一提的是，这两个区域的滩涂底质环境类似，均为所谓"铁板砂"区域，其底质主要由粉粒组成，密度大、颗粒粗、有机质含量也比较低，导致幼苗根系难以扎入滩面下方，更增加了植被成活的难度。

2. 舟山市海岸带保护修复工程项目

舟山市海岸带保护修复工程项目范围涵盖舟山市普陀区行政区划范围内的六横镇，具体包括六横、悬山、悬山后门山共 3 个海岛及周边海域。项目以全面提升六横海域的生态服务价值为导向，通过沙滩修复、海堤生态化建设、盐沼植被修复、本土植被防护林修复、牡蛎贝藻修复、增设潮汐通道等生态修复措施，实现"金沙重现、碧波澹澹、古树参天、绿堤蜿蜒、鱼鸟翔集"的新景象。项目包括田岙退缩建坝及砂质海岸修复工程、大岙盐沼修复及海堤生态化建设工程、悬山小筲箕盐沼修复及海堤生态化建设工程、悬山后门山海域潮汐通道提升工程等四大子项目（杭州国海海洋工程勘测设计研究院，2020）。限于篇幅，本小节重点介绍大岙盐沼修复建设内容（图 7-65 和图 7-66），其中，生态修复大岙码头南侧盐沼湿地植被 4.19 万 m^2、牡蛎礁投放区域面积约 1500 m^2。

盐沼湿地植被修复：根据该工程区域自然地理条件，选择适宜的物种为芦苇、盐地碱蓬和盐角草（图 7-67）。植物配置模式采用内侧高滩种植芦苇，中滩采用盐地碱蓬和盐角草混播的形式，盐地碱蓬和盐角草的种植比例为 10∶1。盐地碱蓬在工程区种植高程不小于 2.3 m，另考虑芦苇种植环境盐度不宜过高，在工程区种植高程不小于 2.5 m，因此，需对修复区滩面进行微地形改造，形成适合植物生长的条件，整理后种植区高程为 2.5～2.3 m，近岸侧高程 2.5 m 处种植芦苇，近海侧 2.3 m 处种植盐地碱蓬和盐角草。修复区外围采用密排木桩进行固滩，木桩中部直径 10 cm，单桩长 5 m，每米 10 根木桩。

牡蛎礁体设计：项目采用了异形礁体（图 7-68）和树形礁体 2 个设计方案。其中，树形礁体结构（图 7-69）是用混凝土浇筑的直径约 0.4 m、高度 4 m 的人工礁体，由三

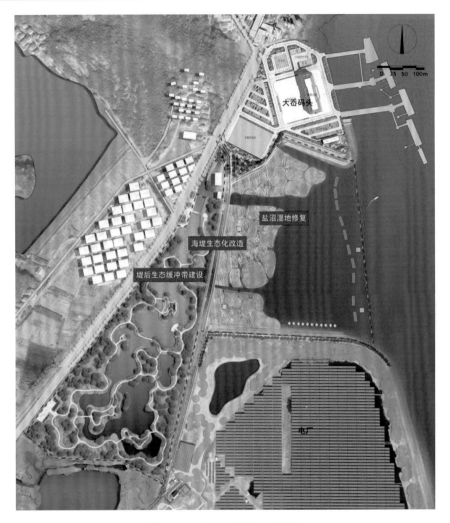

图 7-65　大岙盐沼修复布置图

图 7-66　项目实施后效果图

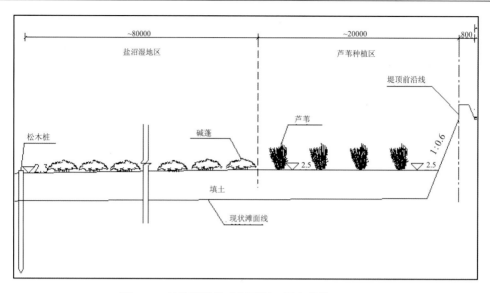

图 7-67　植物配置模式剖面图（长度单位：mm）

图 7-68　Ⅰ型、Ⅱ型礁体结构图

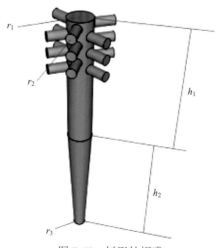

图 7-69　树形牡蛎礁

部分组成：①半球体之上为高 h_2 为 2 m，下底面半径 r_3 为 0.1 m，上底面半径 r_1 为 0.2 m 的圆台；②圆台之上高 h_1 为 2 m，半径 r_1 为 0.2 m 的圆柱；③圆柱体最上端（露出地面部分）分为 6 层，每层各有三个横向分支，每个分支半径 r_2 为 0.075 m，长度 0.3 m，单层的三个分支互为 120°角排列，每层的分支错落排列。此结构的人工礁体可放置在离堤坝 20 m 内的淤泥区，竖直插入淤泥区起到固定的作用。其高度可随不同淤泥区的深度调整。此礁体总重量约为 1143 kg，下部稍尖，易于插入淤泥底质，并起到很好的固定作用，增强了抗浪的能力，露出淤泥的部分由于表面积较大，更易于附着牡蛎。

7.5.4　潮下带工法自然的保护修复技术应用案例

1. 上海奉贤滨海海洋生态保护修复项目

上海奉贤滨海海洋生态保护修复项目位于上海市奉贤区杭州湾北岸中部，修复岸线总长 17.4 km，修复范围面积 612 hm²，具体工程位置如图 7-70 所示。依据岸线特点、水文动力条件，分别采用潮下带生物礁、低潮滩生物礁、接岸生物礁开展海岸带生物多样性恢复工程，构建异质性的生物生境（上海市水利工程设计研究院有限公司，2023）。限于篇幅，以下仅介绍潮下带生物礁的构建。

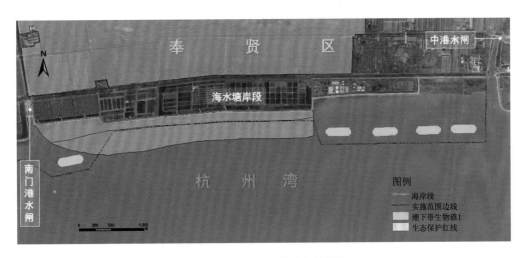

图 7-70　潮下带生物礁工程位置

根据生态修复需求，提出在多元生态服务功能集成区（中港至南门港岸段）布置潮下带生物礁生境。根据相关规定，礁体布置于离岸–6 m 等深线以深海域。根据生态环境承载力分析，分为 5 座礁群，每座礁群长 400 m、宽 100 m（图 7-71）。

从安全、绿色环保、易造性、经济性、适应性等角度综合考量，该工程选用钢筋混凝土材料构筑潮下带生物礁。从结构稳定性和生态需求角度考虑，该工程采用镂空式箱型钢筋混凝土礁体。单位生物礁尺寸为 3 m×3 m×3 m，为 C35 钢筋混凝土预制件，单个礁体尺寸为 27 m³。由 800 个单体生物礁错落布置形成 100 m×400 m 的单位生物礁。

考虑更好地利用绕流，箱型生物礁应进行开孔，礁体四周开窗尺寸为 0.65 m×0.65 m，中部开窗尺寸为 0.7 m×0.7 m。该工程生物礁单体的设计和单位生物礁的结构如图 7-71 所示。

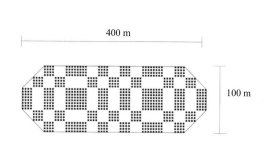

图 7-71　潮下带单体生物礁设计与单位生物礁布置示意图

潮下带生物礁主要由预制生物礁块体定点抛投形成。为了获取更大的上升流规模和强度，该项目潮下带生物礁单体采取 90° 迎流布设。生物礁块体均在预制场预制，驳船直接运输进场，浮吊船定点吊抛，抛投施工工艺基本相同。

2. 温州蓝色海湾生态建设项目

温州蓝色海湾生态建设项目包含海岸带生态、滨海湿地、海岛海域生态等三大类修复工程，主要建设内容包括生态化堤坝 15550 m、修复沙滩 12.5 万 m²、修复整治岸线 800 m、新建灵霓大堤桥梁 1 座、种植红树林面积约 96 万 m²、海域清淤疏浚 97.7 万 m²、受损岛体绿植化修复面积 15.7 万 m² 等。其中，生态化堤坝工程任务是在确保堤坝防潮安全的基础上，提升海塘生态功能，实现生态保护与防灾减灾协同增效（浙江广川工程咨询有限公司，2020）。

洞头区状元南片堤坝生态化改造方案设计中（图 7-72），2+216～4+322 段堤坝直立墙外 20 m 范围内的扭工块上部喷播藻类苗建设海藻场（图 7-73）。其中南堤 2+216～3+666 段断面堤身结构带-0.3 m 高程左右布设生态海螺礁，宽度为 15 m，养殖海螺、贝类等。

针对抗淤积能力、抗浪能力、抗腐蚀能力、适宜投放区域、制作难度、稳定性等方面对 7 种礁体进行比较，见表 7-7。根据拟建海螺礁工程区所在诸多实际情况，推荐牡蛎城堡礁体型式，并根据实际情况进行了优化（图 7-74）。

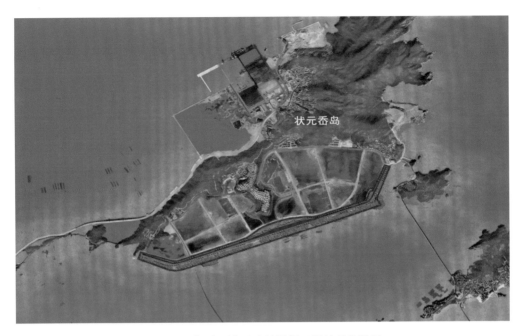

图 7-72　洞头区状元南片堤坝工程地理位置图

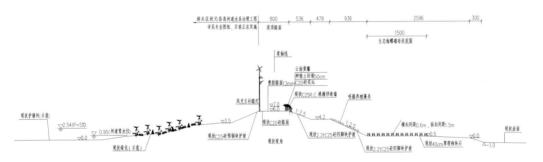

图 7-73　状元南片 2+216～4+322 段生态改造典型断面

表 7-7　礁体型式比选

特性	伞形礁体	锥形礁体	树形礁体	牡蛎城堡礁	合金笼礁体	四棱柱礁体	斜撑组合型礁体
抗淤积能力	较强	较弱	较强	较弱	较弱	较强	较强
抗风浪能力	较强	较强	适宜	较强	较强	一般	一般
适宜投放区域	淤泥区	基岩区	淤泥区	基岩区	基岩区	淤泥区	淤泥区
抗腐蚀能力	较强	较强	较强	较强	较强	较强	较强
稳定性	较弱	较强	适宜	较强	较强	较弱	较弱
制作难度	适中	适中	较大	较小	较小	较小	适中

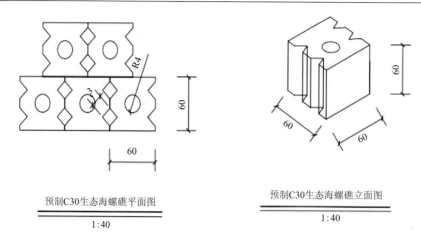

预制C30生态海螺礁平面图
1:40

预制C30生态海螺礁立面图
1:40

图7-74　生态海螺礁设计图（长度单位：mm）

参 考 文 献

艾金泉. 2018. 基于时间序列多源遥感数据的长江河口湿地生态系统长期演变过程与机制研究[D]. 上海: 华东师范大学.

才多, 季永兴, 张恒. 2023. 长江口滩涂种青效果影响因素分析[J]. 人民长江, 54(3): 78-82.

曹浩冰, 葛振鸣, 祝振昌, 等. 2014. 崇明东滩盐沼植被扩散格局及其形成机制[J]. 生态学报, 34(14): 3944-3952.

陈洪全. 2006. 滩涂生态系统服务功能评估与垦区生态系统优化研究——以赣榆、射阳垦区为例[D]. 南京: 南京师范大学.

陈吉余. 2000. 陈吉余(伊石)2000: 从事河口海岸研究 55 年论文选[M]. 上海: 华东师范大学出版社.

陈思明. 2021. 互花米草(*Spartina alterniflora*)在中国沿海的潜在分布及其对气候变化的响应[J]. 生态与农村环境学报, 37(12): 1575-1585.

陈中义, 李博, 陈家宽. 2005. 长江口崇明东滩土壤盐度和潮间带高程对外来种互花米草生长的影响[J]. 长江大学学报(自科版), 2(2): 6-9, 103-104.

丁文慧, 姜俊彦, 李秀珍, 等. 2015. 崇明东滩南部盐沼植被空间分布及影响因素分析[J]. 植物生态学报, 39(7): 704-716.

董世魁, 刘世梁, 邵新庆, 等. 2009. 恢复生态学[M]. 北京: 高等教育出版社.

杜晓军, 高贤明, 马克平. 2003. 生态系统退化程度诊断: 生态恢复的基础与前提[J]. 植物生态学报, 27(5): 700-708.

范航清, 何斌源, 王欣, 等. 2017. 生态海堤理念与实践[J]. 广西科学, 24(5): 427-434, 440.

高抒, 贾建军, 于谦. 2022. 绿色海堤的沉积地貌与生态系统动力学原理: 研究综述[J]. 热带海洋学报, 41(4): 1-19.

高云芳. 2009. 长江口盐沼湿地植物多样性及分布格局——以九段沙和崇明东滩为例[D]. 上海: 上海师范大学.

国家海洋局科技司, 辽宁省海洋局《海洋大辞典》编辑委员会. 1998. 海洋大辞典[M]. 沈阳: 辽宁人民出版社.

杭州国海海洋工程勘测设计研究院. 2020. 舟山市大岙盐沼修复及海堤生态化建设工程初步设计[R]. 杭

州: 杭州国海海洋工程勘测设计研究.

何彦龙. 2014. 中低潮滩盐沼植被分异的形成机制研究——以崇明东滩盐沼为例[D]. 上海: 华东师范大学.

胡伟. 2000. 长江口南岸新型围涂模式对迁徙鸻鹬(Charadriiformes)群落结构影响的研究[D]. 上海: 华东师范大学.

胡玉植, 潘毅, 陈永平. 2016. 海堤背水坡加筋草皮抗冲蚀能力试验研究[J]. 水利水运工程学报, (1): 51-57.

江文斌. 2020. 滨海盐沼湿地生态修复技术及应用研究[D]. 大连: 大连理工大学.

李洪远, 鞠美庭. 2005. 生态恢复的原理与实践[M]. 北京: 化学工业出版社.

李华, 杨世伦. 2007. 潮间带盐沼植物对海岸沉积动力过程影响的研究进展[J]. 地球科学进展, 22(6): 583-591.

李伟. 2017. 杭州湾盐沼湿地植物群落特征及互花米草竞争力沿高程梯度的变化[D]. 杭州: 杭州师范大学.

李伟. 2018. 长江口典型盐沼植物对水-盐胁迫的响应及阈值研究[D]. 上海: 华东师范大学.

李伟, 郭莲磊, 陈红, 等. 2019. 长江口典型盐沼植物对持续淹水胁迫的响应[J]. 鲁东大学学报(自然科学版), 35(1): 23-29.

卢干利. 2019. 长江口滩涂区域生物促淤护滩工程试验研究[J]. 中国水运(下半月), 19(3): 122-123.

陆健健. 2003. 河口生态学[M]. 北京: 海洋出版社.

陆健健, 何文珊, 童春富, 等. 2006. 湿地生态学[M]. 北京: 高等教育出版社.

吕彩霞. 2003. 中国海岸带湿地保护行动计划[M]. 北京: 海洋出版社.

南京市水利规划设计院股份有限公司. 2020. 镇海区海岸带生态修复及海塘安澜(一期)工程可行性研究报告[R]. 南京: 南京市水利规划设计院股份有限公司.

任海, 刘庆, 李凌浩, 等. 2008. 恢复生态学导论[M]. 2版. 北京: 科学出版社.

任璘婧. 2014. 变化的长江口滩涂湿地景观与生态系统服务功能[D]. 上海: 华东师范大学.

上海市水利工程设计研究院有限公司. 2019. 崇明北沿三期海塘达标工程初步设计报告[R]. 上海: 上海市水利工程设计研究院有限公司.

上海市水利工程设计研究院有限公司. 2022. 2022年生物种青工程初步设计报告[R]. 上海: 上海市水利工程设计研究院有限公司.

上海市水利工程设计研究院有限公司. 2023. 上海奉贤滨海海洋生态保护修复项目初步设计报告[R]. 上海: 上海市水利工程设计研究院有限公司.

苏令侃. 2022. 上海滨海湿地退化原因及生态修复措施研究[J]. 上海国土资源, 43(3): 111-116.

孙娇. 2011. 基于景观生态学原理的高速公路景观设计[D]. 北京: 北京林业大学.

孙赛赛. 2022. 崇明东滩光滩带底栖硅藻群落组成及食物网贡献研究[D]. 上海: 华东师范大学.

陶燕东, 于克锋, 何培民, 等. 2017. 围垦后南汇东滩海三棱藨草的空间分布及其影响因子研究[J]. 长江流域资源与环境, 26(7): 1032-1041.

田波, 周云轩, 张利权, 等. 2008. 遥感与 GIS 支持下的崇明东滩迁徙鸟类生境适宜性分析[J]. 生态学报, 28(7): 3049-3059.

田鹏, 隋伟涛, 孙鹏, 等. 2020. 生态海堤在杭州湾海岸防护中的应用[J]. 中国港湾建设, 40(10): 40-44.

王晓安. 2019. 恢复生态学的理论和发展趋势[J]. 山西农经, (9): 21.

肖笃宁, 李秀珍, 高峻, 等. 2003. 景观生态学[M]. 北京: 科学出版社.

徐一斐, 陈盛彬, 邓阿琴. 2011. 三维植被网预制草毯草种的筛选与配方试验研究[J]. 安徽农学通报(上半月刊), 17(9): 178-180, 189.

严格, 葛振鸣, 张利权. 2014. 崇明东滩湿地不同盐沼植物群落土壤碳储量分布[J]. 应用生态学报, 25(1): 85-91.

杨世伦, 时钟, 赵庆英. 2001. 长江口潮沼植物对动力沉积过程的影响[J]. 海洋学报, 23(4): 75-80.

杨永兴, 吴玲玲, 赵桂瑜, 等. 2004. 上海市崇明东滩湿地生态服务功能、湿地退化与保护对策[J]. 现代城市研究, 19(12): 10-12.

张达. 2018. 长江口湿地退化现状及原因对策分析[J]. 水力发电, 44(6): 13-16.

张红梅. 2007. 农业旅游国内研究综述[J]. 宁夏大学学报(人文社会科学版), 29(6): 198-201.

张华, 韩广轩, 王德, 等, 2015. 基于生态工程的海岸带全球变化适应性防护策略[J]. 地球科学进展, 30(9): 996-1005.

章俊, 陈旭, 陶燕东, 等. 2020. 不同环境因子对海三棱藨草种子及球茎萌发影响的研究[J]. 海洋湖沼通报, (4): 156-164.

赵鹏, 朱祖浩, 江洪友, 等. 2019. 生态海堤的发展历程与展望[J]. 海洋通报, 38(5): 481-490.

浙江广川工程咨询有限公司. 2019. 台州市台州湾蓝色海湾整治行动项目实施方案[R]. 杭州: 浙江广川工程咨询有限公司.

浙江广川工程咨询有限公司. 2020. 温州蓝色海湾生态建设项目海岸带生态建设工程海堤生态化初步设计[R]. 杭州: 浙江广川工程咨询有限公司.

浙江省水利河口研究院. 2020. 台州市玉环市蓝色海湾整治行动实施方案[R]. 杭州: 浙江省水利河口研究院.

中国海洋工程咨询协会. 2020a. 海岸带生态减灾修复技术导则 第3部分: 盐沼: T/CAOE 21.3—2020[S].

中国海洋工程咨询协会. 2020b. 海岸带生态减灾修复技术导则 第6部分: 牡蛎礁: T/CAOE 21.6—2020[S].

中水珠江规划勘测设计有限公司. 2015. 上海市金山城市沙滩西侧综合整治及修复工程初步设计报告[R]. 广州: 中水珠江规划勘测设计有限公司.

钟胜财. 2019. 南汇东滩海三棱藨草群落的生态演替及其影响因素[D]. 上海: 上海海洋大学.

自然资源部第二海洋研究所. 2023. 牡蛎礁生态减灾修复手册(试行)[R]. 杭州: 自然资源部第二海洋研究所.

自然资源部海洋减灾中心. 2023. 滨海盐沼生态减灾修复手册(试行)[R]. 北京: 自然资源部海洋减灾中心.

Brown D R, Marotta H, Peixoto R B, et al. 2021. Hypersaline tidal flats as important "blue carbon" systems: A case study from three ecosystems[J]. Biogeosciences, 18(8): 2527-2538.

Chen G W, Jin R J, Ye Z J, et al. 2022. Spatiotemporal mapping of salt marshes in the intertidal zone of China during 1985–2019[J]. Journal of Remote Sensing, 2022: 9793626.

Costanza R, D'Arge R, de Groot R, et al. 1997. The value of the world's ecosystem services and natural capital[J]. Nature, 387: 253-260.

Dyer K R. 1998. The typology of intertidal mudflats[J]. Geological Society, London, Special Publications, 139(1): 11-24.

Lewis R R. 2005. Ecological engineering for successful management and restoration of mangrove forests[J]. Ecological Engineering, 24(4): 403-418.

Lovelock C E, Duarte C M. 2019. Dimensions of Blue Carbon and emerging perspectives[J]. Biology Letters, 15(3): 20180781.

Morris R L, Konlechner T M, Ghisalberti M, et al. 2018. From grey to green: efficacy of eco-engineering solutions for nature-based coastal defence[J]. Global Change Biology, 24(5): 1827-1842.

Temmerman S, Meire P, Bouma T J, et al. 2013. Ecosystem-based coastal defence in the face of global change[J]. Nature, 504(7478): 79-83.

Tian B, Zhou Y X, Zhang L Q, et al. 2008. Analyzing the habitat suitability for migratory birds at the Chongming Dongtan Nature Reserve in Shanghai, China[J]. Estuarine, Coastal and Shelf Science, 80(2): 296-302.

van Loon-Steensma J M, Vellinga P. 2013. Trade-offs between biodiversity and flood protection services of coastal salt marshes[J]. Current Opinion in Environmental Sustainability, 5(3-4): 320-326.

Vos P C, van Kesteren W P. 2000. The long-term evolution of intertidal mudflats in the northern Netherlands during the Holocene; natural and anthropogenic processes[J]. Continental Shelf Research, 20(12-13): 1687-1710.

Zhao X, Zhang Q, He G Z, et al. 2021. Delineating pollution threat intensity from onshore industries to coastal wetlands in the Bohai Rim, the Yangtze River Delta, and the Pearl River Delta, China[J]. Journal of Cleaner Production, 320: 128880.